Technische Physik
in Einzeldarstellungen

Herausgegeben von

W. Meißner, München und G. Holst, Eindhoven

1

Elektrische Höchstspannungen

Von

Dr. A. Bouwers

Eindhoven

Mit 239 Abbildungen

Berlin

Verlag von Julius Springer

1939

ISBN-13: 978-3-642-88893-9 e-ISBN-13: 978-3-642-90748-7
DOI: 10.1007/978-3-642-90748-7

Vorwort der Herausgeber.

Die Einzeldarstellungen wichtiger Gebiete der technischen Physik sollen die auf ihnen bisher vorliegenden Einzeluntersuchungen von einem einheitlichen Gesichtspunkt aus behandeln. Es sollen die experimentellen und theoretischen Grundlagen möglichst einfach dargestellt und darauf aufbauend die technisch-physikalischen Anwendungen gebracht werden, soweit sie für die neuzeitliche Technik von Wichtigkeit sind.

Durch derartige Darstellungen hoffen wir einem Mangel abzuhelfen, den der technische Physiker empfindet, wenn er sich in ein Einzelgebiet einarbeiten will und allein auf die einschlägigen Veröffentlichungen in Zeitschriften angewiesen ist. Auch werden die herangezogenen Bearbeiter manches bringen können, was überhaupt noch nicht veröffentlicht ist.

Wir haben gemeinsam einen Plan für die zu bearbeitenden Gebiete aufgestellt und sie unter uns so verteilt, daß der Erstgenannte von uns für die von deutschen Bearbeitern verfaßten, der zu zweit Genannte für die von außerdeutschen Bearbeitern verfaßten Bände verantwortlich ist.

Die „Technische Physik in Einzeldarstellungen" wird hoffentlich über den Kreis der technischen Physiker hinaus Beachtung und Anklang finden.

W. Meissner. G. Holst.

Vorwort des Verfassers.

Die vielversprechenden Erfolge der Kernphysik haben in den letzten Jahren die Entwicklung von Apparaten für äußerst hohe elektrische Spannungen angeregt und beschleunigt. Diese rasche Entwicklung ist für Verlag und Verfasser auch die Veranlassung zur Herausgabe der vorliegenden Monographie gewesen.

Wechselspannungen und Stoßspannungen in der Größenordnung von einer Million Volt waren übrigens für den Ingenieur z. B. bei der Werkstoffprüfung in Fabriken von Hochspannungsmaterial schon lange nichts Außergewöhnliches mehr, und Spannungen von etwa einer halben Million Volt hat man in jüngster Zeit sogar in der Praxis der elektrischen Kraftübertragung verwandt. Selbstverständlich können solche Gebiete in einer Schrift über Höchstspannungen nicht außer Betracht bleiben, und das gleiche gilt auch für die in der Röntgentechnik gesammelten Erfahrungen. Denn nicht nur läßt sich dies Erfahrungsmaterial nutzbringend bei der Entwicklung der Hochspannungsgeräte für die Zwecke der Kernphysik verwenden, sondern es können wahrscheinlich auch umgekehrt Ergebnisse aus dem neuen Anwendungsgebiet für den Elektrotechniker wertvoll werden. Wie oft erweist es sich als fruchtbringend, die Arbeitsweisen und die Erfahrungen auf Nachbargebieten von Wissenschaft oder Technik kennenzulernen, und schon deshalb erscheint die Zusammenfassung der verschiedenen Gebiete der Höchstspannungen berechtigt.

Von den Anwendungen ist vor allem das behandelt, was erforderlich ist, um die Bedeutung der hohen Spannung herauszustellen.

Die physikalischen Anwendungen bezwecken alle die Beschleunigung geladener Teilchen. Man kann dieses Ziel auch ohne Verwendung eigentlicher Höchstspannungen erreichen, nämlich durch stufenweise wiederholte Beschleunigung mit Hilfe niedrigerer Spannungen. Es wäre einseitig, diese indirekte Methode hier nicht auch zu besprechen, dies um so mehr, als schnelle geladene Teilchen grundsätzlich selbst auf Höchstspannungen führen können.

Unter Höchstspannungen verstehen wir Spannungen von — wenigstens — einigen hundert Kilovolt. Deshalb wird beispielsweise die elektrische Gasreinigung nicht besprochen; denn es wird hier mit Spannungen unterhalb 100 kV gearbeitet, und ein Übergehen auf wesentlich höhere Spannungen erscheint auch für die Zukunft nicht hinreichend begründet.

Das Schrifttumsverzeichnis ist bei aller Ausführlichkeit nicht etwa vollständig. Lediglich diejenigen Arbeiten sind aufgenommen, die bei der Niederschrift zu Rate gezogen wurden, und zwar ungefähr auch in der Reihenfolge, in der dies geschah.

Der Verfasser ist den Kollegen, die ihn bei der Durchsicht mit Vorschlägen oder mit Kritik unterstützt haben, zu Dank verpflichtet.

Beim Entstehen der Niederschrift einzelner Paragraphen haben Dr. Ir. W. J. OOSTERKAMP (§ 28), Ir. J. E. DE GRAAF (§ 32), Ir. A. C. VAN DORSTEN (§ 33), Dr. J. H. VAN DER TUUK (§ 56) und Dr. Ir. F. A. HEYN (§ 57) in besonders dankenswerter Weise mitgewirkt.

Eindhoven, im April 1939.

A. BOUWERS.

Inhaltsverzeichnis.

Seite

I. Methoden zur Erzeugung hoher Spannungen 1

1. Die verschiedenen Möglichkeiten zur Erzeugung elektrischer Spannungen 1
   Elektromagnetische Methode 1. — Resonanzschwingungen 2. — Elektrostatische Methoden 3. — Das Gewitter 4. Besondere Methoden 5.
2. Der Transformator 6
   Die Theorie des Transformators 7. — Ersatzschaltungen 9. Vektordiagramme 10. — Der Hochspannungstransformator 13.
3. Reihenschaltung von Transformatoren 17
4. Die Gleichrichtung hoher Wechselspannung 20
5. Hochfrequenztransformatoren 26
   Gedämpfte Schwingungen 26. — Ungedämpfte Schwingungen 31.
6. Der Induktor 33
   Die Theorie 33. — Der Aufbau 35.
7. Stoßspannungen 37
8. Die Form der Stoßwelle 42
9. Der Kaskadengenerator 48
   Das Prinzip 48. — Die Heizung der Ventilkathoden 51.
10. Der Kaskadengenerator bei Belastung 54
11. Der elektrostatische Hochspannungsgenerator 58
    Der VAN DE GRAAFF-Generator 58. — Stromstärke und Spannung 59. — Der Staubgenerator 60. — Ausgeführte Anlagen 61.
12. Stufenweise Beschleunigung von geladenen Teilchen; das Cyclotron 63
    Mehrstufige Beschleunigungsröhren 63. — Das Cyclotron 65.
13. Teilchenenergie und Teilchenzahl beim Cyclotron 71
    Die maximale Geschwindigkeit 72. — Teilchenzahl 75.
14. Der Hochfrequenzgenerator des Cyclotrons 77
    Die Frequenz 77. — Die Leistung 77. — Der Sender 78. Die Energieübertragung 79.
15. Besondere Verfahren 80
16. Der Blitz 87
    Die Feldstärke 88. — Die Polarität 88. — Die Stromstärke 88. — Verlauf der Stromstärke mit der Zeit 88. — Die Theorie 90.
17. Übersicht über die Verfahren und ihre Grenzen 91
    In Reihe geschaltete Transformatoren 92. — Stoßspannungen 93. — Der elektrostatische Generator 94. — Der Kaskadengenerator 96. — Das Cyclotron 99.

Seite

II. Elektrische Felder 100

18. Einleitung 100

19. Berechnung von einfachen elektrischen Feldern 101
Das Feld einer geladenen Kugel 102. — Konzentrische Kugel 102. — Das zylindrische Feld 103. — Koaxiale Zylinder 104.

20. Zwei Zylinder nebeneinander 104
Parallele Zylinder 104.

21. Weitere Fälle, Näherungsverfahren 109
Parallele Zylinder 109. — Gekreuzte Zylinder 110. — Zwei Kugeln 111. — Kreislochdurchführung 113.

22. Konforme Abbildung, Kanten und Ränder 115
Die SCHWARZsche Transformation 116
Kante gegenüber Ebene, indirekte Methode 117. — Zwei einander gegenüberstehende Kanten; direkte Methode 119. Der Rand eines ebenen Kondensators 121. — Abgerundete Kante gegen Ebene 121.

23. Unebenheiten auf einer Ebene 122
Halbkugel auf einer Ebene 122. — Halbzylinder auf Ebene 124.

24. Allgemeine Sätze 126
Der Krümmungssatz 127. — Symmetrische Felder 128.

25. Ergebnisse 129
Quantitative Ergebnisse 129. — Relativer Einfluß verschiedener Faktoren auf die Feldstärke 131.

26. Graphische Bestimmung von elektrischen Feldern 136

27. Experimentelle Bestimmung elektrischer Felder 138
Die elektrolytische Methode 138. — Die Sondemethode im stromlosen Feld 138. — Weitere Verfahren 139.

III. Isolatoren (isolierende Medien) 140

28. Das Vakuum als Isolator 140
Äußere Überschläge 140. — Der Kaltkathodenstrom 141. Der Thermo-Elektronenstrom 145. — Durchschläge infolge zeitlicher Gasausbrüche 146.

29. Der Durchschlag in Gasen 147
Die TOWNSENDsche Theorie 149. — Erweiterung der Theorie 150. — Abschätzung der Durchschlagfeldstärke 151.

30. Die Form der Entladung bei hohem Druck 154
Breite der Kanäle 154. — Die Ausbreitungsgeschwindigkeit 157. — Inhomogene Felder 158. — Der Bogen 159.

31. Korona 160

32. Durchschlag in besonderen Gasen 163

33. Durchschlag bei Stoßspannung und Wechselspannung (Frequenzabhängigkeit der Durchschlagspannung) 166

34. Der Überschlag 170

35. Feste und flüssige Isolatoren 173
Die Leitfähigkeit 173. — Die dielektrischen Verluste 174. — Die Dielektrizitätskonstante 177.

36. Der Durchschlag in festen Isolatoren 180
Der Wärmedurchschlag 180. — Der elektrische Durchschlag 182. — Der wärmeelektrische Durchschlag 182.

37. Flüssige Isolatoren 183

Seite

38. Technische Isolierstoffe 187
Keramische Isolatoren 187. — Kunstharzpreßstoffe 191. Glas 193. — Papier 195. — Glimmer 195. — Plastische Isoliermittel 196. — Öl 196. — Kombinationen 197.

IV. Bauelemente von Hochspannungsanlagen 198

39. Leiter 198
Die Koronaspannung von Freileitern 199.

40. Isolatoren 202
Rillen 202. — Form der Oberfläche 203. — Elektrodenform 203. — Glimmränder 204. — Metalleinlagen 204.

41. Schirme 205

42. Widerstände 207

43. Kondensatoren 211
Energieinhalt je Volumeneinheit als Maß 211. — Verluste bei Ladung von Kondensatoren 215. — Kapazitäten einfacher Anordnungen 216.

44. Spulen 217
Eisenlose Spulen 218. — Spulen mit Eisenkern 218. — L-Werte oft vorkommender Anordnungen 219.

45. Gleichrichter 221
Mechanische Gleichrichter 222. — Hochvakuumgleichrichter 222. — Gasgefüllte Gleichrichter mit Glühkathode 224. Quecksilberkathodengleichrichter 227. — Der Stromrichter nach MARX 229. — Andere Gleichrichter 230.

46. Schalter 231
Blasmagnete 233. — Hörner 234. — Längs oder quer zur Bogensäule gerichtete Gasströmungen 234. — Löschkammern 234. — Einbetten des Bogens in eine Flüssigkeit 234. — Expansion 234.

47. Kabel 236

V. Die Messung von Höchstspannungen 242

48. Die Funkenstrecke 242
Aufbau der Funkenstrecke 242. — Wechselspannung und Stoßspannungen 244. — Konstante Gleichspannung 247. — Andere Anordnungen 250. — Hohe Frequenz und kurze Stöße 251.

49. Direkte Strommessung; Spannungsteilung 251

50. Spannungsmessung auf der Niederspannungsseite eines Transformators 253

51. Spannungsmessung mit dem Kathodenstrahloszillographen. . 254

52. Elektrostatische Methoden 258

53. Indirekte Spannungsmessung durch Messung von Teilchengeschwindigkeiten 261
Bahnkrümmung im Magnetfeld 261. — Reichweite von Elektronen 262. — Kurzwellige Grenze des Röntgenspektrums 264. — Elektronenbeugung 264. — Reichweite schwerer Teilchen 265. — Kritische Spannungen 268.

VI. Anwendungen von Höchstspannungen 268

54. Elektrische Kraftübertragung 268
Die wirtschaftliche Spannung 269. — Wechselspannung oder Gleichspannung? 272. — Die Technik der Gleichspannungsübertragung 274.

Seite

55. Prüfung von Hochspannungsmaterial 278
56. Die Erzeugung von Röntgenstrahlen und Kathodenstrahlen . 281
Das kontinuierliche und das charakteristische Spektrum 282. — Absorption und Wellenlänge 282. — Die Tiefendosis 285. — Spezifisch biologische Wirkung? 286. — Dosiszunahme mit Spannungserhöhung 286. — Technische Anwendungen 287. — Kathodenstrahlen 287.
57. Anwendungen in der Kernphysik 289
Atomkerne und schnelle Teilchen 290. — Theorie der Eindringung von Teilchen in den Kern 291. — Ausbeute von Kernreaktionen bei sehr großen Teilchengeschwindigkeiten 294.
58. Die Erzeugung von Neutronen und künstliche Radioaktivität 295
Die Ausbeute der verschiedenen Reaktionen 295. — Künstliche Radioaktivität 296.
59. Entladungsröhren für Höchstspannungen 297
60. Schutzmaßnahmen 304
Hochspannungsschutz 305. — Röntgen- und γ-Strahlen 306. — Korpuskulare Strahlen 307. — Neutronenschutz 308.

Literaturverzeichnis 311
Sachverzeichnis 325

I. Methoden zur Erzeugung hoher Spannungen.

§ 1. Die verschiedenen Möglichkeiten zur Erzeugung elektrischer Spannungen.

Von den Methoden zur Erzeugung elektrischer Spannungen besitzt eine erheblich größere Bedeutung als alle anderen, und zwar sowohl für die Elektrizitätserzeugung im allgemeinen als auch für die Erzeugung von Höchstspannungen, nämlich *die elektromagnetische Methode: Die Methode des sich ändernden magnetischen Kraftflusses.* Im Rahmen dieses Buches kann nur insoweit auf diese Methode eingegangen werden, als es ihre Anwendung auf die Erzeugung von Höchstspannungen erfordert.

Elektromagnetische Methode. Die Änderung des magnetischen Kraftflusses durch eine geschlossene Windung erzeugt in dieser eine Spannung, welche der Änderung des Kraftflusses Φ in der Zeiteinheit proportional ist:

$$U = -10^{-8} \frac{d\Phi}{dt}, \tag{1}$$

wenn U in Volt, Φ in Maxwell und t in Sekunden gemessen wird. (1) ist die Folgerung aus der *zweiten* Maxwellschen Hauptgleichung:

$$\operatorname{rot} E = -10^{-8} \frac{dB}{dt}, \tag{2}$$

welche durch

$$\oint E\,ds = \iint \operatorname{rot} E\,dQ$$

übergeht in

$$\oint E\,ds = -10^{-8} \iint \frac{dB}{dt}\,dQ = -10^{-8} \frac{d\Phi}{dt}. \tag{2a}$$

(2a) ist gleichbedeutend mit (1).

Die elektrischen Spannungen, welche wir täglich benutzen, werden alle in den Kraftwerken mit Hilfe von nach diesem Prinzip arbeitenden Maschinen erzeugt. In den Dynamomaschinen entstehen die Kraftflußänderungen in den von den Windungen umgebenen Eisenkernen dadurch, daß sich während des Drehens die Lage bezüglich der Pole fortwährend ändert. Die von den Antriebmotoren geleistete mechanische Arbeit wird in elektrische Energie umgewandelt. Die Erzeugung von Gleichspannung ist auf diese Weise nicht ohne weiteres möglich, weil die Änderung des Kraftflusses im Kern nicht fortdauernd in derselben Richtung verlaufen kann. Die so erzeugten Spannungen sind also grundsätzlich Wechselspannungen, wenn es auch der Technik gelungen ist — durch geeignete Kombinationen und Kommutationen von Wechselspannungen — annähernd konstante Gleichspannung zu erzeugen. Auch die Umpolarmaschine liefert Gleichspannung, wenn auch bis jetzt nur von geringer Höhe.

Die Wechselspannung liefert auch die Möglichkeit, einen veränderlichen magnetischen Kraftfluß *herzustellen*. Der Transformator unterscheidet sich von der Wechselstromdynamomaschine grundsätzlich nur dadurch, daß dieser Kraftfluß nicht auf mechanischem Wege, sondern durch die von der Primärspannung verursachten Ströme in den Wicklungen zustande kommt. Der magnetische Kraftfluß Φ in einem Eisenkern ist der Stromstärke in einer diesen Kern umschließenden Spule in jedem Moment annähernd proportional.

Es handelt sich diesmal um die Folgerung aus der *ersten* MAXWELLschen Gleichung, welche für diesen Fall lautet:

$$\operatorname{rot} H = 0{,}4\pi I, \tag{3}$$

wo die magnetische Feldstärke H in Gauß und die Stromdichte I in A/cm² ausgedrückt sind. Aus (3) berechnet sich leicht*

$$H = 0{,}4\pi i w \tag{4}$$

und

$$\Phi = QB = 0{,}4\pi i w \mu Q, \tag{5}$$

wo w die Windungszahl pro cm Spulenlänge, μ die Permeabilität des Eisens und Q den Eisenquerschnitt bedeuten.

Nach (1) ist die pro Windung erzeugte elektromotorische Kraft sowohl in der Primär- als in der Sekundärwicklung eines idealen Transformators:

$$U = -10^{-8}\frac{d\Phi}{dt} = -10^{-8}\Phi_0 \omega \cos\omega t, \tag{6}$$

wenn $\Phi = \Phi_0 \sin\omega t$. Da die Anzahl Sekundärwindungen im Prinzip beliebig groß gewählt werden kann, so haben wir in dem idealen Transformator die Möglichkeit der Erzeugung beliebig hoher Wechselspannung. Wohl werden wir in den folgenden Paragraphen praktische Grenzen kennen lernen, jedoch bleibt der Hochspannungstransformator eines der wichtigsten Mittel zur Erzeugung extrem hoher Spannungen.

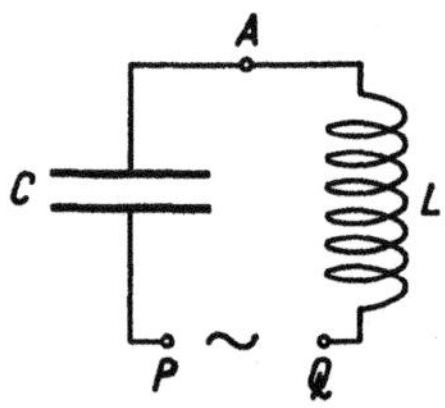

Abb. 1. Resonanzkreis, $\omega = 2\pi f = 1/\sqrt{LC}$.

Resonanzschwingungen. Besondere Beachtung verdient die Erzeugung hoher Spannungen durch den *Resonanzeffekt*, wenn er auch letzten Endes auf elektromagnetische Wirkung — Spannungserzeugung in Windungen durch einen veränderlichen Kraftfluß — zurückzuführen ist.

Besonders die *Spannungsresonanz* kommt hier in Frage, die im wesentlichen an Hand des einfachen Kreises der Abb. 1 beschrieben werden kann.

---

* Aus (3) ergibt sich, durch

$$\oint H\,ds = \iint \operatorname{rot} H\,dq:$$

$$\oint H\,ds = H\,l = 0{,}4\pi \iint I\,dq = 0{,}4\pi i w l,$$

wo q der Gesamtquerschnitt der Windungen bedeutet, i die Stromstärke und l die Spulenlänge.

Der Kreis besteht aus einem Kondensator C, einer Spule L und einem gewissen Widerstand R, der in der Abbildung nicht mit eingezeichnet ist, weil er nicht an einer Stelle konzentriert ist. Zwischen P und Q sei eine Wechselspannung $u = U \cos \omega t$ angelegt. Die Impedanz Z des Kreises ist bekanntlich:

$$Z = \sqrt{R^2 + \left(\omega L - \frac{1}{\omega C}\right)^2}.$$

Sie nimmt für

$$\omega = \frac{1}{\sqrt{LC}} \tag{7}$$

den Wert R an.

Ist die Resonanzbedingung (7) erfüllt und R klein, so wächst der Strom PAQ an bis zu dem hohen Wert $i = \frac{U}{R} \cos \omega t$ mit dem Maximalwert $i_m = U/R$ und damit werden die Maximalwerte der Spannungen U_L und U_C an der Spule und am Kondensator:

$$U_L = U_C = \frac{U}{R} \omega L = \frac{U}{R \omega C} = \frac{U}{R} \sqrt{\frac{L}{C}}. \tag{8}$$

Die Energie des Kreises befindet sich abwechselnd in der Spule $\left(\frac{L i_m^2}{2}\right)$ und im Kondensator $\left(\frac{C U_C^2}{2}\right)$. Nach (8):

$$\frac{L i_m^2}{2} = \frac{C U_C^2}{2} = \frac{L U^2}{2 R^2}. \tag{9}$$

Die verbrauchte Energie ist auf den Betrag $i_{\text{eff}}^2 R$ beschränkt. Nach (8) findet Spannungserhöhung im Resonanzkreis statt, wenn $R \sqrt{\frac{C}{L}} < 1$. Die Größe $R \sqrt{\frac{C}{L}}$ ist charakteristisch für den L-C-R-Kreis als schwingungsfähiges Gebilde; $\pi R \sqrt{\frac{C}{L}} = \theta$ ist das logarithmische Dämpfungsdekrement: wenn $U = 0$, ist nach $1/\theta$ Perioden die Schwingungsamplitude bis auf einen e-ten Teil abgeklungen.

Wesentlich ist weiter, daß an Stelle der Spannung u eine induktive EMK treten kann, die durch den Wechselstrom in einem zweiten mit dem ersten Kreis gekoppelten Kreis erzeugt wird (§ 5), und daß ein einziger Spannungsstoß genügt, um in einem solchen schwingungsfähigen LC-Kreis (§ 8) oder in einem System gekoppelter Kreise elektrische Schwingungen anzuregen (§ 5).

Elektrostatische Methoden. Neben den elektromagnetischen Methoden gibt es eine Reihe von *elektrostatischen Methoden* zur Erzeugung hoher Spannungen. Ihre Kennzeichen sind: *Ladungstrennung durch elektrostatische Kräfte* und *Aufladung von Kondensatoren durch Transport abgetrennter Ladungen.* Die Erzeugung und die Art des Transportes der Ladungen ist bei den verschiedenen Typen sehr verschieden. Hierher gehören z. B. alle elektrostatischen Generatoren (Elektrisiermaschinen, Influenzmaschinen).

Bei den Reibungselektrisiermaschinen wird die Ladung durch Reibung, bei den Influenzmaschinen durch Influenz erzeugt. Der Ladungstransport geschieht auf mechanischem Wege (§ 11).

Beim Kaskadengenerator (§ 10) wird negative Ladung durch einseitige Stromleitung der Ventile stufenweise befördert nach Kondensatoren auf zunehmende Potentiale. Hierdurch entsteht also auf elektrostatischem Wege die Spannungserhöhung auf ein Vielfaches der von dem Transformator — auf elektromagnetischem Wege — erzeugten Spannung.

Auch in dem Resonanzkreis der Abb. 1 finden wir ein Beispiel von Spannungserzeugung durch Ladungstransport. Der Kondensator bekommt seine Ladung periodisch, indem der Strom im Kreise hin und her schwingt.

Andererseits liefert dieser Resonanzkreis ein Beispiel für die Methode des veränderlichen Magnetfeldes, da die Spannung über die Spule letzten Endes durch die Änderung des Magnetfeldes dieser Spule verursacht wird.

Influenzmaschinen benutzen häufig das Prinzip der *Kapazitätsverkleinerung*. Ein Kondensator mit der Kapazität C bekommt durch die Ladung Q die Spannung $U = Q/C$. Bei gleichbleibender Ladung muß also eine Verkleinerung von C zur Spannungserhöhung Veranlassung geben. Dieses Prinzip der Kapazitätsverkleinerung hat bis jetzt noch nicht zu praktischen Generatoren für Höchstspannungen geführt. Wohl gibt es Vorschläge in der Patentliteratur (§ 15). Auch kann man Kondensatoren einzeln aufladen und dann in Reihe schalten, wie es bei dem Stoßspannungsgenerator nach MARX (§ 7) geschieht. Diese Reihenschaltung von parallel aufgeladenen Kondensatoren könnte man als Verkleinerung der Kapazität bei gleichbleibender Ladung auffassen oder auch als Ladungstransport, wobei die Kondensatoren die Ladungsträger sind.

Das Gewitter. Es wäre nicht richtig, wenn wir im Rahmen dieses Buches nicht *das Gewitter* besprechen würden, das doch ausgesprochene Höchstspannungen liefert. Wir werden feststellen, daß der Ladungstransport in den Gewitterwolken die Ursache der hohen Spannungen ist. Der Blitz wurde auch schon zur Erzeugung von Höchstspannungen für Versuchszwecke benutzt, was in der Tat nach Verwendung der beiden obengenannten Methoden geschehen kann: Spannungserzeugung durch veränderlichen magnetischen Kraftfluß und durch Kondensatoraufladung. Die erste Methode kommt z. B. dort zur Geltung, wo der schnell anwachsende Blitzstrom durch eine Leitung mit Induktivität fließt:

$$U = -L \frac{di}{dt}. \qquad (10)$$

Auch in benachbarten Leitern kann der Stromstoß nach der Formel (1), von dem (10) nur einen Sonderfall darstellt, eine hohe Spannung hervorrufen.

Die zweite Methode wurde schon tatsächlich zur Spannungserzeugung benutzt: eine isolierte Leitung wurde durch Sprühentladung während eines Gewitters auf hohe Spannung gebracht (§ 16):

$$U = \frac{Q}{C}. \tag{11}$$

Im Falle des Blitzes käme noch eine dritte Methode in Betracht, da der Blitzstrom in einem Leiter mit Widerstand R nach Erde von einer Spannung

$$U = R\,i \tag{12}$$

begleitet wird, die gerade eine der Ursachen von Unfällen durch Blitzschlag bildet.

Als Methode zur Spannungserzeugung kann selbstverständlich die Methode: *Strom durch Widerstand* nicht in Betracht kommen, weil ja die Spannung, die den Strom erzeugt, noch höher sein muß, als die zu verwertende Spannung Ri, welche über den Widerstand entsteht. Im Falle des Blitzes ist eine solche höhere Spannung vorhanden, die im allgemeinen fehlt.

Besondere Methoden. In einem eigenen Paragraphen (§ 15) werden wir einige besondere Verfahren besprechen, die aber grundsätzlich doch unter die beiden Systeme *veränderlicher magnetischer Kraftfluß* oder *Aufladung von Kondensatoren* gerechnet werden können.

Eine der besonderen Methoden verdient indessen eine eigene Besprechung: Die Methode der stufenweisen Beschleunigung geladener Teilchen (§ 12).

Ein Strahl von geladenen Teilchen kann im Prinzip einen Kondensator bis zu einer Spannung aufladen, welche der Geschwindigkeit dieser Teilchen entspricht und die bestimmt ist durch die Beziehung:

$$\tfrac{1}{2}\, m\, v^2 = e\, U,$$

wo m und e bzw. Masse und Ladung des Teilchens sind und v und U bzw. die Geschwindigkeit und die durchlaufene Spannung. Wäre die Spannung höher, so würde das elektrische Gegenfeld die Teilchen zurückwerfen; solange sie niedriger ist, werden die Teilchen den Leiter erreichen können. Die Dampfelektrisiermaschine liefert ein praktisches Beispiel für mäßige Spannungen. Die Methode der stufenweisen beschleunigten Teilchen fand zwar noch keine praktische Anwendung zur Erzeugung hoher Spannungen, jedoch wurden mit stufenweisen beschleunigten Teilchen an sich in der Kernphysik so große Erfolge erzielt, daß aus diesem Grunde die gesonderte Besprechung in den Rahmen dieses Buches gehört.

Es sind mit den bisher angeführten Erzeugungsmethoden nicht alle Mittel erschöpft, um elektrische Spannungen zu erzeugen. Wir denken noch an Elemente und Akkumulatoren, an Piezoelektrizität, an Thermoelektrizität und an die in tierischen Körpern auftretenden Potentialgefälle.

Zur Erzeugung von Höchstspannungen konnten aber diese Methoden bis jetzt nicht dienen.

Zusammenfassend gehen die Methoden zur Erzeugung von Höchstspannungen zurück auf zwei:

a) eine elektromagnetische Methode, charakterisiert durch die Formel:

$$U = -10^{-8}\frac{d\varphi}{dt} \quad \text{oder} \quad U = -L\frac{di}{dt}.$$

b) eine elektrostatische Methode, charakterisiert durch die Formel:

$$U = \frac{Q}{C}.$$

Die weiter auf der Hand liegende Formel:

$$U = Ri$$

hat für die praktische Hochspannungserzeugung keine Bedeutung.

Wir werden unsere Betrachtungen über Methoden zur Erzeugung hoher Spannungen mit einer kritischen Übersicht und der Besprechung ihrer Grenzen beschließen.

§ 2. Der Transformator.

Die Erzeugung hoher Wechselspannungen geschieht durch einen Transformator, der auf Grund von (1) eine Wechselspannung liefert, die im Verhältnis der sekundären zur primären Windungszahl vervielfacht ist entsprechend der Formel:

$$\frac{U_2}{U_1} = \frac{w_2}{w_1}. \tag{13}$$ *

Theoretisch steht nichts im Wege, den Faktor w_2/w_1 beliebig zu vergrößern, und zwar entweder durch Vergrößerung von w_2 oder durch Verkleinerung von w_1.

Eine Frequenzerhöhung bringt im Prinzip eine Gewichts- und Volumenverminderung. Die Verhältnisse werden übersichtlich, wenn wir die allgemeine Formel für die Spannung pro Windung betrachten:

Die Spannung oder elektromotorische Kraft pro Windung im idealen Transformator wird nach (1) oder (2) ganz allgemein bestimmt durch die Größe $d\Phi/dt$, die Änderung des magnetischen Kraftflusses in der Zeiteinheit im Kern. Bei periodischer Wechselspannung von der Frequenz f ist der Effektivwert U_e der Spannung pro Windung nach (6):

$$U_e = \frac{2\pi f}{\sqrt{2}}\Phi_0 10^{-8} = 4{,}44\, f\, \Phi_0 10^{-8}\ \text{V}.$$

Wenn wir nun noch den Kraftfluß Φ_0 durch QB_0 ersetzen, wo Q der Eisenquerschnitt ist und B_0 die maximale magnetische Induktion,

---

* Wir werden später eine Methode kennen lernen (§ 15), die es ermöglicht, das Verhältnis $\frac{U_2}{U_1}$ auf den Wert $k\frac{w_2}{w_1}$ zu bringen, wo $k > 1$.

und bedenken, daß B_0 einen Höchstwert von etwa 14000 Gauß nicht überschreiten darf, so ist es klar, daß das Produkt fQ für die Spannung pro Windung bestimmend ist, und zwar z. B. bei $B_0 = 14000$ annähernd:

$$U_e \approx 6 \cdot 10^{-4} f Q \tag{14}$$

und

$$U_2 = w_2 U_e \approx 6 \cdot 10^{-4} f Q w_2. \tag{14a}$$

Hierbei wird vorausgesetzt, daß die primäre Windungszahl w_1 der primären Spannung angepaßt ist, d. h., daß der Magnetisierungsstrom einen zugelassenen Maximalwert nicht überschreitet. Nach (14a) wäre die Sekundärspannung U_2 beliebig zu erhöhen durch Vergrößerung von f, Q oder w_2. Bei konstant gehaltener Frequenz ist U_2 dem Produkt $Q w_2$ proportional, dem offenbar Größe und Gewicht des Transformators annähernd proportional wären, wenn man von dem benötigten Isolationsraum absehen könnte. Die Isolation bedingt aber eine sehr viel raschere Zunahme von Größe und Gewicht.

Der Erhöhung der Frequenz sind praktische Grenzen gesetzt, die unter anderem durch die Eigenschaften des Eisens bedingt sind.

Die Theorie des Transformators. Die Spannungen und Ströme des nicht idealen Transformators mit endlicher Streuung und Ohmschem Widerstand im Primär- und Sekundärkreis werden mit Hilfe seiner Differentialgleichungen berechnet. Diese Gleichungen nehmen, je nach dem Ausgangspunkt, verschiedene Formen an, sind jedoch schließlich miteinander identisch, wie wir von Fall zu Fall zeigen werden.

Wenn man die Eigenschaften des Eisens mit berücksichtigen will, was bei Starkstromtransformatoren unbedingt nötig ist, so ist es zweckmäßig, von dem Kraftfluß Φ auszugehen, der von den Strömen in beiden Wicklungen erzeugt wird. Nach (5) ist in etwas allgemeinerer Schreibweise:

$$\Phi = \frac{0{,}4\,\pi\, w\, i}{R_m},$$

wobei R_m den magnetischen Widerstand bedeutet. Man unterscheidet einen gemeinsamen Kraftfluß Φ_0, der beide Wicklungen durchsetzt, einen Streukraftfluß Φ_1, der nur von dem primären Strom herrührt und nur die Primärwicklung durchsetzt, und einen Streukraftfluß Φ_2, der nur vom Sekundärstrom herrührt und nur die Sekundärwicklung durchsetzt. In den Wicklungen werden die Spannungen $U = w \frac{d\Phi}{dt}$ erzeugt. Man erhält also die Gleichungen:

$$\left.\begin{aligned} U_1 &= R_1 i_1 + w_1 \frac{d\Phi_1}{dt} + w_1 \frac{d\Phi_0}{dt} \\ -U_2 &= R_2 i_2 + w_2 \frac{d\Phi_2}{dt} + w_2 \frac{d\Phi_0}{dt}\,. \end{aligned}\right\} \tag{15}$$

Wir wollen zunächst von dem Einfluß der Eiseneigenschaften absehen und den Lufttransformator der Abb. 2 betrachten.

Die Differentialgleichungen lauten dann:

$$\left.\begin{aligned} R_1 i_1 + L_1 \frac{d i_1}{d t} + M \frac{d i_2}{d t} &= U_1 \\ R_2 i_2 + L_2 \frac{d i_2}{d t} + M \frac{d i_1}{d t} &= -U_2 . \end{aligned}\right\} \qquad (16)$$

Hierin ist L_1 die primäre und L_2 die sekundäre Selbstinduktion, M die gegenseitige Induktion, R_1 der Primärwiderstand, R_2 der Sekundärwiderstand und U_1 die Primärspannung. Bei Transformatoren mit Eisenkern haben die Größen L_1, L_2 und M keine konstanten, sondern stark von der Zeit und von den Betriebsbedingungen abhängige Werte.

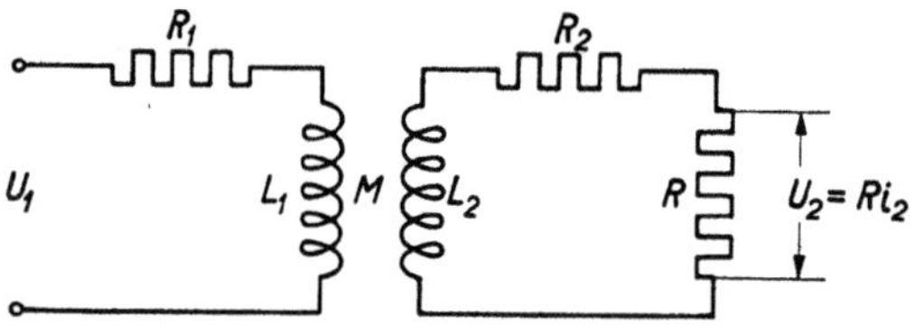

Abb. 2. Schema des Lufttransformators mit Widerstandsbelastung.

(15) geht in (16) über, wenn man setzt:

$$\Phi_1 = i_1 \left(\frac{L_1}{w_1} - \frac{M}{w_2} \right), \qquad \Phi_2 = i_2 \left(\frac{L_2}{w_2} - \frac{M}{w_1} \right) \quad \text{und}$$

$$\Phi_0 = (w_1 i_1 + w_2 i_2) \frac{M}{w_1 w_2} .$$

Da wir nur harmonische Vorgänge betrachten, können wir die Gleichungen (16) überführen in das Gleichungspaar:

$$\left.\begin{aligned} R_1 i_1 + j\omega L_1 i_1 + j\omega M i_2 &= U_1 \\ R_2 i_2 + j\omega L_2 i_2 + j\omega M i_1 &= -U_2 . \end{aligned}\right\} \qquad (17)$$

Setzen wir

$$\left.\begin{aligned} R_1 + j\omega L_1 &= Z_1 \\ R_2 + j\omega L_2 &= Z_2 , \end{aligned}\right\} \qquad (18)$$

so entsteht das mit (17) gleichwertige Gleichungspaar:

$$\left.\begin{aligned} Z_1 i_1 + j\omega M i_2 &= U_1 \\ Z_2 i_2 + j\omega M i_1 &= -U_2 . \end{aligned}\right\} \qquad (19)$$

Setzen wir jetzt noch

$$U_2 = \left(j\omega L + \frac{1}{j\omega C} + R \right) i_2 = Z i_2 ,$$

wo L die Selbstinduktion, C die Kapazität und R der Widerstand im Belastungskreise sind, so entsteht:

$$\left.\begin{aligned} Z_1 i_1 + j\omega M i_2 &= U_1 \\ (Z + Z_2)\, i_2 + j\omega M i_1 &= 0 . \end{aligned}\right\} \qquad (20)$$

Hieraus ergibt sich:

$$\left.\begin{aligned} \dot{i}_1 &= \frac{(Z+Z_2)\,U_1}{D} \\ \dot{i}_2 &= -\frac{j\,w\,M\,U_1}{D} \end{aligned}\right\} \tag{21}$$

$$U_2 = Z\dot{i}_2 = -\frac{j\,w\,M\,Z}{D}\,U_1, \tag{22}$$

wenn

$$D = Z_1(Z+Z_2) + \omega^2 M^2. \tag{23}$$

Die Amplituden aller dieser Größen werden durch die Moduln oder Beträge der gefundenen Ausdrücke bestimmt.

Wenn der Belastungskreis allein aus einem sehr großen Widerstand R besteht, wird nach (22) und (23):

$$\frac{U_2}{U_1} = \frac{j\,\omega\,M\,R}{Z_1 R + \omega^2 M^2}.$$

Ist $|Z_1 R| \gg \omega^2 M^2$, wie z. B. bei Leerlauf, und außerdem $R_1 \ll |\omega L_1|$, so wird:

$$\frac{U_2}{U_1} = \frac{M}{L_1} = k\sqrt{\frac{L_2}{L_1}}, \tag{24}$$

wobei $k = \frac{M}{\sqrt{L_1 L_2}}$ der Kopplungsfaktor ist.

Setzen wir auch noch $k = 1$, so sind wir wieder zum idealen Transformator zurückgekehrt und haben, da $L_1/L_2 = w_1^2/w_2^2$ ist, das bekannte Übersetzungsverhältnis:

$$\frac{U_2}{U_1} = \frac{w_2}{w_1} \tag{25}$$

$$\frac{\dot{i}_2}{\dot{i}_1} = \frac{w_1}{\dot{i}_2}. \tag{26}$$

Ersatzschaltungen. Die Eigenschaften des Transformators werden besonders übersichtlich durch Betrachtung passender Ersatzschaltungen. Man führt dabei zweckmäßigerweise meist für die sekundäre Spannung einen neuen Maßstab ein, der so gewählt wird, daß im Ersatzbild die primäre und sekundäre Windungszahl einander gleich werden. Hierdurch wird das für die Eigenschaften des Transformators unwesentliche Übersetzungsverhältnis gleich Eins. Dazu wird die sekundäre Spannung mit dem Faktor $a = w_1/w_2$ multipliziert. Damit die Leistung konstant bleibe, wird dann der Sekundärstrom durch den Faktor a geteilt. Hierdurch werden Widerstand und Reaktanz im Sekundärkreise mit dem Faktor $a^2 = \left(\frac{w_1}{w_2}\right)^2$ multipliziert, also:

$$\left.\begin{aligned} U_2' &= \frac{w_1}{w_2}\,U_2 \\ \dot{i}_2' &= \frac{w_2}{w_1}\,\dot{i}_2 \\ R_2' &= \left(\frac{w_1}{w_2}\right)^2 R_2 \\ L_2' &= \frac{w_1^2}{w_2^2}\,L_2. \end{aligned}\right\} \tag{27}$$

Wenn man weiter noch

$$M' = \frac{w_1}{w_2} M \tag{27a}$$

setzt, dann gehen die Gleichungen (16) über in das Gleichungspaar:

$$\left.\begin{aligned} U_1 &= R_1 i_1 + S_1 \frac{d i_1}{dt} + M' \frac{d(i_1 + i_2')}{dt} \\ -U_2' &= R_2' i_2' + S_2' \frac{d i_2'}{dt} + M' \frac{d(i_1 + i_2')}{dt}, \end{aligned}\right\} \tag{28}$$

wobei:

$$\left.\begin{aligned} S_1 &= L_1 - M' = L_1 - \frac{w_1}{w_2} M \\ S_2' &= L_2' - M' = \left(\frac{w_1}{w_2}\right)^2 L_2 - \frac{w_1}{w_2} M. \end{aligned}\right\} \tag{29}$$

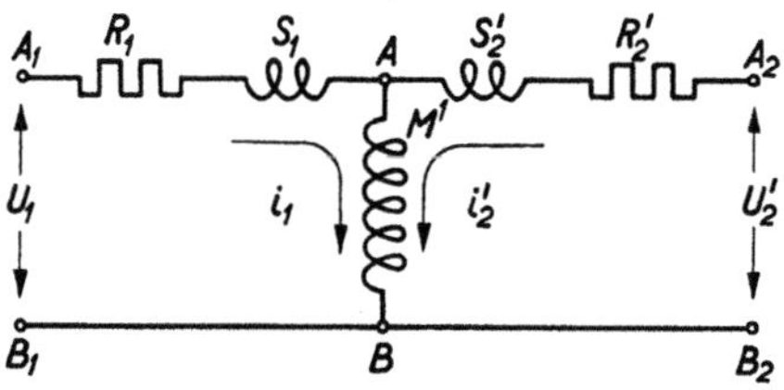

Abb. 3. Ersatzschaltung eines Transformators mit „auf Primär reduzierten" sekundären Größen.

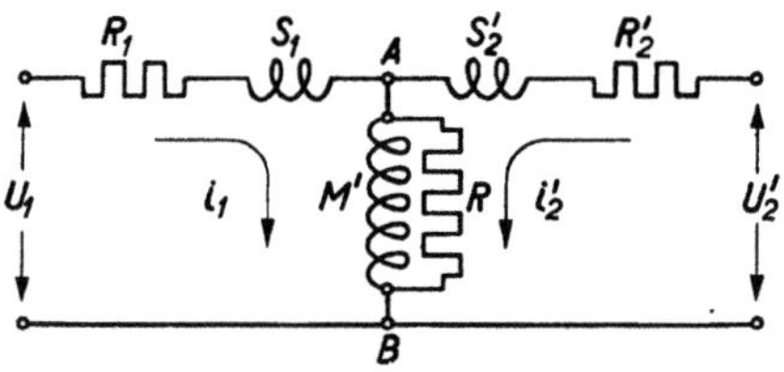

Abb. 4. Ersatzschaltung mit reduzierter sekundärer Windungszahl. Berücksichtigung der Eisenverluste durch Parallelwiderstand.

Man sagt, daß durch die Transformation die sekundären Größen „auf Primär reduziert" sind. Die Gleichungen (29) sind mit dem Gleichungspaar (15) identisch, wenn:

$$\left.\begin{aligned} \Phi_1 &= i_1 \frac{S_1}{w_1} \\ \Phi_2 &= i_2' \frac{S_2'}{w_2} \\ \Phi_0 &= i_0 \frac{M'}{w_1}, \end{aligned}\right\} \tag{30}$$

wobei $i_0 = i_1 + i_2'$ der Magnetisierungsstrom ist.

Andererseits sind die Gleichungen (28) offenbar die zu der Ersatzschaltung der Abb. 3 gehörigen Differentialgleichungen.

Wenn man auch noch die Eisenverluste dadurch berücksichtigt, daß der Spule M' ein Widerstand R parallel geschaltet wird (Abb. 4), so stellt die Ersatzschaltung einen für die Berechnung mit dem Transformator vollständig äquivalenten Stromkreis dar.

Aus (28) mit (27) und (29) können nun die Größen i_1, i_2 und U_2 bei gegebener Belastung in der für den Lufttransformator angegebenen Weise berechnet werden.

Vektordiagramme. Für die technische Anwendung benutzt man bekanntlich meist das Verfahren der Vektordiagramme.

Wir zeichnen die Vektordiagramme für die Ersatzschaltung der Abb. 4 für eine vorwiegend induktive (Abb. 5a) und dann für eine vorwiegend kapazitive Belastung (Abb. 5b).

Wir gehen aus von der Spannung U_{AB} zwischen den Punkten A und B (Abb. 3): $U_{AB} = U \cos \omega t$. Der Vektor OP stelle diese Spannung nach Größe und Phase dar. Der in der Pfeilrichtung gemessene Kraftfluß Φ in der Spule eilt der Spannung um 90° nach, und bis auf einen kleinen Winkel α auch der Magnetisierungsstrom i_0.

Die Verzögerung des Kraftflusses gegen den Magnetisierungsstrom ist die Folge von Wirbelströmen und Hysteresis. i_0 enthält, infolge des nicht linearen Verlaufs der Magnetisierung mit dem Strom, ausgesprochene höhere Harmonische. Man setzt i_0 einem äquivalenten

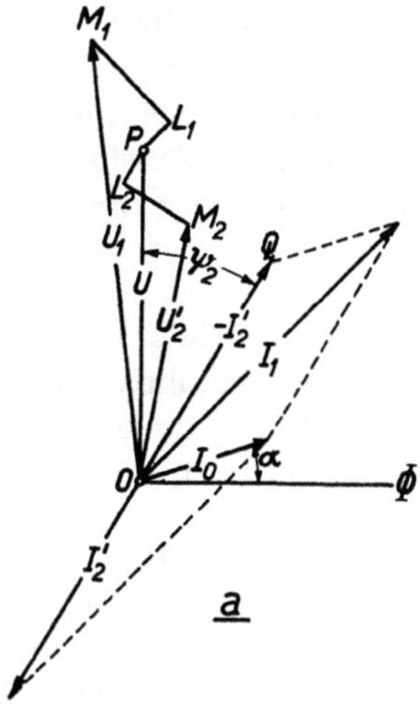

Abb. 5a. Vektordiagramm des Transformators bei überwiegend induktiver Belastung, schematisch.

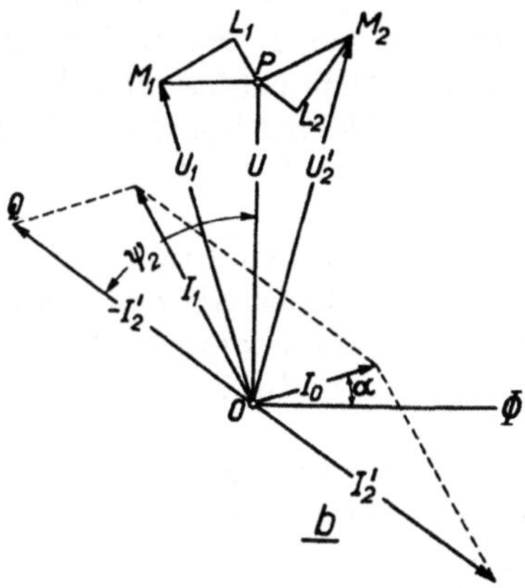

Abb. 5b. Vektordiagramm des Transformators bei überwiegend kapazitiver Belastung; schematisch.

Strom $I_0 \cos \alpha$ gleich, der aus der Leerlaufleistung W_0 und dem effektiven Leerlaufstrom i_e bestimmt werden kann:

$$I_0 = i_e \sqrt{2}; \qquad \cos \alpha = \frac{W_0}{i_e U_{1e}}.$$

Die so gefundenen Größen I_0 und α seien im Diagramm aufgetragen.

Den Strom I_2 finden wir nach Größe I_2 und Phase ψ_2 aus U und der Gesamtimpedanz des Kreises $A\,A_2 B_2\,B$ (Abb. 3) bei Belastung in der üblichen Weise:

$$I_2 = \frac{U}{\sqrt{R^2 + \left(\omega L - \frac{1}{\omega C}\right)^2}};$$

$$\operatorname{tg} \psi_2 = \frac{\omega L - \frac{1}{\omega C}}{R}.$$

Beim Zeichnen von I_2' bedenke man daß I_2' entgegengesetzt zu OQ aufgetragen wird, wenn wir die Stromrichtung der Pfeile beibehalten wollen. Man überzeugt sich hiervon, wenn man bedenkt, daß der Strom in umgekehrter Richtung mit der Spannung in Phase ist, wenn $\operatorname{tg}\psi_2 = 0$. Nun wird I_1 gefunden durch die Beziehung:

$$I_1 + I_2' = I_0.$$

Schließlich finden wir die Spannung U_1 zwischen A_1 und B_1, wenn wir von P aus in der Richtung I_1 die Größe $PL_1 = I_1 R_1$ auftragen und senkrecht dazu und nacheilend die Größe $L_1 M_1 = I\omega S_1$. Ebenso finden wir die Spannung U_2' zwischen A_2 und B_2, wenn wir die Größe $PL_2 = I_2' R_2'$ in der Richtung I_2' und senkrecht darauf $L_2 M_2 = I_2' \omega S_2'$ auftragen. Dann ist die Spannung zwischen A_1 und B_1 nach Größe und Phase: $U_1 = OM_1$, und die Spannung zwischen A_2 und B_2: $U_2' = OM_2$.

Die Phasen von Strom und Spannung drehen sich um 180° bei Änderung der Meßrichtung und beim wirklichen Transformator bei Änderung der Wickelrichtung der Spulen. Im selben Sinne gemessen, ist aber annähernd $I_1 = -I_2'$, und zwar um so genauer, je kleiner I_0 gegenüber I_1 und I_2' ist.

Die beschriebene Konstruktion gilt für beide Fälle *a* und *b*.

Aus Abb. 5a können wir z. B. ablesen, daß bei induktiver Belastung (bei großem ψ_2) der Spannungsabfall hauptsächlich von der Streuung, bei nicht induktiver Belastung ($\psi_2 = 0$) wesentlich vom inneren Widerstand herrührt.

Aus Abb. 5b geht z. B. hervor, daß kapazitive Belastung und innere Streuung zu einer Spannungserhöhung führen kann. Im Resonanzfall, wenn $SC = 1/\omega^2$, wobei S die auf Primär reduzierte Streuung des Transformators ist und C die reduzierte Kapazität der Belastung, wäre die Spannung nur durch den inneren Widerstand des Transformators beschränkt (§ 1).

Auch zeigt Abb. 5b, daß durch den Einfluß des Magnetisierungsstromes das Verhältnis I_1/I_2 verkleinert wird.

Wenn man in den Diagrammen den Magnetisierungsstrom $I_0 = 0$ setzt, was oft wegen seiner Kleinheit gestattet ist, dann wird annähernd der Spannungsverlust (die Spannung $A_1 A_2$ in Abb. 3) nach Abb. 5:

$$M_1 M_2 = I_1 \sqrt{R^2 + (\omega S)^2}, \tag{31}$$

wobei:

$$\left.\begin{aligned} R &= R_1 + \left(\frac{w_1}{w_2}\right)^2 R_2 \\ S &= S_1 + \left(\frac{w_1}{w_2}\right)^2 S_2. \end{aligned}\right| \tag{32}$$

Ist auch noch $\omega S \gg R^2$, so ergibt sich:

$$M_1 M_2 = I_1 \omega S. \tag{33}$$

Wird die Stromstärke I_1 bei Kurzschluß erreicht, dann ist $M_1 M_2$ die Kurzschlußspannung, die also annähernd der gesamten Reaktanzspannung gleichkommt.

Der Hochspannungstransformator. Der Hochspannungstransformator zeichnet sich aus durch ein großes Übersetzungsverhältnis w_2/w_1 und damit zusammenhängende Eigenschaften, welche größtenteils konstruktiv bedingt sind. So ist z. B. die Streuung erheblich, weil die Isolation große mittlere Abstände zwischen sekundären und primären Windungen und große sekundäre Wicklungslänge bedingt. Die Gesamtstreuung, auf Primär reduziert: $S = S_1 + \frac{w_1^2}{w_2^2} S_2$, ist bei Zylinderwicklung annähernd gegeben durch die Formel [1, 2]:

$$S = \frac{0{,}4\,\pi\, w_1^2}{k_s\, l_s}\left(\frac{\delta_1 + \delta_2}{3} + \Delta\right) L \cdot 10^{-8} \text{ Henry}. \tag{34}$$

w_1 ist die primäre Windungszahl; δ_1 und δ_2 sind die Höhen der Wicklungen; Δ ist der Abstand zwischen den Wicklungen; L ist die mittlere Windungslänge; $l_s = \frac{1}{2}(l_1 + l_2)$ ist die mittlere Länge der Spulen; der Faktor k_s liegt zwischen 1,2 und 2,1 und hängt vom geometrischen Aufbau des Transformators ab.

Aus der Formel (34) geht deutlich hervor, daß beim Hochspannungstransformator die Streuung bedeutend sein muß, weil ja vor allem L und δ_2 groß sind.

Beim Hochspannungstransformator mit einer zylindrischen Wicklung, wo δ_2 gegenüber δ_1 und Δ überwiegend ist, hat man nach (34) annähernd:

$$S \approx \frac{w_1^2\, \delta_2\, L}{4\, l_s}\, 10^{-8} \text{ Henry}, \tag{35}$$

mit denselben Bezeichnungen wie oben. Die Reaktanz ωS kann besonders bei Transformatoren mit Luftisolation erheblich werden und bei kapazitiver Belastung zu Überspannungen und großen Stromstärken führen.

Abmessungen und Gewicht von Transformatoren für Spannungen in der Größenordnung einer Million Volt werden hauptsächlich durch den benötigten Isolationsraum bedingt. Die Windungen auf dem höchsten Potential brauchen gegenüber allen geerdeten Teilen in jeder Richtung einen Mindestabstand, der noch etwas stärker als proportional mit der Spannung zunehmen muß. In Wirklichkeit ist die Größe eines Transformators für hohe Sekundärspannung daher auch eher mit der dritten Potenz der Spannung als mit der Spannung selber proportional. Demzufolge ist das Gewicht eines Einphasentransformators für 100 kV Spannung gegen Erde und geringe Leistung von der Größenordnung 50 kg, während ein entsprechender Transformator für 500 kV gegen Erde mehrere Tonnen wiegt.

Da man selbstverständlich bei genügender Betriebssicherheit immer möglichst einen geringen Preis und geringe Abmessungen verlangt, so sind sowohl der geometrische Aufbau als die gewählten Isolatormaterialien von großer Bedeutung. Bezüglich des Aufbaues sind die im nächsten Abschnitt erörterten Grundsätze zu berücksichtigen. Besonders ist darauf zu achten, daß scharfe Kanten und Spitzen beim Eisenkern bei spannungführenden und in deren Nähe anwesenden Teilen, möglichst vermieden werden. Man kann in der Tat durch den Umstand, daß die Leistung meistens nur gering ist, andere Konstruktionsprinzipien anwenden, als in der Starkstromtechnik üblich sind, wo ja Gewicht, Abmessungen und Preis in erster Linie durch Eisen und Kupfer bestimmt werden. Bei Transformatoren für mäßig hohe Spannungen ist Ölisolation — bei geringer Leistung auch eine plastische Isoliermasse — ohne Zweifel vorteilhafter als Luftisolation. Für extrem hohe Spannungen und geringe Leistung wird der Vorteil fraglich. Trockentransformatoren haben in diesem Falle den Vorteil, daß Durchführungen, Kasten und Öl

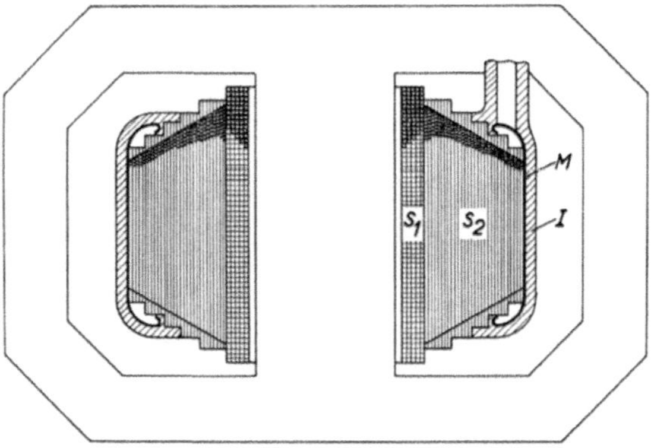

Abb. 6. Schema eines Hochspannungstransformators; abnehmende Wickelbreite bei zunehmendem Durchmesser der Sekundärspule S_2, elektrostatische Abschirmung durch Metallfläche *M* auf Isolatorring *I*.

vermieden werden und man erhält außerdem eine größere Zugänglichkeit. Auch ist die Eigenkapazität kleiner durch die großen Isolationsabstände, die kleinere Dielektrizitätskonstante von Luft verglichen mit Öl und durch das Fehlen des Kastens. Dagegen ist aber die Kurzschlußreaktanz wieder größer als beim Öltransformator. Für eine Aufstellung im Freien ist der Trockentransformator natürlich ungeeignet.

Die Erwärmung des Öls in Transformatoren für sehr hohe Spannungen ist meistens unbedeutend, weil oft die im Eisen und Kupfer auftretenden Verluste nur etwa 1 W/l betragen, was einer Temperaturerhöhung von rund 1^0 pro Stunde bedingt. Das Öl ist in erster Linie Isoliermittel und nicht zu gleicher Zeit Kühlmittel, wie in Starkstromtransformatoren. Vorteilhaft ist oft eine Konstruktion mit einer Einzelspule nach Abb. 6 oder mit einem nach Abb. 7 gebauten Spulenpaar.

Die Wickelbreite nimmt nach außen im Verhältnis des zunehmenden Durchmessers ab, so daß die von zwei Wickelschichten gebildeten Kondensatoren annähernd gleich große Kapazitäten haben. Der schräge Spulenrand ist länger, als bei gleicher Spulenhöhe ein waagerechter Rand sein würde, ein Umstand, der die zulässige Spulenspannung erhöht. Streng genommen müßte die Isolation für die breiten inneren Wickelschichten dicker sein als zwischen den schmäleren auf hohem Potential, da ja pro Schicht bei den letzteren eine niedrigere Spannung erzeugt wird. Dann bedingt wieder die Gleichheit der Kapazitäten

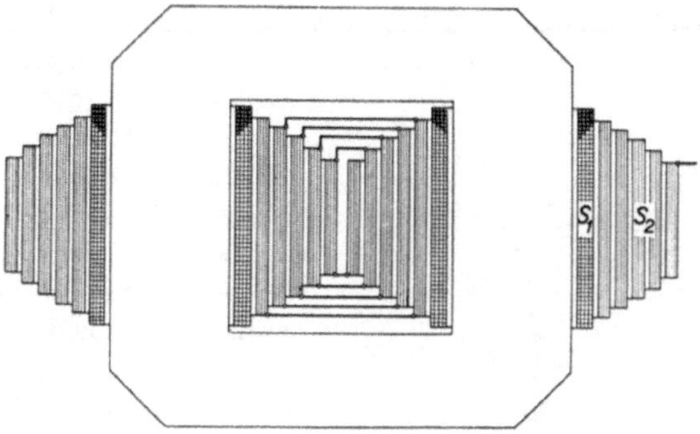

Abb. 7. Hochspannungstransformator mit Doppelspule nach FORTESCUE-FISCHER.

zwischen den Schichten eine stärkere Abnahme der Spulenbreite. Praktische Erfahrung unter Berücksichtigung der besonderen Eigenschaften der erhältlichen Isoliermaterialien ist wohl unbedingt nötig,

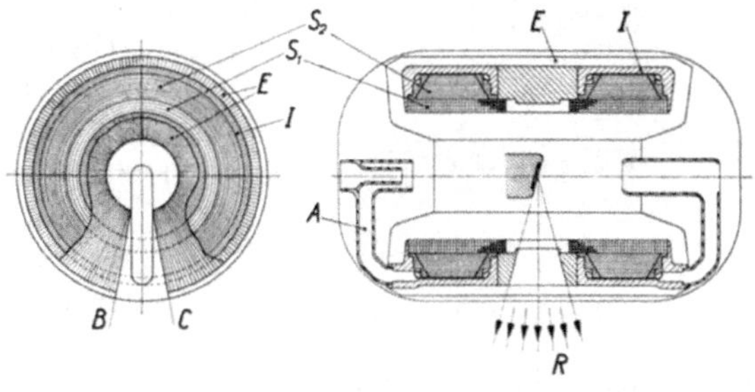

Abb. 8. Schema des Transformators eines Röntgenapparates (Philips). Besonders kleiner Isolierabstand zwischen Hochspannungswicklung S_2 und Eisen E. Durchmesser 15 cm und Gewicht 10,5 kg bei 60 kV Maximalspannung.

um optimale Konstruktionen zu erreichen. Die vorstehenden Ausführungen sollen auch nur auf einige der wesentlichsten Punkte aufmerksam machen. Ein Beispiel einer bezüglich der Isolationsabstände günstigen Konstruktion zeigt Abb. 8.

Die Abbildung zeigt schematisch den Transformator eines Röntgenapparates für eine Spannung von 60 kV_{max}, der nur 10,5 kg wiegt, bei einem Durchmesser von 15 cm. Von der Röntgenröhre, die sich konzentrisch im Inneren des Eisenkernes befindet, ist nur die Antikathode angedeutet. Die Führung der Hochspannung durch die Führungstülle A geschieht durch das offengelassene Segment BC, durch das auch die Röntgenstrahlen R hindurchgehen. Der Abstand von der Hochspannungswicklung bis zum Eisen des Manteltransformators konnte besonders klein sein, da das elektrische Feld zwischen der äußersten Hochspannungswicklung und dem Eisen nahezu homogen ist. Die geringe erforderliche Leistung machte es möglich, anstatt Öl einen plastischen Isolierstoff zu verwenden[3].

Die Herabsetzung der Feldstärke durch günstige Formgebung der „Elektroden" ist eine der Hauptfragen der Hochspannungstechnik. Ecken und Kanten und stark gekrümmte Metallteile sind die gefährlichen Stellen. Die maximale Feldstärke ist für die elektrische Stärke noch mehr maßgebend als der gesamte Potential- oder Spannungsunterschied. Der Eisenkern wird möglichst rund gebaut und die noch vorhandenen Kanten mit Blech abgerundet.

Abb. 9. Transformator für 1 MV gegen Erde (AEG).

Besondere Aufmerksamkeit fordern die Enden der Wicklungen, wo beim Eindringen von Stoßwellen Spannungen auftreten, die ein Vielfaches der Betriebsspannung sein können. Über das Eindringen von Stoßwellen in Transformatorwicklungen besteht eine ausgiebige elektrotechnische Literatur (vgl. z. B. ARNOLD-LA COUR[1], ROTH[4], RÜDENBERG[5], NOLEN[6]).

Beim Eindringen einer Überspannung in die Wicklung ist die Spannungsverteilung anfänglich nur von der Kapazität zwischen den Windungen und der Erdkapazität der Windungen abhängig. Dann stellt sich aber bald der Zustand ein, bei dem die Spannungsverteilung über die Wicklung linear ist. Bei dem Übergang zwischen beiden Spannungsverteilungen entstehen Schwingungserscheinungen, die um so stärker sind, je nachdem die Anfangsverteilung weniger gleichmäßig ist. Das Verhältnis zwischen der Erdkapazität C_E und der gegenseitigen Kapazität C_G der Windungen: $f = C_E/C_G$ ist für die anfängliche Spannungsverteilung maßgebend. Durch das Anbringen von besonderen Kapazitäten zwischen dem Eingangspunkt der Wicklung und den weiteren Windungen kann die gleichmäßige Spannungsverteilung günstig beeinflußt werden. Aus diesem Gesichtspunkt ist z. B. der Metallring M der Abb. 6 günstig.

Ein Beispiel eines Trockentransformators für sehr hohe Spannungen, nach dem in Abb. 7 angedeuteten Prinzip, von der Hochspannungsgesellschaft, Köln, zeigt Abb. 17.

Nach dem Prospekt dieser Gesellschaft[7] beträgt das Gewicht eines Trockentransformators nach Abb. 17 für 1 MV gegen Erde, bei einer Leistung von 1000 kVA etwa 10000 kg, die Höhe 8,5 m, die Breite 5,5 m und die Tiefe 3 m. Ein Öltransformator für diese Spannung und Leistung würde noch schwerer sein. Dagegen kann der Öltransformator kleiner sein, jedoch bekommt dann die Durchführung erhebliche Abmessungen. Bei Spannungen von etwa 1 MV wird die Durchführung größer als der Transformator, wie z. B. Abb. 9 zeigt.

Eine interessante Konstruktion eines Prüftransformators wurde neuerdings durch das Laboratorium der AEG. beschrieben, bei dem ein Teil des unterbrochenen Eisenkernes Hochspannung erhält und die magnetischen Kraftlinien also die Hochspannungsisolation durchqueren[8].

§ 3. Reihenschaltung von Transformatoren*.

Da Gewicht und Volumen eines Transformators für hohe Spannungen beinahe mit der dritten Potenz der erforderlichen Spannung zunehmen, so ist es verständlich, daß man die Spannungserhöhung lieber durch Reihenschaltung von mehreren Transformatoren zu erreichen sucht. Dies geht natürlich nicht ohne weiteres, denn die Eisenkerne und Primärwicklungen der verschiedenen Transformatoren können im allgemeinen nicht mehr Erdpotential haben; sie müssen gegen Erde hochisoliert sein, und zwar um so höher, je näher der betreffende Transformator dem höchsten Punkt der Spannung liegt.

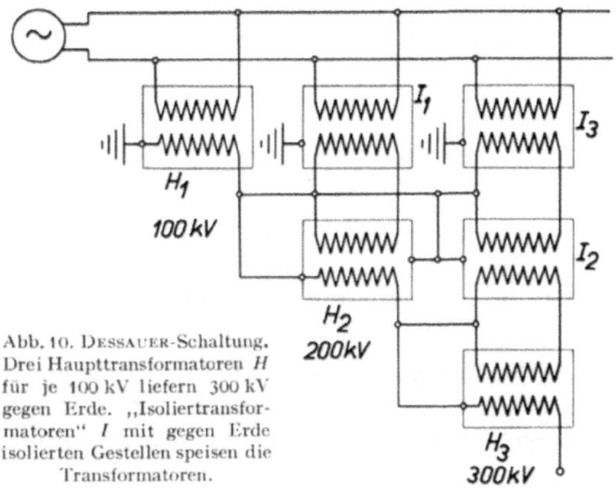

Abb. 10. DESSAUER-Schaltung. Drei Haupttransformatoren H für je 100 kV liefern 300 kV gegen Erde. „Isoliertransformatoren" I mit gegen Erde isolierten Gestellen speisen die Transformatoren.

Um diese Isolation auf einfache Weise zu erreichen, sind verschiedene Schaltungen vorgeschlagen worden, von denen die beiden interessantesten nachfolgend erwähnt werden.

Zuerst die DESSAUER-Schaltung. Abb. 10 zeigt das Prinzip. Eine weitere Erklärung ist kaum notwendig.

Bei n Transformatoren in Reihe ist die Anzahl Elemente (Haupttransformatoren und „Isoliertransformatoren"):

$$1 + 2 + 3 \ldots + n = \frac{n(n+1)}{2}.$$

* Auch der Name Kaskadenschaltung ist üblich; wir verwenden aber das Wort gewöhnlich in der in § 9 angegebenen Bedeutung.

Gewicht und Volumen nehmen also viel weniger schnell als mit der dritten Potenz zu. Außerdem hat der Zusammenbau aus vielen Gliedern seine Vorteile. Eine höhere Spannung kann durch Hinzufügen weiterer Elemente erreicht werden. Der Transport wird sehr erleichtert und bei Bruch ist der Schaden nur relativ gering. Nachteilig ist die wiederholte Transformation der Leistung bei den höheren Stufen.

Transformatoren nach diesem System sind vielfach gebaut worden, und zwar mit geschlossenem und offenem Eisenkern und sowohl mit Luft- als auch mit Ölisolation.

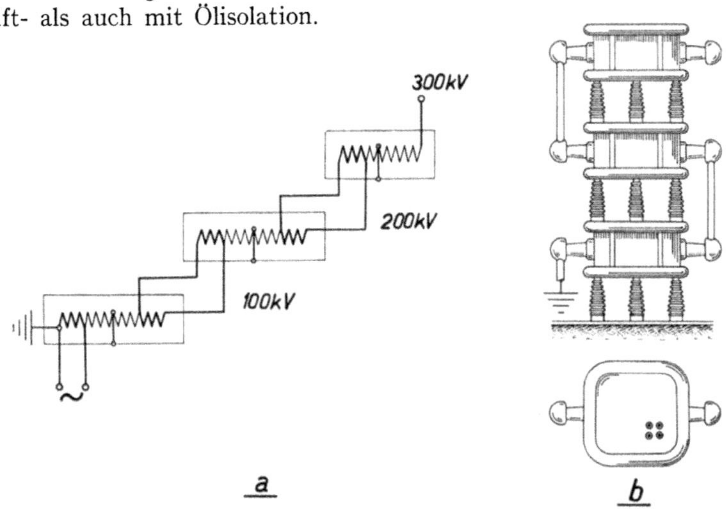

Abb. 11. Reihenschaltung von Transformatoren. *a* Prinzip; *b* Ausführungsbeispiel nach Koch & Sterzel.

Das zweite Beispiel einer Reihenschaltung von Transformatoren (Abb. 11) ist die wahrscheinlich von FISCHER zuerst angegebene „Kaskadenschaltung", die auch aus der Abbildung wohl vollkommen deutlich ist.

Die „Isoliertransformatoren" sind hier beseitigt, indem sie in die Haupttransformatoren verlegt sind. Der Teil der Wicklung, der zur Speisung des nächst höheren Transformators dient, ist schwerer ausgeführt und der Mittelpunkt der Hochspannungswicklung ist zweckmäßig mit dem Gestell verbunden. Das Gestell des n-ten Transformators ist gegen Erde für die $(n - \frac{1}{2})$-fache Spannung der Einzeltransformatoren isoliert. Die Anzahl Elemente kommt offenbar nur der Anzahl Reihenelemente gleich, so daß gegenüber der DESSAUER-Schaltung die Anzahl $\frac{n(n-1)}{2}$ Elemente erspart werden.

Die primäre Stromstärke des ersten Transformators kann bei der Reihenschaltung zufolge des großen Spannungsverhältnisses sehr erheblich werden, z. B.

$$\frac{i_p}{i_s} = \frac{U_s}{U_p} = \frac{2 \cdot 10^6}{380} = 5300\,.$$

Schon die Kapazität im Belastungskreis beträgt leicht einige hundert Zentimeter, so daß die kapazitive sekundäre Stromstärke

$$i_2 = U_2 \omega C$$

von der Größenordnung 200 mA wird, was einer primären Stromstärke von 1000 A entspricht. Wir haben aber gesehen (§ 2), daß die Streuung des Transformators die Stromstärke vergrößern kann. Dafür ist Bedingung:

$$\left(\omega S - \frac{1}{\omega C}\right)^2 < \left(\frac{1}{\omega C}\right)^2,$$

wo ωS die auf Sekundär reduzierte Gesamtreaktanz des Transformators und C die Belastungskapazität ist. Die Reaktanz von n Transformatoren in Reihe ist größer als der n-fache Betrag der Werte der einzelnen Elemente, denn hinzu kommt die Streuung entweder der Hilfstransformatoren (Abb. 10) oder der besonderen Wickelteile, die die Energie zum nächst höheren Transformator befördern (Abb. 11). Diese letzte Streuung ist trotz der geringen Windungszahl nicht unerheblich wegen des großen Abstandes zwischen Wicklung und Eisenkern, der durch die Isolation bedingt wird.

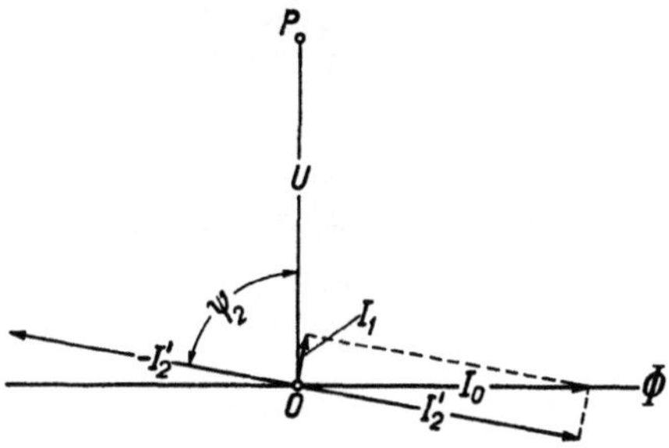

Abb. 12. Kompensierung des Primärstromes durch den Magnetisierungsstrom bei kapazitiver Belastung.

Wir haben schon (§ 2) das Mittel zur Verkleinerung des Primärstromes bei kapazitiver Belastung kennen gelernt: Die Verwendung des Magnetisierungsstromes i_0 zur Kompensation des kapazitiven Stromes. Ein Luftspalt im Eisenkern wird so bemessen, daß i_0 ungefähr die Größe des Belastungsstromes hat, also:

$$\omega L \approx \frac{1}{\omega C} \cdot \frac{w_1^2}{w_2^2};$$

dabei ist die primäre Selbstinduktion des Transformators annähernd:

$$L = 4\pi \frac{Q}{\delta} w_1^2 \mu \, 10^{-9} H,$$

wo Q der Spaltquerschnitt ist und δ die Spalthöhe. Die Verkleinerung der primären Stromstärke tritt im Vektordiagramm von Abb. 12 deutlich hervor.

Die Konstruktion geschieht nach den schon (§ 2) gegebenen Regeln. Der Phasenwinkel α zwischen i_0 und Φ ist wegen des Luftspaltes vernachlässigbar klein.

Die Kompensation verhindert selbstverständlich nicht die große Stromstärke im Sekundärkreise bei kapazitiver Belastung. Die Sekundärwicklung muß daher so bemessen sein, daß die von dem Strom erzeugte JOULEsche Wärme keine zu hohe Erwärmung hervorruft und auch keinen zu großen Spannungsabfall. Aus diesem Grunde steigen Preis und Abmessungen von Transformatoren über 1 MV erheblich mit der Spannung. Wenn es sich um die Anwendung zur Speisung von Entladungsröhren handelt, erfolgt diese Steigung um so rascher, weil die Spannungserhöhung eine Vergrößerung der Kapazität der Anordnung bedingt (§ 17).

Die primären Ströme sind in jedem der in Reihe geschalteten Transformatoren verschieden, so daß der Zusammenbau aus vollständig gleichen Einzeltransformatoren nicht die am meisten ökonomische Lösung bildet.

Einen nach dem Prinzip der Reihenschaltung gebauten Transformator aus fünf Einheiten[9] von je 140 kV zeigt Abb. 13.

Abb. 14 zeigt den zweiten isolierten Transformator der 1-MV-Prüfanlage im Laboratorium von Metropolitan-Vickers.

Wenn es also möglich ist, durch Reihenschaltung von Transformatoren auch die höchsten Spannungen zu erreichen, so werden die Kosten doch erheblich. Dazu kommt, daß Wechselspannung für verschiedene Zwecke, besonders für Anwendungen in der Kernphysik, nicht geeignet ist. Grundsätzlich kann die Wechselspannung durch ein System von Kondensatoren und Gleichrichtern in Gleichspannung umgewandelt werden. Diese Lösung führt aber zu verhältnismäßig komplizierten Anlagen (§ 4), oder wenigstens zu Anlagen, die weniger einfach sind als die in letzter Zeit entwickelte Vervielfachungsschaltung (§ 9).

§ 4. Die Gleichrichtung hoher Wechselspannung.

Die von Transformatoren erzeugten Spannungen sind immer Wechselspannungen, wenn auch der Induktor insoweit eine Ausnahme bildet, als die erzeugte Spannung bei der Stromunterbrechung erheblich höher ist als die beim Schließen des Stromes. Die negative Spannungskomponente ist in vielen Fällen nicht zulässig oder unerwünscht. Für bestimmte Zwecke muß die Spannung sogar konstant sein. In diesem

Abb. 14. Zweiter isoliert aufgestellter Transformator fur 500 kVeff einer 1-MV-Prufanlage der Metropolitan-Vickers Electrical Co. mit Meßanordnung. Gewicht des Transformators 55000 kg bei einer Dauerleistung von 1000 kVA.

Paragraphen wollen wir das Gleichrichten hoher Spannungen mittels Gleichrichter und Kondensatoren besprechen. Die Gleichrichter und Kondensatoren als solche werden in einem späteren Abschnitt besprochen.

Bekannte Schaltungen sind in Abb. 15 angegeben:

a) Das Gleichrichten der Wechselspannung durch Unterdrücken der negativen Phase.

b) Das Umkehren der negativen Phase, unter Verwendung mehrerer Gleichrichter (GRÄTZ-Schaltung).

c) Die Schaltung nach VILLARD, bei der man die doppelten Maximalwerte der Transformatorspannung erzeugt.

d) Die Schaltung nach GREINACHER, bei der eine Gleichspannung von doppeltem Maximalwert der Transformatorspannung entsteht.

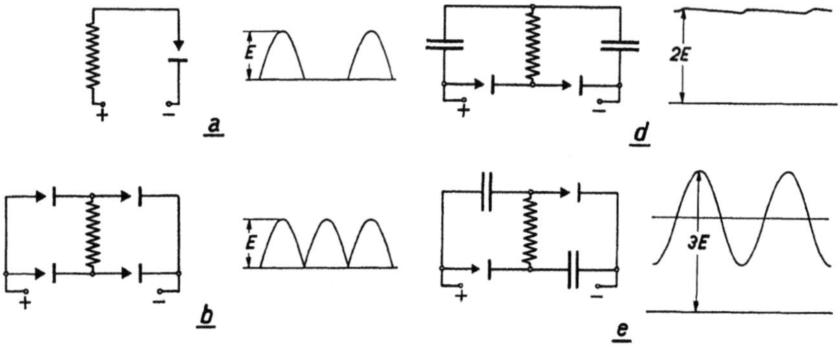

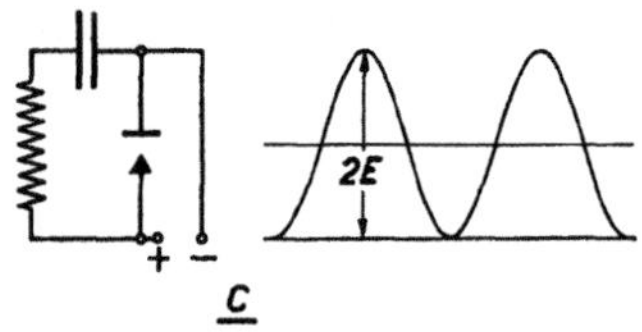

Abb. 15 a bis e. Verschiedene Schaltungen mit Ventilen und Kondensatoren und die zugehörigen Spannungsformen. *a* Unterdrückung einer Phase; *b* Umkehrung einer Phase (full wave); *c* VILLARD-Schaltung; *d* GREINACHER-Schaltung; *e* Schaltung nach ZIMMERMAN und WITKA.

e) Die Schaltung nach ZIMMERMAN [10], oft WITKA-Schaltung genannt, bei der eine Spannung mit dem dreifachen Wert der Maximalspannung des Transformators entsteht.

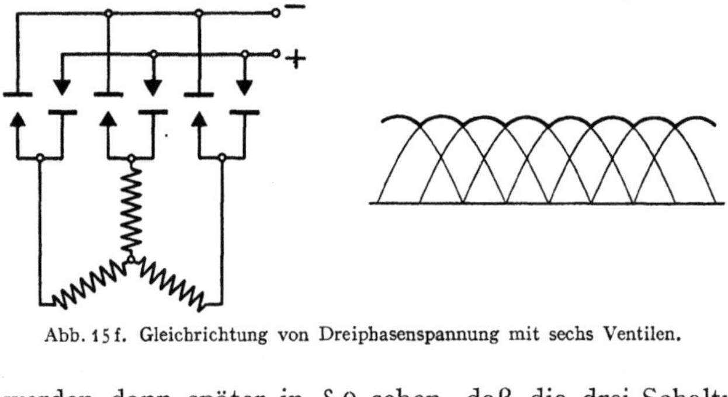

Abb. 15 f. Gleichrichtung von Dreiphasenspannung mit sechs Ventilen.

Wir werden dann später in § 9 sehen, daß die drei Schaltungen c, d und e nur Sonderfälle der dort besprochenen Kaskadenschaltung sind.

Neben den Schaltungen sind in den Abb. 15a bis e die erzeugten Spannungsformen bei geringer Belastung schematisch angedeutet oder, was dasselbe ist, der zeitliche Verlauf der Ströme durch einen Belastungswiderstand. Weitere Erklärung brauchen die Bilder mit Unterschriften wohl kaum.

Selbstverständlich sind auch Kombinationen der angegebenen Schaltungen möglich, die wir aber übergehen, um so mehr, weil eine generelle Lösung des Problems doch noch im nachfolgenden behandelt wird.

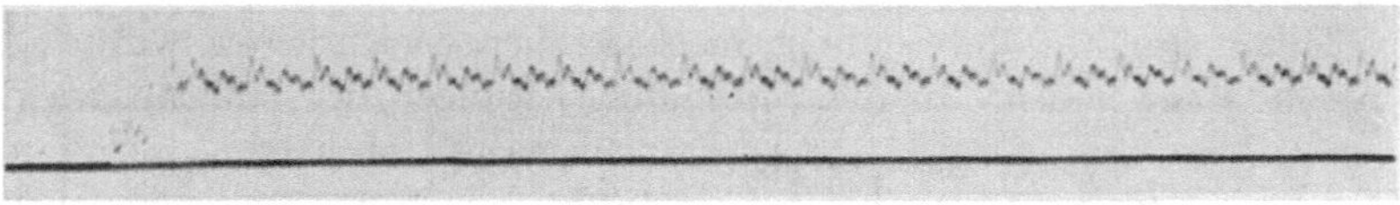

Durch Gleichrichtung von Dreiphasenspannung kommt man bekanntlich zu annähernd konstanter Gleichspannung ohne Verwendung von Kondensatoren, wie Abb. 15 f schematisch wiedergibt.

In der Praxis zeigt die Aufnahme mit dem Kathodenstrahloszillographen meistens das Bild von Abb. 16 mit erheblich größerer Welligkeit [11].

Abb. 17. Hochspannungstransformator nach FISCHER mit synchron rotierendem Nadelschalter zwischen den Spulen (Hochspannungsgesellschaft, Köln).

Da Hochspannungsgleichrichter nur für Spannungen bis etwa 400 kV gebaut sind, so kann man mit Hilfe von solchen Gleichrichtern nicht ohne weiteres Gleichspannungen von der Größenordnung 1 MV herstellen. Man müßte zu diesem Zweck Gleichrichter in Reihe schalten, was im allgemeinen nicht leicht ist u. a., weil die zur Heizung der Kathoden von den Gleichrichtern benötigte Energie mittels hochisolierter Transformatoren oder Generatoren geliefert werden müßte. Außerdem sind besondere Maßnahmen notwendig, um die Sicherheit zu erhalten, daß jedes Ventil wirklich den ihm zugemessenen Anteil der Sperrspannung erhält, was nicht immer automatisch der Fall ist, weil die Kapazitäten der Heizstromtransformatoren und anderer in dem

Kreise anwesender Konstruktionsteile oft eine ganz andere Spannungsverteilung verursachen. Durch zweckmäßig gewählte Parallelkapazitäten ist grundsätzlich eine gleichmäßige Beanspruchung der Ventile zu erreichen [12].

Eine elegante Verwendung mechanischer Gleichrichter wurde von FISCHER angegeben. In die Verbindungsleitungen der Spulenpaare des Transformators nach Abb. 7 sind mechanische synchron rotierende Gleichrichter eingeschaltet (Abb. 17).

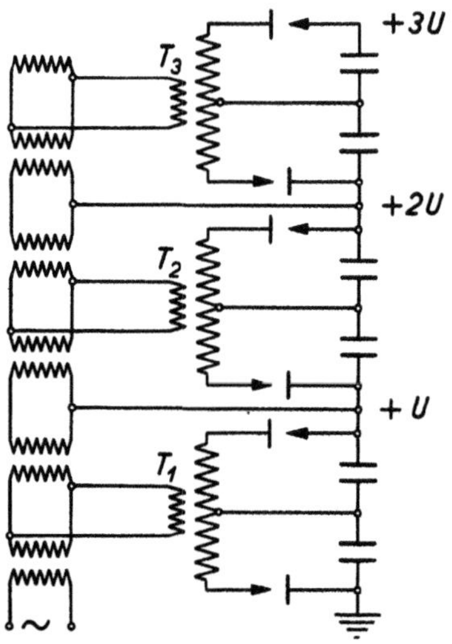

Abb. 18. Transformator in Reihe mit Gleichrichtern und Kondensatoren zur Erzeugung hoher Gleichspannung.

Die „Nadelschalter" stellen den Kontakt zwischen zwei Spulen gerade im gewünschten Moment her, wenn der Stator des Synchronmotors richtig gestellt ist. Der Transformator läßt sich bei stillstehender Nadelwelle und bei Verwendung kleiner Klemmen als Wechselstromtransformator verwenden, so daß man nach Wahl Wechselspannung oder gleichgerichtete Wechselspannung erzeugen kann.

Wir bemerken noch, daß überall dort, wo in dem angeführten Beispiel Ventilröhren gezeichnet worden sind, im Prinzip auch mechanische Gleichrichter verwendet werden können. Diese Gleichrichter werden übrigens mehr und mehr durch Ventilröhren ersetzt, sowohl durch Vakuumventile als durch solche mit Gasfüllung, die wir in einem späteren Abschnitt besprechen werden.

Auch ist es möglich, die mechanischen Schalter in dem FISCHER-System von Abb. 17 durch Ventile zu ersetzen — oder auch zwischen in Reihe geschalteten Hochspannungstransformatoren Ventile einzuschalten —, so wie es BOEKELS [13] vorgeschlagen hat.

Die Isolationsfrage bei den Transformatoren und die Heizungsfrage bei den Ventilen bleiben aber technisch schwierig, wenn man zu sehr hohen Spannungen kommen will.

Im Prinzip besteht auch die Möglichkeit, die Spannungen einer Anzahl in Reihe geschalteter Transformatoren mit Gleichrichtern und Kondensatoren, z. B. nach einem Schema der Abb. 15, in gleichgerichtete Spannung oder in konstante Gleichspannung zu verwandeln.

Abb. 18 zeigt eine der möglichen Schaltungen, wobei die Heizung der Gleichrichterkathoden nicht angegeben ist. Dies geschah bislang durch in zusätzlichen Säulen angeordnete hochisolierte Transformatoren oder Generatoren. Die später zu erörternde Hochfrequenzmethode (§ 9) wäre wahrscheinlich einfacher. Auch besteht in der Schaltung von Abb. 18

die Möglichkeit, die Heizspannungen der Ventile Sonderwicklungen auf Haupttransformatoren und auf den entsprechenden Trenntransformator zu entnehmen.

Abb. 19. 1-MV-Anlage mit in Reihe geschalteten Transformatoren und zugehörigen Kondensatoren und Ventilen in Verdopplungsschaltung (Koch & Sterzel). Gesamthöhe etwa 7 m. Die Ventile sind zwischen den Säulen sichtbar. Gewicht 8000 kg.

Ein Generator nach einem der Abb. 18 ähnlichen Schema für 1 MV Gleichspannung wurde z. B. von Koch & Sterzel gebaut und dem Institut von Prof. Bohr, Kopenhagen, geliefert. Dieser Generator ist in Abb. 19 gezeigt. Die Gesamthöhe beträgt ungefähr 7 m, die erreichbare Stromstärke bei 1 MV ist berechnet auf 12 mA.

Die erste Säule vorn enthält die Hochspannungstransformatoren, die jeweils durch Isolierzylinder voneinander für die entsprechende Spannung isoliert sind. Die Säule rechts enthält die Trenntransformatoren, welche die vorgenannten Hochspannungstransformatoren in der vorderen Säule speisen.

Die Säule links enthält die Heizstromgeneratoren für die Glühkathodenröhren (Transformatorseite).

Die rechts dahinter befindliche weitere Säule enthält die Heizstromgeneratoren für die Glühkathodenröhren (Kondensatorseite).

Die Säule in der Mitte des Hintergrundes enthält die Kondensatoren.

§ 5. Hochfrequenztransformatoren.

Aus Formel (14) geht hervor, daß eine Erhöhung der Frequenz beim Wechselstromtransformator zu höherer Spannung bei gleichbleibender Windungszahl und bei gleichem Kraftfluß führt. Praktisch ist aber die Spannungserhöhung durch Erhöhung der normalen Frequenz bei einem bestimmten Transformator nicht möglich; denn schon die Isolation zwischen den Windungen, die ja für eine bestimmte Spannung berechnet ist, würde eine erhöhte Spannung nicht mit Sicherheit aushalten. Es müßte also von vornherein die Isolation auf die höhere Spannung berechnet sein und da Isolationsabstände in erster Linie die Abmessungen des ganzen Transformators bestimmen, so ist der Gewinn durch Frequenzerhöhung gering, auch wenn bei erhöhter Frequenz der Kraftfluß und somit der Eisenquerschnitt verringert werden können. Hierzu kommt, daß bei hoher Frequenz Verluste im Dielektrikum auftreten, welche bei niedriger Frequenz zu vernachlässigen sind und daß oft kapazitive Ströme und induktive Spannungen sich recht störend bemerkbar machen. Trotzdem werden oft Transformatoren für 200 und 500 Hz gebaut, aber dann meistens aus besonderen Gründen.

In Anlagen mit Kondensatoren kommt man z. B. bei höherer Frequenz mit kleineren Kapazitäten aus; dagegen sind die Transformatoren teuerer, weil es Sonderanfertigungen sind.

Spezielle Hochfrequenztransformatoren, die besondere Eigenschaften aufweisen, werden aber mit Erfolg für die Erzeugung extrem hoher Spannungen verwendet. Die Erscheinung, welche bei diesen Transformatoren die entscheidende Rolle spielt, ist die *Resonanz*. In solchen Hochfrequenztransformatoren wird meistens der Eisenkern vermieden. Das Produkt

$$f\,Q\,B = f\,Q\,\mu\,H\,,$$

das für die pro Windung erzeugte Spannung bestimmend ist, wird wegen des großen Wertes von f auch bei $\mu = 1$ leicht genügen groß.

Gedämpfte Schwingungen. Bekannt ist der TESLA-Transformator, der vor etwa 30 Jahren ausführlich von DRUDE, WIEN, ZENNECK und anderen untersucht wurde.

Abb. 20 zeigt eine der üblichen Schaltungen eines Teslatransformators. Die Funkenstrecke in dem Primärkreis schlägt durch, sobald der Kondensator C, der über das Ventil V von dem Transformator T aufgeladen wird, die Durchschlagspannung erreicht hat. Das Produkt RC in dem Primärkreis ist maßgebend für die Frequenz der Durchschläge (Relaxations- oder Kippschwingung). Der Stromstoß beim Durchschlag der Funkenstrecke in der Primärwicklung P regt eine Schwingung in beiden Wicklungen an, die bei richtiger Abstimmung und geeigneter Kopplung zu sehr hohen Sekundärspannungen Veranlassung geben. Die primäre Spule hat eine, durch Zahl und Abmessungen der Windungen bestimmte Selbstinduktion L_1, und eine durch Einstellung des Kondensators veränderliche Kapazität C_1.

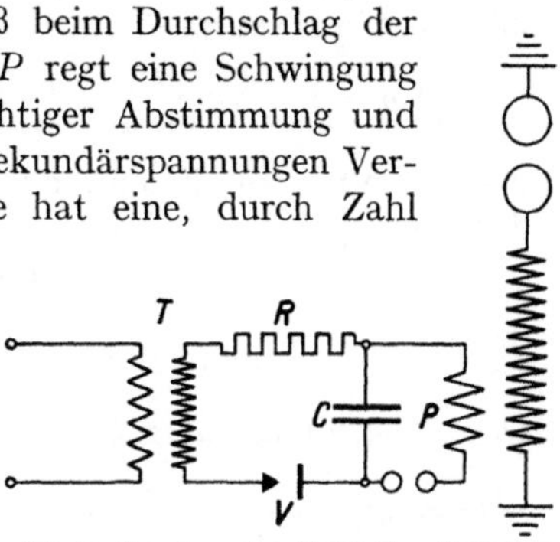

Abb. 20. Schaltung eines TESLA-Transformators.

Die Höhe der Sekundärspannung bei einem TESLA-Transformator wird nicht einfach durch die Spannung im Primärkreis und das Windungsverhältnis w_2/w_1 bestimmt. Sie hängt, außer von diesen Faktoren, ab von der Abstimmung — Eigenfrequenz von Primär- und Sekundärkreis — von dem Kopplungsgrad und von der Dämpfung. Auch die Spannungsform wird von diesen Größen bestimmt. Die sekundäre Spule hat eine, durch die Windungen bestimmte Selbstinduktion L_2 und eine Kapazität C_2, welche durch die Konstruktion der Spule und durch ihre Umgebung bestimmt sind.

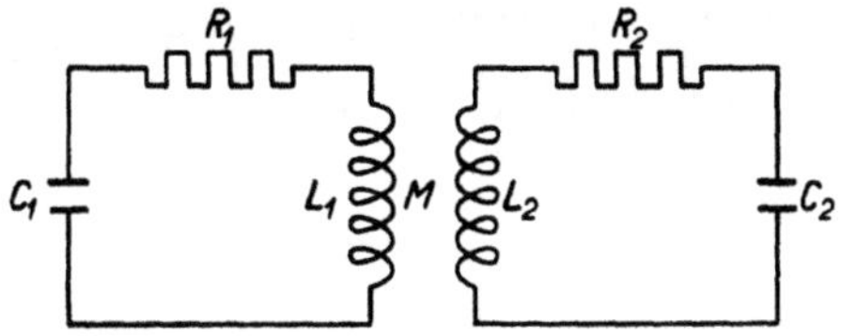

Abb. 21. Induktiv gekoppelte LCR-Kreise.

Die Gleichungen zweier gekoppelter Schwingungskreise (Abb. 21) lauten im allgemeinen in symbolischer Schreibweise:

$$\left.\begin{aligned}\left(j\omega L_1 + \frac{1}{j\omega C_1} + R_1\right) i_1 + j\omega M i_2 = 0\\ \left(j\omega L_2 + \frac{1}{j\omega C_2} + R_2\right) i_2 + j\omega M i_1 = 0.\end{aligned}\right\} \qquad (36)$$

Setzen wir wieder die Koeffizienten von i_1 und i_2 bezüglich gleich Z_1 und Z_2, so entsteht:

$$\left.\begin{aligned}Z_1 i_1 + j\omega M i_2 = 0\\ Z_2 i_2 + j\omega M i_1 = 0.\end{aligned}\right\} \qquad (37)$$

Diese homogenen linearen Gleichungen haben nur eine von 0 verschiedene Lösung, wenn die Determinante

$$D = Z_1 Z_2 + \omega^2 M^2 = 0 \qquad (38)$$

wird. Für $D \neq 0$ wäre $i_2 = i_1 = 0$, es wäre also kein endlicher Strom in den Kreisen möglich.

Für $D=0$ können endliche Ströme fließen. Die Bedingung (38) heißt die Resonanzbedingung. Wir wollen ihre Bedeutung näher untersuchen für den Fall, daß R_1 und R_2 so klein sind, daß sie vernachlässigt werden können. Wir setzen

$$j\omega = p, \qquad \frac{M^2}{L_1 L_2} = k^2, \qquad \frac{1}{L_1 C_1} = \omega_1^2, \qquad \frac{1}{L_2 C_2} = \omega_2^2,$$

wo ω_1 und ω_2 die Eigenfrequenzen beider Kreise sind. Es ergibt sich dann aus (38):

$$(p^2 + \omega_1^2)(p^2 + \omega_2^2) - p^4 k^2 = 0$$

oder

$$p^4 (1 - k^2) + (\omega_1^2 + \omega_2^2) p^2 + \omega_1^2 \omega_2^2 = 0. \tag{39}$$

Diese Gleichung hat nur imaginäre Wurzeln:

$$-p^2 = \omega_{\mathrm{I,II}}^2 = \frac{1}{2(1-k^2)} \left\{\omega_1^2 + \omega_2^2 \pm \sqrt{(\omega_1^2 + \omega_2^2)^2 - 4\,\omega_1^2 \omega_2^2 (1 - k^2)}\right\}. \tag{40}$$

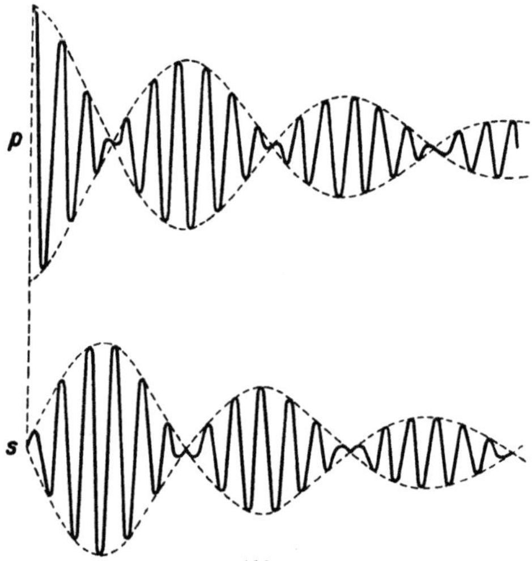

Abb. 22.
Gedämpfte Schwingungen im TESLA-Transformator.

Sind die beiden Kreise aufeinander abgestimmt, also $\omega_1 = \omega_2 = \omega_0$, dann ergibt sich:

$$\omega_{\mathrm{I,II}} = \frac{\omega_0}{\sqrt{1 \pm k}}. \tag{41}$$

Es bilden sich also zwei Frequenzen, von denen die eine höher, die andere niedriger als die Eigenfrequenz des Systemes ist, d. h., in beiden Kreisen des TESLA-Transformators werden nach jedem Funkenüberschlag Schwingungen dieser Frequenzen entstehen. Im allgemeinen werden die Schwingungen Schwebungen bilden, weil beide Frequenzen nach (41) dieselbe Größenordnung haben. Ist aber $k=1$ (feste Kopplung), dann wird eine der Frequenzen unendlich groß, und die andere $\omega = \omega_0/\sqrt{2}$ bleibt allein übrig. Ist dagegen k sehr klein, so werden beide Frequenzen fast einander gleich.

Wir haben der Einfachheit halber die Dämpfungen in beiden Kreisen vernachlässigt. Diese hat zur Folge, daß die Amplituden der Schwingungen abnehmen, wie das z. B. in Abb. 22 angegeben ist. Die Dämpfung beeinflußt auch die Frequenz[14] und selbstverständlich die erreichbare sekundäre Spannung.

Wir wollen für den Fall geringer Dämpfung, $R_1 \ll \omega L_1$, $R_2 \ll \omega L_2$, die sekundäre Spannung am Kondensator C_2 berechnen. Dazu lassen wir die Glieder R_1 und R_2 in (36) fort und bilden, weil es die Rechnung etwas vereinfacht, aus (36) die Gleichung für die Spannungen $U_1 = \frac{i_1}{j\omega C_1}$ und $U_2 = \frac{i_2}{j\omega C_2}$ an den Kondensatoren C_1 und C_2. Es ergibt sich:

$$\left.\begin{aligned}(L_1 C_1 \omega^2 - 1)\, U_1 + \omega^2 M C_2 U_2 &= 0\\ (L_2 C_2 \omega^2 - 1)\, U_2 + \omega^2 M C_1 U_1 &= 0\end{aligned}\right\} \tag{42}$$

$$\left.\begin{aligned}U_1 &= U_0,\\ U_2 &= 0,\end{aligned}\right\} \text{ für } t = 0. \tag{43}$$

Wir setzen:

$$\left.\begin{aligned}U_1 &= A_1 \cos \omega_{\mathrm{I}} t + B_1 \cos \omega_{\mathrm{II}} t\\ U_2 &= A_2 \cos \omega_{\mathrm{I}} t + B_2 \cos \omega_{\mathrm{II}} t,\end{aligned}\right\} \tag{44}$$

wo ω_{I} und ω_{II} die durch (40) gegebenen Kreisfrequenzen sind. Wir finden dann sofort aus den Anfangsbedingungen:

$$\left.\begin{aligned}B_1 &= U_0 - A_1\\ B_2 &= -A_2.\end{aligned}\right\} \tag{45}$$

Wir erhalten nun A_1 und A_2 aus den Gleichungen (42) in folgender Weise: Wir betrachten die partikulären Lösungen

$$\left.\begin{aligned}U_1 &= A_1 \cos \omega_{\mathrm{I}} t\\ U_2 &= A_2 \cos \omega_{\mathrm{I}} t\end{aligned}\right\} \quad \text{und} \quad \left\{\begin{aligned}U_1 &= (U_0 - A_1) \cos \omega_{\mathrm{II}} t\\ U_2 &= -A_2 \cos \omega_{\mathrm{II}} t,\end{aligned}\right.$$

führen diese in die erste der Gleichungen (42) ein und setzen dann $t = 0$. Es kommt:

$$\left.\begin{aligned}(L_1 C_1 \omega_{\mathrm{I}}^2 - 1)\, A_1 + \omega_{\mathrm{I}}^2 M C_2 A_2 &= 0\\ (L_1 C_1 \omega_{\mathrm{II}}^2 - 1)\, A_1 + \omega_{\mathrm{II}}^2 M C_2 A_2 &= -U_0(\omega_{\mathrm{II}}^2 L_1 C_1 - 1),\end{aligned}\right\} \tag{46}$$

also

$$A_2 = \frac{U_0}{M C_2} \, \frac{\omega_{\mathrm{I}}^2 \omega_{\mathrm{II}}^2 L_1^2 C_1^2 - (\omega_{\mathrm{I}}^2 + \omega_{\mathrm{II}}^2) L_1 C_1 + 1}{\omega_{\mathrm{II}}^2 - \omega_{\mathrm{I}}^2}. \tag{47}$$

Hieraus folgt mit Berücksichtigung von (40):

$$A_2 = -B_2 = \frac{M C_1 U_0}{\sqrt{(L_1 C_1 - L_2 C_2)^2 + 4 k^2 L_1 C_1 L_2 C_2}}. \tag{48}$$

Die sekundäre Spannung ist dann durch (44) gegeben. Die Amplituden beider Schwingungen sind gleich groß.

Auch U_1 berechnet sich leicht aus (46): es ergibt sich:

$$\left.\begin{aligned}A_1 &= U_0 \frac{\omega_{\mathrm{I}}^2 \omega_{\mathrm{II}}^2}{\omega_{\mathrm{II}}^2 - \omega_{\mathrm{I}}^2} \left(\frac{1 - \omega_{\mathrm{II}}^2 L_1 C_1}{\omega_{\mathrm{II}}^2}\right)\\ B_1 &= -U_0 \frac{\omega_{\mathrm{I}}^2 \omega_{\mathrm{II}}^2}{\omega_{\mathrm{II}}^2 - \omega_{\mathrm{I}}^2} \left(\frac{1 - \omega_{\mathrm{I}}^2 L_1 C_1}{\omega_{\mathrm{I}}^2}\right).\end{aligned}\right\} \tag{49}$$

Weiter findet man die Ströme i_2 und i_1 aus (48) und (49) durch

$$i_2 = U_2 j \omega C_2 \text{ und } i_1 = U_1 j \omega C_1.$$

Sind beide Kreise aufeinander abgestimmt, also $L_1 C_1 = L_2 C_2$, so ergibt sich aus (48):

$$A_2 = -B_2 = \frac{M U_0}{2k L_1} = \frac{1}{2} U_0 \frac{\sqrt{L_2}}{\sqrt{L_1}}, \tag{50}$$

also:

$$U_2 = \frac{1}{2} U_0 \sqrt{\frac{L_2}{L_1}} \left(\cos \frac{\omega_0}{\sqrt{1-k}} t - \cos \frac{\omega_0}{\sqrt{1+k}} t \right), \tag{51}$$

wenn wieder

$$\omega_0 = \frac{1}{\sqrt{L_1 C_1}} = \frac{1}{\sqrt{L_2 C_2}}. \tag{52}$$

Eine ausführliche Berechnung, auch für den Fall endlicher Dämpfungen, wurde schon im Jahre 1905 von DRUDE veröffentlicht. Das oft benutzte Ergebnis der älteren Berechnungen DRUDEs, daß die höchste Sekundärspannung erreicht wird bei Abstimmung auf Resonanz und $k = 0{,}6$, gilt nicht allgemein[15]. Wenn z. B. durch Vergrößerung des primären Kondensators und etwas schwächere Kopplung

$$L_1 C_1 = 2{,}13\, L_2 C_2 \quad \text{und} \quad k = 0{,}265$$

gemacht wird, so wird nach (44) und (48):

$$U_{2\,\max} = 1{,}17 \sqrt{\frac{L_2}{L_1}}\, U_0 .$$

Unter den DRUDEschen Bedingungen findet man nach (51):

$$U_{2\,\max} = \sqrt{\frac{L_2}{L_1}}\, U_0 .$$

Der große Einfluß der Dämpfung erklärt, daß eine sekundäre Belastung sofort eine Änderung der Spannungsform und Spannungserniedrigung verursacht, und zwar in ganz anderem Maße, als das beim gewöhnlichen Wechselstromtransformator der Fall ist.

Versuche mit TESLA-Transformatoren zur Erzeugung langer Entladungsfunken waren sehr erfolgreich. Auch für die Erzeugung sehr hoher gedämpfter Hochfrequenzspannungen zur Prüfung von Isolatoren werden TESLA-Transformatoren mit Erfolg verwendet.

Die Abb. 23 eines großen TESLA-Transformators mit angebauter Meßfunkenstrecke entnehmen wir einer Arbeit von HOCHHÄUSLER[16], die u. a. auch eine Anzahl von interessanten Spannungsoszillogrammen unter verschiedenen Betriebsbedingungen enthält. Der Verfasser dieser Arbeit weist besonders auf die Bedeutung der geringen Dämpfung im Primärkreis hin, weshalb er wenig primäre Windungen von großem Durchmesser wählt. Dagegen wurde von MÜLLER[17] gerade der Fall: große Dämpfung im Primärkreis betrachtet, wobei ein aperiodisch gedämpfter Schwingungskreis entsteht. Das dabei gestellte Ziel war, die im Betriebe auftretenden hochfrequenten Störungen genau zu reproduzieren.

Zur Speisung von Entladungsröhren hat man TESLA-Transformatoren mit weniger Erfolg verwendet. So haben z. B. TUVE, HAFSTAD und DAHL[18] nach anfänglich optimistischen Berichten doch nach jahrelangen Experimenten die Methode zugunsten der Stoßspannungen aufgegeben, um aber dann später mit Erfolg auf Gleichspannung[19] überzugehen.

Abb. 23. TESLA-Transformator (nach HOCHHÄUSLER) für 1100 kV und 125 kVA.

Für den Bau von Hochfrequenztransformatoren sind die neuerdings bekanntgewordenen magnetischen Materialien interessant, bei denen bei den höchsten Frequenzen die Verluste noch klein sind und die praktisch erreichbare Permeabilität von 10 bis 100 erhebliche Verkleinerung der Abmessungen bringen können.

Ungedämpfte Schwingungen. Anstatt der Anregung von Schwingungen durch Funkenüberschlag kann man im Primärkreis eines Resonanztransformators auch eine ungedämpfte Schwingung mittels Senderöhren erzeugen.

In diesem Falle lauten die Transformatorengleichungen (Abb. 24):

$$\left.\begin{aligned} Z_1 i_1 + j\omega M i_2 &= U_1 \\ Z_2 i_2 + j\omega M i_1 &= 0, \end{aligned}\right\} \quad (53)$$

wo wieder

$$\left.\begin{aligned} Z_1 &= j\omega L_1 + \frac{1}{j\omega C_1} + R_1 \\ Z_2 &= j\omega L_2 + \frac{1}{j\omega C_2} + R_2. \end{aligned}\right\} \quad (54)$$

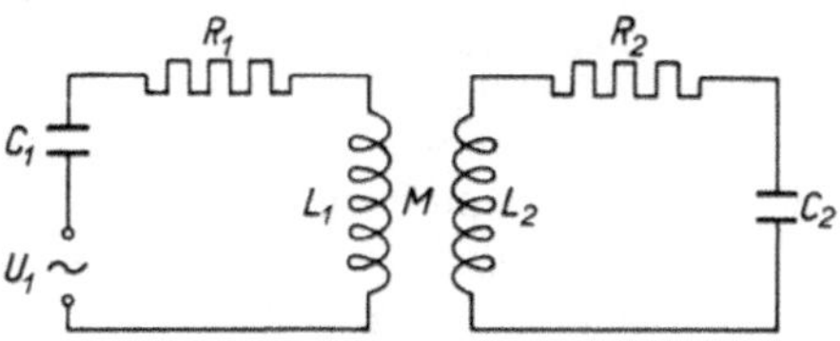

Abb. 24. Schema des Resonanztransformators. Erzeugung ungedämpfter Schwingungen.

Wir wollen wieder den Fall betrachten, daß R_1 und R_2 vernachlässigbar klein sind und dann die Spannung am Kondensator C_2 berechnen.

Wenn im Sekundärkreise kein Kondensator vorkommt, dann haben die Sekundärwicklung, die im Falle des TESLA-Transformators eine gewisse über die ganze Wicklung verteilte Eigenkapazität besitzt, und die am Ende der Sekundärspule angeschlossenen Leiter eine gewisse Kapazität gegeneinander oder gegenüber der Umgebung.

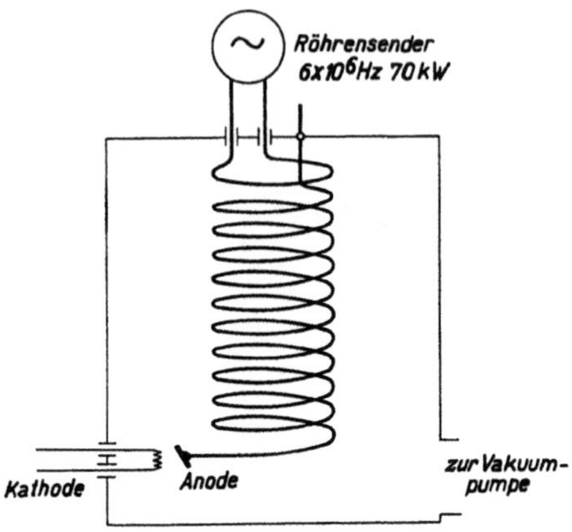

Abb. 25. Schema eines Hochfreqenztransformators in Vakuum zur Erzeugung von Röntgenstrahlen nach SLOAN.

Wir finden:

$$i_2 = \frac{-j\,\omega\,M\,U_1}{Z_1 Z_2 + \omega^2 M^2}, \qquad (55)$$

wo jetzt Z_1 und Z_2 die in (54) angegebene Bedeutung haben. Weiter ist die Spannung am Kondensator C_2 gegeben durch

$$U_2 = \frac{i_2}{j\,\omega\,C_2}, \qquad (56)$$

so daß schließlich nach (55) und (56):

$$U_2 = \frac{-M\,U_1}{C_2\,(Z_1 Z_2 + \omega^2 M^2)}. \qquad (57)$$

Schreiben wir wieder $\frac{1}{L_1 C_1} = \omega_1^2$, $\frac{1}{L_2 C_2} = \omega_2^2$ und $\frac{M^2}{L_1 L_2} = k^2$, dann ergibt sich aus (57):

$$U_2 = \frac{k^2 U_1}{C_2 M \omega^2 \left\{\left(1 - \frac{\omega_1^2}{\omega^2}\right)\left(1 - \frac{\omega_2^2}{\omega^2}\right) - k^2\right\}}. \qquad (58)$$

Offenbar bestehen zwei Resonanzmaxima für die Werte der Kreisfrequenz ω, für die der Nenner 0 wird. Es sind die Kopplungsfrequenzen beider Kreise. Die Dämpfung, die in (58) nicht berücksichtigt wurde, bedingt dann endliche Spannungswerte. Bei Berücksichtigung der Dämpfung findet man übrigens nicht ganz dieselben Werte für die Resonanzfrequenzen, sondern etwas abweichende.

Ein interessantes Beispiel eines solchen Resonanztransformators gibt Abb. 25 schematisch.

Der Apparat dient zur Erzeugung durchdringender Röntgenstrahlen und wurde von SLOAN[20] entworfen.

Ein kräftiger Sender sendet Hochfrequenzschwingungen durch eine einzige primäre Kupferwindung, mit der eine Sekundärspule von etwa 10 Windungen gekoppelt ist. Beide Windungssysteme bestehen aus starkem Kupferrohr. Die sekundäre Wicklung ist so bemessen, daß sie bei der verwendeten Frequenz von $6 \cdot 10^6$ Hz gerade eine Viertelwelle bildet. Das geerdete obere Ende ist ein Knoten und die Spannung an dem freien unteren Ende schwankt zwischen dem positiven und dem negativen Maximalwert. In der Wand des Kastens, in dem beide Spulen untergebracht sind, und der mit Hilfe von kontinuierlich arbeitenden Pumpen luftleer gehalten wird, ist gegenüber dem freien Spulenende der Sekundärwicklung ein Heizfaden eingebaut. In jenem Moment, in dem die Spannung des Spulenendes positiv ist, wird ein gerichtetes Bündel Elektronen auf diesem als „Antikathode" fungierenden Spulenende auftreffen und dann beim Aufprall Röntgenstrahlen bilden. Der ganze Kasten ist mit einer Bleischicht von tausenden kg umgeben, in dem einige Löcher zum Strahlenaustritt angebracht sind.

Die Ausbeute, besonders bei der beschriebenen Anordnung, aber auch im allgemeinen bei TESLA-Transformatoren, ist gering. Bei diesem System wird von einer Leistung von etwa 100 kW ausgegangen, während die Stromstärke in der Röntgenröhre bei etwa 1 MV maximaler Spannung etwa 1 mA beträgt, was also nur einer Nutzleistung von etwa 1 kW entspricht.

§ 6. Der Induktor.

Zu den Transformatoren mit hoher Frequenz kann man auch den Induktor zählen. Die Frequenz der vom Induktor gelieferten Spannungsimpulse ist nicht besonders hoch, aber es ist die Größe $d\Phi/dt$, die einer höheren Frequenz entspricht. Auch treten in der Tat im Primär- sowohl als im Sekundärkreis hochfrequente Schwingungen auf. Der durch die Primärwicklung geschickte Strom ist unsymmetrisch, er steigt langsam an und fällt schnell ab. Primärer Strom und sekundäre Spannung sind nach einer oszillographischen Aufnahme in Abb. 26 gezeichnet.

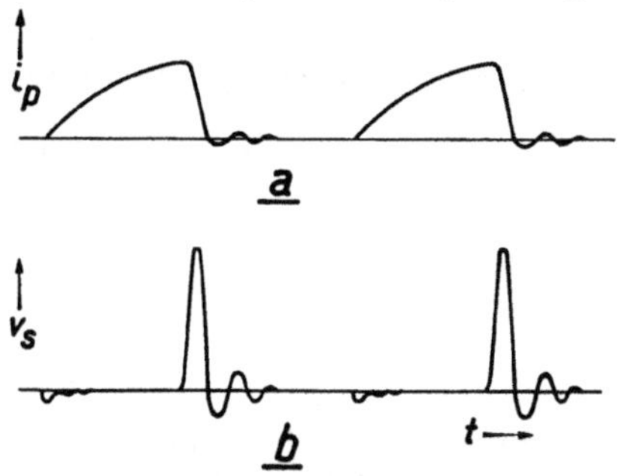

Abb. 26. Strom und Spannung beim Induktor nach oszillographischen Aufnahmen. *a* Primarer Strom; *b* sekundare Spannung.

Die Theorie. Der schnelle Abfall des Primärstromes beim Unterbrechen verursacht einen großen Wert von $d\Phi/dt$ trotz des mäßigen Wertes von Φ. Daher eine verhältnismäßig hohe Spannung pro Windung. Besonders TAYLOR JONES [15] hat darauf hingewiesen, daß die Sekundärspannung nicht einfach aus der Primärspannung berechnet werden kann durch Multiplikation mit dem Windungsverhältnis n_2/n_1. Dieses ist nur erlaubt, wenn die Kopplung k zwischen Primär- und Sekundärkreis eng — k nicht viel kleiner als 1 — ist. Bei schwächeren Kopplungen ($k < 1$) spielen harmonische Schwingungen im Primär- und Sekundärkreis eine entscheidende Rolle.

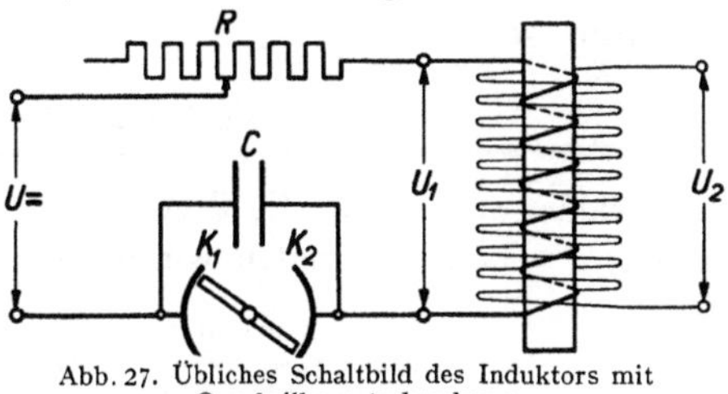

Abb. 27. Übliches Schaltbild des Induktors mit Quecksilberunterbrechung.

Die übliche Schaltung ist in Abb. 27 angegeben.

Hier gelten die Transformatorengleichungen:

$$\left.\begin{aligned} Z_1 i_1 + j\omega M i_2 = U_1 \\ Z_2 i_2 + j\omega M i_1 = U_2 \end{aligned}\right\} \tag{59}$$

mit

$$\left.\begin{aligned} Z_1 = j\omega L_1 + \frac{1}{j\omega C_1} \\ Z_2 = j\omega L_2 + \frac{1}{j\omega C_2}, \end{aligned}\right\} \tag{60}$$

wenn wir wieder die Widerstände in beiden Kreisen vernachlässigbar klein annehmen.

Wir wollen wieder die Sekundärspannung U_2 berechnen für die Anfangsbedingung:

$$\text{für } t = 0\colon \left\{\begin{matrix} U_1 = 0, & i_1 = i_0 \\ U_2 = 0, & i_2 = 0. \end{matrix}\right\} \tag{61}$$

Hierbei vernachlässigen wir die verhältnismäßig geringe Gleichspannung vor der Unterbrechung. Wir setzen:

$$\left.\begin{aligned} i_1 = A_1 \cos\omega_{\mathrm{I}} t + B_1 \cos\omega_{\mathrm{II}} t \\ i_2 = A_2 \cos\omega_{\mathrm{I}} t + B_2 \cos\omega_{\mathrm{II}} t. \end{aligned}\right\} \tag{62}$$

Aus (61) folgt sofort:

$$\left.\begin{aligned} B_1 = i_0 - A_1 \\ B_2 = -A_2. \end{aligned}\right\} \tag{63}$$

Setzen wir dieses Ergebnis in (62) ein, dann folgen aus der ersten der Gleichungen (59) mit (61) die Gleichungen für A_1 und A_2:

$$\left.\begin{aligned} \left(j\omega_{\mathrm{I}} L_1 + \frac{1}{j\omega_{\mathrm{I}} C_1}\right) A_1 + j\omega_{\mathrm{I}} M A_2 = 0 \\ \left(j\omega_{\mathrm{II}} L_1 + \frac{1}{j\omega_{\mathrm{II}} C_1}\right) A_1 + j\omega_{\mathrm{II}} M A_2 = -i_0\left(j\omega_{\mathrm{II}} L_1 - \frac{1}{j\omega_{\mathrm{II}} C_1}\right). \end{aligned}\right\} \tag{64}$$

Hieraus schließlich

$$-B_2 = A_2 = i_0 \frac{M C_2 \omega_{\mathrm{I}}^2 \omega_{\mathrm{II}}^2}{\omega_{\mathrm{II}}^2 - \omega_{\mathrm{I}}^2},$$

wo wieder ω_{I} und ω_{II} die Frequenzen der Kopplungsschwingungen sind. Da $i_1 = -dU_1/dt$, finden wir leicht aus (64):

$$U_2 = i_0 \frac{M\omega_{\mathrm{I}}\omega_{\mathrm{II}}}{\omega_{\mathrm{II}}^2 - \omega_{\mathrm{I}}^2} (\omega_{\mathrm{II}} \sin\omega_{\mathrm{I}} t - \omega_{\mathrm{I}} \sin\omega_{\mathrm{II}} t). \tag{65}$$

Taylor Jones[15] hat auf die Bedingungen hingewiesen, für welche die Summe der Amplituden der Teilfrequenzen, also die Sekundärspannung U_{2m}, maximal ist. Sie beträgt im günstigsten Falle nach (65) offenbar:

$$U_{2m} = 2 M i_0 \frac{\omega_{\mathrm{I}}\omega_{\mathrm{II}}}{\omega_{\mathrm{I}} - \omega_{\mathrm{II}}}. \tag{66}$$

Eine der Bedingungen ist

$$\frac{\omega_{\mathrm{II}}}{\omega_{\mathrm{I}}} = 3,\ 7,\ 11,\ 15. \tag{67}$$

Diese Bedingung bedeutet, daß die Maxima beider Schwingungen zusammenfallen, was z. B. nicht bei $\omega_{\mathrm{II}}/\omega_{\mathrm{I}} = 2$, 4 oder 5 der Fall ist. Die zweite Bedingung betrifft das Verhältnis $\frac{L_1 C_1}{L_2 C_2} = q$. Man findet sie, wenn man in (66) die aus (40) hervorgehenden Werte für ω_{I} und ω_{II} einsetzt, den dann entstehenden Ausdruck für U_2 als Funktion von q nach q differenziert und den Differentialquotienten gleich Null setzt. Es ergibt sich:

$$q = \frac{L_1 C_1}{L_2 C_2} = 1 - k^2, \tag{68}$$

und die maximale Spannung wird:

$$U_{2m} = \frac{M i_0}{\sqrt{L_2 C_2}} \frac{1}{k} = i_0 \sqrt{\frac{L_1}{C_2}}. \tag{69}$$

Nach (69) ist offenbar

$$\tfrac{1}{2} C_2 U_{2m}^2 = \tfrac{1}{2} L_1 i_0^2. \tag{70}$$

Die ganze im Primärkreis vor der Unterbrechung aufgespeicherte Energie $\frac{1}{2} L i_0^2$ geht also unter den Bedingungen (67) und (68) in der Tat in den Sekundärkreis über.

Die in Abb. 26 sichtbaren Schwingungen wurden bei einem Induktor mit ziemlich starker Kupplung ($k \sim 0{,}85$) aufgenommen.

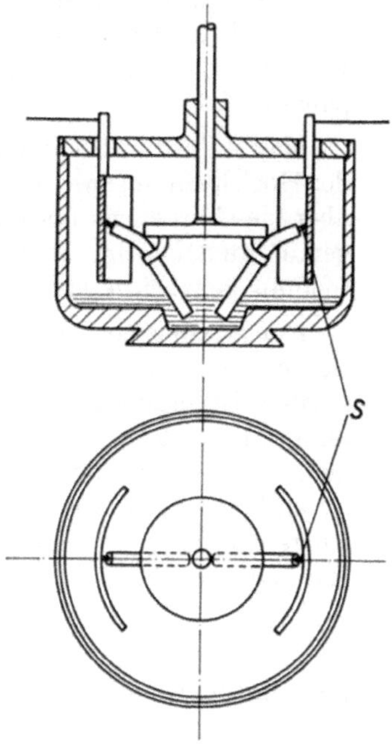

Abb. 28. Schematische Darstellung des Quecksilberunterbrechers.

Der Aufbau. Verschiedene Vorrichtungen wurden im Laufe der Jahre verwendet zur Unterbrechung des Primärstromes. Bekannt ist z. B. der WEHNELT-Unterbrecher. In den letzten Jahren wurde zwar in vermindertem Umfang der Funkeninduktor noch zur Erzeugung von Röntgenstrahlen verwendet und dann meistens mit einem sogenannten Quecksilberunterbrecher.

Die Unterbrechung kommt zustande, indem ein rotierender Quecksilberstrahl S einen Kontakt verläßt (Abb. 28). Besondere Maßnahmen sind notwendig, um dabei den entstehenden Lichtbogen rasch auszulöschen. Dazu wurden die Unterbrecher vorzugsweise mit solchen Gasen gefüllt, die möglichst elektronegativ sind: eine große Elektronenaffinität aufweisen[21]. Die Spannung am Kondensator muß so langsam ansteigen, daß bei gegebener Geschwindigkeit des sich von dem Kontakte entfernenden Quecksilberstrahles, diese Spannung bald nicht mehr ausreicht, um einen Bogen zu bilden. Der Stromanstieg ist beschränkt durch die primäre Selbstinduktion L_1:

$$i = \frac{U}{R}\left(1 - e^{-\frac{R}{L_1}t}\right)$$

(Abb. 28), also: langsamer Anstieg bei großem L_1. Andererseits ist $\frac{1}{2} L_1 i^2$ die vor jeder Unterbrechung aufgespeicherte Energie. Will man diese vergrößern, dann geht es also auf Kosten einer Verlängerung der Ruhepausen.

Man wählt für den Induktor einen offenen Eisenkern, was den Aufbau der Hochspannungswicklung vereinfacht. Die geringere Kopplung gegenüber geschlossenem Eisenkern kann je nach den obigen Rechnungen gerade günstig sein, wenn es sich um die Erzeugung hoher maximaler Spannungen bei geringer Leistung handelt.

Ein geschlossener Eisenkern wäre ungünstig, denn die Entmagnetisierung verläuft bei ihm viel langsamer und die remanente Magnetisierung ist erheblich, weil die entmagnetisierende Wirkung der Pole fehlt. Hierzu kommt, daß nur eine bestimmte Energie im Eisenvolumen aufgespeichert werden kann, während beim offenen Eisenkern ein wesentlicher Teil der Energie im Luftraum aufgespeichert ist. Der letztere Energiebetrag q_L in Erg ist durch das über den Luftraum erstreckte Raumintegral bestimmt

$$q_L = \oint \frac{H^2}{8\pi} dV$$

und die im Eisen aufgespeicherte Energie

$$q_E = \frac{\mu H_E^2}{8\pi} V_E,$$

wo μ die effektive Permeabilität ist, H_E die magnetische Feldstärke im Eisen und V_E das Eisenvolumen. Dabei ist an den Polen $H = \mu H_E$, wodurch leicht $q_L > q_E$ wird. Für eine bestimmte aufzuspeichernde Energiemenge kann also der offene Eisenkern kleiner sein.

Induktoren finden als Erzeuger extremer Hochspannungen nur noch selten Verwendung.

Von COOLIDGE[22] wurde bis vor kurzer Zeit der Induktor zur Hochspannungserzeugung verwendet. Er diente als Spannungsquelle für eine Röntgenröhre von 500000 V, welche auch in der Praxis angewandt wurde.

Mit modernen technischen Hilfsmitteln, wie gesteuerten Relaisröhren und unter Verwendung der reichen Erfahrungen mit modernen Kippschwingungssystemen, wäre es vielleicht möglich, den Induktor zu modernisieren. Ob dieses sich lohnen würde, ist fraglich, denn die in den nächsten Paragraphen beschriebenen Methoden zur Erzeugung von

Höchstspannungen, sind wahrscheinlich wegen der günstigeren Spannungsform doch besser und vielleicht sogar auch einfacher.

§ 7. Stoßspannungen.

Kurzzeitige Spannungsstöße werden meistens in der Weise erzeugt, daß man einen Kondensator auf eine hohe Spannung auflädt und durch ein Schaltelement — man benutzt hierfür oft nach MARX eine Funkenstrecke — auf einen Widerstand schaltet. Die an dem Widerstand auftretende Spannung wird also beim Durchschlag der Funkenstrecke plötzlich von Null auf den Wert der Kondensatorspannung steigen und dann abfallen, da sich der Kondensator über den Widerstand entlädt.

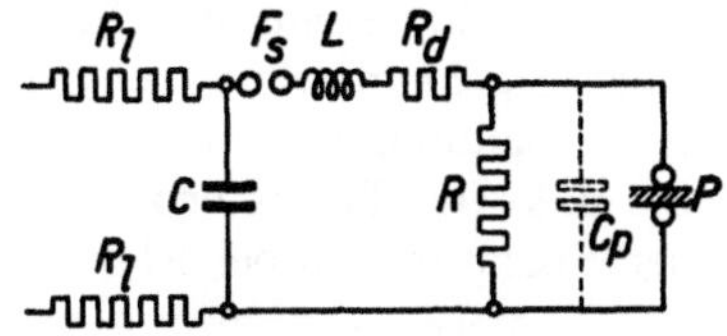

Abb. 29. Schematische Darstellung eines einfachen Stoßspannungskreises. Ein zu prüfender Gegenstand P (mit Eigenkapazität C_p) ist über einen Vorschaltwiderstand R_d und die Funkenstrecke F_s an den Kondensator C angeschlossen. Der Kondensator C wird über R_l aufgeladen; bei Durchschlag von F_s entlädt sich C über R.

Dieser einfache Fall ist in Abb. 29 dargestellt. Wird der Kondensator C von einer nicht gezeichneten Gleichspannungsquelle über die Widerstände R_l langsam aufgeladen, so schlägt die Kugelfunkenstrecke F_s beim Erreichen ihrer Durchbruchspannung durch.

Läge nur der Entladewiderstand R in Reihe mit der Funkenstrecke, so würde die Spannung an ihm in unendlich kurzer Zeit auf die im Moment des Überschlages am Kondensator liegende Spannung U_C ansteigen und nach der Gleichung

$$U_R = U_C \cdot e^{-t/CR} \tag{71}$$

abnehmen. Durch die Größe des Widerstandes R kann man also bei gegebener Kondensatorgröße die Geschwindigkeit der Spannungsabnahme am Widerstand verändern.

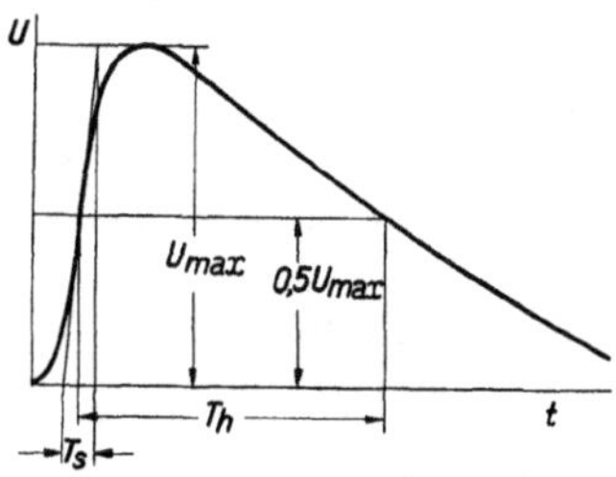

Abb. 30. Normierung der Stoßspannungen nach dem VDE; U/T_s ist die Stirnsteilheit, T_s die Stirnlänge und T_h die Rückenlänge oder Halbwertdauer des Rückens.

Im nächsten Paragraphen wollen wir eingehender untersuchen, wie die Form der Stoßwelle von den Kreiskonstanten C, C_p, R_e und R_d abhängt.

Der zeitliche Verlauf eines Spannungsstoßes ist in Abb. 30 graphisch dargestellt.

Für die Isolatorenprüfung hat man in einigen Ländern die Steilheit der Stirn und des Rückens genormt, um untereinander vergleichbare Ergebnisse zu erzielen. Die Stirnsteilheit nach dem VDE ist der Spannungsanstieg in kV/s beim halben Scheitelwert, und die Stirnlänge ist die Länge T_s nach Abb. 30. Die Rückenlänge ist durch die Zeit definiert, in der die Spannung auf die Hälfte abfällt (T_h in Abb. 30). Die Normen in anderen Ländern weichen von diesen nur wenig ab. Nach der IEC-Definition ist die Stirnlänge die Zeit, die zwischen den

Zeitpunkten verläuft, wo die Spannung 10% und wo sie 90% des Maximalwertes erreicht. Sehr gebräuchlich ist die Stoßwelle 0,5/50, d. h. die Stirnlänge beträgt $0{,}5 \cdot 10^{-6}$ s und die Halbwertdauer des Rückens $50 \cdot 10^{-6}$ s.

Für Anwendung von Stoßspannungen bei Entladungsröhren zur Erzeugung von schnellen Elektronen oder andern geladenen Teilchen tritt an die Stelle des Prüfobjektes die Entladungsröhre, die außer einer Eigenkapazität auch einen, und zwar veränderlichen Widerstand hat. Dadurch wird die Form der Entladungskurve stark beeinflußt. Sie sinkt im allgemeinen schneller auf Null, nachdem der höchste Punkt der Spannung vorbei ist, als mit einem unveränderlichen Widerstand,

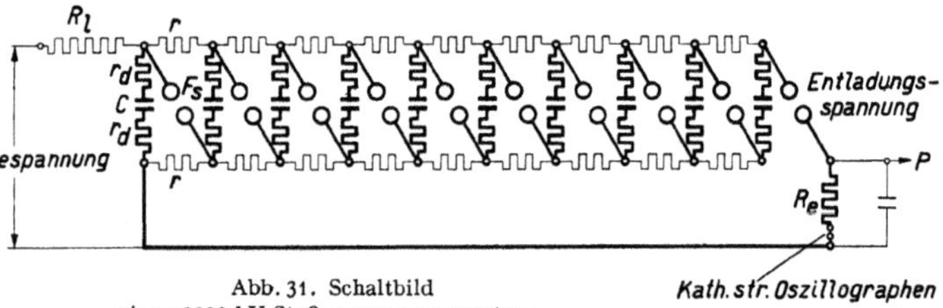

Abb. 31. Schaltbild eines 2000-kV-Stoßspannungsgenerators.

da sich oft in den Entladungsröhren bei jedem Spannungsstoß eine durchschlagähnliche Entladung bildet, die fast einen zeitlichen Kurzschluß bedeutet. Die maximale Spannung besteht nur während eines kurzen Augenblicks. Das hat auf den Betrieb der Entladungsröhre einen günstigen Einfluß. Eine Röhre bestimmter Konstruktion und mit bestimmtem Entgasungsgrad verträgt meistens Stoßspannungen, deren Maximalwerte etwa dem Doppelten der gerade noch zulässigen Gleichspannung gleichkommt. Wo es also auf die Höhe der Spannung ankommt und weniger auf die Ausbeute, kann Stoßspannung besonders zweckmäßig sein.

Für die Erzeugung sehr hoher Stoßspannungen (etwa über 500 kV) benutzt man fast immer das von Marx angegebene Verfahren der Spannungsvervielfältigung.

Die Marxsche Vervielfältigungsschaltung besteht darin, daß Kondensatoren in Parallelschaltung aufgeladen und durch den Überschlag von Funkenstrecken in Reihe geschaltet werden. Die Beschreibung der Wirkungsweise eines solchen Stoßgenerators kann zweckmäßig an Hand des Schaltbildes der Abb. 31 erfolgen.

Alle Kondensatoren C werden von der Gleichspannungsquelle über die Widerstände R_l und r aufgeladen.

Damit die Kondensatoren alle etwa den gleichen Ladungsverlauf haben — d. h. nach einer gewissen Ladezeit alle die gleiche Spannung erreicht haben, — sind die Widerstände r klein gegenüber dem gemeinsamen Ladewiderstand R_l.

Von den in der Schaltung ersichtlichen Funkenstrecken hat die Funkenstrecke F_s — die Zündfunkenstrecke — einen etwas kleineren Abstand als die anderen. Sie schlägt also als erste durch und leitet dadurch den Durchschlag der restlichen Funkenstrecken ein. Dies erfolgt in außerordentlich kurzer Zeit, so daß alle Kondensatoren durch die Funkenstrecken in Reihe geschaltet sind und über den Entladewiderstand R_e entladen werden. Dieser Stromkreis ist in Abb. 31 mit größerer Strichstärke gezeichnet. Durch die Dämpfungswiderstände r_d können nicht nur der Hauptkreis, sondern auch Nebenkreise, die durch Nebenkapazitäten von Zwischenstufen gegen Erde gebildet werden, aperiodisch gemacht werden. Die am zu untersuchenden Körper P auftretende Spannung wird mit Hilfe einer Funkenstrecke oder besser mittels eines am unteren Teil von R_e angeschlossenen Kathodenstrahloszillographen gemessen.

Bei Anlagen mit größerer Kapazität kann es für die Prüfung von Objekten mit geringer Eigenkapazität erwünscht sein, einen Hilfskondensator dem Endwiderstand parallel zu schalten, um ohne Vergrößerung des Dämpfungswiderstandes die normale Stirnsteilheit zu erhalten.

Abb. 32. Ansicht eines Stoßspannungsgenerators (Philips). 25 kJ, umschaltbar: 2 MV, 12500 pF; 1 MV, 50000 pF; 200 kV, 1,25 μF. Gesamthöhe 4,5 m.

Abb. 32 zeigt einen nach dem Schaltbild 30 ausgeführten Stoßspannungsgenerator für 2000 kV (Philips)[23]. Der Aufbau besteht hauptsächlich aus vier Säulen, worin abwechselnd Kondensatoren und Isolierteile aufeinander gebaut und derartig mit den Ladewiderständen r verbunden sind, daß die Marxsche Schaltung sich schraubenförmig um die Säulen nach oben fortsetzt. Die Funkenstrecken befinden sich zwischen den vier Säulen und können auch zur paarweisen oder vollständigen Parallelschaltung der Kondensatoren für Stöße niedrigerer Spannungen mit größerer Kapazität dienen.

Die Ladespannung ist hier 200 kV, die Kapazität je Stufe ist 0,125 μF, so daß die Gesamtenergie 25 kWs (kJ) beträgt und die Gesamtkapazität bei 2000 kV 12,500 pF. Die Bauhöhe beträgt nur 4,50 m. Die Umschaltung auf halbe Spannung und vierfache Kapazität geschieht innerhalb 1 Minute, und zwar durch einen dazu eingebauten Antriebsmotor.

Neuerdings sind durch Verbesserung der Kondensatoren (§ 43) noch günstigere Verhältnisse geschaffen. Für 3000 kV ergibt sich für einen ähnlichen Generator eine Bauhöhe von ungefähr 6 m. Je 1000 kV mehr erhöht sich die Anlage um 180 cm, so daß sogar für 5000 kV die Höhe nur 9,6 m beträgt. Bei Einbau von 0,2 μF je Stufe ergibt sich die Gesamtenergie 100 kJ.

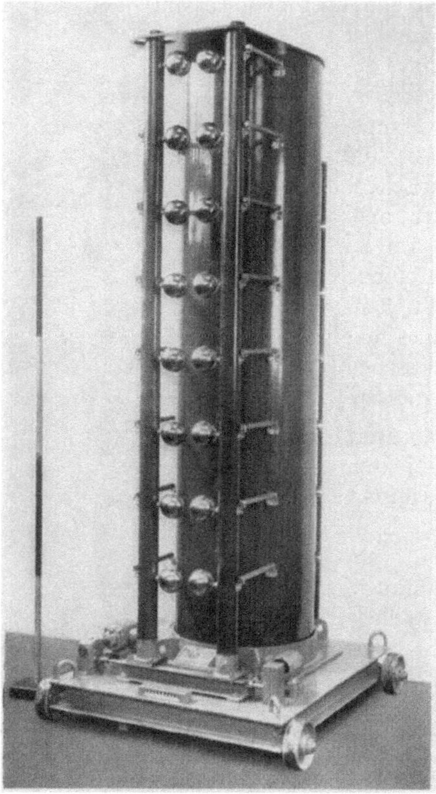

Abb. 33. Transportabler Stoßspannungsgenerator für 1 MV, 2,5 kJ (AEG.). Die Kondensatoren befinden sich in Öl. Durch Aufbau mehrerer von diesen Generatoren aufeinander sind höhere Spannungen erreichbar. Bei 3 MV betragt die Höhe 7 m.

Abb. 33 zeigt einen Stoßgenerator (AEG) für 1000 kV mit der Kapazität 5000 pF (2,5 kJ), bei dem die Kondensatoren sich in Öl befinden und die Funkenstrecken in der Luft. Erweiterung bis zu höheren Spannungen durch Erhöhung ist auch hier möglich[24]. Ein Generator nach dieser Konstruktion für 3000 kV wird etwa 7 m hoch sein; sein Gewicht wird jedoch erheblich größer als bei Aufstellung in freier Luft (Abb. 32).

Abb. 34 zeigt eine im Freien aufgestellte Anlage (Siemens-Schuckert) für 3000 kV und 42 kJ mit der Gesamthöhe 12 m.

In Abb. 35 ist der Funkenüberschlag zwischen zwei 5 MV-Stoßanlagen im Laboratorium der GEC. (USA.) abgebildet.

Aus den Beispielen geht hervor, daß es verhältnismäßig leicht ist, Stoßspannungen von mehreren Millionen Volt in verhältnismäßig kleinem Raum unterzubringen. Neben den kleinen Abmessungen trägt hierzu der geringere benötigte freie Raum bei. Der Effekt der anomalen Durchschlaglängen (§ 48), welcher bei Gleichspannung Abstände zwischen Apparat und Zimmerwand von etwa 2,5 m für jede Million Volt erforderlich macht, tritt bei Stoßspannungen nicht in Erscheinung; deshalb ist bei geeigneter Konstruktion der erforderliche freie Abstand nur ungefähr 1 m für jede Million Volt.

Ein symmetrischer Stoßspannungsgenerator für 10 MV (5 MV positiv und 5 MV negativ) moderner Konstruktion würde also nach den obigen

Daten schon in einem Raum von etwa 24 m Länge, 12 m Breite und 15 m Höhe unterzubringen sein.

Abb. 34. Freiluft-Stoßgenerator fur 3 MV und 42 kJ, Gesamthohe 12 m (Siemens-Schuckert)*.

Abb. 35. „Künstlicher Blitz", Funkenüberschlag bei 10 MV zwischen den Polen von zwei 5-MV-Stoßgeneratoren im Laboratorium der GEC., Pittsfield, USA.**.

* Elektrochem. Z. Bd. 56 (1935) S. 1041.
** Electrician Bd. 109 (1932) S. 444.

§ 8. Die Form der Stoßwelle.

Um die Form der Stoßwelle in Abhängigkeit von den Konstanten des Kreises C, C_p, R, R_d und L (Abb. 29) zu finden, wäre das nachfolgende Gleichungspaar zu lösen:

$$\left.\begin{aligned} Z_1 i_1 - R i_2 &= 0 \\ Z_2 i_2 - R i_1 &= 0, \end{aligned}\right\} \tag{72}$$

wo, in symbolischer Schreibweise ($p = d/dt$):

$$Z_1 = pL + \frac{1}{pC} + R + R_d \quad \text{und} \quad Z_2 = \frac{1}{pC_p} + R.$$

Dazu wäre die charakteristische Gleichung

$$Z_1 Z_2 - R^2 = 0 \tag{73}$$

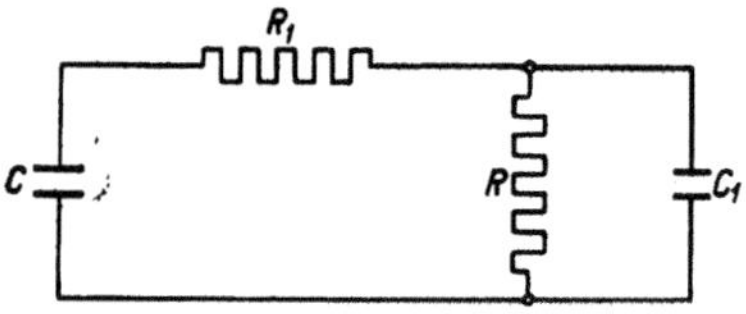

Abb. 36.
Vereinfachter Stoßspannungskreis $L \approx 0$.

zu lösen, welche dritten Grades ist.

Eine sehr gute Annäherung des Spannungsverlaufes erhält man aber auch, ohne die Lösung auszuführen, und zwar mit dem Vorteil besserer Übersichtlichkeit. Wir unterscheiden dazu vier verschiedene Fälle:

a) Die Induktion ist vernachlässigbar klein: $L \approx 0$. Der vereinfachte Kreis für diesen Fall ist in Abb. 36 dargestellt, wo $R_d = R_1$ und $C_p = C_1$ gesetzt worden ist.

Es wird nun:

$$\left.\begin{aligned} Z_1 &= \frac{1}{pC} + R + R_1 \\ Z_2 &= \frac{1}{pC_1} + R. \end{aligned}\right\} \tag{74}$$

Dann ist die charakteristische Gleichung:

$$\left(\frac{1}{pC} + R + R_1\right)\left(\frac{1}{pC_1} + R\right) - R^2 = 0.$$

Diese kann in die Form gebracht werden:

$$(p)^2 + \frac{s}{q} p + \frac{1}{q} = 0, \tag{75}$$

wo $s = RC + RC_1 + R_1 C$ und $q = RCR_1C_1$.

Wir machen nun die Voraussetzung

$$R_1 C_1 \ll RC; \tag{76}$$

sie trifft praktisch immer zu. Sie bedeutet, wie wir bald sehen werden, daß der Rücken der Welle lang ist gegenüber der Stirn. Dann ist $q \ll s^2$ und die Lösung von (75) wird:

$$p_{\mathrm{I,II}} = -\frac{s}{2q} \pm \frac{s}{2q}\left(1 - \frac{2q}{s^2}\right),$$

$$p_{\mathrm{I}} = -\frac{s}{q}, \qquad p_{\mathrm{II}} = -\frac{1}{s}.$$

Wir setzen also:

$$\left.\begin{aligned} i_1 &= A_1 e^{-\frac{s}{q}t} + B_1 e^{-\frac{1}{s}t} \\ i_2 &= A_2 e^{-\frac{s}{q}t} + B_2 e^{-\frac{1}{s}t}. \end{aligned}\right\} \tag{77}$$

Die Anfangsbedingungen für den Kreis RC_1 lauten: zur Zeit $t = 0$:

$$i_2 = \frac{U_0}{R_1}, \quad U_2 = -\frac{1}{C_1}\left(\frac{q}{s} A_2 + s\, B_2\right) = 0.$$

Hieraus ergibt sich

$$A_2 = \frac{U_0}{R_1}, \qquad B_2 = -\frac{U_0}{R_1}\frac{q}{s^2}.$$

Schließlich:

$$U_2 = -\frac{U_0}{R_1 C_1}\frac{q}{s}\left(e^{-\frac{1}{s}t} - e^{-\frac{s}{q}t}\right), \tag{78}$$

wo also $s = RC + R_1 C + RC_1$, $q = RCR_1C_1$. Für $R_1 \ll R$ und $C_1 \ll C$ ist offenbar:

$$-U_2 = U_0\left(e^{-\frac{1}{RC}t} - e^{-\frac{1}{R_1 C_1}t}\right). \tag{79}$$

Für $t \ll RC$ entscheidet nur das zweite Glied in den Klammern:

$$-U_{2_{t \ll RC}} = U_0\left(1 - e^{-\frac{t}{R_1 C_1}}\right). \tag{80}$$

Ebenso:

$$-U_{2_{t \gg RC}} = U_0 e^{-\frac{t}{RC}}. \tag{81}$$

b) Die Induktion L des ersten Kreises (schon eine Leitung mit der Länge l und dem Durchmesser $2a$ hat die Selbstinduktion $L = 2l \ln\frac{1}{a}$) wird berücksichtigt, ist aber so klein, daß Schwingungen nicht auftreten. Die Bedingung dazu finden wir sofort: Da die Induktion nur im Anfang eine Rolle spielt, wenn der Einfluß des Widerstandes R noch gering ist, setzen wir $R = \infty$ voraus und betrachten den Kreis C, L, R_1C_1 (Abb. 37). Nun gilt die Differentialgleichung:

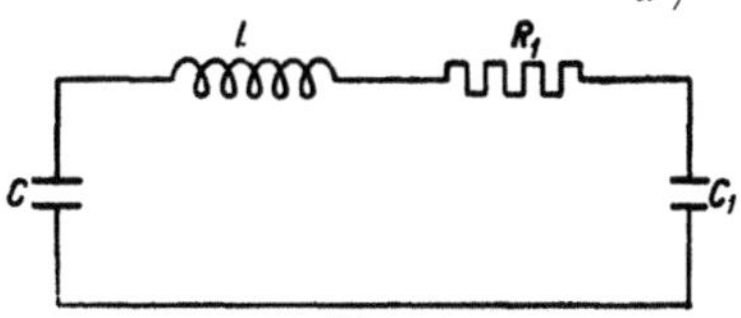

Abb. 37.
Vereinfachter Stoßspannungskreis $R \approx \infty$.

$$\left(pL + \frac{1}{pC_s} + R_1\right) i = 0, \tag{82}$$

wenn $\frac{1}{C_s} = \frac{1}{C} + \frac{1}{C_1}$. Nach (82) ist:

$$p_{\mathrm{I,II}} = -\frac{R_1}{2L} \pm \frac{1}{2}\sqrt{\frac{R_1^2}{L^2} - \frac{4}{LC_s}}. \tag{83}$$

Die Bedingung für Schwingungsfreiheit ist, daß beide Wurzeln reell sind, also:

$$R_1^2 > 4\frac{L}{C}. \tag{84}$$

Die allgemeine Lösung von (82) ist nun:

$$i = A\,e^{p_{\mathrm{I}} t} + B\,e^{p_{\mathrm{II}} t}. \tag{85}$$

Die Anfangsbedingungen lauten: für $t = 0$: $i = 0$, $U = U_0$, daher:

$$\left.\begin{aligned} A + B &= 0 \\ \frac{A}{p_{\mathrm{I}} C_s} + \frac{B}{p_{\mathrm{II}} C_s} &= U_0; \end{aligned}\right\} \tag{86}$$

$$A = -B = \frac{C_s U_0 p_{\mathrm{I}} p_{\mathrm{II}}}{p_{\mathrm{II}} - p_{\mathrm{I}}}. \tag{87}$$

Schließlich wird:

$$\left.\begin{aligned} U_2 = U_{C_1} = \frac{1}{C_1}\int_0^t i\,dt &= \frac{C}{C + C_1} U_0 \left\{\frac{p_{\mathrm{I}} p_{\mathrm{II}}}{p_{\mathrm{I}} - p_{\mathrm{II}}}\left(\frac{e^{p_{\mathrm{I}} t}}{p_{\mathrm{I}}} - \frac{e^{p_{\mathrm{II}} t}}{p_{\mathrm{II}}}\right) - 1\right\}. \\ p_{\mathrm{I,\,II}} &= -\frac{R_1}{2L} \pm \sqrt{\frac{R_1^2}{L^2} - \frac{4}{L C_s}}. \end{aligned}\right\} \tag{88}$$

c) Die Induktion ist gerade so groß, daß noch keine Schwingungen auftreten (kritischer Fall):

$$R_1^2 = 4\frac{L}{C_s}. \tag{89}$$

Die charakteristische Gleichung hat zwei gleiche Wurzeln:

$$p_{\mathrm{I,\,II}} = -\frac{R_1}{2L}. \tag{90}$$

In diesem Falle setzt man:

$$i = A\,t\,e^{-\frac{R_1}{2L} t}, \tag{91}$$

wo A wieder aus den Anfangsbedingungen zu bestimmen ist. Es ergibt sich:

$$U_{C_s} = \frac{1}{C_s}\int i\,dt = -\frac{4L^2}{R_1^2 C_s} A\,e^{-\frac{R_1}{2L} t}\left(1 + \frac{R_1}{2L} t\right). \tag{92}$$

Für $t = 0$: $U_{C_s} = U_0$, also:

$$A = -\frac{R_1^2 C_s}{4L^2} U_0. \tag{93}$$

Schließlich ergibt sich:

$$U_{C_1} = U_2 = \frac{1}{C_1}\int_0^t i\,dt = \frac{C}{C + C_1} U_0 \left\{\left(1 + \frac{R_1}{2L} t\right) e^{\frac{R_1}{2L} t} - 1\right\}. \tag{94}$$

d) Es treten Schwingungen auf: $R_1^2 < \frac{4L}{C_s}$. Die charakteristische Gleichung hat komplexe Wurzeln: $(p)_{\mathrm{I,\,II}} = -\alpha \pm \beta j$, wo

$$\left.\begin{aligned} \alpha &= \frac{R_1}{2L} \\ \beta &= \sqrt{\frac{1}{L C_s} - \frac{R_1^2}{4L^2}}. \end{aligned}\right\} \tag{95}$$

Man setzt in diesem Falle:

$$i = e^{-\alpha t}(A \cos\beta t + B \sin\beta t). \tag{96}$$

Zur Zeit $t = 0$: $i = 0$, $\int i\,dt = C_s U_0$. Hieraus berechnen sich:

$$A = 0,$$
$$B = -C_s U_0 \frac{\alpha^2 + \beta^2}{\beta}.$$

Also:

$$i = -C_s U_0 \frac{\alpha^2 + \beta^2}{\beta} e^{-\alpha t} \sin\beta t. \tag{97}$$

$$U_{C_1} = U_2 = \frac{1}{C_1}\int i\,dt = \frac{C}{C + C_1} U_0 \frac{1}{\beta} e^{-\alpha t}(\beta \cos\beta t + \alpha \sin\beta t). \tag{98}$$

Setzt man:

$$\left.\begin{aligned} \beta\sqrt{LC_s} &= \sin\varphi \\ \alpha\sqrt{LC_s} &= \cos\varphi, \end{aligned}\right\} \tag{99}$$

so ergibt sich schließlich:

$$U_2 = U_0 \frac{C}{C + C_1}\left\{1 - \frac{\omega_0}{\beta} e^{-\frac{R_1}{2L}t} \sin(\beta t + \varphi)\right\},$$

wo

$$\omega_0^2 = \frac{1}{LC_s}, \qquad \beta = \sqrt{\frac{1}{LC_s} - \frac{R^2}{4L^2}}$$

und

$$\varphi = \arcsin\beta\sqrt{LC_s}. \tag{100}$$

Wenn die Induktion wesentlich größer ist, so daß stark ausgesprochene Schwingungen auftreten: $R_1^2 \ll \frac{4L}{C_s}$, und die Dämpfung $\frac{R}{2L}$ gering ist, wird annähernd

$$\beta = \frac{1}{\sqrt{LC_s}}.$$

Die Größe ω_0/β in (100) nähert sich dann der Einheit, der Phasenwinkel φ dem Wert $\pi/2$, und (100) bekommt die Form:

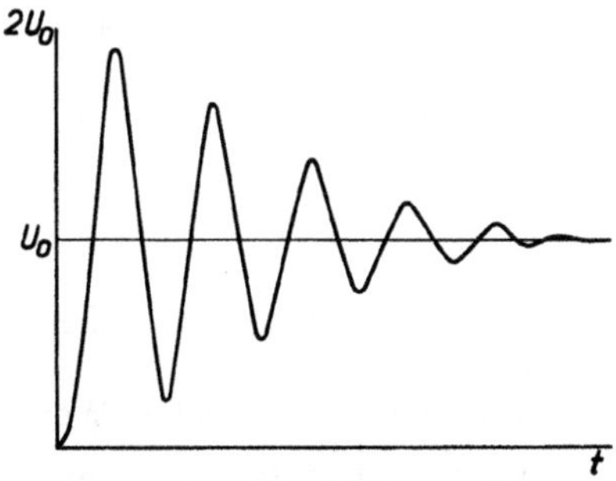

Abb. 38. Thomsonsche Schwingung; Spannungsverdopplung bei Aufladung eines Kondensators uber eine Selbstinduktion.

$$U_2 = U_0 \frac{C}{C + C_1}\left\{1 - e^{-\alpha t}\sin\left(\beta t + \frac{\pi}{2}\right)\right\}. \tag{101}$$

Die maximale Amplitude ist offenbar $U_{2m} = 2\frac{C}{C + C_1} U_0$, wenn die Dämpfung $\alpha = \frac{R}{2L} = 0$. Wenn auch noch $C_1 \ll C$ wird:

$$U_{2m} = 2U_0. \tag{102}$$

Es findet also durch die Schwingungserscheinung Spannungsverdoppelung statt (Abb. 38). Diese Spannungsverdoppelung tritt auch auf, wenn ein Kondensator über eine Induktion aus einer Quelle konstanter Spannung aufgeladen wird. Bei endlicher Dämpfung ist nach (100) der Maximalwert der Spannung geringer. Die Erscheinung ist in der Elektrotechnik unter dem Namen „THOMSONsche Schwingung" bekannt.

Zusammenfassung. Die Formeln (88), (94) und (100) beschreiben nur den Anstieg der Stoßwelle. Wir sind aber jetzt imstande, auch den ganzen Spannungsverlauf mit der Zeit mit guter Annäherung für alle beschriebenen Fälle abzuleiten, wenn wir in der richtigen Weise den gefundenen Verlauf des Rükkens in dem vereinfachten Fall der Abb. 36 verwenden. Dazu betrachten wir noch einmal den Fall:

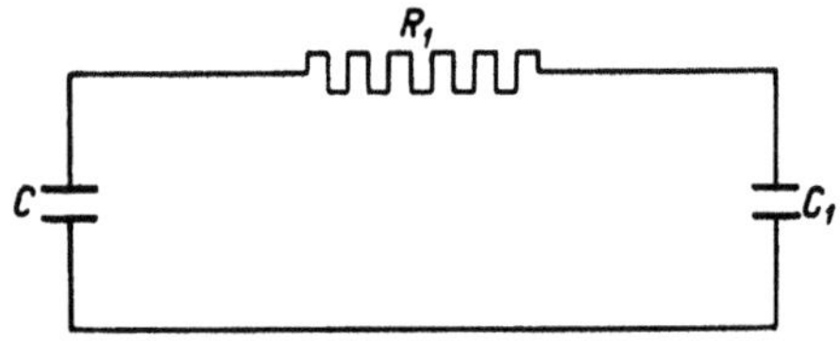

Abb. 39.
Vereinfachter Stoßspannungskreis $L \approx 0$, $R \approx \infty$.

a) $L \approx 0$. Wir verwenden die Formel (78), die sich folgendermaßen schreiben läßt:

$$\frac{U_2}{U_0} = \frac{-1}{1+k_1+k_2}\left(e^{-\frac{1}{RC}\left(\frac{1}{1+k_1+k_2}\right)t} - e^{-\frac{1}{R_1 C_1}(1+k_1+k_2)t}\right), \qquad (103)$$

wenn $k_1 = C_1/C$ und $k_2 = R_1/R$.

Wir berechnen nun ähnlich wie das in den Fällen b), c) und d) geschehen ist, noch einmal U_2 unter der Voraussetzung $R = \infty$. Es ergibt sich leicht:

$$\frac{U_2}{U_0} = \frac{C}{C+C_1}\left(e^{-\frac{1}{C_s R_1}} - 1\right) = \frac{1}{1+k_1}\left(e^{-\frac{1}{R_1 C_1}(1+k_1)t} - 1\right). \qquad (104)$$

Für kleine Werte von t ist, mit Rücksicht auf $k_1 k_2 \ll 1$, für (104) zu setzen:

$$\frac{U_2}{U_0} = \frac{1}{1+k_1+k_2}\left(e^{-\frac{1}{R_1 C_1}(1+k_1+k_2)t} - 1\right). \qquad (105)$$

Ersetzen wir in (105) die Einheit durch $e^{-\frac{1}{RC}\left(\frac{1}{1+k_1+k_2}\right)t}$, dann entsteht wieder (103).

Wir finden in gleicher Weise:

b) $L < \frac{R_1^2 C_s}{4}$ (keine Schwingungen). Annähernd aus (88):

$$\left.\begin{aligned} &\frac{U_2}{U_0} = \frac{-1}{1+k_1+k_2}\left\{e^{-\frac{1}{RC}\left(\frac{1}{1+k_1+k_2}\right)t} - \frac{p_{\mathrm{I}}\,p_{\mathrm{II}}}{p_{\mathrm{I}}-p_{\mathrm{II}}}\left(\frac{e^{p_{\mathrm{I}}t}}{p_{\mathrm{I}}} - \frac{e^{p_{\mathrm{II}}t}}{p_{\mathrm{II}}}\right)\right\},\\ &\text{wo}\\ &\qquad p_{\mathrm{I,II}} = \frac{-R_1}{2L} \pm \sqrt{\frac{R_1^2}{L^2} - \frac{4}{L C_s}}.\end{aligned}\right\} \qquad (106)$$

c) $L = \frac{R_1^2 C_s}{4}$ (Grenzfall, noch keine Schwingungen). Hier annähernd aus (94):

$$\frac{U_2}{U_0} = \frac{-1}{1+k_1+k_2}\left\{e^{-\frac{1}{RC}\frac{1}{1+k_1+k_2}t} - \left(1+\frac{R_1}{2L}\right)e^{\frac{R_1}{2L}t}\right\}. \qquad (107)$$

d) $L > \frac{R_1^2 C_s}{4}$ (Schwingungen). Aus (100):

$$\frac{U_2}{U_0} = \frac{1}{1 + k_1 + k_2} \left\{ e^{-\frac{1}{RC} \frac{1}{1 + k_1 + k_2} t} - \frac{\omega_0}{\beta} e^{\frac{R_1}{2L}} \sin(\beta t + \varphi) \right\}, \qquad (108)$$

wo ω_0, β und φ die bei (100) angegebene Bedeutung haben.

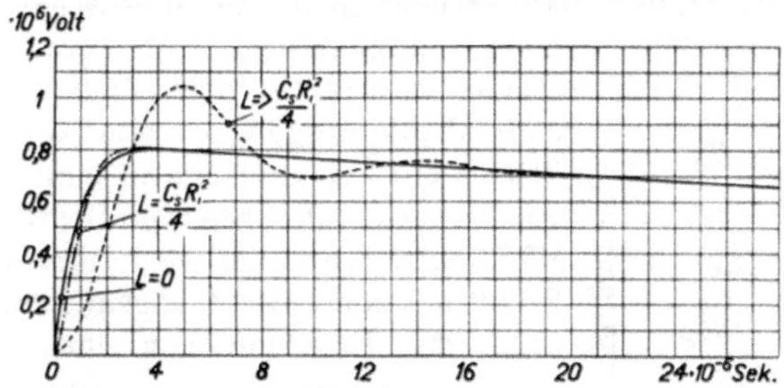

Abb. 40. Form der Stoßwelle für verschiedene Verhaltnisse der Kreiskonstanten, wie im Text angegeben.

In den Fällen a), b) und c) ist der Maximalwert der Spannung annähernd gegeben durch:

$$\frac{U_m}{U_0} = \frac{1}{1 + k_1 + k_2} = \frac{1}{1 + C^1/C + R^1/R}.$$

In Abb. 40 ist die aus den Formeln (103), (107) und (108) berechnete Wellenform für die charakteristischen Fälle aufgezeichnet. Der Fall b) ist der Deutlichkeit wegen nicht angegeben. In diesem Falle liegt die Kurve offenbar zwischen den Kurven a) und c): Der Einfluß von L, solange $L < \frac{R_1^2 C}{4}$, ist verhältnismäßig gering. Für diese Beispiele ist immer:

$C = 5 \cdot 10^{-8}$ F, $\quad C_1 = 5 \cdot 10^{-9}$ F,

$R = 2000\,\Omega$, $\quad R_1 = 200\,\Omega$.

$L = 0$; $\quad 5 \cdot 10^{-5}$; $\quad 5 \cdot 10^{-4}$.

Zahlenmäßige Auswertung von Berechnungen findet man z. B. bei J. L. THOMASON [25].

Bei anderer Anordnung der Kondensatoren und Widerstände ist die Spannungskurve nach der gleichen Methode zu berechnen.

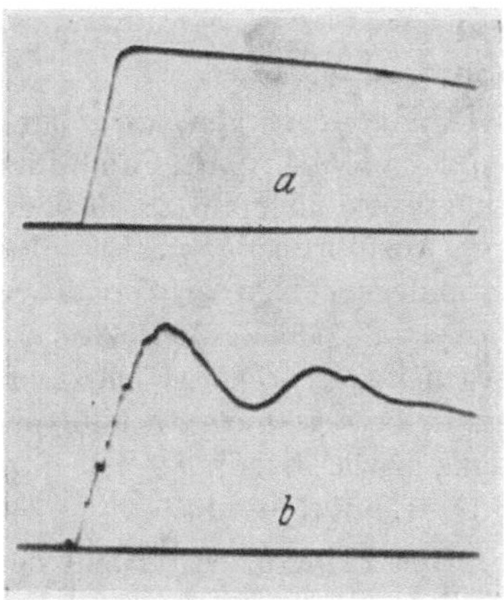

Abb. 41. a) $L < \frac{C_s R_1^2}{4}$ (normale Stoßwelle).
b) Stoßwelle mit Schwingungen $L > \frac{C_s R_1^2}{4}$.

Die Oszillogramme von Abb. 41 zeigen ein Beispiel für zwei der drei Wellentypen. Die Zeiten der Abb. 40 und 41 sind nicht ohne weiteres vergleichbar, weil die Zeitachse in Abb. 41 logarithmisch ist.

§ 9. Der Kaskadengenerator.

Der Kaskadengenerator besteht aus einer Wechselspannungsquelle (Hochspannungstransformator) und mehreren Ventilröhren und Kondensatoren, die derart geschaltet sind, daß die Ventilröhren eine Sperrspannung und die Kondensatoren eine Gleichspannung in der Höhe der zweifachen Transformator-Scheitelspannung zu ertragen haben, wobei die Totalspannung — eine Gleichspannung, die als Summenspannung der Hälfte der Kondensatoren auftritt — viele Male so hoch sein kann als die Ausgangswechselspannung. Diese Schaltweise ist anscheinend zum ersten Male von GREINACHER[26] 1920 veröffentlicht worden. Wohl hatte SCHENKEL 1917 eine sehr ähnliche Schaltung zum Patent angemeldet, die später nach der Erteilung von ihm beschrieben wurde[27]. Hierbei werden jedoch nicht die Kondensatoren auf die gleiche Spannung, sondern auf verschiedene, zwischen der einfachen Transformatorspannung und der Totalspannung liegende Gleichspannungen aufgeladen. Ferner hat sich herausgestellt, daß SLEPIAN in den Vereinigten Staaten ein Patent eingereicht hat, dem der gleiche Gedanke zugrunde liegt, und das 1928 erteilt wurde[28]. Trotz dieser Veröffentlichungen ist vor 1932 nichts von einer Ausführung eines Kaskadengenerators allgemein bekannt geworden.

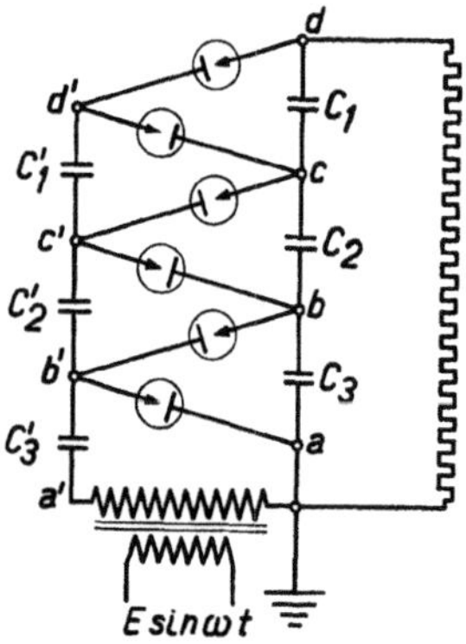

Abb. 42. Schaltung des Kaskadengenerators mit sechs Ventilen, die Gesamtspannung beträgt $6E$.

Unabhängig von den vorstehend genannten Erfindern haben COCKROFT und WALTON in Cambridge[29] und der Verfasser[30] die gleiche Schaltungsweise ungefähr zu gleicher Zeit in voneinander abweichender Form zur Ausführung gebracht. COCKROFT und WALTON erwähnen in ihrer grundlegenden Arbeit über die Spaltung des Lithiums Betriebsspannungen bis etwa 700 kV. Verfasser erreichte bis jetzt Spannungen über 2 MV gegen Erde[31]. Die Stromstärke, die von dem Apparat geliefert werden kann, beträgt mehrere Milliampere. Eine weitere Erhöhung der Spannung sowie Erhöhung der Stromstärke ist durchaus möglich, wie in § 17 erläutert wird.

Das Prinzip. An Hand der Abb. 42 wollen wir die Wirkungsweise wiedergeben und auf die sich bei Stromabnahme ergebenden Einzelheiten erst später eingehen.

Betrachten wir zuerst die Schaltung bei Leerlauf.

Der Stromkreis *aa' b'* der Abb. 42 ist nichts anderes als die schon erwähnte VILLARD-Schaltung[32] der Abb. 15c.

Der Kondensator C'_3 wird auf die Scheitelspannung E des Transformators aufgeladen. Die Richtung der Elektronen in den Gleichrichterröhren wird durch die Pfeilrichtung angedeutet. Die Aufladung des Kondensators ist in der gezeichneten Anordnung positiv. Bei umgekehrter Richtung der Ventile würde die Aufladung negativ sein. Betrachten wir die Spannung ab' — dies ist die Spannung des untersten Ventils —, dann ergibt sich, daß der Punkt b' gegenüber dem Punkt a abwechselnd das Potential $2E$ (positiv) und 0 hat, letzteres in der Durchlaßperiode. Bei Betrachtung des Stromkreises abb' sehen wir, daß der Kondensator C_3 auf die Spannung $2E$ (b positiv) aufgeladen wird und das Ventil bb' wiederum abwechselnd die Spannungen $2E$ und 0 erhält. Man kann in dieser Weise fortfahren und findet, daß alle Kondensatoren die Spannung $2E$ erhalten, abgesehen vom Kondensator C_3', der auf die Spannung E aufgeladen wird. Alle Ventile erhalten ebenfalls die maximale Sperrspannung $2E$. Die höchste Gleichspannung, die Totalspannung, tritt als Summe der Spannungen der Kondensatoren $C_1 + C_2 + C_3$ auf und beträgt im vorliegenden Falle $6E$.

Dadurch, daß alle Kondensatoren die gleiche Spannung erhalten, ist eine gleichmäßige Spannungsverteilung zwischen dem höchsten und dem niedrigsten Punkt des Apparates gewährleistet, und der Generator kann niedriger sein, als es ohne diese gleichmäßige Verteilung möglich wäre. In dem Aufbau, wie die Abb. 42 ihn zeigt, schwankt das Potential des Punktes c' zwischen denjenigen der Punkte b und c, und das des Punktes d' zwischen c und d usw., so daß ein konstruktiver Aufbau entsprechend der Abb. 42 logisch ist.

Die Kathoden der Gleichrichterröhren erfordern selbstverständlich für ihre Spannungen gegen Erde isolierte Stromquellen. Hierauf kommen wir später eingehender zurück.

Abb. 43 zeigt einen nach diesem Prinzip gebauten Generator mit 9 Stufen. Er gibt 2 MV Gleichspannung gegen Erde, und zwar positiv oder negativ, je nach der Richtung der umstellbaren Ventile. Die Gesamthöhe beträgt gut 6 m. Um eine negative Spannung von 2 MV gegen Erde zu erreichen, genügte die Raumhöhe 9 m. Jedoch war es dabei notwendig, um Entladungen über die nur 3 m lange Strecke zwischen Apparat und Decke zu verhindern, einen Papierschirm dazwischen zu spannen. Auf die Wirkung solcher Schirme und auf die Frage der Abmessungen kommen wir später (§ 41) zurück. Vier aus den Kondensatoren aufgebaute Säulen tragen die obere Abschirmelektrode, die sich auf dem höchsten Potential befindet. Diese Elektrode bewirkt eine erhebliche Feldstärkenverminderung an den darunter befindlichen Konstruktionsteilen (vgl. § 25). Die metallischen Zwischenstücke, zwischen denen die Ventilröhren zickzackweise angeordnet sind, enthalten die Heiztransformatoren für die Heizung dieser Ventile, die weiter unten genauer beschrieben werden. Durch die abschirmende Wirkung der obengenannten Abschirmelektrode können diese Metallstücke verhältnismäßig kleine Krümmungsradien erhalten. In Reihe mit den Ventilröhren sind noch Dämpfungswiderstände angebracht worden, die auch in Abb. 43 erkennbar sind.

Die im Vordergrund stehende doppelte Säule enthält den ölgekühlten Hochohmwiderstand von ungefähr 2000 MΩ für die Spannungsmessung. Zwischen dem Generator und dem Meßwiderstand ist — horizontal — ein Dämpfungswiderstand angeordnet, der ungefähr 5 MΩ beträgt.

Abb. 43. Neunstufige Hochspannungsanlage für 2000 kV Gleichspannung 5 mA im Laboratorium (Philips). Gesamthöhe 6,25 m. Gewicht 1500 kg.

Dieser Generator enthält 18 Gleichrichterröhren für 225 kV und Kapazitäten von 0,09 μF, abnehmend nach oben bis 0,01 μF. Die Wechselspannung wird durch einen Hochspannungstranformator mit 120 kV Scheitelspannung erzeugt. Seine Primärspannung bei 200 Hz wird durch einen Motorgenerator geliefert; die Generatorerregung gestattet eine stufenlose Regulierung der Primärspannung und damit auch der abgegebenen Gesamtspannung. Aus den angegebenen Kapazitätswerten errechnet sich ein Spannungsabfall von rd. 40 kV/mA und eine Welligkeit der Gesamtspannung von 5 kV/mA (§ 10).

Eine gleichartige Anlage mit sechs Stufen in technisch durchkonstruierter Ausführung ist in dem CAVENDISH-Laboratorium in Cambridge * jetzt seit 1937 im Betrieb [33] (Abb. 44). Man erkennt wieder den eigentlichen Kaskadengenerator, der 5,5 m Höhe hat, den horizontalen Dämpfungswiderstand 5 MΩ und den Meßwiderstand etwa 1000 MΩ.

Abb. 44. Sechsstufige Hochspannungsanlage fur 1250 kV Gleichspannung (Philips) in dem Cavendish-Laboratorium, Cambridge. Rechts im Hintergrund die Entladungsröhre.

Die Heizung der Ventilkathoden. Wie sich aus dem Prinzipschema (Abb. 42) ergibt, befinden sich die Ventilröhren auf hohem Potential gegen Erde. Die geringe Heizleistung der Gasventile — etwa 8 W je Ventil — erlaubt nun die Zufuhr der Glühdrahtleistung in einer Weise, die bei Verwendung von Vakuumventilen kaum möglich wäre, nämlich durch Hochfrequenzheizung. Bei dem vom Verfasser gebauten Kaskadengenerator wurden zuerst Akkumulatoren in abgerundeten Metallkappen verwendet. Schon 1933 ging man dazu über, die Heizleistung durch kleine Dynamomaschinen, die mit isolierenden Wellen angetrieben werden, zu erzeugen. Diese Lösung ist bei Apparaten mit einer kleineren Zahl Ventilröhren sehr zweckmäßig. So werden beispielsweise die vier

* Seit Ende 1938 ist im gleichen Laboratorium eine zehnstufige Anlage ähnlich der Abb. 43 in Betrieb.

Ventile der Röntgentherapieapparate für 400 kV Spannung (Abb. 45) mittels kleiner Dynamomaschinen geheizt. Die Heizung mit kleinen

Abb. 45. Röntgentherapieapparat für 400 kV, Institut Prof. MAISIN, Leuven[34].

Abb. 46. Vierstufige Kaskadengeneratoren aus dem Kaiser Wilhelm-Institut für Physik, Berlin-Dahlem (Siemens). Vakuumventile: die Heizung der Kathoden geschieht durch Heizgeneratoren, welche von konzentrisch in den Kondensatoren (Meirowsky) angebrachten isolierenden Wellen angetrieben werden. Nennspannung gegen Erde 1500 kV, Gesamthöhe 7 m.

Dynamomaschinen wird auch verwendet in einer Anlage, die von Siemens für das Kaiser Wilhelm-Institut für Physik in Dahlem (Prof. DEBYE) gebaut wurde. Die Nennspannung gegen Erde beträgt 1500 kV bei einer Gesamthöhe von gut 7 m. Die Antriebswellen für die Heizgeneratoren sind im Inneren der als Hohlzylinder ausgeführten Kondensatoren untergebracht. Der Bau dieser Kondensatoren wurde von Meirowsky & Co., Porz, ausgeführt. Die Ventile sind Vakuumventile für 400 kV.

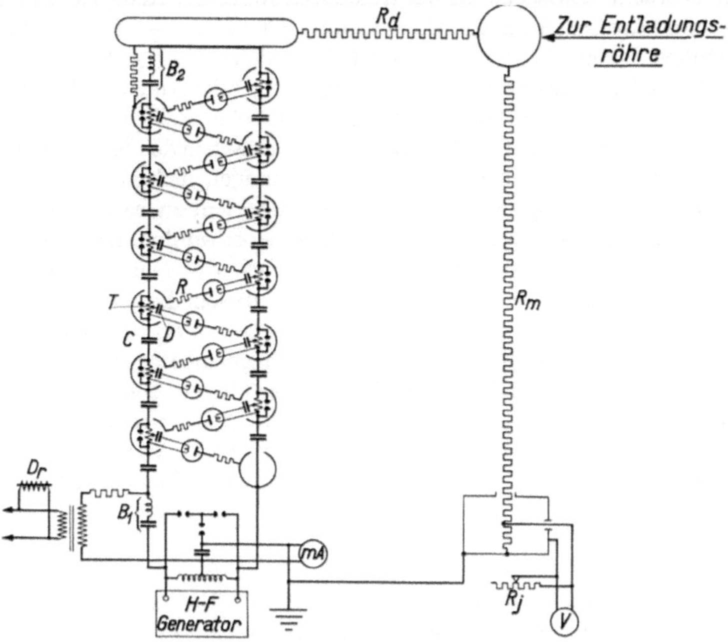

Abb. 47. Schema der Hochfrequenzheizung.

Abb. 46 zeigt die beiden Anlagen für je 1,5 MV gegen Erde in dem Turm des Institutes.

Wird die Anzahl der verwendeten Ventilröhren größer, so verdient aber das Verfahren der Hochfrequenzheizung unbedingt den Vorzug, da, abgesehen von der absoluten Geräuschlosigkeit, alle zusätzlichen, hochspannungstechnisch nicht erwünschten Teile, wie isolierende Wellen usw., vermieden werden.

Der Hauptgedanke der Hochfrequenzheizung besteht darin, daß — unabhängig von der hohen Gleichspannung — die in Reihe geschalteten Kondensatoren einen Hochfrequenzstrom führen, der unter Zwischenschaltung kleiner Transformatoren zur Ventilheizung herangezogen wird.

Das Verfahren kann überall dort angewandt werden, wo eine nicht allzu große Leistung erforderlich ist, an Stellen, die sich auf hohem Potential befinden.

Abb. 47 gibt die schematische Schaltung des Hochspannungsteiles des hier beschriebenen Generators wieder. Der Hochfrequenzstromkreis ist mit stärkeren Linien angedeutet. Man erkennt, daß der Hochfrequenzgenerator — ein Röhrengenerator mit 250 W abgegebener Leistung und 500 000 Hz fester Frequenz — mit seinem einen Pol unter Zwischenschaltung eines Überbrückungsgliedes B_1 an die linke Kondensatorreihe und mit seinem anderen Pol unmittelbar an die rechte Kondensatorreihe angeschlossen ist. Beide Kondensatorreihen sind durch ein Glied B_2 überbrückt. Zwischen je zwei Kondensatoren einer Reihe ist ein Hochfrequenz-Autotransformator T geschaltet, der den in den Kondensatoren fließenden Strom 0,7 A in den Ventilkathodenstrom 3,6 A umwandelt. Parallel zu den Transformatoren liegende Edelgassicherungen schützen vor Überspannungen. Die Dämpfungswiderstände R in Reihe mit den Ventilröhren sorgen dafür, daß die Ventilröhren die zwischen den beiden Kondensatorreihen bestehenden Hochfrequenzspannungen nicht kurz schließen.

Um die Strahlung der ganzen Anordnung klein zu halten, ist durch Einschaltung von Kondensatoren D dafür gesorgt worden, daß jeweils ein Kondensator D nebst zugehörigem Heiztransformator T und angeschlossener Glühkathode bei $5 \cdot 10^5$ Hz praktisch eine OHMsche Belastung darstellt. Das gleiche gilt für die Überbrückungsglieder B_1 und B_2. Damit wird erreicht, daß die Hochfrequenzspannungen niedrig sind und überdies durch den symmetrischen Aufbau an der oberen Abschirmelektrode praktisch keine Hochfrequenzspannung gegen Erde auftritt. Die Kapazität der Überbrückungsglieder muß, um nicht die Welligkeit der Gleichspannung zu erhöhen, klein sein gegenüber der Reihenkapazität

$$C_R = \frac{1}{\frac{1}{C_1} + \frac{1}{C_2} + \cdots \frac{1}{C_n}}.$$

Sie beträgt in diesem Falle 150 bis 200 $\mu\mu$F. Die Isolation muß derart bemessen sein, daß B_1 die Wechselspannung des Hochspannungstransformators und B_2 die Spannung des oberen Ventils ertragen kann.

§ 10. Der Kaskadengenerator bei Belastung.

Wird bei dem Punkt d der Abb. 42 ein Strom i abgenommen, so werden die Kondensatoren C_1, C_2 und C_3 entladen. Dabei tritt eine Spannungsverminderung auf, die für jeden Kondensator it/C beträgt, worin C die Kapazität des Kondensators, i die mittlere Stromstärke und t die Entladungsdauer ist. Die während einer Periode in der Zeit $1/f$ (f ist die Frequenz der Wechselspannung) auftretende Spannungsverminderung wird also für jeden Kondensator $i/f\,C$. Die Ladung, die in einer Periode abfließt, beträgt i/f. Der Endzustand ist dadurch gekennzeichnet, daß jeder Kondensator in einer Periode die gleiche Ladung erhält, die er abgibt; demzufolge muß die Ladung, die bei d abgeflossen ist, über das Ventil $d'\,d$ aus dem Kondensator C_1' zufließen, und zwar in der kurzen Zeit, in der d' positiv bezüglich d ist. Dies tritt ein in dem Augenblick, in dem a' ungefähr die maximale positive Spannung gegenüber a hat. Diese Ladung beträgt ebenfalls i/f und sie muß in der darauffolgenden halben Periode aus dem Kondensator C_2 gedeckt werden, und zwar mit Hilfe des Ventils cd'. So ergibt sich, daß der Kondensator C_2 in einer Periode zweimal die Ladung i/f abgibt und erhält, nämlich einmal als Folge der Stromabnahme zwischen a und d, und das andere Mal zur Aufladung des Kondensators C_1'. In gleicher Weise erkennen wir, daß der Kondensator C_2' ebenfalls die Ladung $2\,i/f$ abgibt und erhält, während die Kondensatoren C_3 und C_3' mit $3\,i/f$ aufgeladen und entladen werden.

Die Welligkeit der Gesamtspannung ist die Summe der Welligkeiten der Kondensatoren C_1, C_2 und C_3, also:

$$\delta U = \frac{i}{f}\left(\frac{1}{C_1} + \frac{2}{C_2} + \frac{3}{C_3}\right).$$

Allgemein ergibt sich für n Stufen ($2\,n$ Kondensatoren und Ventilröhren) unter der Voraussetzung, daß alle Kondensatoren die gleiche Kapazität C haben:

$$\delta U = \frac{i}{fC}(1 + 2 + 3 \ldots + n) = \frac{i}{fC}\,\frac{n(n+1)}{2}. \tag{109}$$

Aus der Ableitung geht hervor, daß die untersten Kondensatoren den Hauptteil der Welligkeit verursachen. Deshalb ist es zweckmäßig, die Kapazität der Kondensatoren von oben nach unten zunehmen zu lassen. Wählt man die Kapazität des n-ten Kondensators — von oben gerechnet — n-mal so groß wie die des obersten, also $C_n = n\,C$, so wird:

$$\delta U = \frac{n\,i}{fC}. \tag{110}$$

Außer dieser Welligkeit δU (Abb. 48) interessiert uns auch der Spannungsabfall $\varDelta U$, der Unterschied zwischen der theoretischen Nulllastspannung und der sich bei Stromabnahme ergebenden Spannung. Um $\varDelta U$ zu finden, greifen wir auf Abb. 42 zurück und bleiben vorerst bei der Annahme, daß alle Kondensatoren die gleiche Größe C haben. Wir bemerken dann, daß der Kondensator C_3 nicht bis auf die volle Spannung $2E$ aufgeladen wird, sondern nur auf die Spannung $2E - \frac{3i}{fC}$, weil die durch C_3' abgegebene Ladung in einer Periode $3\,i/f$ beträgt, was einen Spannungsabfall $3\,i/f\,C$ zur Folge hat. (Den Spannungsabfall des Transformators setzen wir sehr klein voraus.) So wird der Kondensator C_2' nur auf die Spannung

$$\left(2E - \frac{3i}{fC}\right) - \frac{3i}{fC}$$

aufgeladen, da der Spannungsabfall von C_3 wiederum $3\,i/f\,C$ beträgt. C_2 erhält die Spannung

$$2E - \frac{3i + 3i + 2i}{fC}.$$

Allgemein sind die Spannungsabfälle $\varDelta U$ der einzelnen Stufen für n Stufen ($2\,n$ Kondensatoren und Ventilröhren) wie folgt:

$$\varDelta U_n = \frac{i}{fC}\,n$$

$$\varDelta U_{n-1} = \frac{i}{fC}\{2n + (n-1)\}$$

$$\varDelta U_1 = \frac{i}{fC}\{2n + 2(n-1) + \cdots 2\cdot 2 + 1\}.$$

Durch Addition erhalten wir:

$$\left.\begin{aligned}\Delta U &= \frac{i}{fC}\sum_1^n n(2n-1)\\ \Delta U &= \frac{i}{fC}\left(\frac{2}{3}n^3+\frac{1}{2}n^2-\frac{1}{6}n\right)\end{aligned}\right\} \qquad (111)$$

Man erkennt aus den obigen Aufstellungen, daß die untersten Kondensatoren auch den Hauptteil des Spannungsabfalls ΔU verursachen; auch aus diesem Grunde ist es zweckmäßig, die Kapazität der Kondensatoren nach unten hin gestaffelt zunehmen zu lassen. In welchem Maße dies geschehen soll, hängt davon ab, ob man auf eine kleine Gesamtkapazität der Kondensatoren $C_1 + C_2 + \ldots C_n$ oder auf eine kleine Reihenkapazität der Säule

$$\frac{1}{\frac{1}{C_1}+\frac{1}{C_2}+\cdots\frac{1}{C_n}},$$

auf minimalen Spannungsabfall (ΔU) oder auf minimale Welligkeit (δU) größeren Wert legt, und außerdem von dem konstruktiven Aufbau des Apparates.

Eine Verdoppelung der Kapazität des untersten Kondensators C'_n (C'_3 in Abb. 42) ist in jedem Falle leicht durchführbar, weil dieser Kondensator nur die halbe Spannung der anderen Kondensatoren erhält, nämlich E anstatt $2E$. Diesen Fall wollen wir zuerst näher betrachten. Alle obenstehenden Spannungsabfälle $\Delta, \ldots, \Delta_n$ vermindern sich dabei um den Betrag $i/fC \cdot n/2i$ und damit der Spannungsverlust ΔU um den Betrag $i/fC \cdot n^2/2$.

Somit wird:

$$\Delta U = \left(\frac{2}{3}n^3 - \frac{1}{6}n\right)\frac{i}{fC}$$

oder, da das zweite Glied in der Klammer vernachlässigbar ist, etwa für $n \geqq 3$:

$$\Delta U = \frac{2}{3}n^3\frac{i}{fC}\,. \qquad (112)$$

Die Gesamtspannung variiert zwischen den Werten

$$U_{\max} = 2nE - \Delta U \qquad (113)$$

und

$$U_{\min} = 2nE - \Delta U - \delta U. \qquad (114)$$

Bei Vergleichung von Gl. (109) mit (112) erkennt man, daß die Welligkeit δU etwa n mal so klein ist wie ΔU.

Bei Steigerung der Stufenzahl n nimmt die maximale Spannung anfänglich proportional mit n zu. Man kann aber die Spannung nicht beliebig steigern, da bei großem n der Wert ΔU zu stark zunimmt, Die höchste erreichbare Spannung erhält man bei einer Stufenzahl.

die man findet, indem man (113) unter Berücksichtigung von (112) nach n differenziert und $\delta U_{max}/dn = 0$ setzt. Es ergibt sich hieraus:

$$n_{opt.} = \sqrt{\frac{E f C}{i}}. \tag{115}$$

Für einen Generator mit $E = 110000$ V,
$f = 200$ Hz,
$C = 0{,}02\,\mu$F,

ergibt sich für eine Stromstärke $i = 4$ mA:

$$n_{opt.} = \sqrt{120} = 11.$$

Zweckmäßig ist eine Stufenzahl, die erheblich niedriger liegt als dieser optimale Wert, weil sonst die Abmessungen und auch die Spannungsänderung, bei variierender Stromstärke, unverhältnismäßig stark ansteigen bei sehr geringem Spannungsgewinn. Schon bei $n = 8$ beträgt nach (112) der Spannungsabfall je mA in dem vorliegenden Beispiel $\Delta U =$ rd. 85 kV.

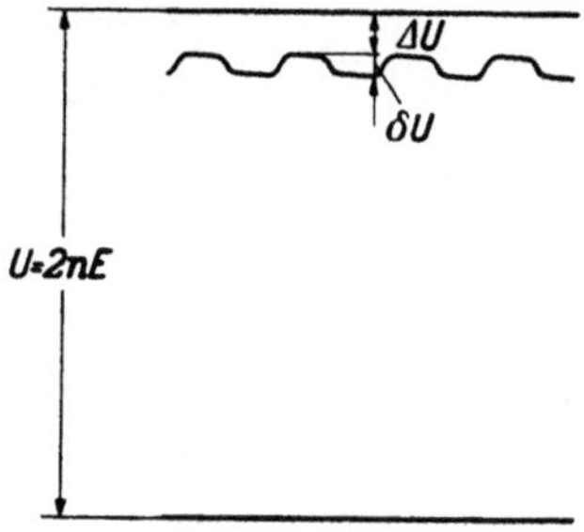

Abb. 48. „Spannungsabfall" $U\Delta$ und „Welligkeit" δU.

Lassen wir wieder die Kapazitäten von oben nach unten zunehmen nach der Formel $C_n = nC$, so ergibt sich für den Spannungsabfall

$$\Delta U = \frac{i}{fC}(1 + 3 + 5 + \ldots 2(n-1) + 1) = n^2 \frac{i}{fC} \tag{116}$$

und für die optimale Stufenzahl

$$n_{opt.} = \frac{E f C}{i}. \tag{117}$$

In diesem Falle, also z. B. für $E = 120000$ V,
$f = 200$ Hz,
$C = 0{,}005\,\mu$F,
$i = 4$ mA,

wird:

$$n_{opt.} = 27.$$

Hier gilt um so mehr die Regel, daß die praktisch günstigste Stufenzahl niedriger liegt.

Schon bei $n = 10$ finden wir nach (116) für den Spannungsabfall je mA:

$$\Delta U = 100\,\text{kV}.$$

Die entsprechende Nullastspannung in diesem Beispiel beträgt bei 10 Stufen 2400 kV, die Gesamthöhe bei Benutzung neuester Bauteile gut 6 m.

Es geht sofort aus (112) und (113) hervor, daß ΔU kleiner wird bei Erhöhung der Frequenz f. Jedoch sind der Höhe der Frequenz praktische

Grenzen gesetzt, da die auftretenden hohen induktiven Spannungen und kapazitiven Ströme sehr störend wirken können. Dies um so mehr, weil der Aufladestrom nur in einem Bruchteil einer halben Periode fließt, so daß die wirklich auftretenden Frequenzen noch ein Vielfaches der Grundfrequenz f sind.

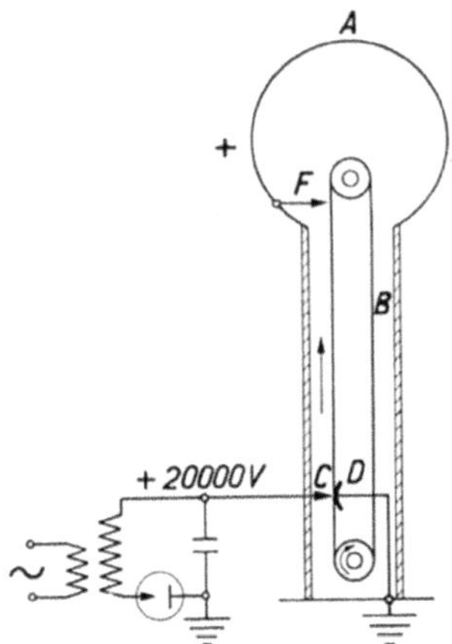

Abb. 49. Schema des elektrostatischen Generators nach VAN DE GRAAFF.

§ 11. Der elektrostatische Hochspannungsgenerator.

Der VAN DE GRAAFF-Generator. Eine der erfolgreichsten und elegantesten Lösungen des Problems der Hochspannungserzeugung ist der elektrostatische Bandgenerator nach VAN DE GRAAFF [35]. Er ist eine Modernisierung der alten Influenzmaschinen und kann als glückliche Weiterentwicklung oder Wiederaufnahme der schon von Lord KELVIN [36], BURBOA [37], SWANN [38] u. a. [39] vorgeschlagenen Einrichtungen angesehen werden, bei denen ebenfalls elektrische Ladungen durch Wassertropfen, laufende Bänder, fallende Kugeln usw. auf isoliert aufgestellte Elektroden übertragen wurden.

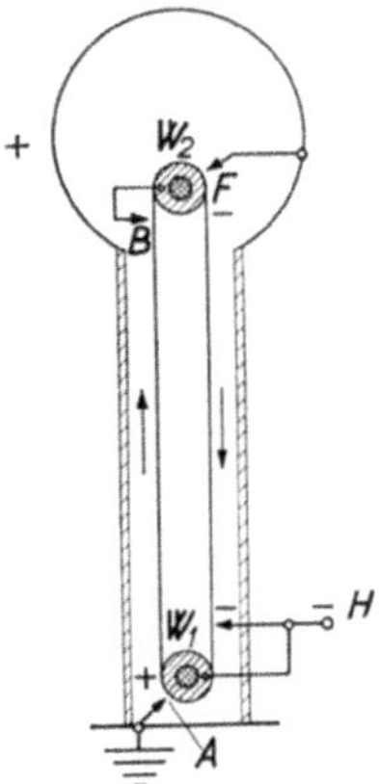

Abb. 50. Der VAN DE GRAAFF-Generator ohne Hilfsspannung.

Einer isoliert aufgestellten metallischen Hohlkugel A (Abb. 49) wird elektrische Ladung zugeführt mittels eines aus Isoliermaterial bestehenden laufenden Bandes B. Die Ladung begibt sich über die im Inneren der Kugel befindlichen Leiter F nach der Kugeloberfläche. Da die Kugel eine Kapazität hat, welche dem Radius r gleichkommt, so wird nach Zuführung einer Elektrizitätsmenge $Q = \int i\,dt$ die Spannung $\frac{\int i\,dt}{C}$ sein. Schließlich wird die Kugel sich so hoch aufladen, daß Ladung längs Isolatoren oder durch Korona abfließt im selben Verhältnis, wie sie zugeführt wird. Bei Belastung stellt sich diejenige Spannung ein, bei der Belastungsstrom plus Verluststrom zusammen der zugeführten Elektrizitätsmenge entsprechen. Die elektrische Ladung wird auf das laufende Band gebracht durch die Korona-Entladung einer Spitze C, der eine geerdete Platte D auf der anderen Seite des Bandes gegenübersteht. Die Spitze selbst wird z. B. durch einen Transformator mit Gleichrichtern auf das Potential etwa 20000 V gebracht. Die Übertragung der Ladung auf die Leiter in der Hohlkugel geschieht mittels Sprühspitzen, von denen eine (F) in der Abbildung angegeben ist. Diese Spitzen geben nicht zu Koronaverlusten

Veranlassung, da ins Innere des Kugelraumes wenig Kraftlinien von außen durchdringen. Durch geeignete Schaltung ist es möglich, den abwärtsgehenden Bandteil entgegengesetzte Ladung abführen zu lassen, so daß der Ladestrom verdoppelt wird. Es wird dies in Abb. 50 angedeutet.

Wir denken uns zuerst durch eine negative Hilfsspannung H die untere Walze W_1 negativ aufgeladen. Der anliegende Bandteil erhält dann durch Influenz eine positive Ladung von der geerdeten Spitze A. Die isoliert aufgestellte obere Walze W_2 wird nun durch die Sprühspitze B positiv aufgeladen. Danach wird — ebenfalls durch Influenz — von der Spitze F negative Ladung auf das Band und auf die Walze W_2 übergehen. Durch das Abfließen negativer Ladung bei F wird

a) die Kugelelektrode positiv,

b) die Walze W_2 auf einem stationären Potential gehalten, und es erhält

c) der abwärtsgehende Bandteil eine negative Ladung.

Es gelingt sogar, den Apparat ganz ohne Hilfsspannung arbeiten zu lassen.

Stromstärke und Spannung. Die maximale elektrische Ladung, welche ein aus isolierendem Material bestehendes Band tragen kann, wird dadurch begrenzt, daß die mit der Oberflächenladung verknüpfte, nach außen wirkende elektrische Kraft keine Ionisierung in der angrenzenden Luftschicht hervorrufen darf. Bei einer auf ideale Weise verteilten Oberflächenladung hätte die Normalkomponente der elektrischen Kraft den nach § 29 als kritisch anzusehenden Wert $E_d = 30000$ V/cm. Also:

$$E_d = \frac{30000}{300} = 4\pi\sigma, \tag{118}$$

wenn σ die Ladungsdichte in ESE ist. Der höchste Wert, den σ also erreichen kann, ist:

$$\sigma < \frac{100}{4\pi} = 8\,\text{ESE} = 2{,}7\cdot 10^{-9}\,\text{Coul}.$$

Die durch Inhomogenitäten und durch die Ränder verursachten Erhöhungen der Feldstärke haben zur Folge, daß man in Wirklichkeit etwa die Hälfte dieses theoretischen Wertes erreicht. Praktisch also

$$\sigma' \sim \frac{\sigma}{2} \sim 1{,}4\,10^{-9}\,\text{C/cm}^2. \tag{119}$$

Durch Verwendung von mehreren Bändern und Steigerung der Geschwindigkeit sind Ströme bis zu einigen Milliampere erreicht worden. Die Bandoberfläche, welche in der Zeiteinheit in die Elektrode hineingeht, und die Ladungsdichte, sind ein Maß für die maximale Stromstärke i.

Bei einer Gesamtbreite b der Bänder: $i = b\,v\,\sigma'$, also

$$i \sim \frac{b\,v}{2}\cdot\frac{E_d}{4\pi} \sim 1{,}4\,b\,v\,10^{-9}\,\text{A}. \tag{120}$$

Bei $b = 300$ cm und $v = 2000$ cm/s ist also die Stromstärke höchstens:

$$i \approx 8\cdot 10^5\,10^{-9}\,\text{A} = 8\cdot 10^{-4}\,\text{A}.$$

Die erreichbare Spannung wird nur durch die Ladungsverluste bestimmt, die auf Sprühen in die umgebende Atmosphäre und Glimmentladung längs der Isolation zurückzuführen sind. Der Verluststrom steigt von einem bestimmten Spannungswert U_0 an mit der zweiten oder dritten Potenz der Spannung (§ 31). Setzen wir für den Verluststrom

$$i_2 = a\,(U - U_0)^2,$$

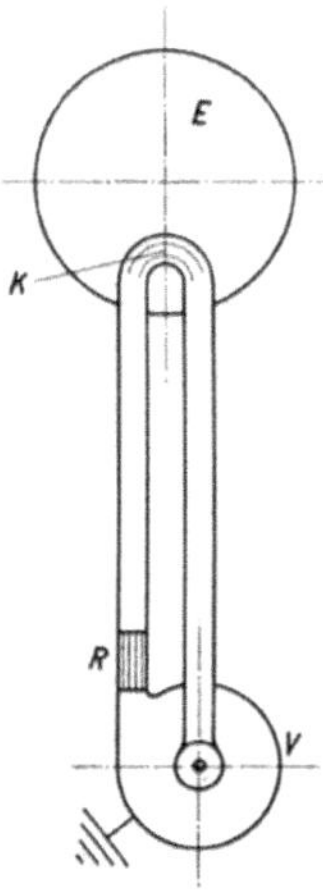

Abb. 51. Schema eines Staubgenerators.

und für den nützlichen Strom i_n, so finden wir nach (120) im stationären Fall:

$$i = bv\frac{E_d}{8\pi} = i_n + a\,(U - U_0)^2,$$

oder

$$U = U_0 + \sqrt{\frac{\frac{bv E_d}{8\pi} - i_n}{a}}. \tag{121}$$

Der Staubgenerator. Pauthenier und Moreau[40, 41], Morand und Raskin[42, 43] berichten über guten Erfolg mit dem Staubgenerator.

Ein mit Staub geladener Luftstrom (Abb. 51) wird durch einen Ventilator V in Umlauf gesetzt. Die Staubteilchen (z. B. Flugasche einer Kohlenstaubfeuerung) werden auf der Erdseite durch einen Raum R geführt, wo sich sprühende Elektroden befinden. Die Teilchen erhalten dadurch eine elektrische Ladung, welche in der Hochspannungselektrode an die Wände der metallischen Führungskanäle abgegeben wird.

Die Aufladung von Teilchen ist besonders mit Rücksicht auf die elektrische Gasreinigung eingehend studiert worden. Die Ladung q eines Staubteilchens mit der dielektrischen Konstante ε und dem Durchmesser $2r$ berechnet sich zu:

$$q = \frac{3\varepsilon}{\varepsilon + 2} r^2 E, \tag{122}$$

wenn E die Feldstärke ist.

Die erreichbare Spannung wird nun dadurch begrenzt, daß die Coulombsche Abstoßungskraft schließlich so groß wird, daß die Teilchengeschwindigkeit nicht mehr ausreicht, um sie zu überwinden.

Wenn wir uns die Hochspannungselektrode als eine Kugel mit dem Radius R frei im Raume denken, dann ist die abstoßende Kraft K gegeben durch: $K = q\frac{U}{R}$, wo q wieder die Teilchenladung und U die Spannung der Elektrode ist. Also wird nach (122):

$$K = \frac{3\varepsilon}{\varepsilon + 2} E\, r^2 \frac{U}{R}. \tag{123}$$

Andererseits beträgt die treibende Kraft des Staubteilchens:

$$K' = C\,\tfrac{1}{2}\,\delta\, v^2 \pi r^2, \tag{124}$$

wo δ die Dichte des Gases und C der aerodynamische Widerstandsbeiwert ist.

Aus (123) und (124) ergibt sich für die maximale Spannung:

$$U_m = \pi \frac{RC}{E} \delta v^2 \left(\frac{\varepsilon + 2}{6\varepsilon}\right). \tag{125}$$

Die Geschwindigkeit ist leicht so groß zu machen, daß die durch (125) bestimmte Spannung bei weitem diejenige Spannung übertrifft, bei der die Luft durchschlägt. Auch bei dem Staubgenerator ist deshalb die erreichbare Spannung vollständig durch die Verlustströme bedingt.

Die Größe des transportierten Stromes wird außer von der Luftgeschwindigkeit auch von dem Ionisierungsgrade bestimmt. Letzterer nimmt zu, wenn der Ionisierungsraum R (Abb. 51) in wabenartige Zellen unterteilt wird. Diese Unterteilung findet eine praktische Grenze dadurch, daß isolierte Sprühelektroden darin eingebaut werden müssen.

Wenn die Ladung pro cm^3 Luft ϱ beträgt, Q der Röhrenquerschnitt und v die mittlere Luftgeschwindigkeit ist, dann ist der transportierte Strom:

$$i = v \varrho Q. \tag{126}$$

Die erreichbare Spannung wird dann bestimmt durch:

$$U = U_0 + \sqrt{\frac{v \varrho Q - i_n}{a}}. \tag{121a}$$

Es wurden bisher Spannungen über 1 MV erreicht, jedoch Stromstärken von höchstens etwa 100 μA.

Ausgeführte Anlagen. Generatoren nach VAN DE GRAAFF wurden von VAN DE GRAAFF und Mitarbeitern[44, 45] und von vielen anderen gebaut und mit Erfolg bereits[46] zur Erzeugung von Röntgenstrahlen und zur Beschleunigung von Protonen und Deutonen angewandt. Schon im

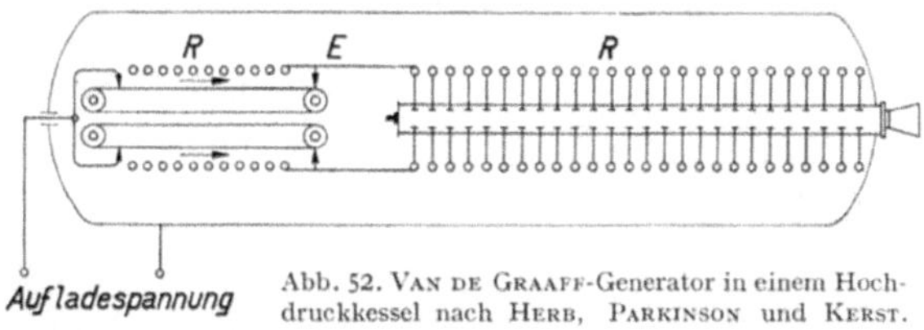

Abb. 52. VAN DE GRAAFF-Generator in einem Hochdruckkessel nach HERB, PARKINSON und KERST.

Jahre 1932 wurde von BARTON[47] und anderen über eine VAN DE GRAAFF-Anlage unter Druck berichtet, mit der Spannungen bis 1000 kV erreicht wurden.

Abb. 52 zeigt das Schema einer im Laboratorium der Universität in Wisconsin in den Vereinigten Staaten von HERB, PARKINSON und KERST[48] gebauten Anlage.

Der Apparat ist untergebracht in einem zylindrischen Eisenkessel, der ungefähr 7 m lang ist bei 168 cm Durchmesser. Die Elektrode E, ungefähr in der Mitte, wird aufgeladen durch die als horizontale Linien gezeichneten laufenden Bänder nach VAN DE GRAAFF. In dem Teile R befindet sich die Entladungsröhre, umgeben von einem System kreisförmiger Röhren. Ähnliche kreisförmige Röhren sind auch auf der Seite des Generators angebracht. Sie dienen dazu, den Potentialgradienten zwischen der Elektrode E und den geerdeten Enden des Kessels auszugleichen, indem zwischen jedem zweier aufeinander folgenden Ringe kleine Sprühstrecken angebracht sind, welche annähernd gleiche Spannungen zwischen zwei solchen Ringen herstellen. Es wird in dem Kessel ein hoher Druck (etwa 6 at) hergestellt, so daß sogar bei Spannungen in der Nähe von 2 MV noch kein Überschlag auftritt. Es wurde mit diesem Generator angeblich eine maximale Spannung 2500 kV erreicht und die Arbeitsspannung betrug etwas über 2000 kV. Anscheinend sind die anomalen, zu großen Durchschläge, wie sie in Luft bei atmosphärischem Druck beobachtet wurden (§ 45), nicht wahrgenommen worden; sonst wären diese Spannungen bei den angegebenen Abmessungen und bei dem benutzten Druck sicher nicht möglich.

Abb. 53. VAN DE GRAAFF-Generator, aufgestellt in einer Luftschiffhalle (L. C. und C. M. VON ATTA, NORTHRUP, VAN DE GRAAFF). Maximale Spannung zwischen den Kugeln 5 MV, maximale Stromstärke bei nicht angegebener Spannung 2 mA. Die Höhe des Generators beträgt 14 m.

Generatoren nach demselben Prinzip unter Druck sind im Bau auch bei TUVE und Mitarbeitern[49] in Washington und bei WESTINGHOUSE in Pittsburg, USA. (§ 17).

VON ATTA, NORTHRUP, VON ATTA und VAN DE GRAAFF[50] bauten eine Anlage für Spannungen bis 2,5 MV gegen Erde in einer Luftschiffhalle (Abbildung 53). Die ursprünglich erwartete Spannung 10 MV wurde nicht erreicht, sondern 5 MV zwischen der positiven und der negativen Kugel.

Auch der frei in Luft arbeitende Generator von TUVE und Mitarbeitern[19] mit 1 MV und ein Generator von BOTHE und GENTNER[52] mit Spannungen bis zu etwa 1 MV wurden schon erfolgreich in der Kernphysik angewandt. Die Stromstärke ist meistens gering und beträgt etwa 10 bis 100 μA. Über den Generator von HERB und Mitarbeitern und den von VAN DE GRAAFF und Mitarbeitern[53] in Cambridge, USA., wird berichtet, daß Stromstärken von einigen Milliampere möglich sind.

Auf der Weltausstellung in Paris 1937 wurde ein VAN DE GRAAFF-Generator von JOLIOT und Mitarbeitern dem Publikum vorgeführt. Die Abmessungen dieses Generators sind sehr erheblich. Die Höhe beträgt 14 m bei der Gesamtspannung von etwa 3 MV und der Spannung gegen Erde etwa 1,5 MV.

Die Anlagen, die frei in Luft arbeiten, werden stark durch Feuchtigkeit beeinflußt. TUVE und Mitarbeiter[49] geben an, daß sie mehrere Monate des Jahres nicht arbeiten können, weil die Feuchtigkeit während dieser Monate höher als 70% ist. Eine Verbesserung bringt dann aber schon der Einbau des laufenden Bandes in einen Zylinder, wie z. B. in Abb. 49 und 50 angedeutet.

Die Anwendung besonderer Gase, wie CCl_4 (§ 32) bringt ebenfalls Verbesserung der Betriebssicherheit[54].

§ 12. Stufenweise Beschleunigung von geladenen Teilchen; das Cyclotron.

Streng genommen gehören Vorrichtungen, die geladene Teilchen beschleunigen bis zu einer Geschwindigkeit, der ein Vielfaches der angewandten Spannung entspricht, nicht zu den Hochspannungserzeugern. Andererseits dienen doch die Hochspannungserzeuger in der Kernphysik nur zur Beschleunigung von geladenen Teilchen, und wenn letzteres durch andere Mittel gelingt, so ist im Rahmen dieses Buches die Beschreibung dieser Mittel doch vielleicht angebracht.

Mehrstufige Beschleunigungsröhren. Nachdem im Jahre 1925 von ISING[55] eine Anordnung vorgeschlagen worden war, um geladene Teilchen durch Verwendung einer fortlaufenden Wanderwelle in aufeinander folgenden Stufen zu beschleunigen, wurde von BEAMS und SNODDY[56] dieses Verfahren mit Erfolg zur Beschleunigung von Protonen und Elektronen verwendet.

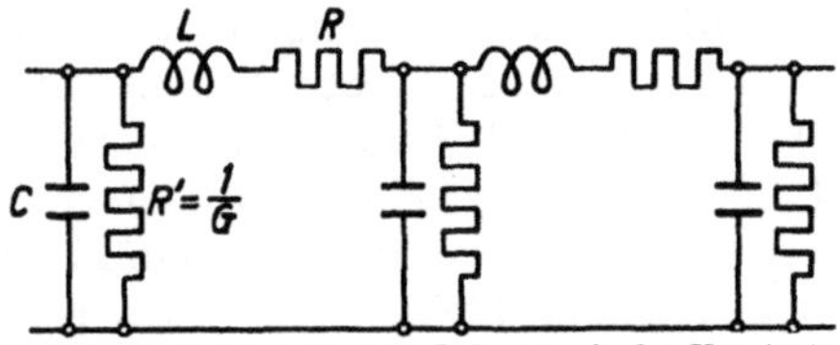

Abb. 54. Ersatzbild einer Leitung mit den Konstanten L, C, R und G.

Die Geschwindigkeit einer Wanderwelle wird durch die Konstanten (L, C, R, G) der Leitung bestimmt. Wenn der Widerstand R und die Ableitung G vernachlässigbar sind, gilt für die in Abb. 54 schematisch vorgestellte Leitung die Differentialgleichung:

$$\left.\begin{aligned}\frac{\partial U}{\partial x} &= L\frac{\partial i}{\partial t}\\ \frac{\partial i}{\partial x} &= C\frac{\partial U}{\partial t}.\end{aligned}\right\} \tag{127}$$

Hieraus nach Differenzierung:

$$\frac{\partial^2 U}{\partial x^2} = LC\frac{\partial^2 U}{\partial t^2}. \tag{128}$$

Die allgemeine Lösung ist:

$$U = \varphi\left(x + \sqrt{LC}\,t\right) + \psi\left(x - \sqrt{LC}\,t\right), \tag{129}$$

wobei φ und ψ willkürliche Funktionen bedeuten.

Hieraus geht sofort hervor, daß zwei Geschwindigkeiten möglich sind:

$$v = \pm \frac{1}{\sqrt{L C}}. \tag{130}$$

Wir kommen später (§ 51, V) hierauf zurück.

Von Beams und Trotter[57] wurden mit einer Apparatur, bei der die negativen Spannungsstöße mehrerer Leiter nacheinander gerade diejenigen Elektroden erreichten, wo sich die Elektronen befanden, Geschwindigkeiten bis 1300 kV erhalten. Den Ausgang bildeten dabei Spannungsstöße von 300 kV.

Von Wideröe[58] und später von Sloan und Lawrence[59] wurde eine stufenweise Beschleunigung mittels hochfrequenter Spannung erreicht in einer Entladungsröhre, die in Abb. 55 skizziert ist.

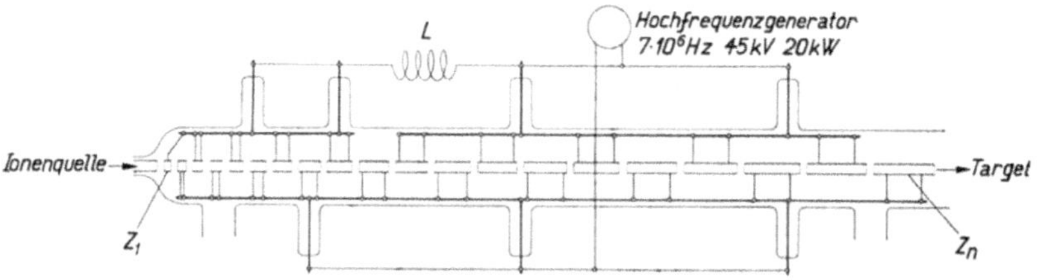

Abb. 55. Stufenweise Beschleunigung nach Wideröe (Sloan und Lawrence).

Die Teilchen durchlaufen in der Richtung von links nach rechts die Entladungsröhre und durchqueren dabei die zylindrischen Elektroden $Z_1, \ldots, Z_n$. Diese Elektroden sind auf die in der Abbildung angegebene Weise mit den Polen eines Hochspannungsgenerators verbunden. Dieser Generator erzeugt eine hochfrequente Wechselspannung, die z. B. 40 kV beträgt. Die Frequenz ist so gewählt, daß gerade dann, wenn ein Teilchen aus einer der Elektroden zum Vorschein kommt, das elektrische Feld zwischen dieser und der nächsten Elektrode eine weitere Beschleunigung hervorruft. Wenn e und m bzw. Ladung und Masse des geladenen Teilchens sind und l_n die Länge der n-ten Elektrode, so wird diese Elektrode durchlaufen in einer Zeit

$$t_n = \frac{l_n}{v},$$

wenn die Geschwindigkeit v bestimmt wird durch die Beziehung

$$\tfrac{1}{2} m v^2 = e n U,$$

wo U die angelegte Spannung und n die Anzahl der durchlaufenen Stufen bedeutet; also

$$t_n = l_n \sqrt{\frac{m}{2 e n U}}.$$

Es werden nun Elektrodenlänge und Frequenz einander so angepaßt, daß während dieser Zeit t_n die Spannung gerade umgekehrt ist. Das wird der Fall sein, wenn die Frequenz f so gewählt ist, daß $2\,t_n$ eine ganze Periode $1/f$ beträgt, also wenn

$$f = \frac{1}{2\,t_n} = \frac{1}{2\,l_n} \sqrt{\frac{2\,e\,n\,U}{m}}. \tag{131}$$

Aus (131) geht unmittelbar hervor, daß bei zunehmender Weglänge die Elektrodenlänge zunehmen muß. Ein Teilchen wird in gleicher Zeit eine immer längere Strecke durchlaufen, und zwar so, daß l_n der Wurzel aus der durchlaufenen Stufenzahl n proportional ist. Diese Forderung stößt bald auf praktische Schwierigkeiten bei leichten Teilchen. Übrigens ist das genaue Konstanthalten von Stufenspannung und Frequenz, was eine unumgängliche Bedingung ist, auch schwierig zu erreichen. Immerhin ist es gelungen, auf diese Weise schwerere Ionen bis zu Geschwindigkeiten über 1 MV zu beschleunigen.

Ein eleganteres und erfolgreicheres Verfahren hat aber LAWRENCE[60, 61] gefunden in dem Apparat, der in der Literatur meist Cyclotron genannt wird und dessen Prinzip wir im nachfolgenden beschreiben wollen.

Das Cyclotron. Das Prinzip beruht im wesentlichen auf der Eigenschaft, daß elektrisch beschleunigte geladene Teilchen konstanter Masse und konstanter Ladung in einem homogenen magnetischen Felde Bahnen beschreiben mit konstanter Umlaufzeit, die nur von der Stärke des Magnetfeldes abhängt und nicht von der Geschwindigkeit. Die „Lorentzkraft" senkrecht zu den magnetischen Kraftlinien und senkrecht zu der Bewegungsrichtung beträgt bei einem Teilchen mit der Ladung e und der Geschwindigkeit v in ESE: $\frac{H\,e\,v}{c}$. Die Bahnkrümmung wird nun dadurch bestimmt, daß diese Lorentzkraft gerade die Zentrifugalkraft aufhebt. Wenn wir von der Relativitätskorrektion absehen, bedeutet das:

$$\frac{H\,e\,v}{c} = \frac{m\,v^2}{r}$$

oder

$$v = \frac{e}{m\,c} H\,r. \tag{132}$$

Die Umlaufzeit $t = \frac{2\pi r}{v}$ ist demzufolge:

$$t = \frac{2\pi\,m\,c}{H\,e} \tag{133}$$

und die Frequenz:

$$f = \frac{1}{t} = \frac{H\,e}{2\pi\,m\,c}. \tag{134}$$

Aus (132), unter Berücksichtigung der Beziehung $\frac{1}{2}\,m v^2 = e\,U$, finden wir die Spannung, mit welcher die Geschwindigkeit auf einer Bahn mit dem Radius r in einem Magnetfelde von der Stärke H übereinstimmt:

$$U = \frac{e}{2\,m\,c^2} (H\,r)^2. \tag{135}$$

Unter Berücksichtigung der Werte $e/m = 2{,}87 \cdot 10^{14}$ ESE für Protonen und $e/m = 1{,}44 \cdot 10^{14}$ ESE für Deutonen und α-Teilchen berechnet sich aus (132), (134) und (135) bei $H = 15\,000$ Gauß und $r = 30$ cm (wieder ohne Rücksicht auf die Relativitätskorrektion)

für Protonen: $f = 2{,}25 \cdot 10^7$ Hz
$\lambda = 13{,}5$ m
$v = 4{,}4 \cdot 10^9$ cm/s
$U = 9{,}7 \cdot 10^6$ V,

für Deutonen: $f = 1{,}1 \cdot 10^7$ Hz
$\lambda = 27$ m
$v = 2{,}2 \cdot 10^9$ cm/s
$U = 4{,}8 \cdot 10^6$ V.

Die Teilchenenergie in eV ist wegen der doppelten Ladung bei α-Teilchen doppelt so groß.

Die Werte von f, v und U für Elektronen haben wir nicht aufgeführt, weil die Vernachlässigung der Relativitätskorrektion hier zu absurden Zahlen — z. B. $v > c$ — führt. Für Elektronenbeschleunigung ist das Cyclotron nicht geeignet. Schon in dem Falle von Protonen ist die obige Rechnung nicht mehr richtig, da bei $\beta = 0{,}15$ schon die Masse des Elektrons sich um einen Faktor $\frac{1}{\sqrt{1-\beta^2}}$, also um etwa 1,5% geändert hat und deswegen nicht mehr die Gleichung (133) gilt. Wir kommen hierauf noch näher zurück. Für Deutonen ist der Fehler geringer, und wir finden also, daß die Geschwindigkeit etwa der Spannung 4,8 MV entspricht, sobald sich die Teilchen bei der Feldstärke 15000 Gauß 30 cm vom Zentrum des Entladungsraumes entfernt haben.

Wenn wir den Bahnradius r in Metern ausdrücken, H in Gauß und U in Volt, so sind U und $(Hr)^2$ von derselben Größenordnung; für Protonen (und α-Teilchen):

$$U \sim \frac{(Hr)^2}{2} \tag{136}$$

und für Deutonen:

$$U \sim \frac{(Hr)^2}{4}. \tag{137}$$

In Tabelle I sind die Werte von Hr für verschiedene Teilchenenergien und -geschwindigkeiten angegeben.

Abb. 56 zeigt schematisch die Konstruktion des Cyclotrons. Zwischen den Magnetpolen N und S befinden sich zwei halbkreisförmige flache Büchsen in einem scheibenförmigen Entladungsraum. Zwischen den zwei Büchsen wird die Wechselspannung eines Hochfrequenzgenerators von der Größenordnung 30000 V gebracht. Die Frequenz wird entsprechend den oben abgeleiteten Formeln je nach der Art des Teilchens

Tabelle I. Relative Geschwindigkeit, Krümmungsradius der Bahn im Magnetfeld und Massenänderung von Protonen und Deutonen in Abhängigkeit von der Voltgeschwindigkeit*.

kV	β		Hr Gauß cm		m/m_0	
	Proton	Deuton	Proton	Deuton	Proton	Deuton
500	0,0326	0,0231	$1{,}021 \cdot 10^5$	$1{,}445 \cdot 10^5$	1,0006	1,0003
600	0,0358	0,0253	1,119	1,583	1,0007	1,0003
700	0,0386	0,0273	1,209	1,709	1,0008	1,0004
800	0,0413	0,0292	1,292	1,827	1,0009	1,0004
900	0,0438	0,0310	1,371	1,938	1,0010	1,0005
1000	0,0461	0,0326	1,445	2,042	1,0011	1,0005
1250	0,0515	0,0365	1,614	2,284	1,0014	1,0007
1500	0,0565	0,0400	1,770	2,502	1,0016	1,0008
1750	0,0610	0,0432	1,912	2,702	1,0019	1,0009
2000	0,0652	0,0462	2,044	2,889	1,0022	1,0011
2250	0,0691	0,0490	2,168	3,065	1,0025	1,0012
2500	0,0728	0,0516	2,285	3,231	1,0027	1,0013
2750	0,0764	0,0541	2,397	3,388	1,0029	1,0015
3000	0,0798	0,0565	2,504	3,539	1,0032	1,0016
3250	0,0830	0,0588	2,606	3,684	1,0035	1,0018
3500	0,0861	0,0610	2,705	3,823	1,0037	1,0019
3750	0,0891	0,0632	2,800	3,957	1,0040	1,0020
4000	0,0920	0,0652	2,892	4,087	1,0043	1,0021
4250	0,0948	0,0672	2,981	4,213	1,0046	1,0023
4500	0,0975	0,0692	3,069	4,335	1,0048	1,0024
4750	0,1002	0,0710	3,152	4,454	1,0051	1,0025
5000	0,1028	0,0729	3,234	4,570	1,0053	1,0027
5500	0,1078	0,0764	3,393	4,793	1,0059	1,0029
6000	0,1125	0,0798	3,544	5,007	1,0064	1,0032
6500	0,1171	0,0831	3,689	5,212	1,0069	1,0035
7000	0,1214	0,0862	3,829	5,409	1,0075	1,0037
7500	0,1256	0,0892	3,964	5,599	1,0080	1,0040
8000	0,1297	0,0921	4,094	5,783	1,0085	1,0042
8500	0,1337	0,0949	4,221	5,961	1,0091	1,0045
9000	0,1375	0,0976	4,343	6,134	1,0096	1,0048
9500	0,1412	0,1003	4,463	6,303	1,0101	1,0050
10000	0,1448	0,1029	4,580	6,466	1,0107	1,0053
11000	0,1517	0,1079	4,805	6,784	1,0117	1,0058
12000	0,1584	0,1126	5,020	7,087	1,0128	1,0064
13000	0,1647	0,1172	5,227	7,377	1,0139	1,0069
14000	0,1708	0,1215	5,625	7,657	1,0149	1,0074
15000	0,1766	0,1257	5,461	7,926	1,0159	1,0079
16000	0,1823	0,1298	5,802	8,187	1,0170	1,0085
17000	0,1878	0,1338	5,983	8,440	1,0181	1,0090
18000	0,1930	0,1376	6,158	8,686	1,0192	1,0095
19000	0,1982	0,1413	6,328	8,925	1,0202	1,0101
20000	0,2032	0,1449	6,494	9,158	1,0213	1,0107

und nach der magnetischen Feldstärke gewählt. Von einem oder mehreren Glühfäden, im Zentrum Z des Entladungsraumes angeordnet und geheizt

* Hr-Werte für Elektronen in Tabelle XIV auf S. 262.

durch den Strom einer Spannungsquelle K, wird eine Ionisation in dem verdünnten Gas — z. B. schwerem Wasserstoff — erzeugt. Die demzufolge entstehenden Deutonen folgen nun den annähernd kreisförmigen Bahnen senkrecht auf den magnetischen Kraftlinien. Bei jeder Durchquerung des Spaltes zwischen den Büchsen findet eine Beschleunigung statt. Die Bahnen bestehen aus Halbkreisen mit zunehmendem Radius, da ja die Vergrößerung der Geschwindigkeit nach (132) einer Vergrößerung des Radius entspricht. Die Umlaufzeit hängt aber nach (133) nicht von diesem Radius ab, so daß die Phase immer richtig bleibt, solange die Masse sich infolge zu großer Geschwindigkeit nicht relativistisch beträchtlich ändert und dadurch (133) seine Gültigkeit verliert. Wenn das Durchqueren des Spaltes durch ein Teilchen nicht genau bei maximaler Spannung stattfindet, wird dieses Teilchen mehr Bahnen durchlaufen, bevor die Außenwand des Raumes erreicht ist, so daß die Endgeschwindigkeit aller im Zentrum des Entladungsraumes erzeugten Teilchen beim Austreten annähernd die gleiche ist. Günstig wirken die Ränder der halbkreisförmigen Büchsen, weil sie eine fokusierende Wirkung auf die umlaufenden Teilchen ausüben, wie es in Abb. 57a verdeutlicht wird.

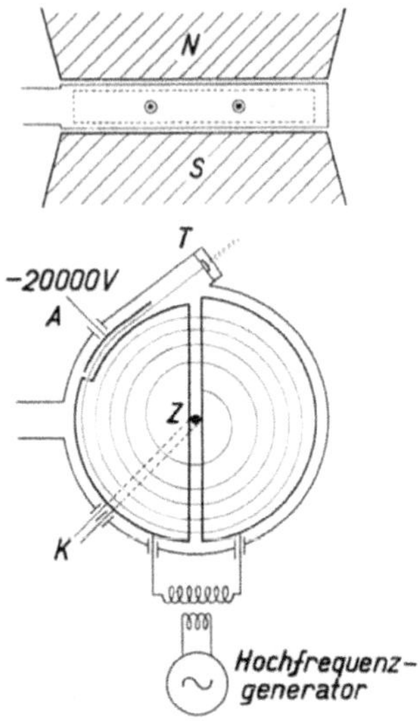

Abb. 56. Schemazeichnung des Cyclotrons. Bei T treffen die geladenen Teilchen auf den Schirm oder treten durch ein dünnes Fenster aus dem Entladungsraum ins Freie. Bei A ist die Hilfsspannung angebracht, welche dazu dient, die (positiven) Teilchen auswärts zu beschleunigen.

Eine ähnliche fokusierende Wirkung hat das magnetische Feld in der Peripherie der kreisförmigen Öffnung durch die etwas nach außen ausbiegenden Kraftlinien (Abb. 57b).

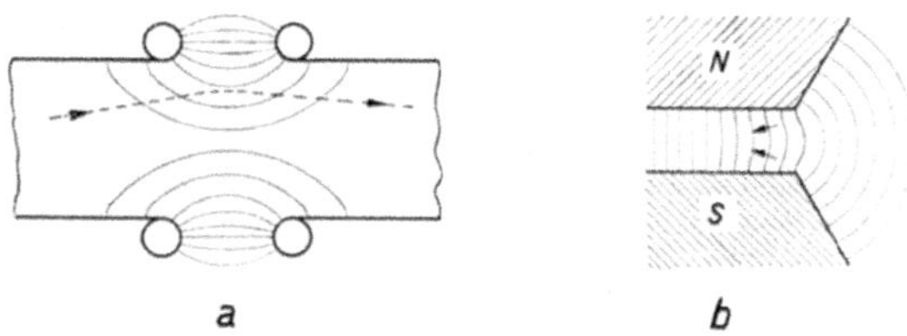

Abb. 57. Fokusierende Wirkung. a) Durch das elektrische Feld zwischen den Büchsen; b) durch das in der Peripherie abnehmende magnetische Feld.

Diese fokusierende Wirkung sorgt dafür, daß die Teilchen ungefähr in der Mitte der Büchsen umlaufen und nicht auf die Wände treffen. Die fokusierende Wirkung hängt von der Teilchengeschwindigkeit und von der Phase des Teilchens ab. Teilchen, welche den Spalt bei stark steigender Spannung durchqueren (voreilen), werden nicht fokusiert, sondern durch die elektrostatischen Linsen (Abb. 57a) gestreut. Die elektrostatische Linse (Abb. 57a), die an sich infolge ihrer geometrischen Symmetrie auf ein Teilchen mit konstanter Geschwindigkeit eine ebenso große konvergierende wie divergierende

Wirkung ausüben würde, fokusiert nur, weil grundsätzlich bei festgehaltener Spannung das Konvergieren bei geringer Geschwindigkeit stattfindet, also stärker ist als das Divergieren. Steigt aber die Spannung während des Durchquerens des Teilchens stark an, dann tritt das Umgekehrte auf, die Divergenz ist größer als die Konvergenz. Die Geschwindigkeitszunahme bei der Spaltdurchquerung entspricht der Potentialerhöhung um den Faktor

$$f_1 = \frac{U + U_1 \cos\varphi}{U}, \tag{138}$$

wenn U_1 der Maximalwert der D-Spannung, U das Potential des Teilchens beim Eintritt in dem Spalt und φ der Winkel, um den das Teilchen der Spannung voreilt. Andererseits tritt eine Feldstärkevergrößerung im Spalt während der Durchquerung des Teilchens auf um einen Faktor:

$$f_2 = \frac{\cos\varphi}{\cos\left(\varphi + \frac{d}{r}\right)}, \tag{139}$$

wobei d die „effektive" Linsenlänge ist und r der Bahnhalbmesser. d ist von der Größenordnung der Spaltbreite (Abb. 57) und demzufolge $d/r \ll 1$. Daher annähernd nach (139):

$$f_2 = 1 + \frac{d^2}{r^2}. \tag{140}$$

Fokusierung tritt nur auf, wenn $f_1 > f_2$, also wenn:

$$\cos\varphi > \frac{U}{U_1}\,\frac{d^2}{r^2}. \tag{141}$$

Bei geringer Teilchengeschwindigkeit ist die elektrostatische Fokusierung, bei großer Geschwindigkeit die magnetische überwiegend.

Schließlich werden durch einen Spalt von geeigneter Form mit Hilfe eines elektrischen Ablenkfeldes die schnellsten Teilchen auf das gewünschte Ziel (Target) gerichtet (Abb. 56). Weitere Einzelheiten und Zahlen, die Anwendung und auch die Grenzen des Apparates betreffend, werden wir noch in § 13 und § 17 besprechen.

Abb. 58 ist eine Aufnahme der Entladungskammer mit den beiden D-förmigen Büchsen eines Cyclotrons von LAWRENCE und Mitarbeitern in Berkeley, California. Im Vordergrund befindet sich die Austrittsöffnung, wo entweder das „Target" oder das Austrittsfenster montiert werden kann.

Einige Daten erwähnen wir noch als Beispiel. Wir entnehmen sie dem Cyclotron, das von der Maschinenfabrik „Oerlikon" für Prof. JOLIOT in Paris gebaut wurde[62].

Der Magnet erzeugt zwischen den Polen das Feld 20000 Gauß; die zylindrischen Magnetkerne haben 80 cm Durchmesser, das Gewicht des Magneten beträgt etwa 26 t; er ist 250 cm lang, 180 cm hoch und 120 cm breit.

Jede der beiden Wicklungen enthält mehrere Spulen. Die Windungen sind aus Kupferrohr, das außen quadratischen und innen kreisrunden

Querschnitt hat. Auf diese Weise fallen die toten Zwischenräume weg, die bei runden Leitern auftreten. Durch das Rohr fließt Kühlwasser.

Abb. 58. Entladungskammer eines Cyclotrons mit D-förmigen Büchsen. Zur Erklarung vergleiche man Abb. 57.

Die Zahl der maximalen Amperewindungen beträgt 200000. Für die Erzeugung der Spannung etwa 50000 V auf den D-förmigen Elektroden

Abb. 59. Magnet des Cyclotrons (Oerlikon) aus dem Laboratorium von Prof. JOLIOT, Paris. Größte Abmessung 2,5 m, Eisengewicht 26 Tonnen.

ist ein Röhrensender eingebaut mit der Gesamtleistung 50 kW. Die für die Magnete benötigte Leistung ist ungefähr gleich groß.

Abb. 59 zeigt den Magneten dieses Cyclotrons.

Abb. 60 zeigt im Lichtbild die Aufnahme eines Cyclotrons aus dem Department of Physics der Universität Berkeley in California. Man sieht einen Strahl von Deutonen durch eine Metallfolie in die Luft austreten. Die Geschwindigkeit dieser Deutonen entspricht etwa 7,5 MV (September 1937). Geschwindigkeiten über 8,5 MV wurden im Jahre 1938 erreicht. Wir werden später sehen, daß diese Geschwindigkeit bei dem Cyclotron in der heutigen Form wegen des Relativitätseffektes nur durch eine Erhöhung der D-Spannung (bislang etwa 50000 V) vergrößert werden kann. Grundsätzlich ist eine höhere D-Spannung möglich bei den großen Oberflächen der Elektroden, aber schwierig. Im

Abb. 60. Ansicht eines Cyclotrons (University of California, Berkeley, September 1937). Ein Strahl von Deutonen von etwa 30 cm Lange ist deutlich sichtbar. Die entsprechende Spannung betragt 7,5 MV, das Eisengewicht dieses Cyclotrons ist 60 t.

nächsten Paragraphen werden wir sehen, daß die Maximalenergie mit $\sqrt{U_1}$ steigt; die benötigte Leistung steigt ungefähr mit U_1^2 (§ 14). Der Durchmesser der auf der Abbildung deutlich sichtbaren Magnetpole beträgt 95 cm. Der Magnet wiegt etwa 60 t. Um die Magnetpole sind große Wassertanks, die auch in der Abbildung sichtbar sind, zum Kühlen angeordnet. Ein größeres Cyclotron ist im Bau.

§ 13. Teilchenenergie und Teilchenzahl beim Cyclotron.

In § 12 haben wir für die Umlaufzeit der Teilchen in dem Spalt mit konstantem Magnetfeld gefunden:

$$t = \frac{2\pi m c}{H e}, \tag{142}$$

wobei für m die Ruhmasse m_0 des Teilchens gesetzt werden konnte, und bemerkt, daß man bei hoher Teilchenenergie dem Anwachsen der trägen Masse mit der Geschwindigkeit Rechnung zu tragen hat gemäß der relativistischen Mechanik, wodurch anstatt (142) zu setzen ist:

$$t_P = \frac{2\pi m c}{H e \sqrt{1-\beta^2}}. \tag{143}$$

Bei Geschwindigkeiten, wo sich die Massenänderung bemerkbar macht, wird demzufolge bei jedem halben Umlauf eine Phasenverzögerung auftreten im Betrage:

$$\Delta\varphi = \pi\left(1 - \sqrt{1-\beta^2}\right). \tag{144}$$

Diese Phasenverzögerung bedeutet, daß für Teilchen, die ursprünglich gerade bei maximaler D-Spannung den Spalt durchqueren, die Beschleunigung bei der Spaltdurchquerung nicht mehr dem vollen Betrage der Maximalspannung U_1, sondern einem kleineren Betrag entspricht, und zwar:

$$\Delta_n U = U_1 \cos\varphi_n, \tag{145}$$

wenn φ_n die Phasenverschiebung nach der n-ten Spaltdurchquerung ist.

Offenbar muß die gesamte Phasenverzögerung

$$\varphi_n < \frac{\pi}{2} \tag{146}$$

sein, sonst würde keine Beschleunigung mehr stattfinden oder sogar bei $\varphi > \pi/2$ eine Bremsung. Aus (144) und (146) folgt sofort, daß

$$1 - \sqrt{1-\beta^2} \leqq \tfrac{1}{2} \qquad \text{oder} \qquad \beta^2 \leqq \tfrac{3}{4}. \tag{147}$$

Die maximale Geschwindigkeit. Wir können aber weitergehen und eine Schätzung der maximal zu erreichenden Teilchengeschwindigkeit folgendermaßen machen, da $\beta^2 \leqq 1$ nach (144):

$$\Delta_n\varphi = \pi\,\frac{\beta_n^2}{2}, \tag{148}$$

mit Rücksicht auf (146) also

$$\varphi_n = \sum_1^n \Delta_n\varphi = \frac{\pi}{2}\sum_1^n \beta_n^2 < \frac{\pi}{2}, \tag{149}$$

wo φ_n die Phasenverzögerung nach der n-ten Durchquerung des Spaltes und β_n die zugehörige relative Geschwindigkeit ist. Wir haben also die Bedingung

$$\frac{2}{\pi}\varphi_n = \sum_1^n \beta_n^2 < 1. \tag{150}$$

Da

$$\frac{n\beta_n^2}{2} < \sum_1^n \beta_n^2,$$

gilt um so mehr:

$$\frac{n\beta_n^2}{2} < 1$$

und, da

$$\frac{\beta_n^2}{\beta_1^2} < n,$$

wieder erst recht:

$$\frac{\beta_n^4}{\beta_1^2} < 2 \qquad \text{oder} \qquad \beta_n^2 < \beta_1\sqrt{2}. \tag{151}$$

Da

$$\beta_n^2 = U_n \frac{2e}{m c^2},$$

finden wir also

$$U_n < \sqrt{\frac{m c^2}{e}} \sqrt{U_1}. \tag{152}$$

Hieraus ergibt sich für Protonen bei: $U_1 = 50000$ V.

$$U_n < 6{,}8 \text{ eMV}$$

und für Deutonen:

$$U_n < 9{,}5 \text{ eMV}.$$

Mit Rücksicht darauf, daß die Ungleichung wiederholt in gesteigertem Grade galt, ist zu erwarten, daß diese Grenzen zu hoch sind. Eine weiter fortgesetzte Untersuchung, die am einfachsten auf graphischem Wege geschieht (Abb. 61), zeigt sogar, daß die wirkliche Grenze etwa 15 bis 20% niedriger liegt.

Teilchen, welche anfänglich den Spalt durchqueren, bevor die D-Spannung ihren maximalen Wert erreicht, können eine größere Phasenverzögerung ertragen. Solche Teilchen werden aber elektrostatisch entfokusiert, wenn die Voreilung erheblich ist (§ 12), und da die Spannungserhöhung der Quadratwurzel der Phasenwinkel proportional ist, so ist der Spannungsgewinn demzufolge nur gering.

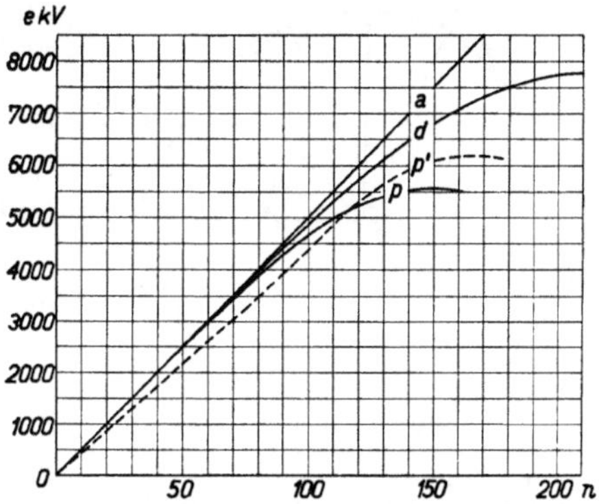

Abb. 61. Zunahme der Geschwindigkeit (Teilchenenergie) in ekV in Abhängigkeit von der Anzahl Spaltdurchquerungen. p Energiezunahme bei Protonen, die ursprünglich bei maximaler Spannung den Spalt durchqueren; anfänglich U_1 Volt bei jeder Durchquerung, später weniger infolge Phasenverzögerung. p' Energiezunahme bei Protonen, die anfänglich bei der Spannung $\pi/6$ voreilen und deshalb anfänglich bei jeder Spaltdurchquerung eine kleinere Beschleunigung $\left(U_1 \cos \frac{\pi}{6}\right)$ erhalten, dann durch die Phasenverzögerung eine zunehmende und schließlich wieder abnehmende Beschleunigung je Durchquerung. d Energiezunahme bei Deutonen, ursprunglich in Phase mit der Spannung. $U_1 = 50000$ V.

In Abb. 61 ist die Geschwindigkeitszunahme in ekV in Abhängigkeit von der Anzahl Spaltdurchquerungen aufgezeichnet, und zwar für Protonen (Kurve p) und für Deutonen (Kurve d), die anfänglich gerade bei maximaler D-Spannung den Spalt durchqueren. Die Kurven wurden graphisch bestimmt mit Hilfe der Formel:

$$\frac{\Delta_n U}{U_1} = \cos \varphi_n = \cos \frac{\pi}{2} \sum \beta_n^2 = \cos \frac{\pi}{2} \frac{2e}{m c^2} \sum U_n, \tag{153}$$

die für großes n übergeht in die Differentialgleichung:

$$\frac{dU}{dn} = U_1 \cos \frac{\pi e}{m c^2} \int_0^n U\,dn, \tag{154}$$

welche zu einem elliptischen Integral führt. Die graphische Berechnung (Abb. 61) geschah unter Annahme der höchsten uns bis jetzt bekanntgewordenen D-Spannung, 50000 V, die grundsätzlich noch überschritten werden kann. Kurve p' zeigt die Geschwindigkeitszunahme für ein Proton, das ursprünglich um den Winkel $\pi/6$ voreilt. Theoretisch — also abgesehen von der bei solchen Teilchen auftretenden Defokusierung — würde ein solches Proton eine etwa 600 ekV höhere Energie erreichen können.

Die Energiegrenze, unter Voraussetzung eines konstanten Magnetfeldes im Spalt und 50000 V maximaler D-Spannung, liegt also für Protonen bei etwa 6 MV [nach (152) berechnet man 6,8 MV]. Für Deutonen liegt die Energiegrenze $\sqrt{2}$ mal so hoch wie bei Protonen, was auch nach (152) zu erwarten war, also bei etwa 8,5 MV, und für α-Teilchen bei 17 MV wegen der doppelten Ladung.

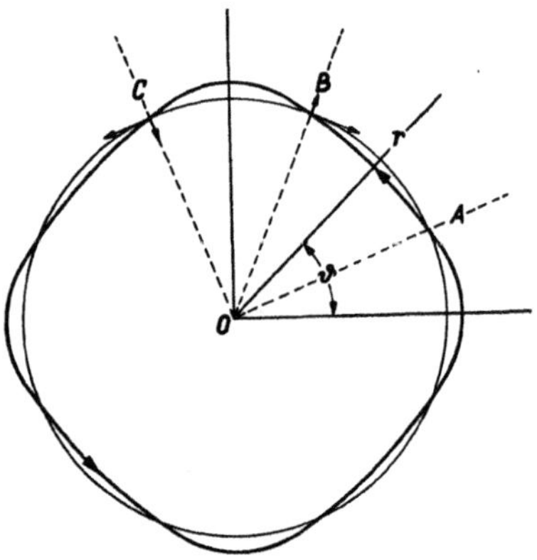

Abb. 62. Bahn eines geladenen Teilchens in einem Magnetfeld nach THOMAS: Größere Feldstarke in dem Sektor BOC, kleinere Feldstarke in dem Sektor AOB. Bei B sowie auch bei C usw., hat die Geschwindigkeit eine radiale Komponente und das Magnetfeld eine senkrecht daraufstehende.

Durch nach außen zunehmende magnetische Feldstärke wäre die relativistische Abweichung zu beseitigen. In diesem Falle tritt aber leider eine divergierende Wirkung des Magnetfeldes auf (§ 12), wodurch die Intensität stark verkleinert wird. Die seitliche Abnahme der Feldstärke ist gerade sehr erwünscht für eine gute Fokusierung. Ausführliche Untersuchungen über die Fokusierung werden von BETHE und ROSE[63, 64] und WILSON[65] und neuerdings von THOMAS[66, 67] veröffentlicht. BETHE und ROSE haben gezeigt, daß bessere Versuchsbedingungen, besonders das Anpassen des Magnetfeldes, bei Verzicht auf Intensität zu noch höheren Teilchenenergien führen können. Nach ROSE[64] wären bei geringer Intensität Deutonengeschwindigkeiten bis etwa 19 MV möglich. Das Magnetfeld ist im Zentrum etwas zu stark, was Voreilen der ursprünglich nacheilenden Teilchen zur Folge hat. Das Feld nimmt dann mit dem Halbmesser zu, aber weniger als erforderlich wäre, um den Effekt der Massenänderung zu kompensieren. Dadurch tritt wieder ein Nacheilen auf. Schließlich werden nur solche Teilchen den Spalt erreichen, die ursprünglich stark nacheilen, dann weniger und schließlich wieder mehr.

Von THOMAS[66, 67] wurde neuerdings eine Methode angegeben, die es grundsätzlich ermöglichen soll, den Effekt der Verzögerung durch relativistische Massenänderung ganz aufzuheben. Wir wollen das von THOMAS angegebene Verfahren hier kurz skizzieren und für die Analyse auf seine Arbeit hinweisen[66]:

Das Magnetfeld wird nicht nur in der schon von ROSE angegebenen Weise mit zunehmendem Radius vergrößert, sondern auch so gestaltet, daß die magnetische Feldstärke sich periodisch ändert mit dem azimutalen Winkel ϑ (Abb. 62).

Es entstehen also Sektoren mit abwechselnder magnetischer Feldstärke. Demzufolge ändert sich die Bahn eines Teilchens, die im homogenen Magnetfeld kreisförmig wäre, wie in der Abbildung schematisch angegeben. In dem stärkeren Teil des Feldes (BOC) ist die Bahnkrümmung größer, in dem schwächeren Teil (AOB) kleiner. Das Teilchen befindet sich im größeren Abstand vom Zentrum im starken Feld, in kleinerem Abstand vom Zentrum im schwächeren Feld. In den Übergangsgebieten (OB, OC usw.) bekommt also die Teilchengeschwindigkeit eine radiale Komponente. Andererseits bedingt die Änderung der Stärke des Magnetfeldes, daß in den Übergangsgebieten zwischen starkem und schwachem Feld die magnetische Feldstärke außerhalb der Symmetrieebene eine horizontale Komponente bekommt, anders gesagt: Die magnetischen Kraftlinien biegen sich außerhalb der Symmetrieebene, und zwar in der Richtung der zunehmenden Feldstärke. Diese horizontale Komponente des Magnetfeldes senkrecht auf dem Radius zusammen mit der radialen Komponente der Teilchengeschwindigkeit (beide Komponenten sind bei B und C in Abb. 62 angedeutet) verursachen die Lorentzkraft, die auf beiden senkrecht steht und also vertikal gerichtet ist. Es ist diese Lorentzkraft, die bei genügender Variation des Magnetfeldes in der angegebenen Weise, immer die defokusierende Wirkung des nach außen zunehmenden Magnetfeldes aufheben oder überkompensieren kann. THOMAS zeigt, daß gerade weder Fokusierung noch Defokusierung auftritt und die Massenvergrößerung nahezu kompensiert wird, wenn das Magnetfeld in der nachfolgenden Weise von dem Radius r und dem Winkel θ abhängt:

$$H = \frac{m_0 c}{c} \omega \left[1 + \left(\frac{30}{19} \right)^{\frac{1}{2}} r \frac{\omega}{c} \cos 4 (\theta - \beta) + \frac{15}{38} \frac{r^2 \omega^2}{c^2} \right], \tag{155}$$

wo β eine beliebige Konstante ist.

In einer weiteren Arbeit[67] zeigt dann THOMAS, daß die Effekte des elektrischen und des magnetischen Feldes voneinander unabhängig sind und deswegen einander superponiert werden und daß auch die Änderung des elektrischen Feldes mit der Periode $\pi/4$, also mit vierfacher anstatt doppelter Elektrode, zu empfehlen wäre.

Teilchenzahl. Die Zahl der mit dem Cyclotron erreichbaren schnellen Teilchen — die Stromstärke — wird bestimmt durch die Anzahl der im Zentrum des Entladungsraumes erzeugten Ionen und durch die Abnahme dieser Zahl während der Beschleunigung. Diese Abnahme ist teilweise darauf zurückzuführen, daß viele Teilchen nicht ihren Lauf in Phase mit der Spannung anfangen: Voreilen bedeutet Entfokusierung, Nacheilen bedeutet verringerte Maximalgeschwindigkeit. Auch der Verlust durch Stöße der beschleunigten Ionen mit Gasmolekülen muß grundsätzlich berücksichtigt werden. Sie ist aber zu vernachlässigen, solange die Bahnverlängerung durch allzu große Phasenverschiebung nicht sehr erheblich ist (§ 12). Schließlich ist zu bedenken, daß die Teilchen nur dann den Spalt erreichen (konzentrische Bahnen beschreiben), wenn Entstehungspunkt und Phase zueinander passen. Alles in allem dürfte die Ausbeute der Ionen mit maximaler Geschwindigkeit, der Teil der im Zentrum erzeugten Ionen, die wirklich mit Maximalgeschwindigkeit den Spalt erreichen, etwa 10% oder 20% betragen.

Die Anzahl der durch Elektronenstoß erzeugten Ionenpaare hängt ab von der Größe und der Temperatur der Heizkathoden, von der Beschleunigungsspannung und von dem Gasdruck. Obwohl die Elektronenzahl grundsätzlich nicht begrenzt ist, sind praktische Grenzen gesetzt durch die Oberfläche der Kathode, durch die Wärmeerzeugung, welche beim Aufprall der Elektronen auf der Hilfsanode erfolgt und von der Wärmemenge, welche von der Kathode ausgestrahlt wird. Genaue Grenzen für den Elektronenstrom sind nicht anzugeben, aber praktisch wird man sich auf einen Elektronenstrom der Größenordnung 1 A beschränken müssen.

Die Anzahl je Elektron erzeugter Ionenpaare hängt auch von dem Gasdruck ab. Der Gasdruck wird nicht beliebig hoch gewählt werden können, weil von einem bestimmten Druck an bei den hohen D-Spannungen von etwa 50 kV Durchschlagserscheinungen unvermeidlich sind. Die bei solchen D-Spannungen erlaubten Drucke sind etwa $2 \cdot 10^{-4}$ Torr. Die mittlere freie Weglänge des Elektrons — abhängig von der Gasart — hat bei einem solchen Druck die Größenordnung 20 m. Dagegen beträgt die wirklich in Betracht kommende Weglänge nur wenige Zentimeter und demzufolge die Anzahl der Ionenpaare nur etwa 1 auf 10^3 Elektronen[68].

Schließlich ergibt sich also auf Grund obiger Überlegungen eine Anzahl Ionenpaare entsprechend einer Stromstärke der Größenordnung 1 mA und einer maximalen Stromausbeute, bei maximaler Geschwindigkeit, in der Größenordnung 100 μA. Es wird nicht ein homogenes Bündel konstanter Geschwindigkeit durch den Spalt austreten, sondern neben den Teilchen mit maximaler Energie kommen solche mit geringerer Energie vor. Da das Produkt $H r$ für die Geschwindigkeit bestimmend ist, bedeutet dies, daß eine Anzahl der Teilchen nicht konzentrische Bahnen beschreibt.

Es sei hier bemerkt, daß sowohl Teilchenenergien in der Nähe von 9 MV bei Deutonen sowie Stromstärken von der Größenordnung 100 μA bei diesen Energien jetzt von Lawrence und Mitarbeitern in ihrem Laboratorium in Berkeley (Cal.) tatsächlich erreicht worden sind.

§ 14. Der Hochfrequenzgenerator des Cyclotrons.

Die an den Generator zu stellenden Anforderungen gehen aus den Ausführungen des § 12 hervor.

Die Frequenz. Nach (134) ist die Frequenz:

$$f = \frac{H\,e}{2\pi\,m\,c}$$

mit $e/m = 2{,}87 \cdot 10^{14}$ ESE für Protonen und $e/m = 1{,}44 \cdot 10^{14}$ ESE für Deutonen und α-Teilchen. Wenn man für das Magnetfeld setzt $H = 18000$ Gauß, einen Wert E der wohl ungefähr das Maximum des praktisch Erreichbaren bildet, so ergibt sich: für Protonen:

$$f_P = 2{,}7 \cdot 10^7\ \text{Hz}; \qquad \lambda_P = \text{rd. } 11\ \text{m};$$

für Deutonen:

$$f_D = 1{,}35 \cdot 10^7\ \text{Hz}; \qquad \lambda_D = \text{rd. } 22\ \text{m}.$$

Wenn wir weiter $r = 50$ cm setzen, so erhalten wir nach (135) theoretisch die Geschwindigkeiten:

$$U = \frac{e}{2\,m\,c^2}\,(H\,r)^2.$$

Also für Protonen $U_P \approx 39$ MV, für Deutonen $U_D \approx 19$ MV.

Nach den Ausführungen von § 13 wird man ohne Schaden bei der Protonenerzeugung des Magnetfeld schwächer nehmen können, weil auch nach möglichen Verbesserungen der Technik solche Geschwindigkeiten entsprechend 39 MV wohl sehr unwahrscheinlich sind. Bei $H = 13000$ wäre $f_P = 1{,}95 \cdot 10^7$ Hz; $\lambda_P =$ rd. 15 m. Will man bei diesem schwächeren Magnetfeld auch noch Deutonen erzeugen, so ergibt sich $\lambda_D =$ rd. 30 m.

Wir kommen also zu der Forderung, daß die Frequenz variabel, und zwar der Wellenbereich zwischen $\lambda = 30$ m und $\lambda = 15$ m einstellbar sein muß. Dabei muß die Frequenz möglichst konstant gehalten werden.

Die Leistung. Die Leistung wird in erster Linie bestimmt durch die nachfolgenden Faktoren:

a) die Kapazität der D-Elektroden,

b) den Hochfrequenzwiderstand des Schwingungskreises,

c) den Nutzeffekt der Energieübertragung auf diesem Schwingungskreis.

Wenn wir wieder — ein großes Cyclotron voraussetzend — den Halbmesser der D-Elektroden $r = 50$ cm setzen und den Abstand d zwischen den Elektroden und der Wand der Entladungskammer $d = 2$ cm, dann ist die Kapazität jeder Elektrode gegen Erde etwa:

$$C_E = \frac{\pi\,r^2}{4\pi\,d} = \text{rd. } 300\ \text{cm}.$$

Hierzu kommt die Hälfte der Kapazität $C'/2$ zwischen den Elektroden, die z. B. 50 cm beträgt.

Bei einer Spannung von 18 kV effektiv auf jede Elektrode entsprechend einer maximalen D-Spannung von 50 kV ergibt sich die Stromstärke bei der Frequenz $f = 2,5 \cdot 10^7$ Hz zu:

$$i = \omega C U = 2\pi f C U = \text{rd. } 1000 \text{ A}. \tag{156}$$

Der Widerstand R des Kreises bei diesen hohen Frequenzen wird hauptsächlich durch den „skin-effect" und durch Strahlung bedingt. Beide Verluste steigen bei zunehmender Frequenz. Der skin-effect mit $\sqrt{f}$, die Strahlung proportional mit f^2 bei offener Leitung. Setzen wir z. B. annähernd $R = af$, so ergibt sich, daß die Leistung $i^2 R$ nach (156) annähernd proportional mit f^3 ist.

Bei einem Hochfrequenzwiderstand $R = 0,1\,\Omega$ ergibt sich der Leitungsverlust für beide Elektroden $v = 2\,i^2 R$ = rd. 100 kW, bei einer Ausnutzung des Senders von 50%, also eine Senderleistung von rd. 200 kW.

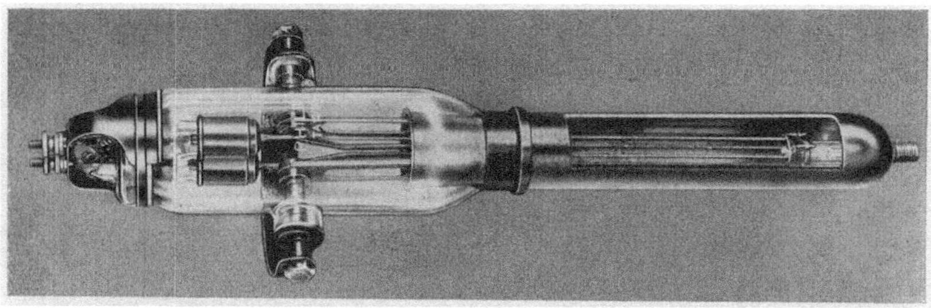

Abb. 63. Hochfrequenz-Senderröhre geeignet für Cyclotron, 25 kW Anodendissipation.

Aus diesem Beispiel geht deutlich hervor, daß die erforderlichen Leistungen erheblich sind.

Die wirklich an den beschleunigten Teilchen abgegebene Leistung ist nur ein Bruchteil der Gesamtleistung. Sogar bei einer Endgeschwindigkeit entsprechend 10 MV und 100 μA Stromstärke wäre die Nutzleistung 1 kW.

Der Sender. Der Sender an sich liefert nicht die geringste Schwierigkeit, besonders, weil Senderröhren für genügend hohe Frequenz, die in den letzten Jahren für die Fernsprechtechnik entwickelt worden sind, eine große Vollkommenheit erreicht haben. Für das Cyclotron geeignete Senderröhren sind im Handel erhältlich.

Abb. 63 zeigt z. B. eine Senderröhre für 25 kW Anodendissipation, die für den Cyclotronkreis in Betracht kommt. Mehrere Röhren können parallel geschaltet werden. Die Schaltung kann eine der üblichen sein, z. B. mit abgestimmten Anoden und Gitterkreisen und Rückkopplung. Mit Rücksicht auf die Stabilität der Frequenz verwendet man als Gitterkreis anstatt des früher üblichen LC-Kreises am besten ein LECHER-System oder auch einen der in der letzten Zeit in der

Hochfrequenztechnik eingeführten Senderkreis[69]. Bei solchen Kreisen ist der Wert $\operatorname{tg}\delta = \frac{R}{\omega L}$ sehr klein, was die Stabilität der Frequenz fördert.

Auf den Senderkreis wollen wir nicht weiter eingehen und lieber dafür auf die Handbücher über Hochfrequenztechnik hinweisen.

Die Energieübertragung. Ein besonderes Problem bietet die Übertragung der Energie des Senderkreises auf die D-Elektroden mit der dabei erforderlichen Spannungserhöhung.

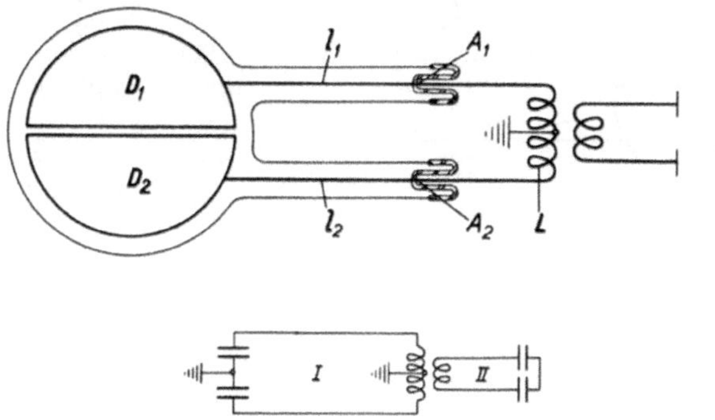

Abb. 64. Schaltung des Hochfrequenzgenerators: induktiv gekoppelte Kreise.

Die auf der Hand liegende Methode ist in Abb. 64 angedeutet. Eine Spule mit Selbstinduktion L wird mit den D-Elektroden verbunden und der so entstandene LC-Kreis, in dem die D-Elektroden die Kapazität bilden, gekoppelt mit dem Generatorkreis. Zwecks besserer Anpassung und zur Überbrückung des Abstandes zwischen Sender und Cyclotron kann ein Zwischenkreis eingeschaltet werden. Schwierigkeiten bietet die Einführung der Hochspannung bei A_1 und A_2, nicht nur wegen der Isolationsfrage an sich, sondern vor allem dadurch, daß erhebliche dielektrische Verluste in dem Glas auftreten, das dadurch außerdem erhitzt und beschädigt werden kann.

Eine Verbesserung wurde bei dem Cyclotron der Columbia University, New York, eingeführt. Das System ist in Abb. 65 skizziert.

An die Stelle der Spule treten die parallelen Leitungen l_1 und l_2. Die in das Cyclotron eingeführte Spannung ist nur ein Bruchteil der D-Spannung, und damit ist das Problem der Einführung sehr erleichtert. Die Leitungen können grundsätzlich offene parallele Leiter sein; günstiger aber ist die von Dunning und Anderson[70] vorgeschlagene konzentrische Anordnung, die in der Abbildung angedeutet ist. Es ist dabei nicht notwendig, diese Leiter als Lecher-Leitung mit der Länge $\lambda/4$ aufzufassen, wie die Verfasser es tun, denn die Kapazität der Elektroden ist groß gegenüber der Teilkapazität der Leitung. Übrigens kann bei der Frequenz

$f = 2 \cdot 10^7$ Hz auch nicht die Selbstinduktion der D-Elektroden vernachlässigt werden, so daß nur annähernde Rechnungen möglich sind.

Wir fassen das System von Elektroden und Leitung auf als einen einfachen LC-Kreis. Die Länge der Leitung berechnet sich dann sehr einfach: Die Abstimmung fordert

$$\lambda = 2\pi\sqrt{LC}, \tag{157}$$

wobei die Wellenlänge λ und auch L und C in cm ausgedrückt sind. Die Selbstinduktion der konzentrischen Leitungen (vgl. § 44) beträgt:

$$L = 2l \ln \frac{r_2}{r_1}, \tag{158}$$

wobei l die Länge der Leitung, r_1 und r_2 die Halbmesser von Innen- und Außenleiter sind. Aus (157) und (158) ergibt sich:

$$l = \frac{\lambda^2}{8\pi^2 C \ln \frac{r_2}{r_1}}, \tag{159}$$

wobei λ und C in cm ausgedrückt sind. Setzt man die Werte des obigen Beispieles ein: $\lambda = 15$ m, $C = 350$ cm und der Einfachheit halber $r_2/r_1 = e = 2{,}718$, so ergibt sich: $l =$ rd. 80 cm. In diesem Falle ist die in der Abbildung angedeutete galvanische Kopplung sicher zu empfehlen.

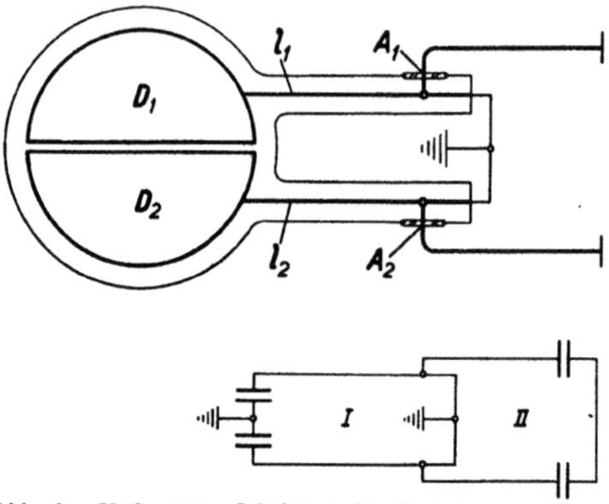

Abb. 65. Verbesserte Schaltung des Cyclotrongenerators nach DUNNING.

Die Spannung verteilt sich über die Leiter annähernd gleichmäßig, so daß die D-Spannung $U = \frac{l}{l_1} U_0$ beträgt, wobei U_0 die Spannung an dem Anzapfungspunkt P ist. Maximale Ausnutzung erhält man, wenn dieser Punkt so gewählt ist, daß die Impedanz Z zwischen P und Erde der inneren Impedanz des Kreises II gleichkommt.

Neben dem Fortfall der Hochspannungseinführung wird als weiterer Vorteil dieses Systems von DUNNING und ANDERSON[70] u. a. die Abschirmung erwähnt. In der Tat ist die Strahlung der offenen Leiter ein erheblicher Verlustfaktor, der bei konzentrischer Anordnung fast ganz verschwindet.

§ 15. Besondere Verfahren.

Eine Reihe Möglichkeiten zur Erzeugung hoher Spannungen hat bis jetzt noch nicht zu praktischen Erfolgen geführt, verdient jedoch Beachtung, weil für die Zukunft Erfolge nicht ausgeschlossen erscheinen. Als solche erwähnen wir:

1. Das Verfahren von SLEPIAN-WIDERÖE-RUTHERFORD, das in einer direkten Anwendung — ohne Transformator — der zweiten MAXWELLschen Gleichung (2) besteht.

2. Eine Umkehrung des Transformatorprinzips.

3. Eine Anwendung des Verfahrens der Kapazitätverkleinerung eines Kondensators bei gleichbleibender Ladung.

4. Die Spannungserzeugung durch Anwendung von geladenen Teilchen großer Geschwindigkeit.

1. Die zuerst von SLEPIAN[71] vorgeschlagene, später von WIDERÖE[58] und dann in etwas anderer Form von WALTON[72] beschriebene Methode (nach Vorschlag von Lord RUTHERFORD) beruht darauf, daß in einem veränderlichen Magnetfeld ein elektrisches Wirbelfeld entsteht. Ist das Magnetfeld axialsymmetrisch, wie z. B. das Feld zwischen kreisförmigen parallelen Magnetpolen, so bilden die elektrischen Wirbel Kreise (Abb. 66). Die elektrische Kraft ist nach (2) gegeben durch:

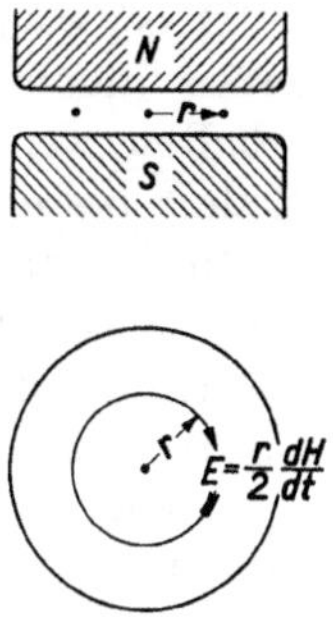

Abb. 66. Elektrisches Wirbelfeld zwischen kreisförmigen Magnetpolen.

$$2\pi r E = -\pi r^2 \cdot 10^{-8} \cdot \frac{dH}{dt} \tag{160}$$

oder, wenn wir zur Abkürzung den Faktor 10^{-8} fortlassen, unter Einführung elektromagnetischer Einheiten:

$$E = \frac{r}{2}\frac{dH}{dt}. \tag{161}$$

Bringt man in ein solches veränderliches Magnetfeld in einer Vakuumröhre ein Elektron, dann ist dieses Elektron dreierlei Kräften ausgesetzt, und zwar:

a) der elektrischen Kraft E, deren Größe durch (161) gegeben ist und die senkrecht auf dem Kreishalbmesser steht (Abb. 66);

b) der Zentrifugalkraft $\frac{m v^2}{r}$;

c) der Lorentzkraft $\frac{e H v}{c}$, senkrecht auf der Bewegungsrichtung des Elektrons.

Der Bahnhalbmesser würde sich nicht ändern, wenn die Zentrifugalkraft b) gerade durch die Lorentzkraft c) kompensiert würde, also wenn

$$H = c\frac{m v}{e r}. \tag{162}$$

Wir betrachten den Fall eines zunehmenden Magnetfeldes und überzeugen uns dann leicht, daß die Lorentzkraft in der Tat nach innen wirkt und bei zunehmender Geschwindigkeit des Elektrons auch zunimmt.

Die Beschleunigung des Elektrons $\frac{dv}{dt} = \frac{E e}{m}$ beträgt nach (161):

$$\frac{dv}{dt} = \frac{e r}{2m}\frac{dH}{dt}. \tag{163}$$

Nach Integrieren unter Berücksichtigung der Grenzbedingung, daß v und H im Anfang beide Null sind, ergibt sich:

$$H = 2c\frac{m v}{e r}. \tag{164}$$

Der Vergleich mit (162) zeigt, daß das Magnetfeld zweimal so stark ist wie nötig wäre, um durch die Lorentzkraft die Zentrifugalkraft aufzuheben. Das Elektron wird sich also nach innen bewegen bei zunehmender Geschwindigkeit. Man kann aber den Bahnhalbmesser annähernd konstant halten dadurch, daß man das Magnetfeld im Inneren des Kreises größer wählt als nach der Peripherie zu. Denn durch eine solche Feldvergrößerung im Inneren wird die Lorentzkraft in der Peripherie nicht vergrößert, wohl aber die Geschwindigkeit, also die Zentrifugalkraft.

Dabei wird das Elektron genau so, wie wir es beim Cyclotron gesehen haben, durch fokusierende Wirkung des Magnetfeldes in seiner Bahn gehalten, wenn im ganzen Feld eine Abnahme von H bei zunehmendem Radius besteht.

In den obigen Rechnungen ist die Relativitätskorrektion der Masse vernachlässigt. Das hat auf das Ergebnis keinen Einfluß, da in (162) und (164) die Masse in gleicher Weise vorkommt. Zur Berechnung der Elektronengeschwindigkeiten und der diesen Geschwindigkeiten entsprechenden Spannungen ist aber die relativistische Rechnung — wenigstens für Elektronen — notwendig. Es ergibt sich:

$$H r = \frac{\varepsilon \beta}{\sqrt{1-\beta^2}}, \tag{165}$$

wo

$$\varepsilon = \frac{m c^2}{e}. \tag{166}$$

Die der Geschwindigkeit β entsprechende Spannung beträgt:

$$U = \varepsilon \left(\frac{1}{\sqrt{1-\beta^2}} - 1 \right). \tag{167}$$

Solange β nicht sehr groß wird, hat U in kV die Größenordnung $(H r)^2$, wenn man H in Gauß, r in Metern ausdrückt. Bei dem Magnetfeld 1000 Gauß entspricht der Spannung 1000 kV etwa der Bahnhalbmesser 4,7 cm.

In Tabelle XIV (Abschnitt VI) sind die Werte von $H r$ angegeben für Elektronengeschwindigkeiten bis zu 10000 kV.

Es sei noch bemerkt, daß im Prinzip nicht nur Elektronen, sondern auch schwerere Teilchen mit dem beschriebenen Verfahren beschleunigt werden können.

Bei den praktischen Versuchen sind sowohl Wideröe als auch Walton auf Schwierigkeiten gestoßen. Wideröe hat das Feld zwischen zwei Magnetpolen benutzt, Walton das Feld einer Spule ohne Eisen, durch die der rasch sich ändernde Strom einer Kondensatorentladung das veränderliche Magnetfeld hervorrief.

Wideröe konnte ein Elektron nicht länger als bis 1,5 Umdrehungen auf der Bahn behalten, während Walton keine schnellen Elektronen beobachtete. Es scheint uns so, als ob mindestens ein Grund für das

Fehlschlagen der Versuche in dem Umstande liegt, daß sämtliche Elektronen, welche während des Anstieges des Magnetfeldes ihren Lauf anfangen, grundsätzlich Bahnen kleineren Durchmessers beschreiben als die, welche schon beim Einsetzen des Magnetfeldes zu laufen anfangen.

2. 1923 wurde vom Verfasser ein Verfahren vorgeschlagen, das als eine Umkehrung des Transformatorprinzips aufgefaßt werden kann. In einer aus Eisenkernen aufgebauten Spule (Abb. 67) wird ein elektrisches Feld hervorgerufen dadurch, daß in allen Kernen zu gleicher Zeit eine Änderung des magnetischen Kraftflusses verursacht wird. Jeder Kern hat seine eigene Primärwicklung.

Wir vergleichen nun diese Spule (Abb. 67) mit dem bekannten Drahtsolenoid. In letzterem wird eine magnetische Feldstärke

$$H = 0{,}4\pi i w \qquad (168)$$

erzeugt, wenn $i w$ die Anzahl Amperewindungen je Längeneinheit bedeutet. Es ist dies die Folgerung aus der ersten MAXWELLschen Gleichung (vgl. § 1):

$$\operatorname{rot} H = 0{,}4\pi I. \qquad (169)$$

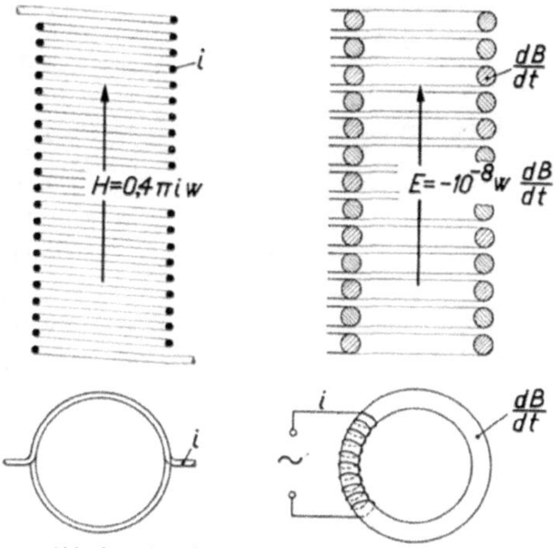

Abb. 67. Elektrisches und magnetisches Solenoid.

Für unsere Spule aus Eisenkernen lautet die entsprechende zweite MAXWELLsche Gleichung:

$$\operatorname{rot} E = -10^{-8}\frac{dB}{dt}. \qquad (170)$$

Daher beträgt im Inneren einer genügend langen Spule von der Länge l aus n Eisenkernen mit dem Querschnitt Q die elektrische Feldstärke:

$$E = -10^{-8}\frac{nQ}{l}\frac{dB}{dt}, \qquad (171)$$

und das Linienintegral der Feldstärke:

$$\int E\,dl = -10^{-8} n Q \frac{dB}{dt}. \qquad (172)$$

Die Größe dB/dt entspreche der Frequenz f ($B = B_0 \cos 2\pi f t$); dann ist:

$$\frac{dB}{dt m} = 2\pi f B_0,$$

und nach (171) und (172):

$$E = -10^{-8}\, 2\pi f \frac{nQ}{l} B_0 \qquad (173)$$

$$\int E\,dl = -10^{-8}\, 2\pi f n Q B_0. \qquad (174)$$

$\int E\,dl$ ist die Spannung, welche in einer durch die Spule gelegten geschlossenen Drahtwindung induziert wird, oder auch die Spannungszunahme, der die Geschwindigkeitszunahme entspricht, wenn ein Elektron die Spule einmal durchläuft.

Für $n = 50$, $f = 5000$, $l = 250$, $Q = 100$ und $B_0 = 10000$, ergibt sich:

$$-\int E\,dl = \text{rd. } 15000\text{ V}.$$

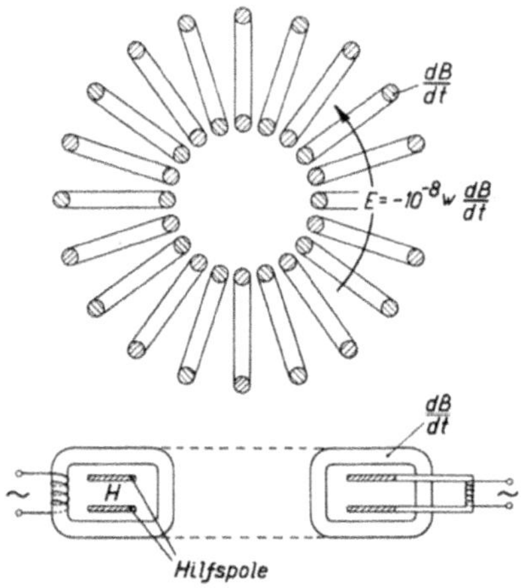

Abb. 68. Geschlossenes Eisensolenoid zur Erzeugung eines elektrischen Feldes. Die Hilfspole sind nichtgeschlossene Eisenringe.

Nebenbei sei bemerkt, daß hier ein Fall eines Transformators vorliegt, bei dem die sekundäre Spannung sich zur primären verhält wie

$$\frac{U_2}{U_1} = k\frac{n_2}{n_1}, \qquad \text{wobei} \quad k > 1. \tag{175}$$

Hierin ist k die Anzahl Kerne, aus denen das gesamte Eisen des Transformators aufgebaut ist. Die Anordnung in einer Spule ist dabei nicht wesentlich.

Um zu erreichen, daß ein Elektron wiederholt die Spule durchläuft, kann man diese, genau so wie es bei elektrischen Drahtspulen geschieht, in sich schließen (Abb. 68). Das Elektron kann dann in der Spule mehrere Male umlaufen, wenn ein passendes Magnetfeld für die Aufhebung der Zentrifugalkraft sorgt, entsprechend dem Vorgehen von Wideröe. In der letzten Ausführung ist diese Methode daher auch analog der unter 1. beschriebenen. In der Tat folgt (174) für eine geschlossene Spule nach Abb. 68 sofort aus der zweiten Maxwellschen Gleichung, weil nQB der umschlossene Kraftfluß ist; ebenso wie das Linienintegral der magnetischen Kraft in einem geschlossenen Drahtsolenoid auch sofort aus der ersten Maxwellschen Gleichung berechnet werden kann.

Das Verfahren unterscheidet sich jedoch von dem unter 1. beschriebenen vorteilhaft in verschiedener Hinsicht. Zuerst kann die Spannungszunahme bei jedem Umlauf des Elektrons erheblich größer sein, so daß weniger Umläufe für eine bestimmte Spannung nötig sind. Zweitens ist die benötigte Feldstärke für die Erhaltung der Konstanz des Bahndurchmessers nur gering, weil r groß ist. Sie kann mit zwei magnetischen Hilfspolen (Abb. 68) innerhalb der Kerne leicht herbeigeführt werden. Schließlich ist durch die Unterteilung des Eisens nur eine geringe Spannung je Windung nötig. Ohne diese Unterteilung würde die je Windung erforderliche Spannung genau der maximalen Beschleunigung je Umlauf entsprechen.

3. Die Methode der Kapazitätverkleinerung haben wir in § 1 schon kurz erwähnt bei der Besprechung der Elektrisiermaschinen. Es ist vielleicht möglich, dieses Verfahren noch folgerechter anzuwenden, als es bis jetzt geschah. Wir denken uns eine Vorrichtung ähnlich wie Abb. 69. Diese Abbildung wurde einer Patentschrift BACHMANNs entnommen [73] unter Verwendung eines Teils der zugehörigen Beschreibung.

Auf einer Welle *a* ist eine Sektorscheibe *b* aus festem Isolierstoff befestigt. In geringem Abstande von der Scheibe *b* ist parallel dazu

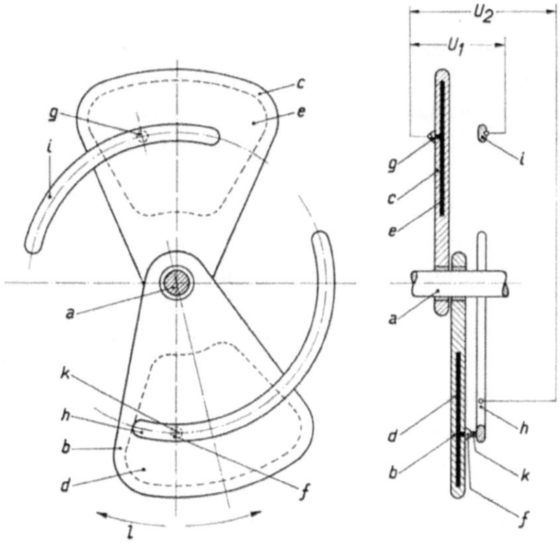

Abb. 69. Vorrichtung zur Erzeugung hoher Spannungen durch Kapazitätsverkleinerung nach einem Vorschlag von BACHMANN.

eine ganz ähnliche Scheibe *c* fest angeordnet, so daß bei der fortlaufenden Umdrehung der Welle *a* beide Scheiben sich zeitweise decken. Im Innern besitzen beide Scheiben Metalleinlagen *d* und *e*, die mit den metallischen Vorsprüngen *g* und *f* leitend verbunden sind. Vor der beweglichen Scheibe *b* befinden sich zwei kreisbogenförmige Metallbügel *h* und *i*, die durch die an dem Vorsprung *f* befestigte Bürste *k* bisweilen mit der Metalleinlage *d* der beweglichen Scheibe *b* Verbindung erhalten.

Soll nun niedriggespannter Gleichstrom in hochgespannten umgeformt werden, so wird das Unterspannungsnetz an den Vorsprung *g* und den Metallbügel *i*, das Oberspannungsnetz an den Vorsprung *g* und den Metallbügel *h* gelegt und die Scheibe *b* in der Richtung 1 (Abb. 69) gedreht.

Angenommen, die Bürste *k* schleife gerade auf dem Metallbügel *i*, dann wird die Einlage *d* eine Potentialdifferenz von der Größe der Unterspannung gegenüber der Einlage *e* haben. Je mehr die beiden Einlagen sich einander nähern, desto größer wird die Kapazität des aus ihnen gebildeten Kondensators, so daß der Kondensator sich auflädt, also Energie aus dem Unterspannungsnetz entnimmt. In dem Augenblick, in dem die beiden Einlagen sich decken, also der Kondensator die größte Ladung besitzt, verläßt die Bürste *k* den Bügel *i*: der Kondensator ist dann vom Unterspannungsnetz abgetrennt. Da die beiden Einlagen sich jetzt voneinander entfernen, verringert sich die Kapazität des Kondensators bei konstanter Ladung, so daß die Spannung steigt. Hat sie die Größe der Oberspannung erreicht, dann berührt die Bürste *k* den Bügel *h*, der Kondensator liegt nunmehr am Oberspannungsnetz, und da er bei konstanter Spannung seine Kapazität weiter verringert, entlädt er sich, gibt also Energie ins Oberspannungsnetz ab. Die Energieabgabe setzt sich so lange fort, bis die beiden Einlagen die größte Entfernung voneinander haben, die Kapazität also ein Minimum erreicht hat. In diesem Augenblick verläßt die Bürste *k* den Bügel *h*, und es erfolgt nun Abnahme der Potentialdifferenz infolge wachsender Kapazität bei konstanter Ladung, usw.

Es wurden noch andere Ausführungen dieses Prinzips vorgeschlagen. Praktische Anwendungen zur Erzeugung hoher Spannungen außer in den Influenzmaschinen sind dem Verfasser aber nicht bekannt. Eine Schwierigkeit dürfte wohl in der Drehgeschwindigkeit liegen, die erforderlich ist, wenn man mit erträglichen Abmessungen noch bedeutende Stromstärken erreichen will.

4. Äußerst schnelle geladene Teilchen sind schon längst bei den radioaktiven Elementen beobachtet worden: β-Teilchen oder Elektronen, H-Teilchen oder Protonen, α-Strahlen oder Heliumkerne mit Geschwindigkeiten bis zu vielen Millionen eV. Dazu sind jetzt die korpuskularen Höhenstrahlen gekommen mit Geschwindigkeiten bis zu Milliarden von eV und zahlreiche, von künstlich radioaktiven Stoffen ausgesandte Teilchen mit sehr verschiedenen Geschwindigkeiten. An der Ausnutzung solcher schnellen geladenen Teilchen zur Erzeugung hoher Spannungen wäre nur zu denken, wenn in zukünftigen künstlichen Kernprozessen erheblich größere Teilchenzahlen erreicht werden könnten. Man hätte dann die Möglichkeit, etwa nach folgendem Schema zu verfahren: Ein Hochspannungsgenerator von mäßig hoher Spannung U, z. B. 1000 kV, (A) erzeugt einen Strom geladener Teilchen in einer Entladungsröhre (B). Hierdurch wird ein Kernprozeß verursacht, der geladene Teilchen liefert (C), mit Geschwindigkeiten $k U_1$, z. B. 10000 ekV. Diese Teilchen werden dazu verwendet, eine isoliert aufgestellte Elektrode (D) z. B. auf die Spannung $U_2 = \frac{k U_1}{2}$ aufzuladen. Diese hohe Spannung U_2 wird dann benutzt, um in einer zweiten Entladungsröhre (E) einen Strom geladener Teilchen zu erzeugen, welche eine zweite Kernreaktion (F) hervorrufen.

Das Verfahren hätte nur Erfolg, wenn die Ausbeute der Reaktion F bei der Spannungssteigerung von U_1 auf U_2 in stärkerem Maße zunehmen würde als das Verhältnis der Teilchenzahl in Röhre *B* zu der Teilchenzahl bei der Reaktion *C*. Auch hätte das Verfahren einen Sinn zur Erzielung von Reaktionen, in denen die Höhe der Spannung Bedingung ist. Die Ausführung dürfte auf Schwierigkeiten stoßen. So würde es wohl unerläßlich sein, *C* und *D* zusammen im Vakuum unterzubringen oder mindestens durch eine Vakuumstrecke zu scheiden.

§ 16. Der Blitz.

Im Kampf um die Erzeugung der höchsten Spannungen ist, wie so oft, die Natur der Technik überlegen. Die während eines Gewitters vorkommenden Spannungen betragen viele Millionen Volt. Schon aus diesem Grunde gehört der Blitz in den Rahmen dieses Buches. Hinzu kommt, daß aus noch zwei anderen Gründen das Gewitter unsere Aufmerksamkeit verdient. Zunächst könnte man nämlich daran denken, diese von der Natur erzeugten Höchstspannungen für Versuchszwecke zu verwenden. In der Tat haben BRASCH und LANGE [74], dem Beispiel FRANKLINs folgend, die atmosphärischen Gewitterfelder zur Beschleunigung von geladenen Teilchen in einer Entladungsröhre anzuwenden versucht. So weit sind die Versuche zwar nicht gediehen, aber es wurden doch mit einer Anlage auf dem Monte Generoso im Tessin (Schweiz) Spannungen in der Größenordnung 8 MV erreicht.

Außerdem ist ja gerade der Einschlag des Blitzes in Hochspannungsfreileiter und Blitzschutzleiter der Ausgangspunkt für die meisten Untersuchungen gewesen, die bis jetzt auf dem Gebiete der Höchstspannungen unternommen sind.

Die infolge des Gewitters in Hochspannungsfreileitern und Blitzschutzleitern auftretenden Überspannungen entstehen auf verschiedene Weisen:

a) Die Stromstärken bei den Entladungen haben oft die Größenordnung von 100000 A, so daß schon der Widerstand 10 Ω in der Leitung nach Erde eine kurzzeitige Spannung ($V = iR$) von 1 MV in Erscheinung treten läßt.

b) Der Stromanstieg ist so schnell, daß eine verhältnismäßig kleine Selbstinduktion in dem Leiter zu einer induktiven Spannung $\left(U = -L\frac{di}{dt}\right)$ Veranlassung gibt, welche leicht auch mehrere Millionen Volt betragen kann. Der Strom braucht dazu nicht in dem Leiter selbst zu fließen, weil durch elektromagnetische Induktion auch ein Stromstoß in benachbarten Leitern den Effekt hervorrufen kann. Die von den Spannungsstößen verursachte Spannungswelle gibt oft sogar an weit entfernten Stellen des Leiters Veranlassung zu Durchschlägen und Überschlägen.

c) Auf gut isolierten Leitern, welche eine nennenswerte Kapazität gegen Erde haben, kann sich auch ohne Einschlag durch Sprüherscheinungen eine solche Ladung aus der Atmosphäre ansammeln, daß erhebliche Spannungen auftreten ($U = Q/C$). Nach BRASCH und LANGE [74] erfolgt aber der direkte Einschlag häufiger, als man früher angenommen hat, und kapazitive Aufladungen gehören zu den Ausnahmen.

Die Prüfverfahren für Leiter, Isolatoren und Schalter gehen gerade darauf aus, die gleichen Erscheinungen, die beim Blitz auftreten, im Laboratorium herzustellen, damit die zweckmäßigsten Gegenmaßnahmen ausfindig gemacht werden können.

Die elektrischen Erscheinungen, welche beim Gewitter auftreten, sind ausgiebig studiert worden, und zwar: die Stärke des elektrischen Feldes, die Polarität, die Stromstärke und der Verlauf der Entladung mit der Zeit.

Wir wollen nur die wichtigsten Ergebnisse erwähnen:

Die Feldstärke[75]. Die Feldstärke in der Nähe der Erde unmittelbar vor der Entladung durch den Blitz beträgt zwischen 10 und 100 kV/m. Diese Feldstärke ist im allgemeinen lange nicht genügend, um einen Durchschlag zu verursachen, da ja die Durchschlagfeldstärke in Luft etwa 30 kV/cm beträgt. Es kann zwar durch Spitzen eine erhebliche Vergrößerung dieser mittleren Feldstärke auftreten, aber auch zwischen Spitzen treten Durchschläge erst bei einer mittleren Feldstärke von etwa 5 kV/cm auf, was 500 kV/m entspricht. Die Entladung nimmt denn auch meistens nicht an der Erde, sondern in den Wolken ihren Anfang. Man vergleiche Abschnitt III, § 30.

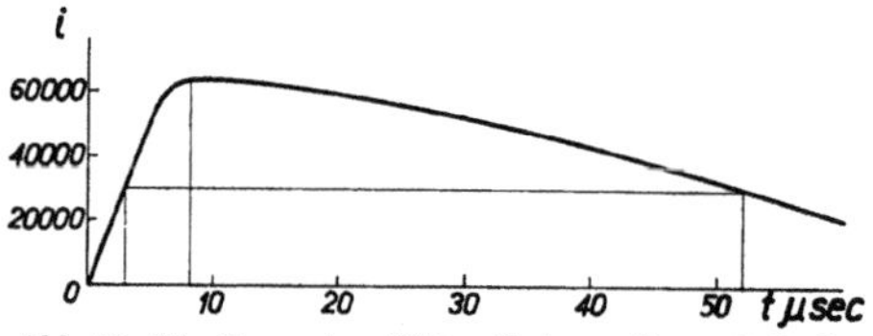

Abb. 70. Die Form einer Blitzentladung; Stromstärke in Abhangigkeit von der Zeit, schematisch.

Die Polarität[76]. Es kommen sowohl negative als auch positive Entladungen vor, d. h. die untere Seite der Wolke kann gegenüber Erde ein positives oder ein negatives Potential haben. Es wurde aber festgestellt, daß weit am häufigsten die Erde den positiven Pol bildet und die untere Seite der Wolke den negativen.

Die Stromstärke[77, 78, 79]. Messungen durch Magnetisierung von Eisenstäbchen haben festgestellt, daß Stromstärken bis zu 120 kA vorkommen und Stromstärken von 50 bis 60 kA als ziemlich normal betrachtet werden müssen.

Verlauf der Stromstärke mit der Zeit. Die Stromform ist dieselbe wie wir sie schon bei dem Stoßspannungsgenerator kennen gelernt haben. Die betrachteten Stoßspannungen sollen ja auch meistens dazu dienen, die Blitzerscheinung nachzuahmen.

Abb. 70 zeigt schematisch den Verlauf eines Blitzstromes, der denselben Charakter hat, wie die Stoßspannungsentladung der Abb. 30.

Diese Stromform gilt für die Hauptentladung. Man hat auf photographischem Wege auch eine Vorentladung kennen gelernt, welche immer der Hauptentladung vorangeht. Solche photographischen Aufnahmen, zuerst von WALTHER mit rotierender Kamera, später (SCHONLAND) mit der Kamera von BOYS mit bewegten Linsen (s. z. B. [80, 81]) und von MATHIAS mit bewegter Platte gemacht, zeigen, daß die Vorentladungen sich zunächst nicht kontinuierlich nach der Erde begeben, sondern in Sprüngen von etwa 50 m. Nach Zurücklegung einer Etappe erlischt der Leuchtkanal während der kurzen Zeit etwa 10^{-4} s; dann bildet sich die nächste Etappe tiefer, so daß schließlich nach etwa 0,01 s die Vorentladung sich bis zur Erde fortgesetzt hat.

Darauf tritt die Hauptentladung ein, bei der die Stromstärke verläuft, wie oben skizziert wurde.

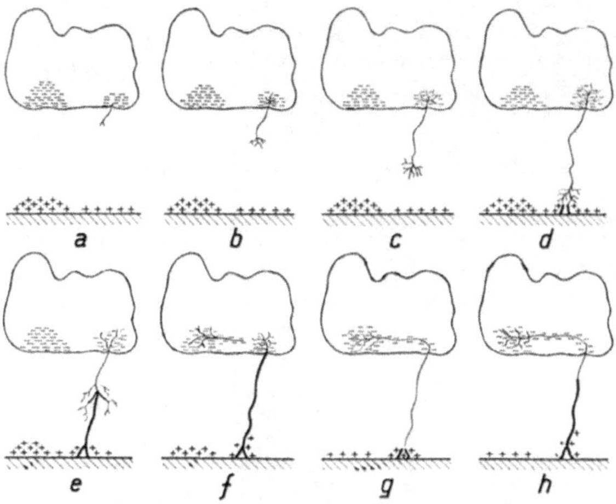

Abb. 71. Schematische Vorstellung der Entwicklung einer Blitzentladung nach SCHONLAND.

In Abb. 71 ist schematisch der Verlauf der Entladung wiedergegeben. Nach der ersten Hauptentladung treten, getrennt durch Pausen von unterschiedlicher Länge, verschiedene Teilentladungen auf mit Vorentladung und Hauptentladung, wobei aber jede weitere Vorentladung dann immer viel schneller verläuft als die erste. Neuerdings hat MCEACHRON [82] festgestellt, daß die stufenweisen Vorentladungen (stepped leaders) auch von der Erde ausgehen können. Nach unten gerichtete, von der Vorentladung herrührende Verzweigungen treten häufig bei der ersten Hauptentladung auf. Einige typische Blitzaufnahmen zeigen die Abb. 72 und 73.

Bei der ersten Aufnahme, angeblich mit unbewegter Kamera, sind zwei Hauptentladungen unmittelbar nebeneinander sichtbar. Prof. VAN EVERDINGEN, dessen Liebenswürdigkeit ich beide Aufnahmen verdanke, hält es für wahrscheinlich, daß die Kamera durch den Wind doch etwas bewegt worden ist. Verschiebung des Entladungskanals durch den Wind (vgl. § 30) ist jedoch ebenfalls möglich. Nur bei einer der Entladungen sind nach unten gerichtete Verzweigungen sichtbar.

Abb. 73 zeigt ebenfalls zahlreiche abwärts gerichtete Verzweigungen.

Auf die Entladungsform kommen wir noch näher zurück in Abschnitt III, § 30.

Die Theorie. Obwohl die Erscheinungen ziemlich vollständig bekannt sind, so ist die Theorie der Entladung nicht ganz sicher, während die Theorie über das Entstehen der hohen Spannungen noch viel weniger abgeschlossen ist.

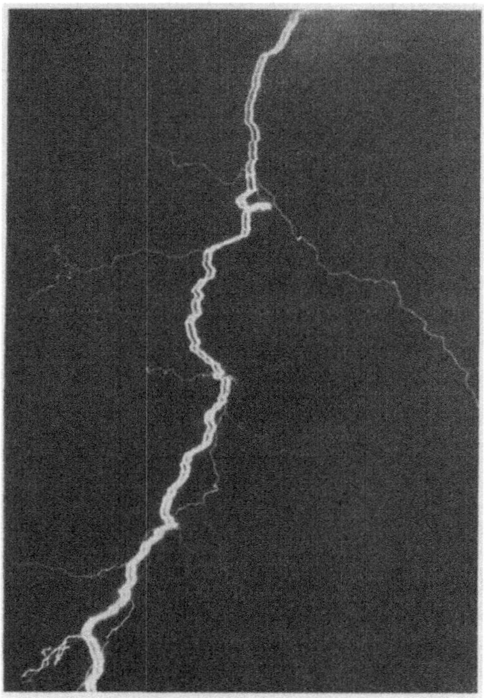

Abb. 72. Mehrfache Entladung, fast längs derselben Wege. Verzweigungen nur bei der ersten Entladung (Aufnahme Vietor, Rotterdam).

Über den Entladungsvorgang denkt man sich ungefähr folgendes [83, 84]:

Irgendwo in den Wolken wird die kritische Feldstärke überschritten, und es tritt Stoßionisation auf. Am unteren Ende des dadurch entstehenden Entladungskanals tritt dabei eine größere Feldstärke auf, die zur Fortpflanzung der Entladung in der Richtung zur Erde Veranlassung gibt. Wenn der Entladungskanal die Erde erreicht hat, so wird in diesem mit Raumladung gefüllten Kanal die Hauptentladung entstehen, welche fast einem Kurzschlusse gleichkommt. Dabei entsteht thermische Ionisation, die von viel stärkeren Lichterscheinungen begleitet wird als die Vorentladung. Die Stromstärke beträgt dabei ein Vielfaches der Stromstärke der Vorentladung.

Das Entstehen der hohen Spannungen wird bis jetzt noch in verschiedener Weise erklärt, doch ist es wohl ziemlich sicher, daß das permanente elektrische Erdfeld, das auch unabhängig vom Wetter besteht und eine abwärts gerichtete Feldstärke — nach oben zunehmendes Potential — von einigen 100 V/m hat, dabei eine Rolle spielt. Von Elster und Geitel und von Wilson [85] wird die negative Aufladung der unteren Seite der Wolken ungefähr folgendermaßen erklärt:

Durch das Erdfeld werden die Tropfen an der unteren Seite positiv (Influenz). Beim Fallen werden kleine negative Teilchen angezogen und absorbiert und positive abgestoßen. Diese positiven Teilchen werden dann nicht mehr zeitig genug die obere negative Seite des Tropfens erreichen können, so daß schließlich die Tropfen beim Fallen negative Ladung ansammeln.

Man hat wohl den Eindruck, daß diese Erscheinung sicher nicht die einzige ist, welche die atmosphärische Elektrizitätserscheinung beherrscht, sondern daß vielleicht noch andere Erscheinungen, wie z. B. Aufspaltung von Tropfen (LENARD [86]), Diffusionsprozesse (ROSS GUNN [87]), eine Rolle spielen.

Abb. 73. Beispiel von schönen nach unten verzweigenden Entladungen (Aufnahme Jonker, Almelo).

§ 17. Übersicht über die Verfahren und ihre Grenzen.

Da die Kernphysik bisher das Anwendungsgebiet darstellt für die vielen besonderen Verfahren zur Erzeugung extrem hoher Spannungen, so wollen wir in erster Linie prüfen, was einige der verschiedenen Methoden in dieser Hinsicht geleistet haben und dann die weiteren Möglichkeiten der einzelnen Methoden und ihre Grenzen näher betrachten.

Für die elektrische Kraftübertragung kommen nur Transformatoren und vielleicht der Kaskadengenerator in Betracht, weil dafür die anderen Verfahren nicht genügend hohe Leistungen ermöglichen.

Das Grundproblem der physikalischen Anwendungen ist immer die Beschleunigung elektrisch geladener Elementarteilchen, und zwar meistens Atomkerne des Wasserstoffs (Protonen) und des schweren Wasserstoffs (Deutonen), Heliumkerne (α-Teilchen) oder auch Elektronen.

Noch vor wenigen Jahren dachte man sich die erforderliche Energie derart hoch, daß Experimentieren mit Spannungen, welche nicht über mehrere Millionen Volt hinausgingen, dem Anschein nach keinen Zweck hatte.

Cockcroft und Walton haben aber im Jahre 1932 gezeigt, daß Kernreaktionen mit Spannungen von einigen Hunderten Kilovolt schon in erheblicher Weise auftreten können. Später wurde sogar gezeigt, daß die von Cockcroft und Walton gefundene Reaktion, die Aufspaltung von Li durch Beschießung mit Protonen, schon bei etwa 10 kV möglich ist (§ 57, VI).

Daß man noch immer danach strebt, die Beschleunigungsspannung höher hinaufzuführen, findet einerseits seine Rechtfertigung darin, daß die Ausbeute der einzelnen Kernreaktionen sowie die Zahl der möglichen Prozesse im allgemeinen mit zunehmender Teilchenenergie schnell wächst, andererseits in der Tatsache, daß bestimmte Reaktionen erst bei einer bestimmten Mindestspannung auftreten. Hierauf wird im letzten Kapitel näher eingegangen (§ 57).

Die Forderungen, welche der Apparat bei gegebener Spannung zu erfüllen hat, sind stark von dem gestellten Ziel abhängig. Wo z. B. der ganze Wert auf die nur bei einer extrem hohen Spannung einmalig zu erzielenden Ergebnisse gelegt wird, wird man sich mit einem geringen Wirkungsgrad und geringer Betriebssicherheit begnügen und an der Grenze des technisch Möglichen arbeiten. Meistens werden aber die folgenden Forderungen zu berücksichtigen sein:

Konstanz der Spannung, Betriebssicherheit, hinreichende Stromergiebigkeit zur völligen Ausnutzung der Beschleunigungsröhre und befriedigende Wirtschaftlichkeit. Bei dem letzten Faktor spielen neben dem Anschaffungspreis auch der Raumbedarf und die Betriebs- und Unterhaltskosten, sowie die Lebensdauer eine Rolle.

In der Zukunft wird man aber ohne Zweifel den mehr technischen Lösungen des Problems den Vorzug geben, wobei auch die Frage des Wirkungsgrades und der Lebensdauer sowie der Betriebskosten in befriedigender Weise gelöst ist.

Fast alle beschriebenen Verfahren wurden schon angewandt. Besonders die verschiedenen Schaltungen von Abb. 15 (§ 4) werden bis zu Spannungen von etwa 600 kV vielfach für die Erzeugung von Röntgenstrahlen verwendet. Für die Kernphysik, für die auch die Erzeugung von Röntgenstrahlen oberhalb 1 MV von Bedeutung ist, kommen wohl in erster Linie in Betracht:

1. In Reihe geschaltete Transformatoren;
2. Stoßspannungen;
3. der elektrostatische Generator;
4. der Kaskadengenerator;
5. das Cyclotron (nicht für Röntgenstrahlenerzeugung).

Vielleicht kommen später einmal einige der besonderen Verfahren (§ 15) in Betracht.

a) In Reihe geschaltete Transformatoren. Die Lösung ist möglich mit den normalen Mitteln der Hochspannungstechnik. Als Beispiel wählen wir die von Crane[88] beschriebene Anlage.

Sie umfaßt fünf Transformatoren, jeder zu 200 kV, welche, vertikal übereinander aufgestellt, ein Ganzes bilden. Das zugehörige Beschleunigungsrohr hat ebenfalls fünf Teile, welche mit den zugehörigen Transformatoren elektrisch verbunden sind. Es stellt eine bedeutende kapazitive Belastung für den Transformator dar (§ 3). Der Ladestrom bei 1 MV ist 100 mA und wird aufgehoben in der Primärwicklung durch vergrößerte Streureaktanz mittels Luftspalte in dem Eisenkern, so daß der Primärstrom bei 330 V nur 35 A beträgt. Einer weiteren Erhöhung der Spannung wird eine praktische Grenze gesetzt durch die Kapazität der Last. Nach CRANE ist bei 1 MV die ökonomische Grenze schon erreicht.

Die Entladungsröhre wird bei Belastung mit Wechselspannung bedeutend mehr beansprucht, als das bei Gleichspannung der Fall wäre, und die erreichbare Maximalspannung bei einer bestimmten Röhre ist erheblich größer bei Gleichspannung als bei Wechselspannung.

Im übrigen stellt eine Transformatorenreihe eine Hochspannungsquelle von großer Betriebssicherheit und höchstem Wirkungsgrad dar. Das Kombinieren von Transformatoren in Reihe mit Gleichrichtern und mit Kondensatoren ist möglich.

Die in Abb. 19 gezeigte Anlage für 1 MV ist ein Beispiel dafür.

Spannungen bis etwa 1 MV sind mit Transformatoren in Reihe noch gut zu verwirklichen; für höhere Spannungen nehmen die Schwierigkeiten in viel stärkerem Maße zu, als das bei anderen Systemen (Stoßspannungs-Kaskaden- und elektrostatischer Generator) der Fall ist.

b) Stoßspannungen. Der Stoßgenerator hat die schon erwähnten Vorteile, daß der Raumbedarf kleiner ist als bei konstanter Spannung, daß der Apparat einfacher und deshalb billiger ist, und daß die maximale Spannung, welche von der Entladungsröhre vertragen wird, bei Stoßspannungen erheblich höher als bei Gleichspannung liegt. Deshalb ist bei Versuchen, wo es in erster Linie auf den Maximalwert der Spannung ankommt, oft die Stoßspannung vorzuziehen [88*]. In manchen Fällen wird aber die Stoßentladung, wobei die Zeitdauer der maximalen Spannung etwa um einen Faktor 10^5-mal so kurz ist als die zwischen den Spannungsstößen liegenden Ruhepausen, ungünstiger sein. So wird durch diesen Effekt die Stromstärke in einem Röntgenrohr mit Heizkathode auch bei voller Ausnutzung der Kathodenheizung nur einen kleinen Mittelwert haben können und ebenso der mittlere Strom von positiven Teilchen, welche in einer gesonderten Entladungsröhre erzeugt werden. Für die Elektronenerzeugung in einem Röntgen- oder Kathodenstrahlenrohr wurde von BRASCH und LANGE und später von JOLIOT und Mitarbeitern [88**] der Kaltkathodenstrom verwendet, bei dem mittlere Stromstärken von einigen mA erreicht wurden. Bei sehr großen zeitlichen Stromstärken, also entsprechend kleinem Widerstand R der Röhre, kann dieser leicht von der Größenordnung des Dämpfungswiderstandes R_1 werden, so daß die Röhrenspannung, nach (103) ungefähr $\frac{1}{1+\frac{R}{R_1}}$-mal Maximalspannung, bedeutend niedriger als die Maximalspannung wird.

Auch bewirkt das durchschlagähnliche Zusammenbrechen der Spannung, wie es bei Röntgenröhren beobachtet wurde, daß der Effektivwert der Spannung und damit die Strahlenhärte und die Dosis kleiner sind als man aus der Wellenform schließen würde (§ 8). Als Faustregel kann man ungefähr festhalten, daß in einem gegebenen Raume Stoßspannungen von fast dem doppelten Maximalwert der im selben Raum möglichen Gleichspannung untergebracht werden können, und daß der Preis der Anlage für diese höhere Stoßspannung ungefähr ebenso hoch ist wie der Preis für die entsprechende — fast zweimal so niedrige — Gleichspannung.

Wir haben gesehen, daß eine Stoßspannungsanlage für 10 MV (5 MV positiv und 5 MV negativ) in einem freien Raum von 12×24 m Oberfläche und 15 m Höhe untergebracht werden kann.

c) Der elektrostatische Generator. Der elektrostatische Generator, wie er von VAN DE GRAAFF und Mitarbeitern entwickelt worden ist, war bisher eines der wichtigsten Hilfsmittel bei der Atomkernzertrümmerung. Der Staubgenerator ist noch im Entwicklungsstadium. Es zeigte sich, daß Geräte für Spannungen bis etwa 1 MV mit verhältnismäßig einfachen Mitteln hergestellt werden konnten.

Weniger erfolgreich waren die weiteren Versuche zur Erreichung von wesentlich höheren Spannungen. Apparate, anfänglich für 5 MV gegen Erde entworfen, haben bisher nur etwa die Hälfte geleistet[50].

Die Raumfrage wird besonders erschwert durch den Effekt der Durchschläge über unerwartet große Abstände (§ 48).

Bedeutende Fortschritte wurden gemacht in bezug auf die Stromergiebigkeit. Wir haben gesehen (§ 11), daß die maximal erreichbare Stromstärke etwa $i = 1{,}4\, b\, v\, 10^{-9}$ A beträgt, wo b und v bzw. die Bandbreite und die Bandgeschwindigkeit sind. Stromstärken bis zu 3 mA bei 1 MV wurden schon erreicht[53].

Die Aufstellung des Generators unter Druck, wie es z. B. BARTON, MUELLER und VON ATTA[47] und HERB, PARKINSON und KERST[48] getan haben, führt zu erheblich höheren Spannungen als in freier Luft bei gegebenem Raum. In einem Zylinder von 6 m Länge und 1,70 Durchmesser konnten HERB u. a. mit Spannungen über 2 MV arbeiten.

Außer der Verhinderung von Überschlägen und Sprüherscheinungen kommt der Vorteil hinzu, daß die Bänderladung größer sein kann, da sie ja mit der Durchschlagspannung steigt. Die Tatsache, daß bei zunehmendem Gasdruck die Überschlaglängen von Isolatoren und Bändern weniger stark zunehmen als die Durchschlaglänge des Gases, macht eine etwas andere Bauart erwünscht.

Die Gesamtbreite der sechs Bänder des Generators von TRUMP und VAN DE GRAAFF[53] beträgt $b = 540$ cm bei $v = 2500$ cm/s. Die maximale

Leistung beträgt somit 3 kW; die Energie, die nötig ist, um die Bänder aufzuladen und in Bewegung zu halten, beträgt nicht weniger als 15 kW, so daß der Wirkungsgrad nur 20% ist. Die Energie, welche nutzlos verloren geht, ist mithin sehr beträchtlich, was um so mehr zu bedauern

Abb. 74. Behälter bestimmt für einen VAN DE GRAAFF-Generator und Beschleunigungsröhre für 5 MV (Westinghouse, Pittsburg).

ist, als der Energieverlust mechanische Abnutzung der Bänder und der weiteren sich bewegenden Teile bedeutet.

Obwohl eine theoretische Grenze für die mit dem elektrostatischen Generator zu erzeugende Spannung nicht anzugeben ist, kann man doch eine Spannung von etwa 2,5 MV gegen Erde (2,4 MV positiv und 2,7 MV negativ)[44], welche als Ergebnis jahrelanger Arbeit erreicht worden ist, als einen praktischen Grenzwert für die Aufstellung in freier Luft ansehen. Es gibt eine Anzahl Sondermaßnahmen, welche bezwecken, den Durchschlag nach den Wänden des Raumes zu vermindern und dadurch mit geringerem Raum auszukommen. Auf den günstigen Effekt besonderer Gase wurde schon hingewiesen. Oft sind Sprühstellen günstig dadurch, daß sie eine feldschwächende Raumladung verursachen. Auch Widerstände zwischen den hochspannungführenden Elektroden und den Wänden haben einen derartigen Effekt, vermindern die Durchschlagsgefahr und bedeuten Raumersparnis. Solche Mittel fordern jedoch ziemlich viel Strom und können deshalb beim elektrostatischen Generator nur in beschränktem Maße verwendet werden. Andererseits aber führt eine Sprühentladung seltener als bei Anlagen größerer Leistung zu Durchschlägen zur Wand; die Spannung fällt schon stark ab, bevor der Funken sich ausgebildet hat. Eine einzige Elektronenlawine, die irgendwo im Raum ihren Anfang genommen hat, kann schon die Spannung erheblich herabsetzen[89].

Mechanische Probleme, insbesondere durch das Auftreten von Vibrationen, erschweren offenbar den Bau der größeren Anlagen. Die elektrische Ausbeute ist von der Größenordnung 20%. Eine Anzahl Anlagen für Spannungen von 3 bis 5 MV gegen Erde sind in den Vereinigten Staaten jetzt im Bau[90], die alle in Hochdrucktanks angeordnet werden. Abb. 74 zeigt den Tank, bestimmt für eine 5 MV van de Graaff-Anlage der Westinghouse in Pittsburg.

d) Der Kaskadengenerator. Diese Erzeugungsweise stellt vielleicht die am meisten technische Lösung dar für das Problem der extrem hohen Gleichspannungen. Die Unterverteilung des Potentials, welche es auch ermöglicht hat, Beschleunigungsröhren für sehr hohe Spannungen zu bauen, vereinfacht, wie immer in der Hochspannungstechnik, das Isolationsproblem in erheblicher Weise.

Die Bedeutung der Verwendung dieser Kaskadenmethode in der experimentellen Kernphysik ist durch die grundlegende Arbeit von Cockcroft und Walton gezeigt; seit 1932 hat sie aber viele technische Verbesserungen erfahren. Die Verwendung von Teilen, die in der Röntgentechnik seit Jahren im Gebrauch geprüft sind (Ventile und Kondensatoren für hohe Spannung) und auch die jahrelange Erfahrung mit kompletten Anlagen dieser Art, ermöglicht die Herstellung selbst der Anlagen für die höchsten Spannungen praktisch ohne Risiko. Vorausberechnung ist ohne weiteres möglich.

Von Bedeutung ist, daß durch den Gebrauch gasgefüllter Hochspannungsgleichrichter die Möglichkeit gegeben ist, die Stromstärke, wenn nötig, weit zu steigern, ohne dem Wirkungsgrad Eintrag zu tun. Die Kaskadenschaltung stellt heute die stärkste Stromquelle bei Spannungen oberhalb 1 MV dar. Die Stromstärke kann im Prinzip bis zu mehreren Ampere aufwärts geführt werden, was für die zukünftige Entwicklung der Energieübertragung mittels hochgespannter Gleichspannung vielleicht praktische Bedeutung gewinnen wird.

Abb. 75 zeigt die Wirkungsgradkurve eines zehnstufigen Kaskadengenerators bei der konstanten Spannung 1500 kV und der Frequenz 500 Hz. Hierbei sind sämtliche Energieverbrauche einschließlich der Heizungsquelle der Ventile einbegriffen, die bei weiterer Leistungssteigerung immer weniger ins Gewicht fallen.

Für die weitere Entwicklung zu höheren Spannungen bietet diese Schaltung gute Aussichten; zur Zeit ist die Spannung 2 MV in einem zehnstufigen Apparat in freier Luft in einer Gesamthöhe von 6,5 m gut zu verwirklichen. Die Steigerung der Spannung je Stufe bis 300 kV mit gasgefüllten Ventilen hat sich nach Versuchen des Verfassers als durchaus ausführbar gezeigt und damit auch die Möglichkeit einer betriebssicheren Anlage von etwa 10 m Höhe für 3 MV gegen Erde.

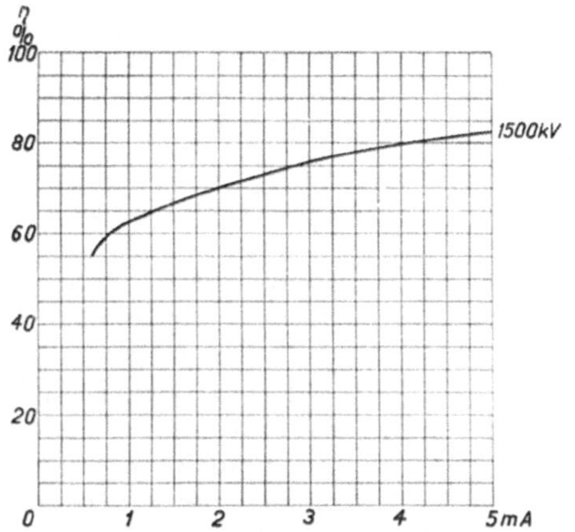

Abb. 75. Wirkungsgrad des Kaskadengenerators. Die Ausbeute steigt mit der Belastung. Bei Stromstärken der Größenordnung 1 A kommt man auf einen Wirkungsgrad von rd. 99%.

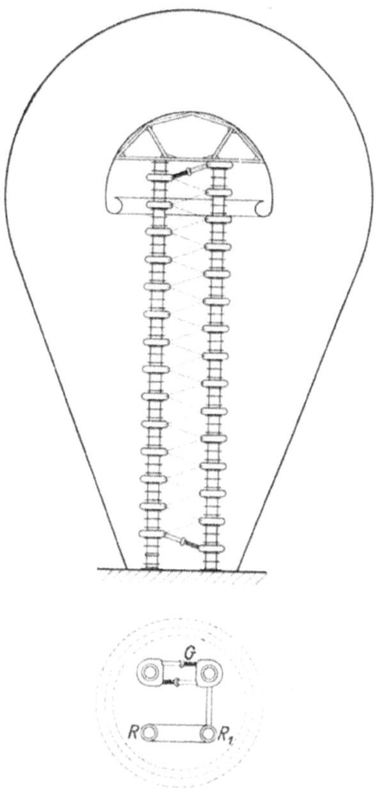

Abb. 76. Entwurf eines Kaskadengenerators für 5 MV, 4 mA, in einem Hochdrucktank. Höhe des Generators 10 m, Höhe des Tanks 15 m. *G* Generator, *R* Beschleunigungsrohr, R_1 Spannungsteiler.

Bei Verwendung symmetrischer Spannung in einem genügend großen Raum wäre natürlich das Doppelte zu erreichen. Die Beobachtung könnte dann z. B. in einer der auf Spannung stehenden Elektroden stattfinden. Auf diese Weise wäre eine Gesamtspannung von etwa 6 MV bei normalem Druck in einem Gebäude von etwa 15—35 m² Oberfläche und 16 m Höhe zu erzielen.

Die Verwendung von Druckgefäßen würde auch hier eine bedeutende Verkleinerung der Abmessungen gestatten, genau wie das bei dem elektrostatischen Generator der Fall war.

Ein Kaskadengenerator für 1 MV und 4 mA einschließlich Neutronenröhre — oder Röntgenröhre — mit Hilfsvorrichtungen wie Meßwiderstände usw. können in einem Raum von etwa 4 · 8 · 4 m Platz finden.

Wir geben in Abb. 76 den Entwurf eines Hochspannungsgenerators für 5 MV nach dem Kaskadenprinzip wieder. Das Ganze ist in einem birnenförmigen Gefäß untergebracht, welches Druckluft von 3 at enthält. Der Entwurf wurde für einen von TUVE u. a. gebauten Tank im Carnegie Institute (USA.) gemacht.

Abb. 77 ist für einen Turm mit normalem Luftdruck entworfen. Bei einem Durchmesser von 15 m und einer Höhe von 20 m wäre nach Vorversuchen des Verfassers die Spannung 3 MV negativ und 2,5 MV positiv gegen Erde mit einer Kaskadenschaltung gut unterzubringen.

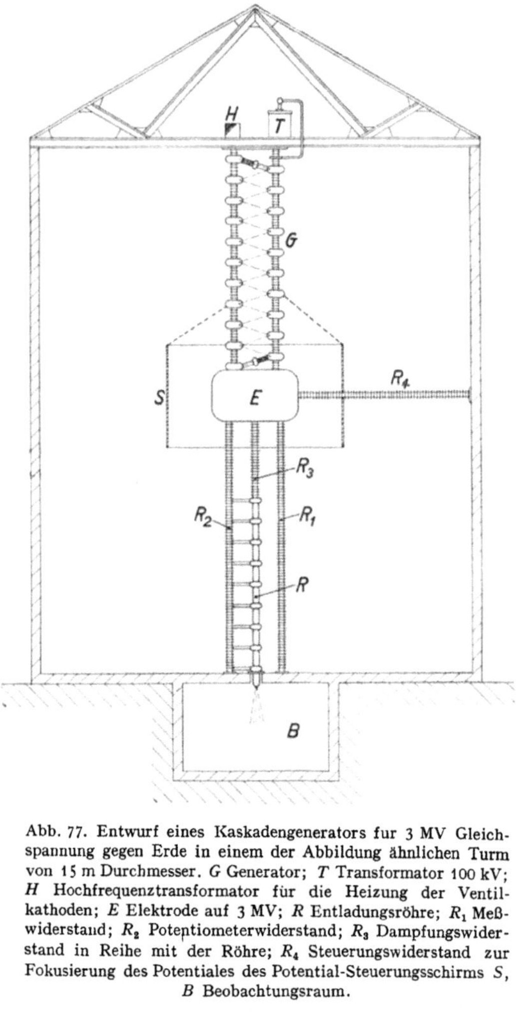

Abb. 77. Entwurf eines Kaskadengenerators fur 3 MV Gleichspannung gegen Erde in einem der Abbildung ähnlichen Turm von 15 m Durchmesser. *G* Generator; *T* Transformator 100 kV; *H* Hochfrequenztransformator für die Heizung der Ventilkathoden; *E* Elektrode auf 3 MV; *R* Entladungsröhre; R_1 Meßwiderstand; R_2 Potentiometerwiderstand; R_3 Dampfungswiderstand in Reihe mit der Röhre; R_4 Steuerungswiderstand zur Fokusierung des Potentiales des Potential-Steuerungsschirms *S*, *B* Beobachtungsraum.

Es sei hier bemerkt, daß im Grunde genommen die räumlichen Begrenzungen des elektrostatischen Generators dieselben sind wie die des Kaskadengenerators. Bei beiden wird elektrische Ladung einer Elektrode zugeführt, deren Form und Abstand von der Wand genügend hohe Potentiale zulassen. Von Bedeutung ist dabei die Beobachtung, daß ein Sprühstrom von einigen Milliampere oder das Anbringen stromführender Widerstände zu den Wänden des Raumes die zulässige Spannung bei gegebenem Abstand vergrößert. Deshalb ist es wichtig, daß die Leistung des Generators genügt, um die erforderlichen Ströme herzugeben. Der Kaskadengenerator kann etwas kleiner sein als der elektrostatische Generator, weil bei letzterem die Spannungsunterteilung des Kaskadengenerators fehlt, die übrigens auch für den Betrieb von unterteilten Entladungsröhren besonders wertvoll ist (§ 59).

e) Das Cyclotron. Das Cyclotron gestattet, Protonen, Deutonen und α-Teilchen zu erzeugen mit Geschwindigkeiten, die bisher noch durch keines der übrigen verwendeten Verfahren erreicht worden sind. Die größte betriebsfähige Anlage dieser Art ist augenblicklich das Cyclotron von LAWRENCE und Mitarbeitern in Berkeley, das mit Magnetpolen von 95 cm Durchmesser und entsprechend großen Büchsen ausgestattet ist. Die erzielbare Teilchenenergie beträgt nach brieflicher Mitteilung etwa 9 Millionen Elektronenvolt für Deutonen, bei einer Stromstärke bis etwa 100 μA. Größere Cyclotrone sind im Bau; durch Erhöhung der D-Spannung sowie durch besondere Maßnahmen (§ 13) wird man wahrscheinlich zu noch höheren Energien kommen können.

Die nach ROSE bei Deutonen prinzipiell möglichen Geschwindigkeiten würden bei sehr kleiner Intensität sogar etwa 20 MV entsprechen. Nach der neuerdings von THOMAS angegebenen Methode[66] kann man grundsätzlich auch ohne Verzicht auf Intensität die Geschwindigkeitsgrenze infolge Massenänderung vermeiden. Bei der von THOMAS angegebenen Gestaltung des Magnetfeldes wird die mittlere magnetische Feldstärke verkleinert und dadurch der erforderliche Poldurchmesser noch vergrößert.

Bei einem Vergleich des Cyclotrons mit den Verfahren zur direkten Teilchenbeschleunigung vom wirtschaftlichen Standpunkt aus, ist zu berücksichtigen, daß den hohen Kosten des Gebäudes für Höchstspannungsanlagen die hohen Betriebskosten infolge der erheblichen Leistungen (einige 100 kW) und der Überwachung beim Cyclotron gegenüberstehen.

Elektronenbeschleunigung ist mit dem Cyclotron nicht möglich.

Für Elektronenbeschleunigung bis etwa 5 MV kommt Hochspannung — der Stoßgenerator, der Kaskadengenerator und der elektrostatische Generator — und vielleicht stufenweise Beschleunigung durch Hochfrequenz oder Wanderwellen in Frage. Spannungen über 5 MV sind nach diesen Methoden im Prinzip möglich, aber nur mit hohen Kosten erreichbar.

Für die Beschleunigung schwerer Teilchen: Protonen, Deutonen, α-Teilchen, sind sowohl Hochspannungsbeschleunigung als auch das Cyclotron geeignet. Wenn es sich um Deutonen mit Energien über etwa 5 eMV (bei α-Teilchen über 10 eMV) handelt, scheint das Cyclotron die einfachere Lösung zu sein, obwohl im Prinzip auch die direkte Beschleunigung für solche Spannungen möglich ist: wahrscheinlich unter höheren Kosten, aber mit größerer Ausbeute.

Für Teilchenenergien etwa unter 2 eMV (bei α-Teilchen 4 eMV) erscheint der Hochspannungsgenerator mit Beschleunigungsröhre als einfachere Lösung, besonders wenn die Ausbeute ausschlaggebend ist, wie bei der Neutronenerzeugung.

Für das Gebiet zwischen 2 und 5 eMV ist eine allgemeine Aussage über die günstigste Apparatur nicht möglich, weil die Beantwortung dieser in erster Linie wirtschaftlichen Frage von der Art der gestellten Aufgabe und auch von der weiteren Entwicklung der Technik abhängt.

Bei Kernreaktionen und vor allem in der kosmischen Strahlung treten Teilchen mit noch erheblich größeren Geschwindigkeiten auf.

II. Elektrische Felder.

§ 18. Einleitung.

Die Handhabung von Hochspannung setzt die Schaffung einer genügenden Isolation von unter Spannung stehenden Teilen voraus. Sie ist eine der Hauptaufgaben der Hochspannungstechnik. Sie zerfällt in zwei Gebiete: Die Isolierungsfrage im engeren Sinne insofern, als sie die Kenntnis von Isoliermaterialien umfaßt, und daneben die Frage der günstigsten Formgebung der Konstruktionsteile, damit das günstigste elektrische Feld entsteht. Die Kenntnis von elektrischen Feldern ist für die Technik der Höchstspannungen unentbehrlich.

Wir wollen die Frage des elektrischen Feldes zuerst behandeln, und zwar die Berechnung von Feldern mittels Analyse oder Geometrie, die experimentelle Ermittlung von Feldern, und die Methode, welche man sowohl als theoretische wie experimentelle bezeichnen kann, nämlich die graphische Ermittlung von Feldern durch Aufzeichnung der Kraftlinienbilder.

Es seien einige Bemerkungen vorausgeschickt.

Wie in vielen anderen in dieser Monographie angeschnittenen Teilgebieten, besteht auch auf dem Gebiete der elektrischen Felder eine sehr ausgiebige Literatur. Der Verfasser muß sich in seinen Ausführungen beschränken, was um so leichter geschehen kann, da über dieses Gebiet schon gute Sonderwerke vorliegen. Wir nennen z. B.: OLLENDORF, Potentialfelder der Elektrotechnik[91], SCHWAIGER, Elektrische Festigkeitslehre[92]. In dem letztgenannten Buche wird außerdem die Festigkeitslehre, also die Isolationsfrage, behandelt.

Wir werden über die Verfahren zur Bestimmung des elektrischen Feldes nur zusammenfassend berichten, die verschiedenen Methoden an Beispielen illustrieren, und nicht systematisch die Methodik an sich behandeln. Die Methodik soll für uns nur Mittel zum Zweck sein. Es wird dadurch oft notwendig sein, absolute Strenge in der Beweisführung aufzugeben und auf zu ausführliche, genaue Berechnungen zu verzichten. Dafür werden wir aber oft angenäherte Berechnungen verwenden und, wo möglich, die allgemeinen Gesichtspunkte hervorheben, welche an den besprochenen Beispielen illustriert werden. Für denjenigen, der Höchstspannungskonstruktionen entwerfen oder damit arbeiten soll, kommt es vielmehr darauf an, in nicht zu langer Zeit ein annäherndes — aber in den Hauptzügen richtiges — Bild von dem elektrischen Feld einer Anordnung zu haben, als darauf, für einen idealisierten Fall eine ausführliche, exakte Berechnung in längerer Zeit zu machen. Die Erfahrung lehrt, daß man für die richtige Formgebung bei Hochspannungskonstruktionen ein gewisses Gefühl bekommt, welches durch Betrachtungen qualitativer Art neben wiederholter Durchrechnung von Beispielen allmählich entsteht.

Was die Genauigkeit betrifft, so darf man wohl feststellen, daß die Kenntnis einer Feldstärke bis auf einige Prozent genau immer genügt, weil man mit Isolationsmaterialien arbeitet, deren Eigenschaften nur annähernd bekannt sind.

In einem Sonderabschnitt geben wir eine Reihe Ergebnisse, sowohl quantitative, in Tabellen und Kurven, sowie auch qualitative Ergebnisse, welche im Sinne des oben Gesagten mit dazu dienen sollen, das „Gefühl" für die richtige Form bei Hochspannungskonstruktionen zu fördern.

Was die Berechnung von Feldern betrifft, so ist zuerst eine Anzahl von Beispielen nach Verfahren berechnet, die von den üblichen nur wenig abweichen. Hauptsächlich gehen diese Abweichungen dahin, daß in stärkerem Maße von Annäherungen Gebrauch gemacht worden ist, ferner daß die Beispiele die Reihenfolge der angewandten Methode bestimmen und daß, vielleicht mehr als üblich, die Geometrie herangezogen wird. Für letzteres scheint uns eine gute Begründung darin zu liegen, daß das geometrische Verfahren oft schneller zum Ziele führt und durch seine größere Anschaulichkeit außerdem die Vorstellung von Feldern fördert.

§ 19. Berechnung von einfachen elektrischen Feldern.

Die Aufgabe, für eine bestimmte Anordnung — ein gegebenes System von Leitern auf verschiedenen Potentialen — das elektrische Feld zu bestimmen, ist nur in einfachen Fällen exakt zu lösen. Es kommt darauf an, die Lösung der LAPLACEschen Differentialgleichung zu finden:

$$\Delta\varphi = \frac{\partial^2\varphi}{\partial x^2} + \frac{\partial^2\varphi}{\partial y^2} + \frac{\partial^2\varphi}{\partial z^2} = 0, \tag{1}$$

wo φ das Potential in dem Punkt $(x\,y\,z)$ ist, unter Berücksichtigung der Grenzbedingungen, welche dem System angepaßt sind. Auch in den einfachen Fällen, in denen eine Lösung mit Hilfe der für diese Fälle vereinfachten LAPLACEschen Gleichung leicht möglich ist, wollen wir doch meistens andere, mehr anschauliche Lösungen geben.

a) Das Feld einer geladenen Kugel. Die Ladung sei q, der Durchmesser $d = 2\,r_0$. Die Ladungsdichte auf der Oberfläche ist

$$\sigma = \frac{q}{4\pi r_0^2}.$$

Die Feldstärke an der Oberfläche beträgt

$$E = 4\pi\sigma = \frac{q}{r_0^2}. \tag{2}$$

Schon aus dem Kraftlinienbild geht sofort hervor, daß das Feld proportional mit $1/r^2$ nach außen abnimmt, wenn r der Abstand vom Kugelmittelpunkt ist. Es ist also

$$E_r = -\frac{d\varphi}{dr} = \frac{q}{r^2}. \tag{3}$$

Das Potential ist demzufolge

$$\varphi = \frac{q}{r}, \tag{4}$$

da die Integrationskonstante verschwindet, weil wir bei der Definition das Potential im Unendlichen gleich Null setzen.

b) Konzentrische Kugel. Die äußere Kugel mit dem Durchmesser $d = 2\,r_2$ hat eine negative Ladung, die der positiven Ladung der inneren Kugel mit dem Halbmesser r_1 gleichkommt. Das Feld zwischen den Kugeln ist wieder:

$$E_r = \frac{q}{r^2}.$$

Die Potentiale an der äußeren und an der inneren Kugel sind nach (4) bzw.: $\varphi_2 = \frac{-q}{r_2} + C$ und $\varphi_1 = \frac{-q}{r_1} + C$, und der Potentialunterschied oder die Spannung beträgt:

$$\varphi_2 - \varphi_1 = U = q\left(\frac{1}{r_1} - \frac{1}{r_2}\right) = q\,\frac{r_2 - r_1}{r_1 r_2}. \tag{5}$$

Ausgedrückt durch die Spannung, wird dann die Feldstärke:

$$E_r = U\,\frac{r_1 r_2}{(r_2 - r_1)\,r^2}, \tag{6}$$

daher die maximale Feldstärke (an der Oberfläche der inneren Kugel):

$$E_m = E_{r_1} = U\,\frac{r_2}{(r_2 - r_1)\,r_1}. \tag{7}$$

Diese maximale Feldstärke (E_m) ist in erster Linie für den Durchschlag verantwortlich, und sie wird deshalb immer möglichst klein gehalten. Wir wollen r_2 einen konstanten Wert geben und die Frage stellen, bei welchem r_1 die Feldstärke $E_m = E_{r_1}$ bei gegebenem U den kleinsten Wert hat. Dazu differenzieren wir nach r_1 und setzen den Differentialquotienten gleich Null; es ergibt sich dann: $r_1 = r_2/2$. Wenn die innere Kugel kleiner wird, nimmt zwar der Abstand $r_2 - r_1 = a$ zu, aber die Zunahme der Krümmung der Oberfläche, welche immer eine Feldstärkevergrößerung verursacht, hat einen größeren Einfluß (s. § 25).

Bei gegebenem Halbmesser r_2 der großen Kugel erhält man die größtmögliche Durchschlagspannung

$$U_d = E_d \frac{r_1}{2}, \tag{8}$$

wenn der kleinste Radius r_1 genau die Hälfte von r_2 beträgt. Diese Regel ist wichtig. Sie gilt aber, wie wir nachher noch sehen werden, nicht ganz streng, weil für den Durchschlag nicht immer nur die maximale Feldstärke maßgebend ist.

Nach SCHWAIGER wollen wir die berechnete Feldstärke E_m (7) vergleichen mit der Feldstärke, die bei gleichem Abstand $(r_2 - r_1)$ zwischen den Elektroden in dem homogenen Feld eines Plattenkondensators entstehen würde. Das Verhältnis η ist offenbar nach (7):

$$\eta = \frac{r_1}{r_2}. \tag{9}$$

SCHWAIGER nennt diesen Koeffizienten den *Ausnutzungsfaktor*. Oft wird mit dem reziproken Wert $\alpha = 1/\eta$ gerechnet. α ist dann der Faktor, mit dem die Feldstärke, welche bei homogenem Feld bei dem gegebenen Elektrodenabstand entstehen würde, multipliziert werden muß, um die maximale Feldstärke des gegebenen Feldes zu erhalten.

Die Größe α bzw. η kann in der vorliegenden Anordnung naturgemäß nur von dem Verhältnis r_2/r_1 abhängig sein, weil ja die absoluten Werte gar nicht in der Rechnung vorkommen. Eine solche Größe wird von SCHWAIGER die „*geometrische Charakteristik*" genannt; bei Versuchen an Modellen ist damit zu rechnen, daß die „*geometrische Charakteristik*" nicht geändert wird.

c) Das zylindrische Feld. Die Ladung je Längeneinheit des Zylinders sei q, der Halbmesser sei r_1, die Oberflächenladung je Flächeneinheit (Ladungsdichte) beträgt

$$\sigma = \frac{q}{2\pi r_1}.$$

Aus dem geometrischen Kraftlinienbilde des unendlich langen Zylinders geht hervor, daß die Feldstärke proportional mit $1/r$ abnimmt. Sie beträgt an der Oberfläche:

$$E_1 = 4\pi\sigma = \frac{2q}{r_1}$$

und im Abstand r von der Zylinderachse:

$$E_r = -\frac{d\varphi}{dr} = \frac{2q}{r}. \tag{10}$$

Das Potential im Abstand r von der Achse beträgt:

$$\varphi_r = -2q \ln r + C. \tag{11}$$

Die Integrationskonstante C hängt von den Nebenbedingungen ab.

d) Koaxiale Zylinder. Das Potential des Außenzylinders ist nach (11)

$$\varphi_2 = -2q \ln r_2 + C,$$

das des Innenzylinders

$$\varphi_1 = -2q \ln r_1 + C.$$

Die Potentialdifferenz oder die Spannung U beträgt:

$$U = \varphi_1 - \varphi_2 = 2q \ln \frac{r_2}{r_1}.$$

Wenn U gegeben ist, berechnet sich hieraus die Feldstärke zu:

$$E_r = -\frac{d\varphi}{dr} = \frac{U}{r \ln \frac{r_2}{r_1}}. \tag{12}$$

Daher

$$E_{r_1} = \frac{U}{r_1 \ln \frac{r_2}{r_1}}. \tag{13}$$

Auch hier können wir bei gegebenem Außenzylinder den Halbmesser des Innenzylinders berechnen, bei dem die Feldstärke ein Minimum ist. Wir setzen wieder den Differentialquotienten von E_{r_1} nach r_1 gleich Null und finden dann: $\ln \frac{r_2}{r_1} - 1 = 0$, oder

$$\frac{r_2}{r_1} = e = 2{,}718. \tag{14}$$

Für diesen Wert von r_1 beträgt die maximale Feldstärke bei gegebenem U

$$E_m = E_{r_1} = \frac{U}{r_1 \ln \frac{r_2}{r_1}} = \frac{U}{r_1}.$$

Für den Ausnutzungsfaktor finden wir

$$\eta = \frac{1}{\frac{r_2}{r_1} - 1} \ln \frac{r_2}{r_1}. \tag{15}$$

Auch hier sehen wir, daß der Ausnutzungsfaktor nur von der „geometrischen Charakteristik" r_2/r_1 abhängig ist.

§ 20. Zwei Zylinder nebeneinander.

Wir wollen diesen Fall etwas ausführlicher behandeln, weil er uns Gelegenheit gibt, Bemerkungen allgemeiner Natur zu machen, welche wir im nachfolgenden benutzen werden.

Parallele Zylinder. Die Zylinder seien vorläufig parallele Linien oder Drähte, ihre Schnittpunkte L_1 und L_2 mit der Zeichenebene seien:

$x_1 = -\varrho$, $y = 0$; $x_2 = \varrho$, $y = 0$ in einem rechtwinkligen Koordinatensystem (Abb. 78). Der Draht L_1 habe eine negative, L_2 eine gleiche positive Ladung q je Längeneinheit. Das Potential eines Punktes P, das von dem Draht L_1 herrührt, ist offenbar nach (11):

$$\varphi_1 = 2q \ln l_1 + C_1,$$

wo l_1 den Abstand von P bis zur Linie L_1 bedeutet. Ebenso ist das von dem zweiten Draht herrührende Potential:

$$\varphi_2 = -2q \ln l_2 + C_2.$$

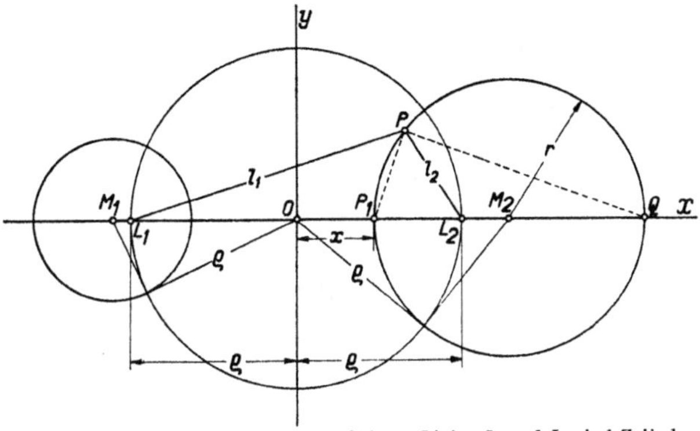

Abb. 78. Die Äquipotentialflächen zwischen zwei geladenen Linien L_1 und L_2 sind Zylinder, wie durch die Kreise mit den Mittelpunkten M_1 und M_2 dargestellt.

Das resultierende Potential ist demzufolge:

$$\varphi_1 + \varphi_2 = 2q \ln \frac{l_1}{l_2} + C. \tag{16}$$

Die Integrationskonstante ist $C = 0$, wenn für $x = 0$, d. h. für $l_1 = l_2$, das Potential $\varphi = 0$ sein soll. Für einen Punkt P_1 $(x, 0)$ auf $L_1 L_2$ finden wir:

$$\varphi_x = 2q \ln \frac{\varrho + x}{\varrho - x}. \tag{17}$$

Aus (16) geht hervor, daß für Stellen mit einem konstanten Verhältnis l_1/l_2 das Potential einen konstanten Wert hat. Die geometrischen Örter von Punkten mit konstantem Verhältnis l_1/l_2 sind bekanntlich Kreise, von denen in Abb. 78 zwei gezeichnet sind. Einige geometrische Eigenschaften sind in Abb. 78 angedeutet. Besonders weisen wir darauf hin, daß die Punkte P_1 und Q harmonisch liegen bezüglich der Punkte L_1 und L_2, und daß

$$\varrho^2 = 2rx + x^2. \tag{18}$$

Die orthogonalen Kreisscharen von Abb. 79 stellen das Potentialfeld zwischen zwei beliebigen, aus der Figur gewählten, sich nicht schneidenden Zylindern vor. Jeder der Kreise 1, 2 usw. ist der Schnitt einer zylindrischen Niveaufläche mit der Zeichenebene. Die orthogonal darauf stehenden Kreise I, II usw. sind Kraftlinien.

Es ist für das elektrische Feld zwischen zwei Niveauflächen gleichgültig, ob die Ladung sich in den Linien L_1 und L_2, von denen wir ausgegangen sind, befindet, oder auf einem der Zylinder, wenn die Gesamtladung auf einem solchen Zylinder nur dieselbe ist wie auf der Linie.

Die Abb. 79 ist entstanden durch Inversion der konzentrischen Kreise (1′, 2′ usw.) mit dem Mittelpunkt 0 und den geraden Kraftlinien (*I*′, *II*′ usw.) durch 0. Das Zentrum oder der Pol der Inversion war L_1 für die linke Hälfte der Figur und L_2 für die rechte Hälfte; k war

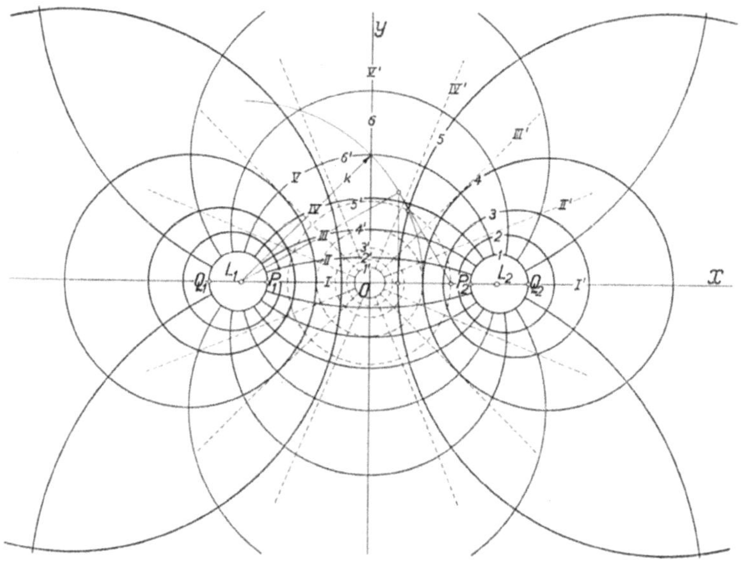

Abb. 79. Orthogonale Kreisbündel, welche das Potentialfeld zwischen zwei Zylindern vorstellen. Konstruktion durch Inversion.

der Modul der Inversion. Durch diese Inversion wird das Potentialfeld der konzentrischen Zylinder „konform" abgebildet (§ 22). Die Kreise 1′, 2′ usw. gehen dabei über in die Kreise 1, 2 usw., die geraden Kraftlinien *I*′, *II*′ usw. in die kreisförmigen Kraftlinien *I*, *II* usw. Wir gehen auf Einzelheiten der Konstruktion an dieser Stelle nicht ein, weil sie uns zu weit vom Ziel führen würden. Die wesentlichen Konstruktionslinien für das Kreisepaar 5′ — 5 sind jedoch in der Abbildung angegeben.

Um die maximale Feldstärke E_m bei gegebenem Potential für zwei gegebene Zylinder zu berechnen, die offenbar auf der Verbindungslinie $M_1 M_2$ der Mittelpunkte (Abb. 80) an der Oberfläche des kleinsten Zylinders auftritt, kann man mit Erfolg verschiedene Verfahren benutzen.

Einfach ist das folgende geometrische Verfahren. Man führt den Fall zweier ungleichen Zylinder Z_1 und Z_2 zurück auf den Fall zweier gleichen Zylinder in der in Abb. 80 angegebenen Weise. Ein willkürlicher Kreis H, der beide gegebenen Kreise schneidet, liefert bekanntlich den Punkt S auf der „Potenzlinie" dieser beiden Kreise, die den Schnitt der einzigen ebenen Niveaufläche vorstellt. Durch Spiegelung eines der Zylinder an dieser Niveaufläche findet man den zweiten Zylinder des gleichen Systems

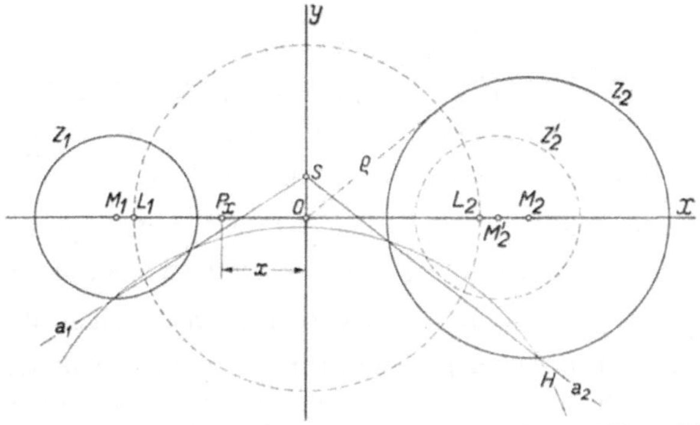

Abb. 80. Der Fall „zwei ungleiche parallele Zylinder" wird auf den einfachen Fall „zwei gleiche parallele Zylinder" zurückgeführt durch Schneiden der gegebenen Kreisschnitte Z_1 und Z_2 mit einem willkürlichen Hilfskreis H. Der Schnittpunkt S von a_1 und a_2 liegt in der Symmetrieebene.

mit gleichem Durchmesser (Z_2') mit dem Mittelpunkt M_2'. Wenn man dafür den kleinsten Zylinder wählt, dann braucht man nur noch die maximale Feldstärke an diesem Zylinder zu suchen. Die von M_1 allein

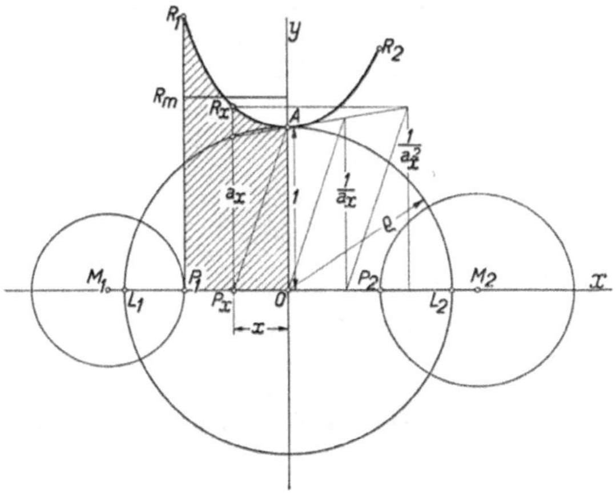

Abb. 81. Graphische Konstruktion der Feldstärke zwischen zwei parallelen Zylindern: $P_x R_x = 1/a_x^2$.

herrührende Feldstärke in dem Punkt P_x beträgt offenbar $\frac{2q}{\varrho - x}$, die von M_2' herrührende $\frac{2q}{\varrho + x}$ und die gesamte Feldstärke:

$$E_x = 4q \frac{\varrho}{(\varrho + x)(\varrho - x)}. \tag{19}$$

Denselben Wert liefert die Differentiation von (17) nach x.

Offenbar ist das Produkt $(\varrho - x)(\varrho + x)$ für die Feldstärke in einem Punkt P_x auf $M_1 M_2$ maßgebend, und zwar ist die Feldstärke diesem

Produkt umgekehrt proportional. Wir wählen die Größe $4\,q\varrho$ als Längeneinheit (OA in Abb. 81) und konstruieren nun für jedes x die mit der Feldstärke übereinstimmende Länge:

$$l_x = \frac{1}{(\varrho - x)(\varrho + x)} = \frac{1}{a_x^2}. \tag{20}$$

Die schraffierte Oberfläche (Abb. 81) stellt den Potentialunterschied zwischen dem Zylinder M_1 und der Nullebene AO vor. Auch die mittlere Feldstärke $P_1 R_m$ ist eingezeichnet. Das Verhältnis: $\frac{P_1 R_m}{P_1 R_1}$ dieser zu der maximalen Feldstärke $P_1 R_1$ liefert den Ausnutzungsfaktor.

Es sei darauf hingewiesen, daß die Proportionalität zwischen E_x und $\frac{1}{(\varrho - x)(\varrho + x)}$ auch auf einem rein geometrischen Wege gezeigt werden kann. Ein beliebiger Kreis mit großem Halbmesser durch L_1 und L_2 ist eine Kraftlinie, wie die benachbarte Verbindungslinie $L_1 L_2$ selbst (s. Abb. 79). Nun ist leicht ersichtlich, daß der Abstand zwischen diesen Kraftlinien an der Stelle x, also die reziproke Feldstärke, in der Tat mit dem Produkt $(\varrho - x)(\varrho + x)$ proportional ist. Dieser Abstand nähert sich bei Vergrößerung des Halbmessers R des Kreises immer mehr dem Wert $\frac{R}{(\varrho - x)(\varrho + x)}$.

Analytisch findet man den Ausnutzungskoeffizienten wie folgt: Es ergibt sich aus (17) für den Potentialunterschied zwischen P_x und der Äquipotentialebene (auf Potential Null):

$$U_x = \varphi_x - \varphi_0 = 2\,q \ln \frac{\varrho + x}{\varrho - x} \tag{21}$$

und nach (19) also:

$$\eta = \frac{U_x}{x} : E_x = \frac{\varrho^2 - x^2}{2\,\varrho\, x} \ln \frac{(\varrho + x)}{(\varrho - x)}.$$

Bedenken wir, daß (Abb. 78)

$$\varrho^2 = 2\,r\,x + x^2 \tag{22}$$

ist, dann finden wir:

$$\eta = \frac{r}{\varrho} \ln \frac{\varrho + x}{\varrho - x}. \tag{23}$$

Für $r \ll x$ darf man setzen

$$\frac{\varrho + x}{\varrho - x} = \frac{2\,x}{r} \quad \text{und} \quad \frac{r}{\varrho} = \frac{r}{x},$$

so daß

$$\eta = \frac{r}{x} \ln \frac{2\,x}{r}.$$

Die maximale Feldstärke an einem dünnen Draht gegenüber einer Ebene im Abstand a wird somit

$$E_m = \frac{U}{a} \frac{a}{r \ln \frac{2\,a}{r}} = \frac{U}{r \ln \frac{2\,a}{r}}. \tag{24}$$

Bei parallelen dünnen Leitern im Abstand a mit den Spannungen $+\frac{U}{2}$ und $-\frac{U}{2}$ wird also:

$$E_m = \frac{U}{2r\ln\frac{a}{r}}, \tag{25}$$

ein Ergebnis, das wir bei der Theorie der Freileitungen noch oft benutzen werden.

Den Wert ϱ findet man für ein beliebiges Zylinderpaar entweder in der angegebenen geometrischen Weise mittels des schneidenden Kreises (Abb. 63), oder man findet aus $\varrho^2 = (2r + x)\,x$ nach elementarer Rechnung:

$$\varrho = \frac{\sqrt{(c^2 - r_1^2 - r_2^2)^2 - 4r_1^2 r_2^2}}{2c}, \tag{26}$$

wo c den Abstand zwischen den Zylinderachsen bedeutet.

§ 21. Weitere Fälle, Näherungsverfahren.

a) Parallele Zylinder. Als erstes Beispiel einer Näherungsmethode werden wir nochmals den Fall zweier parallelen Zylinder aufnehmen. Wir beschränken uns auf die Fälle gleicher Zylinder Z_1 und Z_2 und Zylinder gegen Ebene, auf die ja der allgemeine Fall nach den obigen Ausführungen leicht zurückzuführen ist.

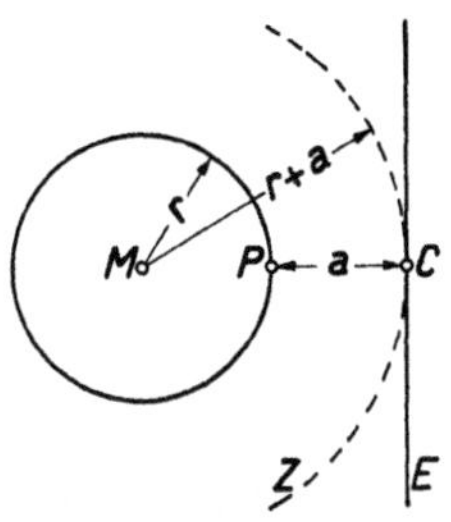

Abb. 82. Angenäherte Berechnung der maximalen Feldstärke bei P durch Ersetzen der Ebene CE durch den Zylinder Z.

In Abb. 82 ist neben dem Schnitt der Äquipotentialebene auch der Schnitt des mit einem der gegebenen Zylinder konzentrischen Zylinders (Z) punktiert angegeben, der die Ebene im Punkte C berührt. Es liegt nun nahe, zu vermuten, daß das Feld in P nicht stark beeinflußt wird, wenn die Äquipotentialebene durch den Zylinder Z ersetzt wird. Zwei benachbarte, aus der Umgebung von P ausgehende Kraftlinien haben in beiden Fällen fast denselben Verlauf. Wir werden später näher begründen, daß die maximale Feldstärke an einer Elektrode bei gegebenem Abstand und Potential der Gegenelektrode nur verhältnismäßig wenig durch die Form dieser zweiten Elektrode beeinflußt wird (§ 25).

Bekannt ist z. B., daß es für die Durchschlagspannung in dem Falle „zwei Zylinder ineinander" gleichgültig ist, ob der Außenzylinder konzentrisch zum Innenzylinder ist, oder ob bei gleichem Mindestabstand der Außenzylinder exzentrisch angeordnet ist. Weitere Beispiele des obengenannten Satzes werden wir noch in den nächsten Paragraphen finden. Es sei hier nur erwähnt, daß ein Vergleich der exakt berechneten Zahlen mit denen, welche sich für das Ersatzbild berechneten (Ebene ersetzt durch konzentrischen Zylinder), zeigt, daß die Unterschiede nur klein sind. Die Feldstärken sind für den Fall Ebene—Zylinder etwas kleiner, als zu erwarten war. Wir finden also eine für die praktische

Anwendung genügende Annäherung, wenn wir die Ebene im Abstand a vom Zylinder durch einen Zylinder mit dem Halbmesser $(r + a)$ ersetzen (Abb. 82). Die Annäherung wird noch etwas besser, wenn wir einen Korrektionsfaktor $k < 1$ hinzufügen, z. B. $k = 9/10$. Aus Tabelle II (S. 130) ist ersichtlich, daß der Fehler in der Tat nicht sehr bedeutend ist. Für $p = \frac{r+a}{r} < 2$ müßte der Korrektionsfaktor bei abnehmendem Wert von p langsam zunehmen, um für sehr kleine p genau 1 zu werden, weil ja bei sehr kleinem a das Feld annähernd homogen wird.

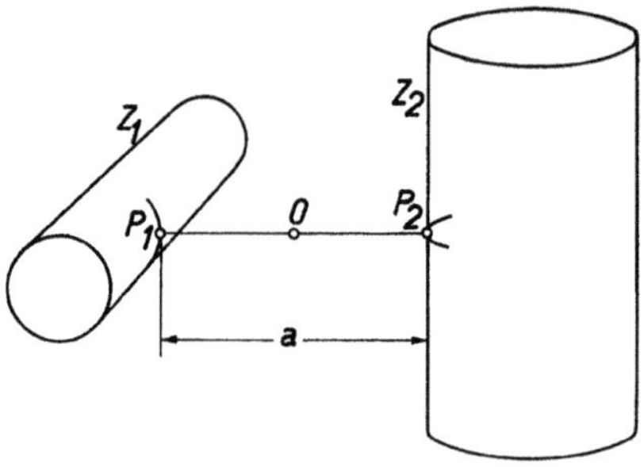

Abb. 83. Gekreuzte Zylinder.

Es ergeben sich also nach (13) die Näherungsformeln:

a) Für den Fall „Zylinder gegen Ebene“:

$$E = \frac{9}{10} \frac{U}{r \ln \frac{r+a}{r}}. \qquad (27)$$

$$\eta = \frac{10}{9} \frac{r}{a} \ln \frac{r+a}{r}. \qquad (27a)$$

b) Für den Fall „zwei gleiche Zylinder“ im Abstand a:

$$E = \frac{9}{10} \frac{U}{2r \ln \frac{r+\frac{a}{2}}{r}}. \qquad (28)$$

$$\eta = \frac{10}{9} \frac{2r}{a} \ln \frac{r+\frac{a}{2}}{r}. \qquad (28a)$$

b) Gekreuzte Zylinder. Dieser Fall kann, soweit er die maximale Feldstärke betrifft, auf den vorhergehenden zurückgeführt werden. Wir werden nämlich finden, daß die maximale Feldstärke, welche offenbar an der Oberfläche (Abb. 83) des kleinen Zylinders dort auftritt, wo der Abstand zwischen den Zylindern am kleinsten ist, annähernd denselben Wert hat wie diejenige Feldstärke, die bei gleichem Abstand zwischen zwei parallelen Zylindern gleicher Potentiale und Durchmesser entstehen würde. Die gemeinschaftliche Lotlinie sei $P_1 P_2$, die Mitte sei 0.

Wir denken uns den Zylinder Z_1 fest und den Zylinder Z_2 sich um $P_1 P_2$ als Achse drehend. Potential und Feldstärke auf $P_1 P_2$ setzen sich beide zusammen aus den von Z_1 und von Z_2 herrührenden Werten. Bliebe bei der Drehung die Ladung auf beiden Zylindern unverändert, so wären offenbar Potential und Feldstärke auf $P_1 P_2$ bezüglich der Drehung invariant. In Wirklichkeit wird die Ladung auf den Zylindern sich bei der Drehung etwas ändern, weil die Kapazität des Systems insofern etwas kleiner wird, als weit von den Punkten P_1 und P_2 entfernte Teile sich nicht mehr in gleichem Abstand von der Gegenladung befinden. Die Ladung bei P_1 und P_2 wird sich deshalb etwas vergrößern, vorausgesetzt, daß keine Ladung abwandert. Wird dagegen das Potential beider Zylinder konstant gehalten, so bedeutet das eine geringe Verkleinerung der Gesamtladung und deshalb der Ladungen bei P_1 und P_2. Es ist wohl klar, daß der Effekt: Potentialerhöhung durch Drehung, nur klein sein kann, wenn der Zylinderabstand groß ist und die geometrische Charakteristik $\frac{r+a}{r}$ einen großen Wert hat. Für kleinen Abstand ist offenbar die Ladung bei P_1 von vornherein nur durch Ladung und Potential von der nächsten Umgebung von P_1 und P_2 bestimmt, so daß die Drehung keinen großen Einfluß haben kann. Im extremen Fall $a \ll r$ ist die Feldstärke einfach $E = U/a$.

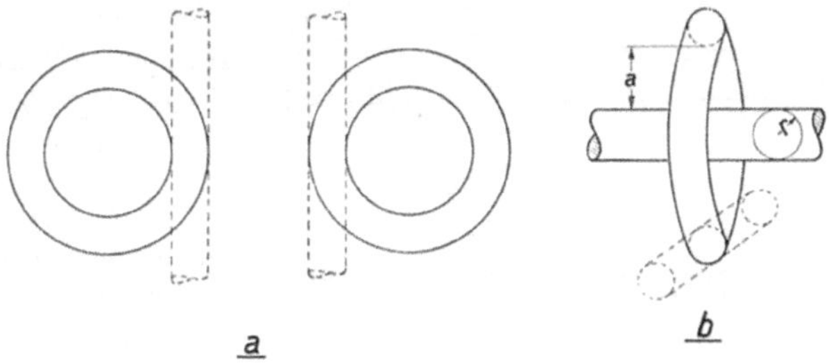

Abb. 84. *a*) Der Fall „zwei Ringe" wird zurückgeführt auf den Fall „zwei parallele Zylinder". *b*) Der Fall „Ring um Zylinder" wird zurückgeführt auf den Fall „zwei kreuzende Zylinder".

SCHWAIGER hat die Frage experimentell aufgefaßt und gefunden, daß die Überschlaglängen zwischen parallelen Zylindern und zwischen sich senkrecht kreuzenden Zylindern bei gleichen Potentialen und Dimensionen nicht merkbar verschieden sind. Nach den obigen Ausführungen darf man also schließen, daß auch bei sich willkürlich kreuzenden Zylindern die maximale Feldstärke dieselbe ist wie bei parallelen Zylindern mit gleichen Durchmessern und Potentialen, deren Abstand dem kürzesten Abstand zwischen den kreuzenden Zylindern gleichkommt.

Die Fälle „zwei Ringe" und „Zylinder durch Ring" (Abb. 84) können wir auch auf den Fall „parallele Zylinder" zurückführen. Die Feldstärke am Zylinder ist in der Ringebene maximal und offenbar etwas größer als sie sein würde, wenn der Ring durch einen Zylinder ersetzt wäre (Abb. 84), so daß wir den Korrektionsfaktor weglassen dürfen, also:

$$E_m = \frac{U}{2r \ln \frac{r + \frac{a}{2}}{r}}. \tag{29}$$

Ähnliche Fälle kommen in der Praxis so oft vor, daß der Verzicht auf größere Genauigkeit reichlich ausgeglichen wird durch den Vorteil rascher Orientierung.

c) Zwei Kugeln. Das Feld zwischen zwei beliebigen Kugeln mit gegebenem Potential kann berechnet werden. In Anlehnung an Lord

KELVIN wurde von verschiedenen Verfassern die Berechnung ausgeführt, und zwar meistens grundsätzlich nach demselben Verfahren: gegenseitige wiederholte Spiegelung. Wir skizzieren nur die Methode und erwähnen das Ergebnis.

Die beiden Kugeln (Abb. 85) seien gleich groß, die Mittelpunkte seien C_1 und C_2 im Abstand c, die Ladungen gleich und entgegengesetzt. Wir denken uns nun zuerst die Kugel K_2 geerdet und die Ladung q_1 von K_1 im Mittelpunkt vereinigt. Von C_1 wird nun der geometrische Pol oder der Bildpunkt B bestimmt, gegeben durch die Beziehung $B\,C_2 = r^2/c$. Wenn man sich in dem Bildpunkt B die Ladung q_2 denkt, dann wird diese Ladung zusammen mit q_1 gerade auf der Oberfläche der Kugel K_2 das Potential Null hervorrufen, wenn $q_2 = -q_1 \frac{r}{c}$ ist, wie man leicht nachrechnen kann. Diese Spiegelung wird nun wiederholt, indem man den Bildpunkt A von B bestimmt, wo man sich die Ladung $q_3 = -q_2 \frac{r}{C_1 B}$ denkt usw.

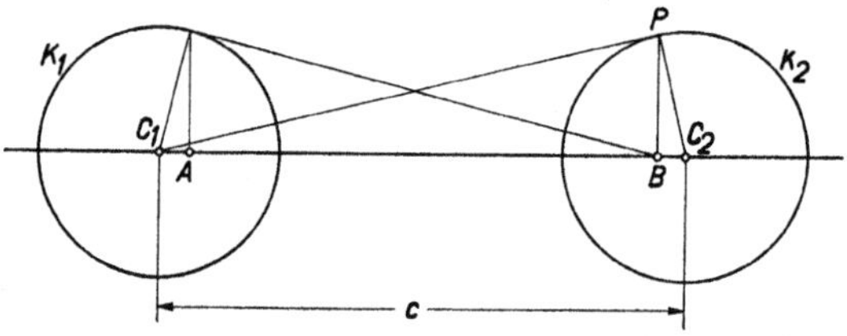

Abb. 85. Wiederholte Spiegelung zur Bestimmung der maximalen Feldstärke zwischen Kugeln.

Die Berechnung der maximalen Feldstärke E_r ist verhältnismäßig einfach.

Die Felder sämtlicher Teilladungen in den Punkten B, A, usw. werden dann zusammengenommen, und das Ergebnis kann in der Form einer Reihe ausgedrückt werden[92]:

$$E_r = \frac{U}{2r}\left[1 + \frac{(1+x)^2}{1-x}\left(x\frac{1-x^3}{(1+x^3)^2} + x^2\frac{1-x^5}{(1+x^5)^2} + x^3\frac{1-x^7}{(1+x^7)^2} + \cdots\right)\right], \tag{30}$$

wobei x bestimmt ist durch:

$$x + \frac{1}{x} = \frac{c}{r}. \tag{31}$$

Für die praktische Anwendung kommt die Wiederholung der Berechnungen kaum in Frage, um so mehr, weil der Einfluß der Umgebung, der in der Rechnung vernachlässigt wurde, nie ganz zu beseitigen ist. Die Feldstärke hängt einigermaßen von den Potentialen der Kugeln gegen Erde ab. Man benutzt entweder die Ergebnisse in tabellarischer Form (vgl. § 25, Tabelle III), oder man kann die nachfolgende Näherungsrechnung anwenden.

Wir betrachten wieder den Fall Kugel-Ebene im Abstand a und neben dieser Ebene die Kugel (vgl. Abb. 82) mit dem Halbmesser $(r+a)$. Wir erwarten nun wieder aus ähnlichem Grunde, wie für Zylinder ausgeführt, eine nur etwas größere Feldstärke in P in dem Falle der Kugel, als im Falle der Ebene. In der Tat zeigt wieder der

Vergleich mit den genau berechneten Werten, daß man einen Unterschied von etwa 10% hat in dem Bereich $1{,}25 < p < 8$ (Kugel—Ebene) und $1{,}5 < p < 15$ (Kugel—Kugel), wo $p = \frac{r+a}{r}$.

Nach (7) ergibt sich also für den Fall Kugel gegen Ebene im Abstand a:

$$E = \frac{9}{10} \frac{U}{a} \frac{r+a}{r} \tag{32}$$

$$\eta = \frac{10}{9} \frac{r}{r+a} \tag{32a}$$

und für den Fall „zwei gleich große Kugeln“ im Abstand a:

$$E = \frac{9}{10} \frac{U}{a} \frac{r+\frac{a}{2}}{r}. \tag{33}$$

$$\eta = \frac{10}{9} \frac{r}{r+\frac{a}{2}}. \tag{33a}$$

Eine andere gute Annäherung erhalten wir in diesem Falle, wenn wir ihn auf den Fall „Zylinder gegen Ebene“ zurückführen. Die Krümmungen $k = \left(\frac{1}{r_1} + \frac{1}{r_2}\right)$ der Niveauflächen sind beim Kugelfeld mit gleicher geometrischer Charakteristik $\frac{r+a}{a}$ annähernd doppelt so groß wie bei den zylindrischen Niveauflächen. Wir vergleichen deshalb den Ausnutzungsfaktor η_{Kugel} mit dem Quadrat von η_{Zylinder}. Die Begründung dieses Verfahrens werden wir in § 24 noch näher kennen lernen. Wir finden, daß die Differenz $\eta_{\text{K}} - \eta^2_{\text{Zyl}}$ für nicht zu große Werte von $\frac{r+a}{r}$ äußerst gering ist, so daß wir setzen dürfen:

$$\eta_{\text{K}} \approx \eta^2_{\text{Zyl}}. \tag{34}$$

Für $p = \frac{r+a}{r} < 2$, wie es bei Kugelfunkenstrecken der Fall sein muß, um den Einfluß der Umgebung auszuschalten, ist der Fehler kleiner als ein Prozent. Für $p \leq 10$ ist der Fehler kleiner als 3%; für $p > 10$ wird die Annäherung nach (34) etwas weniger genau (vgl. Tabelle III).

d) Kreislochdurchführung. Das Feld einer Durchführung, bestehend aus einem zylindrischen Bolzen zentral durch ein Kreisloch, kann man abschätzen, indem man den Rand des Kreisloches als einen Ring auffaßt. Bei einer solchen Durchführung ist es immer leicht, den Rand der Öffnung so stark abzurunden, daß die maximale Feldstärke an dem Durchführungsbolzen auftritt. Wir wollen daher auch nur die Feldstärke an diesem Bolzen betrachten.

Der Durchmesser des Bolzens sei $2r$, der Abstand zwischen Bolzen und Loch sei a (Abb. 86). Nach der Annäherungsmethode: Ring um

Zylinder, wäre die maximale Feldstärke nach (29) an dem Bolzen annähernd:

$$E_m = \frac{U}{2r \ln \frac{r + \frac{a}{2}}{r}}. \tag{35}$$

Eine Annäherung ganz anderer Art ergibt sich dadurch, daß man das Bild eines bekannten Potentialfeldes benutzt, von dem der Bolzen und das Kreisloch annähernd zwei Äquipotentialflächen bilden. Man faßt Bolzen und Kreisloch als degenerierte einschalige Rotationshyperboloide auf. Solche Hyperboloide werden orthogonal geschnitten von einem System von Ellipsoiden. Für ein Ellipsoid ist die LAPLACEsche Gleichung gelöst, so daß beide orthogonale Flächensysteme bekannt sind. Durch Umkehrung des Problems, indem man nun die Hyperboloide als Niveauflächen auffaßt, kommen wir zu unserer Anordnung. Für die Feldstärke E_m ergibt sich:

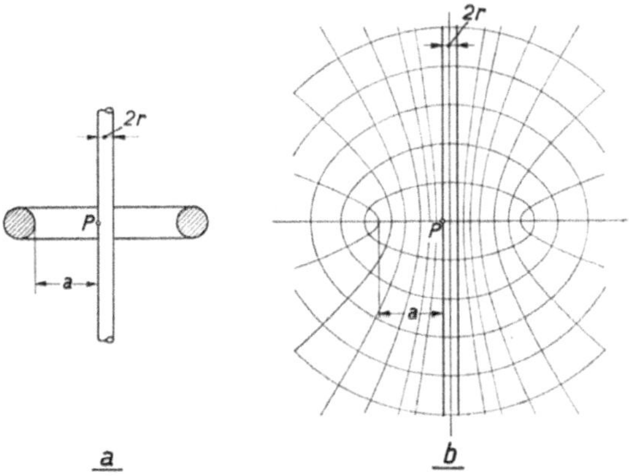

Abb. 86. Annäherungen der maximalen Feldstärke bei P einer Kreislochdurchführung. a) Durch Zurückführung auf den Fall „Ring um Zylinder", b) durch Zurückführung auf das Feld degenerierter einschaliger Rotationshyperboloide.

$$E_m = \frac{U}{r \ln \frac{2(r+a)}{r}} \frac{r+a}{\sqrt{(a+r)^2 - r^2}}. \tag{36}$$

Da schon für $a > 5r$ annähernd $\sqrt{(a+r)^2 - r^2} = r + a$:

$$E_m = \frac{U}{r \ln \frac{2(r+a)}{r}}. \tag{37}$$

Für die Durchführung der Rechnung vergleiche man z. B. OLLENDORF [91].

Für den Fall $r = 1$, $a = 4$, finden wir nach (35): $E_m = U/2{,}2$ und nach (36): $E_m = U/2{,}25$. Die Werte nach (35) und (36) werden etwas zu klein sein, wenn der Rand einen Durchmesser hat, der viel größer als $2r$ ist. Die Anordnung nähert sich dann dem Fall: „Konzentrische Zylinder". In diesem Falle ist:

$$E_m = \frac{U}{r \ln \frac{r+a}{r}}. \tag{38}$$

Nach (38) ist E_m in der Tat etwas größer als nach (35) und nach (36), wie man sich leicht überzeugt.

§ 22. Konforme Abbildung, Kanten und Ränder.

Das Verfahren der konformen Abbildung ist wohl das interessanteste für die Lösung von Potentialproblemen. Eine ausgiebige Behandlung kommt aber für uns nicht in Frage. Wir verweisen dafür auf die Literatur, z. B. LASKA, Einleitung in die geometrische Funktionentheorie[93], oder für eingehendes Studium HURWITZ und COURANT, Funktionentheorie[94], und auf das schon genannte Werk von OLLENDORF[91]. Anwendungen z. B. in Recent Researches von J. J. THOMSON[95].

Wir wollen die Methode nur in großen Zügen skizzieren und dann neben einfachen Anwendungsbeispiele einige Ergebnisse erwähnen, die praktisch wichtig sind:

Es sei $w = f(z) = u + iv$ eine stetige, differenzierbare Funktion von $z = x + iy$. Die Teilfunktionen u und v haben dann die Eigenschaft, daß die Beziehungen bestehen:

$$\frac{\partial u}{\partial x} = \frac{\partial v}{\partial y} \quad \text{und} \quad \frac{\partial u}{\partial y} = -\frac{\partial v}{\partial x}. \tag{39}$$

Unter dieser Bedingung ist $w = u + iv$ eine „analytische Funktion". Aus den Gleichungen (39), den CAUCHY-RIEMANNschen Differentialgleichungen, geht sofort hervor, daß

$$\frac{\partial^2 u}{\partial x^2} = \frac{\partial^2 v}{\partial y\,\partial x} \quad \text{und} \quad \frac{\partial^2 u}{\partial y^2} = -\frac{\partial^2 v}{\partial x\,\partial y},$$

und demzufolge

$$\left.\begin{aligned} \frac{\partial^2 u}{\partial x^2} + \frac{\partial^2 u}{\partial y^2} &= \Delta u = 0. \\ \frac{\partial^2 v}{\partial x^2} + \frac{\partial^2 v}{\partial y^2} &= \Delta v = 0. \end{aligned}\right\} \tag{40}$$

Es genügen also die Funktionen u und ebenso v der LAPLACEschen Differentialgleichung. Sie können also die Lösung von Potentialproblemen bilden. Die Funktionen u und v heißen konjugierte Funktionen.

Die Kurven $u =$ konst. und $v =$ konst. bilden zwei zueinander orthogonale Kurvensysteme, von denen das eine die Schnitte von Niveauflächen mit der Zeichenebene und das andere die dazu gehörenden Kraftlinien darstellen kann. Durch die Transformation:

$$w = f(z) \tag{41}$$

und die umgekehrte Transformation:

$$z = g(w) \tag{42}$$

werden die z-Ebene und die w-Ebene aufeinander abgebildet: jedem Punkt der w-Ebene ist ein Punkt der z-Ebene zugeordnet und umgekehrt. Die Abbildung ist konform, d. h. unendlich kleine einander entsprechende Bildteile in beiden Ebenen sind einander ähnlich. Wir können das folgendermaßen einsehen:

Nach (41) und (42) ist:

$$\frac{dw}{dz} = f'(z); \qquad dz = \frac{dw}{f'(z)} = g'(w)\,dw. \tag{43}$$

Hieraus folgt für die Moduln oder Beträge beider Glieder:

$$|dz| = |g'(w)|\,|dw|.$$

Die Bogenelemente dz in der z-Ebene unterscheiden sich also nur um den konstanten Faktor $|g'(w)|$ von den Elementen dw in der w-Ebene.

Aus (43) folgt für die Argumente der komplexen Glieder:

$$Arg(dz) = Arg(dw) + Arg(g'(w)).$$

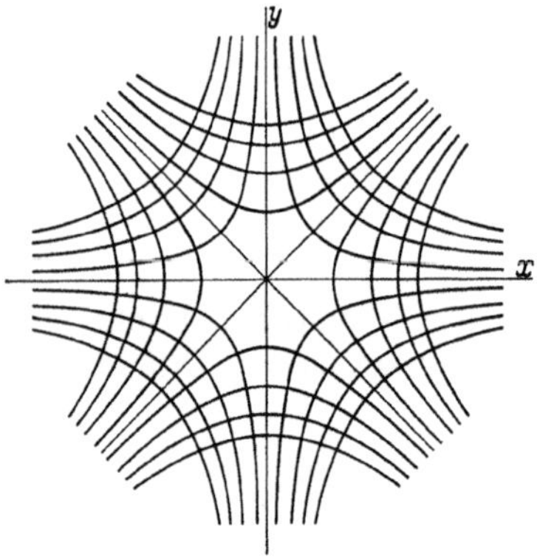

Abb. 87. Orthogonale Hyperbeln.

Das bedeutet, daß die Drehung eines Bogenelementes dw bei der Transformation in dz um einen konstanten Winkel $g'(w)$ erfolgt. Die Orthogonalität der Kurvensysteme geht nun aus der Konformität unmittelbar hervor, weil die Geraden $u =$ konst. und $v =$ konst. offenbar orthogonal sind.

Ein einfaches Beispiel liefert die Funktion

$$\left.\begin{aligned} w = z^2 = (x + i\,y)^2 = x^2 - y^2 + \\ + i(2\,x\,y); \\ u = x^2 - y^2; \qquad v = 2\,x\,y. \end{aligned}\right\} \tag{44}$$

Den Parallelen $u = a$, $v = b$ der uv-Ebene entsprechen Hyperbeln in der xy-Ebene. Abb. 87 zeigt eine Anzahl von beiden Systemen dieser orthogonalen Hyperbeln.

Die Anwendung kann nun darin bestehen, daß man in dem gefundenen Feldbild einen Teil sucht, der dem vorliegenden Potentialproblem geometrisch ähnlich ist. Das Feldbild gibt dann sofort die Äquipotentialflächen und Kraftlinien der vorliegenden Anordnung. Da man von einer beliebigen analytischen Funktion ausgehen kann, ist die Anzahl orthogonaler Kurvensysteme unerschöpflich. Die Schwierigkeit besteht nur oft darin, die Funktion zu finden, welche die Lösung des gerade gegebenen Problems ermöglicht.

Die SCHWARZsche Transformation. Glücklicherweise gibt es aber auch in manchen Fällen ein direktes Verfahren, wobei man von der gegebenen Anordnung ausgeht, die Abbildungsfunktion bestimmt und mit ihrer Hilfe das Problem löst. Man benutzt dazu mit Erfolg den SCHWARZschen Satz, der folgendes aussagt:

Es ist immer möglich, ein beliebiges durch Gerade begrenztes Vieleck in der z-Ebene auf der u-Achse der w-Ebene abzubilden. Punkte innerhalb des Vieleckes werden dabei abgebildet durch Punkte auf derselben Seite der u-Achse (Abb. 88). Die Abbildungsfunktion ist gegeben durch die Differentialgleichung:

$$\frac{dz}{dw} = k(w - w_1)^{-\frac{\alpha_1}{\pi}} (w - w_2)^{-\frac{\alpha_2}{\pi}} \dots (w - w_n)^{-\frac{\alpha_n}{\pi}}, \tag{45}$$

wobei $w_1 > w_2 > \cdots > w_n$ reelle Konstanten sind. $\alpha_1, \alpha_2, \dots, \alpha_n$ sind die in Abb. 88a angegebenen Außenwinkel des Vieleckes, und k ist eine komplexe Konstante. Wenn w die u-Achse durchläuft, so bleiben sämtliche Faktoren $(w - w_k)^{-\frac{\alpha_k}{\pi}}$ reell; dabei ändert sich das Argument von dz/dw nicht, solange w nicht eine der Größen w_k durchläuft. Wir lassen $w - w_k$ nicht gleich Null werden, sondern seinen Modul abnehmen bis zu

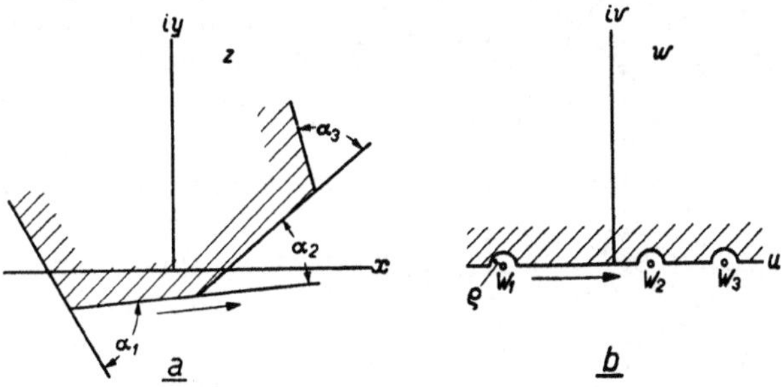

Abb. 88. Abbildung eines Polygons in der z-Ebene auf der Realachse der w-Ebene nach SCHWARZ.

dem unendlich kleinen Wert ϱ, und beschreiben dann in der in Abb. 88b angegebenen Weise einen Halbkreis in der komplexen Ebene. Dabei ändert sich die Größe $w - w_k$ von dem Wert $(-\varrho)^{-\frac{\alpha_k}{\pi}}$ bis zu $+\varrho^{-\frac{\alpha_k}{\pi}}$, also von:

$$\varrho^{-\frac{\alpha_k}{\pi}} \cdot e^{-i\alpha_k} \quad \text{bis} \quad \varrho^{-\frac{\alpha_k}{\pi}} \cdot 1 .$$

Hieraus ergibt sich daher tatsächlich die Änderung des Argumentes von $(w - w_k)^{-\frac{\alpha_k}{\pi}}$ und ebenso des Argumentes von dz/dw um den Betrag α_k.

Wenn wir die Realachse der w-Ebene durch einen Halbkreis mit unendlich großem Halbmesser schließen, so ergibt sich als Bild in der z-Ebene ebenfalls ein geschlossenes Vieleck, daher:

$$\sum_1^n \alpha_n = 2\pi .$$

Wir werden nun dazu übergehen, für das indirekte und das direkte Verfahren je ein Beispiel zu geben, und zwar wollen wir nach beiden Verfahren dasselbe Problem zu lösen versuchen.

a) Kante gegenüber Ebene; indirekte Methode. Wenn wir in (44) $x = p$ und $y = q$ setzen, dann entsprechen diesen Parallelen in der xy-Ebene die Parabeln in der uv-Ebene:

$$u = p^2 - \frac{v^2}{4p^2} \quad \text{und} \quad u = \frac{v^2}{4q^2} - q^2 .$$

Eine Anzahl dieser Parabeln sind in Abb. 89 gezeichnet. Wie in der Abbildung angegeben, kann das Feldbild dazu dienen, annähernd die Feldstärke zwischen einer Kante und einer ihr gegenüber gestellten Ebene zu finden. Man denkt sich dazu (Abb. 89) die Parabel P_2 durch die Ebene E ersetzt und die Parabel P_1 (oder eine noch schmalere als in der Zeichnung angegeben) durch die Kante. Das Feldbild „Kante-Ebene“ wird dann nur wenig anders aussehen als in der Abbildung, wenn wir uns auf die Verlängerung der Kante bis zur Ebene und die unmittelbare Umgebung davon beschränken. Allerdings würde man erwarten, daß in der Nähe der Ebene die Feldstärke etwas größer wäre als im Ersatzbild. Die später folgende exakte Berechnung wird zeigen, inwieweit das zutrifft.

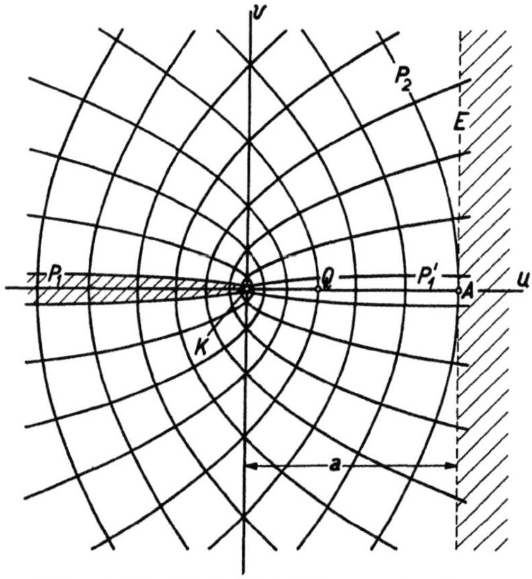

Abb. 89. Orthogonale Parabeln; Kante gegenüber Ebene.

Wir können auch die Feldstärke in einem Punkte $Q_{(u,0)}$ auf der Strecke KA leicht analytisch ausdrücken durch den Potentialunterschied U und den Abstand a. Die Feldstärke $E_{(u,0)}$ ist der senkrechten Sehne in dem Punkte $Q_{(u,0)}$ der Parabel

$$v^2 = 4\,q^2\,u + 4\,q^4$$

umgekehrt proportional, wobei q dem Werte Null zustreben soll. Denn diese Sehne ist der Abstand benachbarter Kraftlinien. Also:

$$E = \frac{k}{\sqrt{u+q^2}} \approx \frac{k}{\sqrt{u}}, \tag{46}$$

wobei k eine noch zu bestimmende Konstante ist. Diese finden wir aus:

$$\int_0^a E\,d\,x = k\int_0^a \frac{d\,u}{\sqrt{u}} = 2\,k\,\sqrt{a} = U,$$

also $k = \frac{U}{2\sqrt{a}}$, und demzufolge nach (46):

$$E_{(u,0)} = \frac{1}{2\sqrt{a}}\,\frac{U}{\sqrt{u}}. \tag{47}$$

Für die Feldstärke auf der Ebene finden wir:

$$E_{(a,0)} = \frac{U}{2\,a}. \tag{48}$$

Auf die Beziehung (46) werden wir auch durch folgende Überlegung geführt:

Zurückgreifend auf die Abbildungsformel (44) $w = z^2$ oder $z = \sqrt{w}$ finden wir:

$$\frac{dz}{dw} = \frac{1}{2\sqrt{w}}. \tag{49}$$

In der z-Ebene ist das Feld homogen und deshalb

$$E_z = \frac{d\varphi}{dz} = \text{konst.} \tag{50}$$

Die Konformität der Abbildung bedingt aber, daß für zwei entsprechende Punkte die Feldstärken sich wie die reziproken Abstände benachbarter Niveauflächen verhalten:

$$\frac{E_w}{E_z} = \frac{dz}{dw}. \tag{51}$$

Nach (49) folgt dann leicht (46).

Das Ergebnis kann selbstverständlich auch angewandt werden auf den Fall: zwei einander gegenüberstehende Kanten oder Schneiden. Die Ebene bildet dann die Äquipotentialebene mit Mittelpotential.

b) Zwei einander gegenüberstehende Kanten; direkte Methode. Zur Lösung dieses Problems bilden wir das Viereck in der z-Ebene (Abb. 90) nach der SCHWARZschen Regel auf der u-Achse der w-Ebene ab.

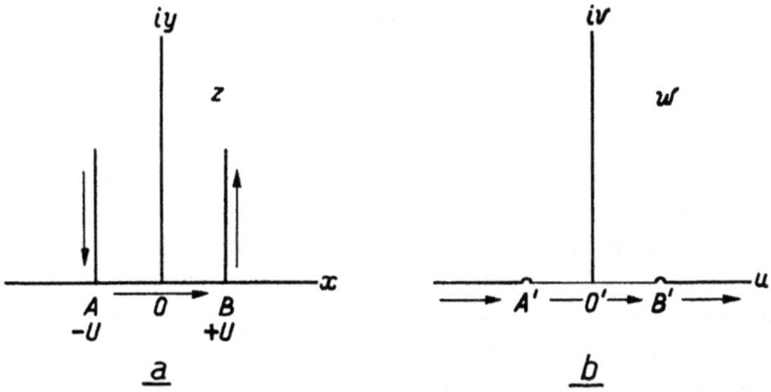

Abb. 90. Abbildung eines Viereckes in der z-Ebene auf der Realachse der w-Ebene.

Wir bewegen uns in der durch die Pfeile angegebenen Richtung und ordnen die Punkte A, O und B in der z-Ebene den Punkten A', O' und B' der w-Ebene zu. Das ist gestattet, weil außer der Konstanten k in (45) noch eine beliebig zu wählende Integrationskonstante auftritt und schließlich der Maßstab in beiden Systemen beliebig ist. Die Transformationsformel lautet nach (45):

$$\frac{dz}{dw} = k(w+a)^{-\frac{1}{2}}(w-a)^{-\frac{1}{2}} = \frac{k}{\sqrt{w^2-a^2}}. \tag{52}$$

Nach Integration:

$$z = k \arcsin \frac{w}{a}. \tag{53}$$

Die Integrationskonstante verschwindet, weil der Punkt O in O' übergehen soll. Weiter ist:

$$\left.\begin{aligned} k\arcsin\left(-\frac{a}{a}\right) &= -\frac{\pi}{2}k = -U \\ k\arcsin\left(\frac{a}{a}\right) &= \frac{\pi}{2}k = U \\ k &= \frac{2U}{\pi}. \end{aligned}\right\} \tag{54}$$

Durch (54) wird bestätigt, daß die Feststellung der Transformation AA' und BB' gestattet war. Die Abbildungsformel lautet also:

$$z = \frac{2U}{\pi}\arcsin\frac{w}{a}. \tag{55}$$

Hiermit ist grundsätzlich das Feld in der w-Ebene bekannt.

Die Feldstärke in der w-Ebene ist nach (51):

$$E_w = \frac{dz}{dw},$$

da in der z-Ebene (Abb. 90a) offenbar die Feldstärke $E_z = 1$. Schließlich:

$$E_w = \frac{2U}{\pi a}\frac{1}{\sqrt{1-\left(\frac{u}{a}\right)^2}}. \tag{56}$$

Die Feldstärke an der Symmetrieebene (im Ursprung O') ist:

$$E_{w_0} = \frac{2U}{\pi a}. \tag{57}$$

Diese Feldstärke ist um das $\pi/2$-fache kleiner als die mittlere Feldstärke, die die Spannung U zwischen parallelen Ebenen gleichen Abstandes a erregen würde.

Dieser verhältnismäßig kleine Faktor ist ein Beispiel für den praktischen Satz (§ 25), daß die Feldstärke an einer von zwei Elektroden bei gegebenem Abstand und Potentialunterschied nur verhältnismäßig wenig von der Form der Gegenelektrode beeinflußt wird.

Wir vergleichen noch die Ergebnisse (47) und (56) und ersetzen dazu u in (47) durch $1-u$, damit die Bezeichnung für beide Formeln dieselbe wird.

Es ergibt sich dann, daß die annähernd berechnete Feldstärke E' von (47) sich zur richtigen Feldstärke E verhält wie

$$\frac{E'}{E} = \frac{\pi}{4}\sqrt{\frac{1-\left(\frac{u}{a}\right)^2}{\frac{1-u}{a}}} = \frac{\pi}{4}\sqrt{\frac{a+u}{a}}. \tag{58}$$

Für $u/a = 1$	$E'/E = 1{,}1$
Für $u/a = 0{,}8$	$E'/E = 1{,}05$
Für $u/a = 0{,}6$	$E'/E = 0{,}98$
Für $u/a = 0{,}4$	$E'/E = 0{,}93$
Für $u/a = 0{,}2$	$E'/E = 0{,}87$
Für $u/a = 0$	$E'/E = 0{,}79$

Die Übereinstimmung ist also wie zu erwarten ziemlich gut, wenn man die unmittelbare Nähe der Ebene ausschließt, wo E'/E bedeutend kleiner als 1 ist.

c) Der Rand eines ebenen Kondensators. Ein klassisches Beispiel für die Anwendung der Methode der konformen Abbildung, das schon von MAXWELL herrührt, ist das Feld eines ebenen Kondensators. Wir teilen nur das Ergebnis mit. Es ist in Abb. 91 dargestellt.

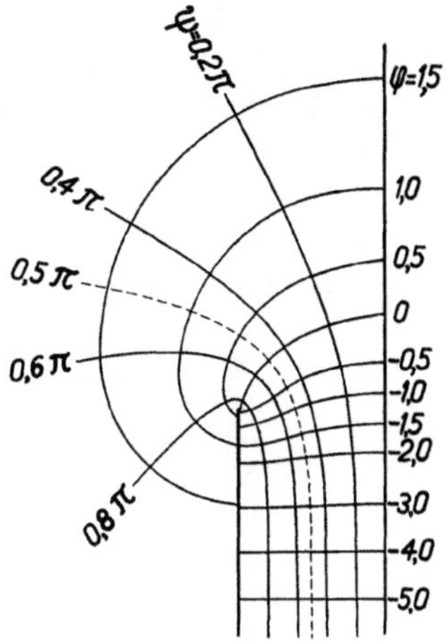

Abb. 91. Das Potentialfeld des ebenen Plattenkondensators. Die Äquipotentiallinie $\psi = 0{,}5\,\pi$ gibt die Form der Elektrode an, bei welcher die Feldstarke am Rande genau so groß ist wie im Innern des Kondensators.

Die kürzere Grade l_2 in Abb. 91 a stellt einen Durchschnitt der einen Platte eines ebenen Kondensators dar, für den l_1 die andere unendlich ausgedehnte Platte vorstellt. Ein Koordinatensystem xy ist so festgelegt, daß die x-Richtung mit der Richtung von l zusammenfällt, die y-Ebene senkrecht darauf steht, wie in der Zeichnung angegeben. Das Feld kann dann durch zwei Gleichungen beschrieben werden von der Form:

$$\left.\begin{aligned} x &= A\,(\varphi + e^{\varphi}\cos\psi)\,, \\ y &= A\,(\psi + e^{\varphi}\sin\psi)\,, \\ A &= \frac{a}{\pi}\,, \qquad \psi = \frac{v}{V}\,\pi\,. \end{aligned}\right\} \tag{59}$$

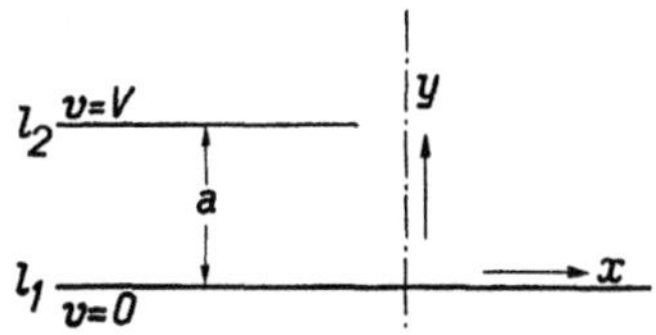

Abb. 91 a. Koordinatensystem zur Beschreibung des Kondensatorfeldes.

Es bedeutet ψ konstant eine Niveaufläche und φ konstant eine Kraftlinie. Mit Hilfe dieses Gleichungssystems wurden die Kraftlinien und Niveauflächen gefunden, die in Abb. 91 gezeichnet sind.

Es ist deutlich, daß durch Spiegelung der Figur an l_1 auch das vollständige Feld eines Kondensators mit zwei gleichen Platten endlicher Länge entsteht. Man kann sich die Frage stellen, bei welcher Niveaufläche die Feldstärke am Rande nicht mehr größer als im Innern des Kondensators ist. Diese Frage wurde von ROGOWSKY gelöst. Die Rechnung zeigt daß dies für die Fläche $\psi = \pi/2$ der Fall ist (Abb. 91). Sie liefert die Form der Abrundung eines Randes, die so ist, daß der Durchschlag nicht mehr am Rand auftritt, sondern mit gleicher Wahrscheinlichkeit im Innern.

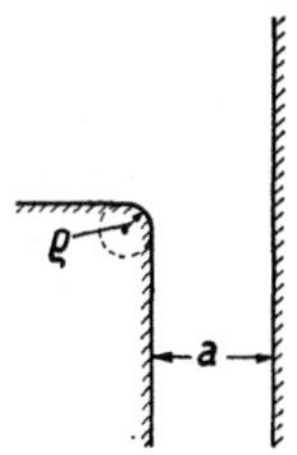

Abb. 92. Zylindrisch abgerundete Kante gegenuber Ebene.

d) Abgerundete Kante gegen Ebene. Ein für die Praxis außerordentlich wichtiges Ergebnis der Methode der konformen Abbildung erwähnen wir noch: das Feld einer zylindrisch abgerundeten Kante.

Es wurde von DREYFUS[96] schon vor vielen Jahren berechnet und das Ergebnis ist in der Abb. 93 graphisch dargestellt. Der Ausnutzungsfaktor ist für verschiedene Werte der geometrischen Charakteristik $p = \frac{\varrho + a}{\varrho}$ gegeben; die Bedeutung von ϱ und a geht aus Abb. 92 hervor.

In Anlehnung an SCHWAIGER tragen wir auch die Ausnutzungsfaktoren für die Fälle „zwei parallele Zylinder nebeneinander" und „Zylinder gegenüber Ebene" ein. Es zeigt sich, daß das Feld am Rand in dem letzten Fall erheblich stärker ist. Ferner zeigt sich, daß im Falle „zwei parallele Zylinder" die Feldstärke annähernd dieselbe ist, wie

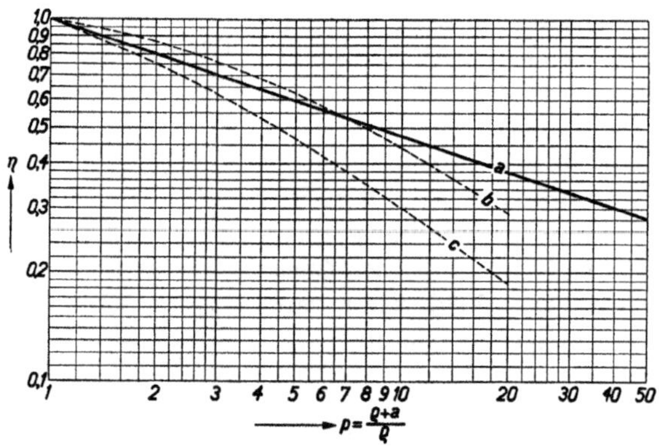

Abb. 93. Ausnutzungsfaktoren. a) Für die Konfiguration „abgerundete Kante gegenüber Ebene"; b) zwei parallele Zylinder nebeneinander; c) Zylinder gegenüber Ebene.

im Falle der abgerundeten Kante. Die Schwächung des Feldes durch die an die Abrundung anschließenden Ebenen wird beinahe aufgehoben durch die Ausbreitung der Gegenelektrode vom Zylinder zur Ebene.

§ 23. Unebenheiten auf einer Ebene.

a) Halbkugel auf Ebene. Diesen Fall führt man auf das Problem der leitenden Kugel in einem homogenen Feld zurück.

Wir denken uns vorläufig das Feld dadurch entstanden, daß zwei Ladungen $+q$ und $-q$ in die Punkte A_1 und A_2 im Abstand $2a$ (Abb. 94) gebracht sind. Wir bringen nun die Kugel mit dem Radius r in die Mitte zwischen A_1 und A_2. Die Bildpunkte von A_1 und A_2 bezüglich der Kugel seien B_1 und B_2. Die Kugel behält gerade das Potential Null, wenn man zwei Ladungen in die Punkte B_1 und B_2 bringt, die bzw. $\frac{-qr}{a}$ und $\frac{+qr}{a}$ betragen, wenn:

$$M B_1 = M B_2 = \frac{r^2}{a} \,. \tag{60}$$

Die Ladung in B_1 hebt dann gerade die Ladung in A_1 und ebenso die Ladung in B_2 diejenige in A_2 auf, und zwar so, daß dann das Potential auf der Kugeloberfläche Null bleibt. Setzen wir $a \gg r$ voraus, so darf die ursprüngliche Feldstärke dort, wo sich die Kugel befindet, gleich $2q/a^2$ gesetzt werden. Das Feld ist in dem Gebiete der Kugel dann annähernd homogen.

Die Feldstärke in P berechnet sich nun zu

$$E_P = \frac{2q}{a^2} + \frac{qr}{a\left(r - \frac{r^2}{a}\right)^2} - \frac{qr}{a\left(r + \frac{r^2}{a}\right)^2}.$$

Für $r \ll a$:

$$E_P = \frac{2q}{a^2} + \frac{4q}{a^2} = \frac{6q}{a^2}. \tag{61}$$

Es ist also durch die Anwesenheit der Kugel die Feldstärke in P um den Faktor 3 vergrößert, da die ursprüngliche Feldstärke

$$E_0 = \frac{2q}{a^2} \tag{62}$$

war.

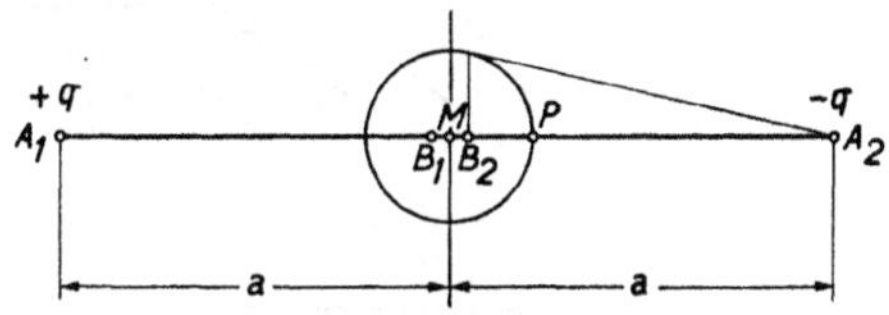

Abb. 94. Zur Anordnung „Kugel im homogenen Feld" bzw. „Zylinder im homogenen Feld".

Offenbar stellt die Ebene durch M senkrecht auf den Kraftlinien eine Äquipotentialfläche dar (Abb. 94). Das Bild gehört in der Tat also zu der Konfiguration Halbkugel auf Ebene, die entsteht, wenn man die Hälfte wegläßt. Bei zunehmendem Abstand $A_1A_2 = 2a$ rücken die Bildpunkte B_1B_2 immer näher zusammen und bilden einen Dipol.

Das ganze Feld kann man sich dann denken als die Summe des ursprünglich homogenen Feldes und des Dipolfeldes, dessen Stärke beträgt:

$$\mu = B_1B_2\frac{qr}{a} = \frac{2qr^3}{a^2} = r^3E_0. \tag{63}$$

Das Potential dieses Dipols an der Stelle ϱ, θ ist:

$$\varphi_{\varrho\theta} = -\frac{\mu}{\varrho^2}\cos\theta = -\frac{r^3E_0}{\varrho^2}\cos\theta.$$

Das resultierende Potential ist also

$$\bar{\varphi} = \left(-\frac{r^3}{\varrho^2} + \varrho\right)E_0\cos\theta. \tag{64}$$

Auf der Kugeloberfläche, wo $\varrho = r$ ist, finden wir $\bar{\varphi} = 0$, wie es sein muß und für die Feldstärke in P finden wir den Wert

$$E_P = -\left(\frac{\partial\varphi}{\partial\varrho}\right)_{\theta=0} = 3E_0$$

wieder.

Die Feldstärke auf der Ebene ($\theta = \pi/2$) berechnet sich zu

$$E_{x=0} = \left(\frac{\partial\varphi}{\partial x}\right)_{x=0} = E_0\left(1 - \frac{r^3}{\varrho^3}\right). \tag{65}$$

Das Feld an der Ebene wird also durch die Halbkugel in unmittelbarer Nähe der Halbkugel bis auf Null abgeschwächt und im Abstand r von der Kugeloberfläche nur noch bis auf $\frac{7}{8}$ des ungestörten Feldes. Das vollständige Feldbild ist in Abb. 95 gezeichnet.

Die Äquipotentialflächen entsprechen $\varphi = 0$, $\varphi = 0{,}5$, $\varphi = 1$ usw., wie in der Abbildung angegeben.

Für die Feldstärke auf der Halbkugel ergibt sich:

$$E_\theta = \left(\frac{\partial \varphi}{\partial \varrho}\right)_{\varrho = r} = 3\, E_0 \cos\theta. \tag{66}$$

Auf der Halbkugel kann sich nun wieder eine kleine Halbkugel befinden. Wenn diese gegenüber der ersten klein ist, dann bedeutet sie wieder

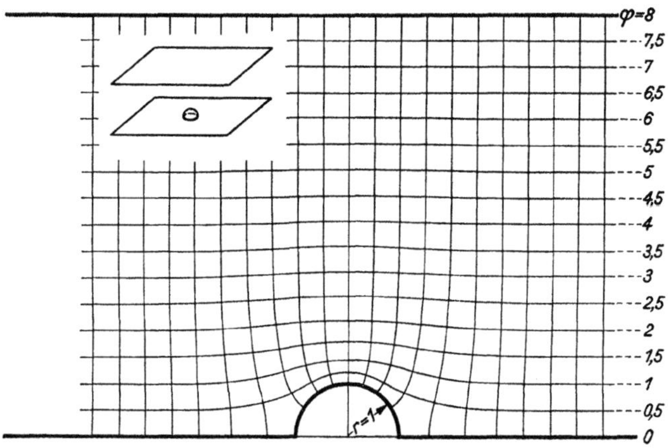

Abb. 95. Kraftlinienbild für den Fall „leitende Halbkugel auf ebener Elektrode im homogenen Kondensatorfeld". Die maximale Feldstärke beträgt das Dreifache der Feldstärke im homogenen Feld.

eine Feldstärkevergrößerung um den Faktor 3, und wenn das sich noch zweimal wiederholen sollte, so würde insgesamt eine 81fache Feldverstärkung auftreten. Eine solche Konfiguration ist natürlich äußerst unwahrscheinlich, aber eine Spitze, die in ihrer Hauptform ungefähr einem solchen Turm entspricht, ist sehr gut denkbar.

b) Halbzylinder auf Ebene. Wenn wir uns Abb. 94 als den Schnitt eines Zylinders zwischen zwei Drähten A_1 und A_2 mit der Zeichenebene denken, dann trifft es nicht mehr zu, daß es eine Linie durch einen Punkt B_1 gibt mit einer solchen Ladung, daß die Ladung q je Längeneinheit in A_1 mit der Ladung in B_1 zusammen auf der Zylinderoberfläche das Potential Null hervorruft. Wohl aber bekommt die Zylinderoberfläche annähernd das Potential Null, wenn wir in den Bildpunkten B_1 und B_2 bzw. die Ladung $-q$ und $+q$ denken, wieder unter der Bedingung, daß

$$M B_1 = M B_2 = \frac{r^2}{a},$$

denn das Potential in einem Punkte P auf der Zylinderoberfläche beträgt:

$$\varphi_P = 2q\left(-\ln\frac{PA_1}{PB_1} + \ln\frac{PA_2}{PB_2}\right), \tag{67}$$

wo $\frac{PA_1}{PB_1} \approx \frac{PA_2}{PB_2}$ für $a \gg r$. Also für $a \gg r$, $\varphi_P = 0$. Bei einer solchen Ladungsverteilung ist die maximale Feldstärke in P (Abb. 94):

$$E_m = 2q\left(\frac{1}{PA_1} - \frac{1}{PB_1} + \frac{1}{PA_2} + \frac{1}{PB_2}\right) =$$

$$= 2q\left(\frac{1}{a+r} - \frac{1}{r+\frac{r^2}{a}} + \frac{1}{a-r} + \frac{1}{r-\frac{r^2}{a}}\right).$$

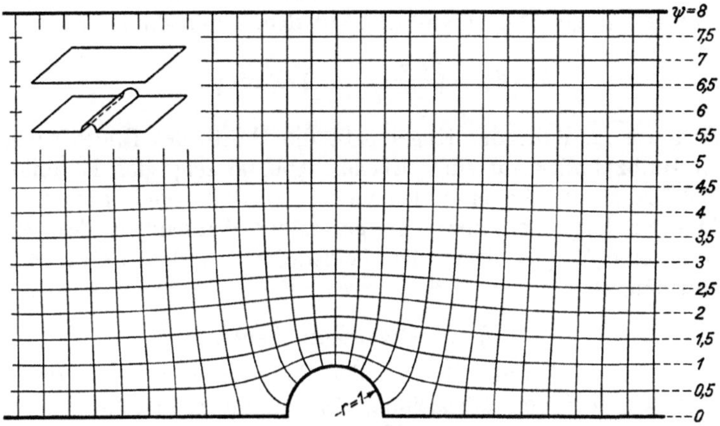

Abb. 96. Kraftlinienbild fur den Fall „leitende Halbzylinder auf ebener Elektrode im homogenen Kondensatorfeld". Die maximale Feldstärke betragt das Zweifache der Feldstärke im homogenen Feld.

Bei zunehmender Entfernung zwischen A_1 und A_2 wird das ursprüngliche Feld an der Stelle, wo der Zylinder sich befindet, homogen, und die maximale Feldstärke nähert sich dem Wert

$$E_P = 2q\left(\frac{2}{a} + \frac{2\frac{r^2}{a}}{r^2}\right) = \frac{8q}{a}.$$

Die Stärke des homogenen Feldes ohne Zylinder wäre $E_0 = 4q/a$, so daß die Feldstärkevergrößerung in P durch den Einfluß des ungeladenen Zylinders einer Verdopplung gleichkommt. Auch hier können wir uns das resultierende Feld als die Summe des ursprünglichen Feldes und des Dipolfeldes denken. Das — zweidimensionale — Dipolfeld hat an der Stelle (ϱ, ψ) das Potential:

$$\frac{2\mu\cos\psi}{\varrho}, \tag{68}$$

wo μ die Dipolstärke ist. Da

$$\mu = \frac{2qr^2}{a} = \frac{E_0 r^2}{2},$$

ist also das resultierende Potential:

$$\overline{\varphi} = \left(-\frac{r^2}{\varrho} + \varrho\right) E_0 \cos\psi. \tag{69}$$

Für $\varrho = r$ wird $\overline{\varphi} = 0$, wie es sein muß. Für $\varrho = r$ und $\psi = 0$ finden wir $-\delta\varphi/\delta\varrho = 2E_0$, also Verdoppelung der Feldstärke in P, wie schon gezeigt wurde. Die Feldstärke an der Ebene ($\psi = \pi/2$) berechnen wir zu:

$$E_{x=0} = \left(\frac{\partial \psi}{\partial x}\right)_{x=0} = E_0\left(1 - \frac{r^2}{\varrho^2}\right). \tag{70}$$

Der Einfluß des Halbzylinders auf die Feldstärke an der Ebene nimmt hier also weniger schnell mit zunehmendem Abstand ab als nach (65) bei der Halbkugel. Die Feldstärke auf dem Halbzylinder ist:

$$E_\psi = \left(\frac{\partial \psi}{\partial \varrho}\right)_{\varrho = r} = 2E_0 \cos\psi. \tag{71}$$

Ähnlich wie im Falle der Kugel paßt die Hälfte des Bildes wieder zu einem Halbzylinder auf einer Ebene. Abb. 96 zeigt das Feldbild.

Mehrere Halbzylinder aufeinander, so daß jeder nächste einen Halbmesser hat, der klein ist gegenüber demjenigen des vorigen, könnten eine Vergrößerung der Feldstärke um den Betrag 8 leicht hervorrufen.

§ 24. Allgemeine Sätze.

Neben den bekannten Sätzen der Potentialtheorie, von denen die LAPLACEsche Differentialbeziehung $\Delta\varphi = 0$ die wichtigste ist, gibt es einige weitere Sätze allgemeiner Natur, die an sich in anderer Form wohlbekannt sind, aber doch meistens nicht die Beachtung finden, welche der Bedeutung für die Bestimmung von elektrischen Feldern entspricht.

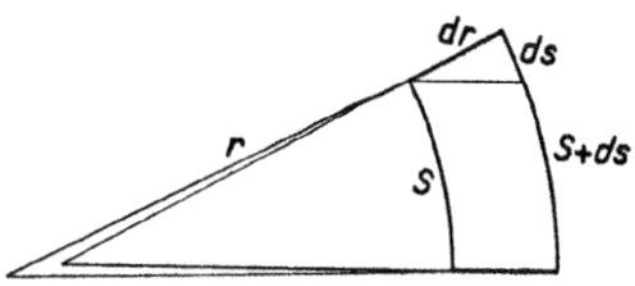

Abb. 97. Strecken s und $(s + ds)$ auf benachbarten Niveaulinien.

Es sei (Abb. 97) s eine kleine Strecke auf einer Niveaulinie an einer Stelle, wo der Krümmungsradius r ist. Eine benachbarte Niveaulinie, auf die man kommt, indem man von s aus in der Richtung der Kraftlinie oder der Normale um einen unendlichen kleinen Abstand dn weiterrückt, habe den Krümmungsradius $(r + dr)$ und die Länge $(s + ds)$; dann gilt:

$$\frac{ds}{s} = \frac{dr}{r}. \tag{72}$$

Die Verlängerung der Niveaulinie von s zu $(s + ds)$ bedeutet eine Verkleinerung der elektrischen Feldstärke um einen Faktor

$$\frac{ds}{s} = -\frac{dE}{E},$$

so daß mit Rücksicht auf (72) folgt:

$$\frac{dE}{E} = -\frac{dr}{r}. \tag{73}$$

Es sei nun (Abb. 98) $abcd$ ein kleiner Teil einer Niveaufläche mit senkrecht aufeinander stehenden gleichen Seiten s_1 und s_2 von der Länge s. Die Krümmungsradien seien bzw. r_1 und r_2. Rücken wir über einen kleinen Abstand dn in der Richtung der Normale von dem Mittelpunkt O der kleinen Fläche weiter, dann entsteht die Fläche mit den Seiten: $(s + ds_1)$ und $(s + ds_2)$ und der Oberfläche $s^2 + s(ds_1 + ds_2)$ (ds_1 oder ds_2 können negativ oder positiv sein); die Änderung der Oberfläche beträgt $dO = s(ds_1 + ds_2)$. Nun ist wieder:

$$\frac{ds_1}{s} = \frac{dn}{r_1} \quad \text{und} \quad \frac{ds_2}{s} = \frac{dn}{r_2}, \qquad dn \approx dr$$

und schließlich:

$$\frac{dO}{O} = \left(\frac{1}{r_1} + \frac{1}{r_2}\right) dn.$$

Bedenken wir, daß

$$\frac{dO}{O} = -\frac{dE}{E}$$

ist und setzen die Krümmung $1/r_1 + 1/r_2 = k$, so finden wir

$$\frac{dE}{E} = k\,dn \tag{74}$$

und also:

$$E = \text{konst.}\, e^{-\int k\,dn}. \tag{75}$$

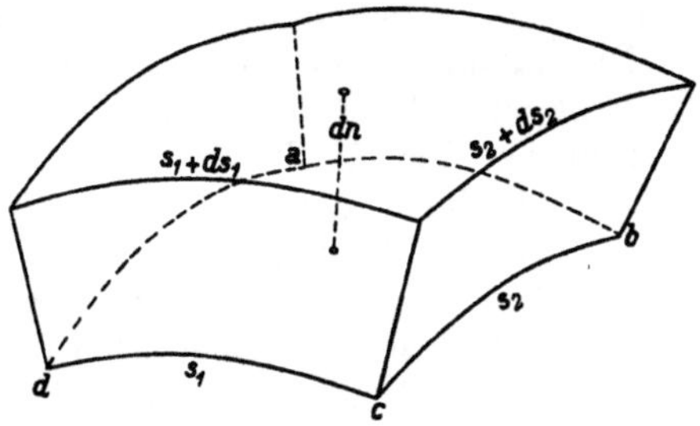

Abb. 98. Kleine Vierecke auf benachbarten Niveauflächen.

Die Integration geschieht über eine Kraftlinie.

Der Krümmungssatz. Es sei nun die Feldstärke an der Stelle $x = x_1$ gleich E_{x_1}, dann wird die Feldstärke E_x an der Stelle x:

$$E_x = \text{konst.}\, e^{-\int_{x_1}^{x} k\,dn}. \tag{76}$$

Für $x = x_1$: $E_x = E_{x_1}$, also

$$\frac{E_x}{E_{x_1}} = e^{-\int_{x_1}^{x} k\,dn}. \tag{77}$$

Wo die Kraftlinie eine Gerade ist, wie in den meisten der obigen Fälle die Kraftlinie, auf der wir die maximale Feldstärke erhalten haben, dann geschieht die Integration über diese Gerade. So finden wir im Falle von konzentrischen Zylindern, wo $k = 1/r$, das bekannte Verhältnis;

$$\frac{E_{r_1}}{E_{r_2}} = e^{\int_{r_2}^{r_1} \frac{dr}{r}} = \frac{r_2}{r_1}.$$

Auch berechnet sich leicht im Falle zweier parallelen Zylinder das Verhältnis der Feldstärke an der ebenen Niveaufläche (E_0) zu der maximalen Feldstärke an einem Zylinder (E_r). Wir finden nach (18) (Abb. 78):

$$r = \frac{\varrho^2 - x^2}{2x},$$

also

$$k = \frac{2x}{\varrho^2 - x^2}$$

und

$$\frac{E_x}{E_0} = e^{\int\limits_0^{x_r} \frac{2x \cdot dx}{\varrho^2 - x^2}} = \frac{\varrho^2}{(\varrho - x)(\varrho + x)} \tag{78}$$

in Einklang mit (19).

Als eine qualitative Anwendung dieses „Krümmungssatzes" wollen wir nochmals den Beweis erbringen, daß die maximale Feldstärke zwischen zwei gekreuzten Zylindern wenigstens annähernd dieselbe sein muß wie von zwei parallelen Zylindern in gleichem Abstand.

Die Äquipotentialebene zwischen zwei parallelen Zylindern geht bei Drehung eines der Zylinder um die gemeinschaftliche Lotlinie (Abb. 83) über in eine Fläche, die aus Symmetriegründen in dem Schnittpunkt der Lotlinie die mittlere Krümmung Null behält. Die ursprünglich zylindrischen Niveauflächen zwischen einem der Zylinder und dieser mittleren Niveaufläche bekommen alle eine etwas geänderte Krümmung in dem Schnittpunkt mit der gemeinschaftlichen Lotlinie, und zwar eine um so geringere Änderung, je näher die Niveaufläche an der Zylinderoberfläche liegt. Der ursprünglich unendliche Krümmungsradius, der zu den Erzeugenden des Zylinders gehört, erhält einen endlichen, wenn auch sehr großen negativen Wert, und der darauf senkrecht stehende Krümmungsradius, der ursprünglich dem Radius der zylindrischen Niveaufläche gleich war, wird ein wenig vergrößert. Diese an sich schon geringen Änderungen heben sich also wenigstens zum Teil auf, so daß in der gemeinschaftlichen Lotlinie keine beträchtlichen Änderungen in den Krümmungen der Niveauflächen auftreten können. Daher bleibt das Integral $\int k\,dn$, das nach (75) für die Feldstärke maßgebend ist, bei der Drehung auch nahezu konstant.

In der Formel (77) kommt zum Ausdruck, daß die Feldstärkevergrößerung E_x/E_{x_1} über eine Strecke mit an allen Stellen verdoppelter Krümmung nicht verdoppelt, sondern ins Quadrat erhoben wird. Hierin liegt die Begründung des Ansatzes $\eta_{\text{Kugel}} = \eta^2_{\text{Zylinder}}$, die in § 21 gemacht wurde.

Symmetrische Felder. Ist in einem axialsymmetrischen Felde das Potential an jedem Punkt auf der Achse gegeben, dann ist damit auch in jedem Punkt die Feldstärke $E = -d\varphi/dx$ bekannt, und man findet mit Hilfe von (77) im Prinzip die Krümmungen der Niveauflächen. Das Potential auf der Achse bestimmt also in einem axialsymmetrischen Feld im Prinzip das Feld in der Umgebung. Allgemein kann man beweisen, daß das Potential im ganzen Raume bestimmt ist, wenn für jeden Punkt auf der Symmetrieachse das Potential gegeben ist.

Für die Ebene gilt der einfachere entsprechende zweidimensionale Satz: Ist in einer Ebene das Potential für jeden Punkt auf einer

Geraden gegeben und außerdem das Feld bezüglich dieser Geraden symmetrisch, dann ist das Potential in der ganzen Ebene eindeutig bestimmt.

Wenn das Potential auf der Achse in der Form $\varphi = f(x)$ gegeben ist, dann ist die Lösung des Potentialproblems für die xy-Ebene:

$$\psi = \tfrac{1}{2}\,[f(x + y i) + f(x - y i)]. \tag{79}$$

Denn diese Funktion hat die Eigenschaften a) daß sie symmetrisch ist bezüglich der x-Achse, b) für $y = 0$ übergeht in $\varphi = f(x)$, c) daß sie reell ist und d) der LAPLACEschen Differentialgleichung

$$\Delta\varphi = \frac{\partial^2\varphi}{\partial x^2} + \frac{\partial^2\varphi}{\partial y^2} = 0$$

genügt.

Die Eigenschaften a) und b) sind einleuchtend, c) und d) zeigt man folgendermaßen:

Es sei

$$\psi' = f(x + y i) = u + v i$$
$$\psi'' = f(x - y i) = u - v i.$$

Dann ist

$$\psi = \frac{\psi' + \psi''}{2} = u,$$

also: ψ ist reell und $\Delta\psi = \Delta u = 0$, weil ψ' und ψ'' analytische Funktionen sind. ψ ist also die gesuchte Potentialfunktion für die xy-Ebene.

Als Anwendungsbeispiel berechnen wir das Feld des Zylinders in einem homogenen Feld (Abb. 94).

Das Potential an der Stelle P_x im Abstand x vom Zentrum M berechnet sich zu:

$$\left.\begin{aligned}\varphi_x &= E_0\, x + 2\, q\,(\ln P_x B_2 - \ln P_x B_1) = \\ &= E_0\, x + \frac{E_0\, a}{2}\left[\ln\left(x + \frac{r^2}{a}\right) - \ln\left(x - \frac{r^2}{a}\right)\right],\end{aligned}\right\} \tag{80}$$

was sich für $a \gg r$ nach Reihenentwicklung vereinfacht zu

$$\varphi_x = E_0\left(x - \frac{r^2}{x}\right). \tag{81}$$

Anwendung von (79) ergibt für das Potential in einem Punkt (xy) im Raum:

$$\psi_{xy} = E_0\, x - E_0\,\frac{x}{x^2 + y^2}\, r^2 \tag{82}$$

im Einklang mit (69).

§ 25. Ergebnisse.

a) Quantitative Ergebnisse. Zuerst wollen wir eine Anzahl quantitativer Ergebnisse, welche nach den Ausführungen der obigen Paragraphen abgeleitet sind, in Tabellenform zusammenstellen.

Tabelle II. Ausnützungsfaktor $\eta = \overline{E}/E_m$ für Zylinderfelder. a = Abstand der Elektroden.

$p = \frac{r+a}{r}$	Konzentrische Zylinder ($R = r + a$)	Zylinder gegen Ebene		Parallele Zylinder	
		Richtige Zahlen	Annäherung nach (27 a)	Richtige Zahlen	Annäherung nach (28 a)
1,5	0,811	0,861	0,90*	0,924	0,96*
2	0,693	0,760	0,77	0,861	0,90*
3	0,549	0,623	0,61	0,760	0,77
4	0,462	0,533	0,52	0,682	0,68
5	0,402	0,468	0,45	0,623	0,61
6	0,358	0,419	0,40	0,574	0,56
7	0,324	0,380	0,36	0,533	0,52
8	0,297	0,349	0,33	0,497	$0,48^5$
9	0,275	0,323	0,31	0,468	0,45
10	0,256	0,301	$0,28^5$	0,442	0,43
15	0,193	0,228	$0,21^5$	0,349	0,33

* Diese Zahlen liegen außerhalb des Gültigkeitsgebietes der Näherungsformeln.

Die erste Tabelle gibt die Feldstärken für Zylinderfelder (Tabelle II). Neben den genauen Werten sind die Annäherungswerte aufgetragen, welche nach den Formeln (27a) und (28a) in § 21 berechnet worden sind. Dazu genügt es, die nach (15) berechneten Werte aus der zweiten Spalte um 10% zu erhöhen. Die Werte für den Fall: zwei parallele Zylinder, können selbstverständlich aus denjenigen für den Fall: „Zylinder gegen Ebene", berechnet werden: $p = 1 + \delta$ im Falle „Zylinder gegen Ebene" gibt denselben Koeffizienten η wie $p = 1 + 2\delta$ im Falle „parallele Zylinder".

Nach den Ausführungen von § 21 treffen die Zahlen auch zu für zwei beliebig gekreuzte Zylinder, wenn man anstatt des Abstandes a den kürzesten Abstand zwischen den Zylindern setzt.

Tabelle III. Ausnutzungsfaktor $\eta = \overline{E}/E_m$ für Kugelfelder.

$p = \frac{r+a}{r}$	Konzentrische Kugel	Kugel gegen Ebene			Zwei gleiche Kugeln		
		Richtige Zahlen	Annäherung nach (32 a)	Annäherung nach $\eta_{\text{Kugel}} = \eta^2_{\text{Zyl}}$	Richtige Zahlen	Annäherung nach (33 a)	Annäherung nach $\eta_{\text{Kugel}} = \eta^2_{\text{Zyl}}$
1,5	0,667	0,732	0,74	0,74	0,850	0,88*	0,85
2	0,500	0,563	$0,55^5$	$0,57^5$	0,732	0,74	0,74
3	0,333	0,372	0,37	0,38	0,563	$0,57^5$	$0,57^5$
4	0,250	0,276	$0,27^5$	$0,28^5$	0,450	0,45	0,46
5	0,200	0,218	0,22	0,22	0,372	0,37	0,38
6	0,167	0,178	$0,18^5$	$0,17^5$	0,318	0,31	$0,32^5$
7	0,143	0,152	0,16	0,15	0,278	$0,27^5$	$0,28^5$
8	0,125	0,133	0,14	$0,12^5$*	0,244	$0,24^5$	$0,24^5$
9	0,111	0,117	0,12	0,10*	0,218	0,22	0,22
10	0,100	0,105	0,11	0,09*	0,197	0,20	$0,19^5$
15	0,066	0,068	$0,07^5$*	$0,05^5$*	0,133	0,14	$0,12^5$*

* Diese Zahlen liegen außerhalb des Gültigkeitsgebietes der Näherungsformeln.

Zwei ungleiche Zylinder in gegebenem Abstand werden am besten aufgezeichnet und dann auf geometrischem Wege mittels des schneidenden Kreises nach § 14 die ebene Äquipotentialfläche gesucht, womit der Fall auf die Anordnung Zylinder gegen Ebene zurückgeführt ist.

Tabelle III gibt die Werte für die Ausnutzungsfaktoren für Kugelfelder, die mit Ausnahme der einfachen Anordnung, „konzentrische Kugeln", nach drei verschiedenen Verfahren berechnet sind. Neben den exakt berechneten Werten sind die nach den Näherungsformeln (32a) und (33a) berechneten Werte aufgetragen ebenso wie die Werte, berechnet nach der Formel

$$\eta_{\text{Kugel}} = \eta^2_{\text{Zyl}}. \tag{83}$$

Für kleine Werte von $\frac{a+r}{r}$ ist offenbar das letzte Verfahren sehr genau. Für die Kugelfunkenstrecke, wo höchstens $\frac{r+a}{r} = 2$ ist, genügt die Annäherung für alle praktischen Zwecke.

Abb. 99 ist eine Kopie eines Teiles einer Zusammenstellung, welche vor Jahren für das Hochspannungskonstruktionsbüro der Philipswerke ausgearbeitet wurde[97]. Sie bietet nach den Ausführungen des vorigen Paragraphen nichts Neues. Der Zweck war vor allem, den Konstrukteuren, die teilweise Zeichner mit geringer Ausbildung sind, die Ergebnisse leicht zugänglich zu machen. Die Erfahrung hat gelehrt, daß durch wiederholte Anwendung dieser in der Aufstellung vorkommenden, leichten Berechnungen der Konstrukteur eine Erfahrung sammelt, die ihn auf die Dauer befähigt, die maximale Feldstärke auch bei verwickelteren Anordnungen mit ziemlich großer Genauigkeit schätzungsweise zu bestimmen.

Dazu helfen auch allgemeine qualitative Gesichtspunkte, wie die nachfolgenden:

b) Relativer Einfluß verschiedener Faktoren auf die Feldstärke. Die maximale Feldstärke einer Anordnung von zwei Leitern L_1 und L_2 an einem Punkt P auf L_1, der aus dem geometrischen Bilde leicht zu bestimmen ist, hängt ab von

1. der Spannung U zwischen den Leitern,
2. dem Abstand a,
3. der Krümmung der Oberfläche in der Nähe von P,
4. der weiteren Form des Leiters L_1,
5. der Form des Leiters L_2,
6. den verschiedenen Dielektrika, welche sich in dem Felde befinden.

Wir betrachten jeden dieser Punkte:

1. Die Spannung. Mit der Spannung U ist die maximale Feldstärke in allen Fällen proportional:

$$E_m = k\,U.$$

2. Der Abstand. Bei kleinem Abstand oder auch in dem Falle zweier parallelen Ebenen (homogene Felder) ist E_m umgekehrt proportional mit a; sonst ist der Einfluß des Abstandes immer geringer.

3. Krümmung der Oberfläche. Bei frei im Raum aufgestellten Kugeln ist E_m mit der Krümmung proportional, d. h. mit dem reziproken

Fall			Max. Feldstärke E bei einer Spannung U	
Nr.	Beschreibung	Skizze	Formel	Beispiel
1	Zwei Ebenen	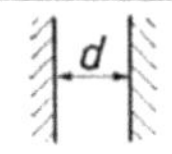	$E = \frac{U}{d}$	$U = 100\,kV$ $d = 2\,cm$ $E = \frac{100}{2} = 50\,kV/cm$
2	Zwei konzentrische Kugeln	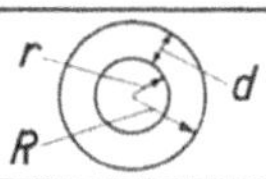	$E = \frac{U}{d} \cdot \frac{R}{r}$	$U = 150\,kV$, $r = 3\,cm$, $R = 5\,cm$ $E = \frac{150}{2} \cdot \frac{5}{3} = 125\,kV/cm$
3	Kugel gegenüber Ebene	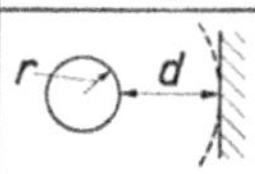	$E = \frac{U}{d} \cdot \frac{r+d}{r} \cdot \frac{9}{10}$	$U = 200\,kV$, $r = 5\,cm$, $d = 8\,cm$ $E = \frac{200}{8} \cdot \frac{5+8}{5} \cdot \frac{9}{10} = 58{,}5\,kV/cm$
4	Zwei Kugeln	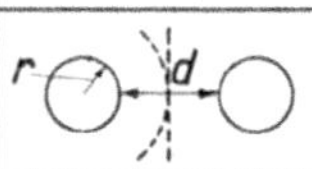	$E = \frac{U}{d} \cdot \frac{r + \frac{1}{2}d}{r} \cdot \frac{9}{10}$	$U = 200\,kV$, $r = 5\,cm$, $d = 12\,cm$ $E = \frac{200}{12} \cdot \frac{5+\frac{12}{2}}{5} \cdot \frac{9}{10} = 33\,kV/cm$
5	Zwei konzentrische Zylinder	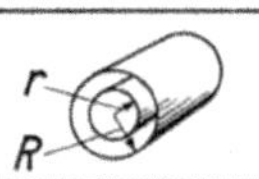	$E = \frac{U}{2{,}3 r \log\frac{R}{r}}$	$U = 100\,kV$, $r = 5\,cm$, $R = 12\,cm$ $E = \frac{100}{2{,}3 \cdot 5 \log\frac{12}{5}} = 23\,kV/cm$
6	Zylinder gegenüber Ebene		$E = \frac{U}{2{,}3 r \log\frac{r+d}{r}} \cdot \frac{9}{10}$	$U = 200\,kV$, $r = 5\,cm$, $d = 10\,cm$ $E = \frac{200}{2{,}3 \cdot 5 \log\frac{5+10}{5}} \cdot \frac{9}{10} = 32{,}7\,kV/cm$
7	Zwei Zylinder	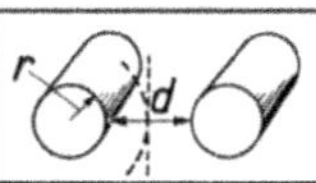	$E = \frac{U}{2{,}3 r \log\frac{r+\frac{1}{2}d}{r}} \cdot \frac{9}{10}$	$U = 150\,kV$, $r = 6\,cm$, $d = 20\,cm$ $E = \frac{75}{2{,}3 \cdot 6 \log\frac{6+10}{6}} \cdot \frac{9}{10} = 11{,}5\,kV/cm$
8	Zwei gekreuzte Zylinder	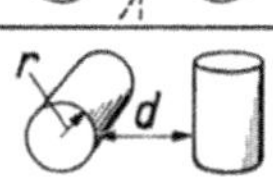	$E = \frac{U}{2{,}3 r \log\frac{r+\frac{1}{2}d}{r}} \cdot \frac{9}{10}$	$U = 200\,kV$, $r = 10\,cm$, $d = 10\,cm$ $E = \frac{100}{2{,}3 \cdot 10 \log\frac{10+5}{10}} \cdot \frac{9}{10} = 22{,}3\,kV/cm$
9	Halbkugel auf einer Ebene	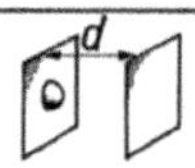	$E = \frac{3U}{d}$ $r_{(Kugel)} \ll d$	$U = 100\,kV$ $d = 10\,cm$ $E = \frac{300}{10} = 30\,kV/cm$
10	Halbzylinder auf einer Ebene	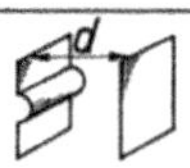	$E = \frac{2U}{d}$ $r_{(Zylinder)} \ll d$	$U = 200\,kV$ $d = 12\,cm$ $E = \frac{400}{12} = 33{,}3\,kV/cm$
11	Zwei Dielektrika	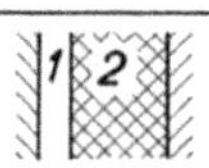	$E_1 = E\frac{\varepsilon 2}{\varepsilon 1}$ $d_1 \ll d_2$	$U = 100\,kV$, $\varepsilon_2 = 4$, $\varepsilon_1 = 1$, $d = 10\,cm$ $E = \frac{100}{10} = 10\,kV/cm$ $E_1 = 10 \cdot \frac{4}{1} = 40\,kV/cm$
12	Zwei Dielektrika	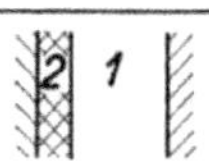	$E_2 = E\frac{\varepsilon 1}{\varepsilon 2}$ $d_2 \ll d_1$	$U = 100\,kV$, $\varepsilon_2 = 4$, $\varepsilon_1 = 1$, $d = 10\,cm$ $E = \frac{100}{10} = 10\,kV/cm$ $E_2 = 10 \cdot \frac{1}{4} = 2{,}5\,kV/cm$

Abb. 99. Für ein Hochspannungskonstruktionsbüro bestimmte Tabelle für die Ermittlung von Feldstärken in verschiedenen einfachen Konfigurationen.

Wert des Krümmungsradius. In allen anderen Fällen ist der Einfluß der Krümmung geringer, weil nämlich die Ladungen in der Umgebung von P auf L_1(4.) sowohl als die auf L_2(5.) die Feldstärke mitbestimmen. Bei nicht kugelförmigen Oberflächen ist die mittlere Krümmung maßgebend. Im Falle des Zylinders ändert sich die Feldstärke weniger als proportional mit der Krümmung $1/r$ durch den Einfluß der weiteren Ladung des Zylinders. Bei kleinen Abständen spielt die Krümmung eine geringere Rolle als bei großen Abständen. Extreme Fälle sind:

a) Bei sehr kleinem a/r ist das Feld nahezu homogen, und die Krümmung spielt deshalb keine Rolle mehr.

b) In dem Falle Halbkugel auf Ebene spielt die Krümmung nach (66) auch gar keine Rolle, solange a groß gegenüber r ist, gleichgültig, welche Form der die Ebene gegenüberstehende Leiter L_2 hat.

c) Die Feldstärke an einer Spitze kann bekanntlich einen außerordentlich hohen Wert annehmen, weil dort die Krümmung äußerst klein ist.

4. Form des Leiters. Beispiel b) zeigt auch einen extremen Fall für den Einfluß des eigenen Leiters L_1; die Umgebung bestimmt die maximale Feldstärke auf der Halbkugel allein, die Krümmung spielt keine Rolle. Ein weiteres Beispiel von extremem Einfluß der Form von L_1 in der Umgebung von P liefert der FARADAY-Käfig. Der Einfluß der Form von L_1 in der Umgebung von P kann also unendlich groß sein.

5. Form des gegenüberstehenden Leiters. Viel weniger groß ist der Einfluß der Form von L_2. Man sieht das von vornherein ein, wenn man bedenkt, daß die Ladung von L_2 weiter von P entfernt ist als die Ladungen von L_1. Wenn man die Feldstärke als Folge der Summe COULOMBscher Kräfte an einer Einheitsladung auffaßt, so ist der geringe Einfluß der weit entfernten Ladungen verständlich. Hinzu kommt, daß in den meisten Fällen die Ladung auf L_2 gerade an dem Punkte, der gegenüber P liegt, am größten ist (Influenz), so daß die weitere Ladung aus zwei Gründen einen geringeren Einfluß hat: sie ist weiter entfernt und sie ist geringer. Beispiele für den verhältnismäßig geringen Einfluß der Form von L_2 sind folgende:

a) Für den Fall „Kugel gegen Ebene" ist die Feldstärke nach (32) bis auf einen kleinen Korrektionsfaktor gegeben durch:

$$E_{m_e} = \frac{U}{a} \frac{r+a}{r}.$$

Im Falle „Kugel gegenüber Kugel" ist die maximale Feldstärke an der Kugeloberfläche bis auf denselben Korrektionsfaktor (33):

$$E_{m_k} = \frac{U}{a} \frac{r+\frac{a}{2}}{r},$$

deshalb ist das Verhältnis

$$q = \frac{E_{m_e}}{E_{m_k}} = \frac{r+a}{r+\frac{a}{2}} \varphi. \tag{84}$$

Offenbar ist für $a \ll r$ der gegenseitige Einfluß von a und von r gering; das Feld ist nahezu homogen; das Verhältnis $q = 1$.

Für $a \gg r$ erhält q seinen maximalen Wert $q_m = 2$.

b) In der Anordnung „Zylinder gegen Ebene" ist annähernd (27)

$$E_{m_e} = \frac{U}{r \ln \frac{r+a}{r}}.$$

In der Anordnung „Zylinder gegen Zylinder" ist annähernd (28)

$$E_{m_z} = \frac{U}{2r \ln \frac{r + \frac{a}{2}}{r}}.$$

Das Verhältnis beträgt:

$$q = \frac{E_{m_e}}{E_{m_z}} = \frac{2 \lg \frac{r + \frac{a}{2}}{r}}{\lg \frac{r+a}{r}}. \tag{85}$$

Für $a \gg r$ nähert sich wieder q seinem maximalen Wert

$$q_m = \lim_{a=\infty} \frac{2 \ln \frac{a}{2}}{\ln a} = 2, \tag{86}$$

Auch hier also ein nur sehr geringer Einfluß.

c) In dem Fall § 22, (57) „Kante gegenüber Ebene" fanden wir, daß die Feldstärke an der Ebene in dem der Kante gegenüberliegenden Punkt noch $2/\pi$ des Wertes der Feldstärke in diesem Punkte war, wenn die Kante durch eine Parallelebene mit gleichem Potential ersetzt wurde.

6. Dielektrizitätskonstante. Den Einfluß der Dielektrika im Feld haben wir bisher vernachlässigt, da immer wir mit der dielektrischen Konstante 1 gerechnet haben. Wenn den ganzen Raum ein Isolator mit der dielektrischen Konstante ε erfüllt, so wird die Feldstärke bei gleichem Potentialunterschied nicht geändert. Die dielektrische Verschiebung $D = \varepsilon E$ ist in dem Verhältnis $1 : \varepsilon$ vergrößert. Dieser Vergrößerung entspricht eine Kapazitätsvergrößerung um den Faktor ε.

Ist der Raum nur zum Teil von einem Stoffe mit einem von 1 verschiedenen ε gefüllt, so ändert sich die Feldstärke. Wir untersuchen verschiedene Fälle:

a) Nur in einem kleinen Raumteil in der Nähe von P ist $\varepsilon = 1$ (Abb. 100). Gilt für den übrigen Raumteil der Wert $\varepsilon > 1$, dann ist die Feldstärke in P um einen Faktor ε vergrößert, weil ja die dielektrische Verschiebung $D = \varepsilon E$ längs den Kraftlinien konstant ist. Die Kapazität der Anordnung ist vergrößert.

b) In dem umgekehrten Fall, wo $\varepsilon > 1$ in der Nähe von P und $\varepsilon = 1$ in dem überwiegend größeren weiteren Raumteil ist, wird die dielektrische Verschiebung D nur unbeträchtlich geändert und deshalb E_1 im Isolator um einen Faktor ε verkleinert; die Feldstärke E_2 in dem übrigen Raum wird wenig geändert.

c) In dem in Abb. 100c gezeichneten Fall: Zwei Isolatoren mit $\varepsilon = \varepsilon_1$ und $\varepsilon = \varepsilon_2$, wird die Kapazität je Flächeneinheit bestimmt durch die beiden Teilkapazitäten C_1 und C_2 nach der Formel

$$\frac{1}{C} = \frac{1}{C_1} + \frac{1}{C_2},$$

wo

$$C_1 = \frac{\varepsilon_1}{4\pi a_1} \quad \text{und} \quad C_2 = \frac{\varepsilon_2}{4\pi a_2}.$$

Die Teilspannungen auf den Schichten stellen sich umgekehrt proportional den Kapazitäten ein:

$$U_1 : U_2 = C_2 : C_1 = a_1 \varepsilon_2 : a_2 \varepsilon_1.$$

Setzen wir $U_1 + U_2 = U$, dann wird also

$$U_1 = U \frac{a_1 \varepsilon_2}{a_1 \varepsilon_2 + a_2 \varepsilon_1} \quad \text{und}$$

$$U_2 = U \frac{a_2 \varepsilon_1}{a_1 \varepsilon_2 + a_2 \varepsilon_1}. \qquad (87)$$

Die Feldstärken in den Schichten sind bzw.:

$$E_1 = \frac{U \varepsilon_2}{a_1 \varepsilon_2 + a_2 \varepsilon_1} \quad \text{und}$$

$$E_2 = \frac{U \varepsilon_1}{a_1 \varepsilon_2 + a_2 \varepsilon_1}. \qquad (88)$$

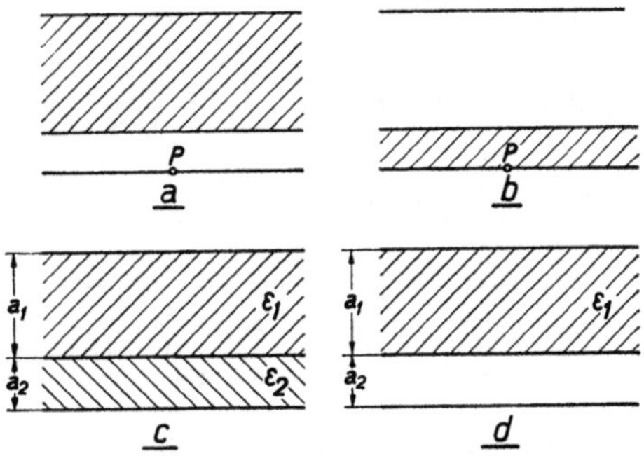

Abb. 100. Isolatoren mit verschiedenen dielektrischen Konstanten. a) Dünne Schicht mit $\varepsilon = 1$; im übrigen $\varepsilon > 1$; b) dünne Schicht mit $\varepsilon > 1$; c) zwei Dielektrika mit $\varepsilon > 1$; d) $\varepsilon = \varepsilon_1$ und $\varepsilon = 1$.

d) Ist $\varepsilon_2 = 1$ (Abb. 100d), so wird die Feldstärke in beiden Schichten nach (88)

$$E_1 = U \frac{1}{a_1 + a_2 \varepsilon_1} \quad \text{und} \quad E_2 = U \frac{\varepsilon_1}{a_1 + a_2 \varepsilon_1}. \qquad (89)$$

Die größte Feldstärke ist E_2. Für $a_1 \gg a_2$ wird

$$E_2 = U \frac{\varepsilon_1}{a_1}, \qquad (90)$$

für $a_1 \ll a_2$:

$$E_2 = U \frac{1}{a_2}. \qquad (91)$$

Diese beiden Fälle sind die Fälle a) und b).

In verwickelteren Fällen von teilweiser Raumfüllung im inhomogenen Feld mit einem Dielektrikum mit $\varepsilon > 1$, oder mit verschiedenen Dielektrika, findet man die Werte von E immer leicht, wenn man bedenkt, daß stets $D = \varepsilon E$ und daß die Teilspannungen in den verschiedenen Schichten sich nach den Kapazitäten einstellen. Die Bestimmung der Feldstärken geschieht grundsätzlich nach der für den Fall c) befolgten Methode.

Einige interessante Konfigurationen verdienen besondere Beachtung. Abb. 101a stellt das Feld zwischen konzentrischen Zylindern bei einem geschichteten Dielektrikum dar. Die durch die Geometrie bedingte Feldstärke ist nach innen zunehmend und proportional $1/r$. Wenn die Werte von $\varepsilon_1, \ldots, \varepsilon_n$ so gewählt werden, daß $\varepsilon_1 r_1 = \varepsilon_2 r_2 \ldots = \varepsilon_n r_n$, dann ist die Feldstärke überall annähernd gleich. Die von den verschiedenen Schichten gebildeten Kondensatoren haben dann annähernd gleiche Kapazitäten je Flächeneinheit

$$\frac{2\pi r\varepsilon}{4\pi d} = \frac{r\varepsilon}{2d}, \tag{92}$$

wo d die Schichtdicke ist, und erhalten deshalb gleiche Teilspannungen. Eine derartige Schichtung wurde verschiedentlich für Kabel vorgeschlagen.

Die Konfiguration von Abb. 101b ist für die Praxis der Hochspannungstechnik von großer Bedeutung. Eine Isolierschicht befindet sich an der Stelle der maximalen Feldstärke. Die Abbildung kann sowohl ein Kugel- als ein Zylinderfeld vorstellen. Die Isolierschicht bewirkt, daß an der Oberfläche der Innenelektrode die Feldstärke um den Betrag ε verkleinert wird, während überdies die zulässige Feldstärke in dieser Schicht erheblich größer als in Luft ist. An der Außenseite der isolierenden Schicht besteht eine etwas kleinere Feldstärke als ohne Schicht an der Oberfläche der Innenelektrode. Ein Durchschlag wird aber von der Oberfläche des Isolators erheblich schwieriger entstehen und weniger intensiv sein als von der Oberfläche des Leiters. Deswegen hat die Bedeckung einer Elektrode mit einer isolierenden Schicht eine erhebliche Erhöhung der Durchschlagsfestigkeit zur Folge.

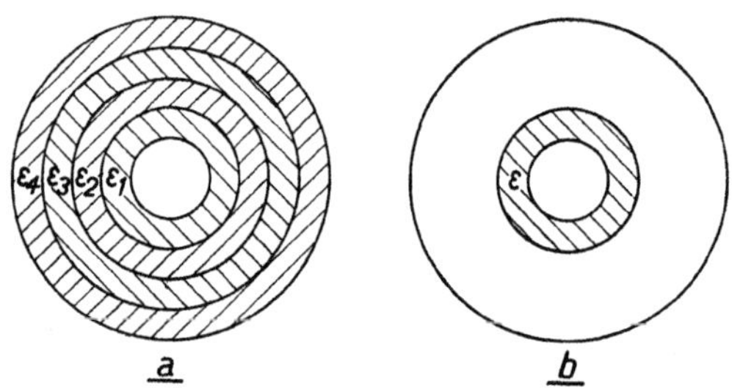

Abb. 101. Zylinderfeld mit geschichtetem Dielektrikum. a) ε abnehmend mit zunehmendem Radius; b) Isolierschicht mit $\varepsilon > 1$ an der Stelle der größten Feldstärke.

Zusammenfassend stellen wir fest, daß durch Einbringen von Isolatoren in ein elektrisches Feld die maximale Feldstärke E_m in Luft vergrößert wird, und zwar in extremen Fällen (dünne Luftschicht) proportional mit ε, im allgemeinen weniger.

Die Feldstärke in dem Isoliermittel mit der elektrischen Konstante ε wird um den Betrag ε (dünne Isolierschicht) oder im allgemeinen um einen geringen Betrag kleiner als sie in Luft wäre.

§ 26. Graphische Bestimmung von elektrischen Feldern.

Wenn die exakte Berechnung eines Feldes nicht möglich oder zu verwickelt ist, so besteht die Möglichkeit, das Feld experimentell zu bestimmen.

Zu den experimentellen Verfahren, um elektrische Felder zwischen gegebenen Leitern auf einem gegebenen Potential zu bestimmen, kann man die graphische Methode rechnen. Sie besteht in der Aufzeichnung des Kraftlinienbildes. Der Entwurf des Bildes geschieht am besten so, daß man ein möglichst ähnliches Feldbild zum Vergleich heranzieht und die Abänderungen für den gegebenen Fall „durch Probieren" festzustellen versucht. Dabei sind gegeben:

a) Die Schnitte von zwei oder mehr Äquipotentialflächen, nämlich die Schnitte der Leiter mit der Zeichenebene.

b) Kraftlinien und Niveauflächen schneiden einander senkrecht.

c) Die Krümmung der Niveauflächen in unmittelbarer Nähe der Leiter weicht nur wenig von der Krümmung des Leiters ab und ändert sich bei Vergrößerung des Abstandes allmählich so, daß sie in der Nähe des gegenüberstehenden Leiters dieselbe Krümmung wie dieser hat.

d) Der Abstand zwischen zwei Kraftlinien und der Abstand zwischen zwei Niveauflächen sind beide ein Maß für die Feldstärke. Zwischen beiden Abständen (Höhe und Breite des Bildelementes) besteht ein bestimmtes Verhältnis.

Wir unterscheiden nun zwei Fälle, und zwar solche, bei denen alle Niveauflächen Zylinderflächen senkrecht auf der Zeichenebene sind (Zylinderfelder im allgemeinen Sinn) und solche, wo das nicht der Fall ist. In dem ersten Falle gibt das zweidimensionale Bild unmittelbar das Bild im Raum, indem man es senkrecht auf der Zeichenebene bewegt denkt. Das Verhältnis zwischen dem Abstand a der Kraftlinien und dem Abstand b der Niveaulinien ist hier eine Konstante.

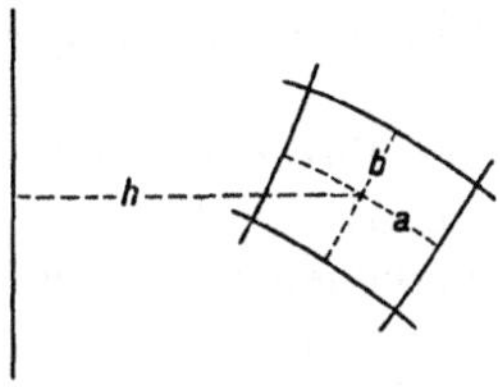

Abb. 102. Zur Konstruktion des Kraftlinienbildes im axialsymmetrischen Feld. $b/2\pi h a$ ist konstant in dem ganzen Feldbild.

Ist durch Probieren schließlich ein solches Bild entstanden, das den Bedingungen a) bis d) genügt, dann ist das gezeichnete Bild das richtige. Nach einiger Übung gelingt die Aufzeichnung ohne große Mühe. Zu empfehlen ist eine genaue Zeichnung mit dünnen Linien in großem Maßstab.

In nichtzylindrischen Feldern besteht keine zweidimensionale Zeichnung, die das ganze Feld darzustellen vermag. Nur in dem Fall axialsymmetrischer Felder kann man das Feld in einer Ebene durch die Symmetrieachse durch graphische Konstruktion finden. Durch Drehung des Bildes um die Symmetrieachse entsteht dann das Raumbild. Hier trifft nicht mehr zu, daß man in allen Bildelementen Höhe und Breite dasselbe Verhältnis beimessen darf. Nicht der Abstand zwischen zwei Kraftlinien, sondern der Querschnitt eines Bildelementes senkrecht auf den Kraftlinien ist jetzt der Feldstärke umgekehrt proportional.

Dieser Querschnitt ist proportional dem Produkt des Abstandes a zweier Kraftlinien (Abb. 102) im Umfang des Kreises, welcher das Bildelement bei Drehung um die Symmetrieachse beschreibt, also der Größe $2\pi h a$, wenn h der Abstand von der Symmetrieachse ist. Da die Feldstärke auch dem Abstand b zwischen den zum Bildelement gehörenden Niveauflächen proportional ist, so gilt also für alle Bildelemente einer Kraftröhre:

$$\frac{b}{2\pi h a} = \text{konst.} \tag{93}$$

Diese verwickeltere Bedingung bewirkt, daß die Aufzeichnung des Feldes erheblich schwieriger als im Falle des Zylinderfeldes wird; doch gelingt auch hier nach einiger Übung die graphische Darstellung bestimmter Felder. Sehr lehrreich ist der Vergleich graphisch bestimmter Felder mit solchen, die für denselben Fall durch exakte Berechnung gefunden sind. Schwierig sind z. B. die Felder von Abb. 86 und 95. In Abb. 96 dagegen sind mittlere Höhe und Breite eines jeden Bildelements annähernd einander gleich (Zylinderfeld). In Abb. 95 trifft das nur in dem homogenen Teil des Feldes zu und keineswegs in der Nähe der Halbkugel, wo aber die Bedingung (93) immer erfüllt ist.

§ 27. Experimentelle Bestimmung elektrischer Felder.

Es gibt eine ganze Reihe rein experimenteller Verfahren, um elektrische Felder zwischen gegebenen Leitern bei gegebenem Potential zu bestimmen. In dem Werk von Semenoff und Walther[98] „Die physikalischen Grundlagen der elektrischen Festigkeitslehre" wird eine ausführliche Beschreibung der meisten Methoden gegeben. Die Beschreibung der theoretischen Verfahren hat im allgemeinen die Vorstellung von elektrischen Feldern erleichtert. Da die Beschreibung der experimentellen Verfahren hierzu viel weniger geeignet ist, so wollen wir von diesen die bedeutendsten nur zusammenfassend erwähnen.

Die elektrolytische Methode. Die Leiter werden in einen Elektrolyten gebracht. Die Stromlinien haben die Form der Kraftlinien, die senkrecht auf den Stromlinien stehenden Äquipotentialflächen haben die Form der Äquipotentialflächen des elektrostatischen Feldes. Zur Messung dient eine Sonde mit veränderlichem Potential, die mittels eines Potentiometers beobachtet wird. Das Verschwinden des Stromes in der Sonde bedeutet, daß das Potential im Elektrolyten mit dem der Sonde übereinstimmt. Die Sonde selbst muß so gestaltet werden, daß sie das elektrische Feld möglichst wenig beeinflußt.

Die Sondenmethode im stromlosen Feld. Es ist möglich, auch in einem stromlosen Feld eine Sonde zu zwingen, das Potential der Umgebung anzunehmen. Am besten leistet dies die Glühsonde, welche von Semenoff zur Messung von elektrostatischen Feldern mit Erfolg eingeführt wurde. Dieses Verfahren wurde auch vom Verfasser mit Erfolg benutzt. Ein Beispiel für ein vom Verfasser gemessenes Feld gibt Abb. 103. Es ist das Feld zwischen dem metallischen Mittelteil einer Entladungsröhre und einer zylindrischen Elektrode. Das Feld einer zylindrischen Durchführung ist diesem Feld ähnlich.

Die Meßanordnung war folgende:

Eine ringförmig gebogene Zuführungsleitung führt den von einem kleinen Element gelieferten Strom zu einem etwa 1 cm langen Glühfaden H aus Platin (Abb. 104). Element und Drahtring sind mit einem Elektrometer verbunden. Der metallische Zylinder Z_2 ist geerdet; die Elektrode Z_1 wird auf die Spannung 450 V gegen Erde gebracht. Das Elektrometer gibt dann ohne weiteres das Potential an der Stelle des Glühfadens an. Eine Verschiebung des Ringes in der Achsenrichtung erlaubt die Ablesung des Potentials mit einem Ring an verschiedenen Stellen, wie in Abb. 103 angegeben. Ringe mit verschiedenen Durchmessern wurden verwendet. Das Feld wird von dem Ringe nicht gestört,

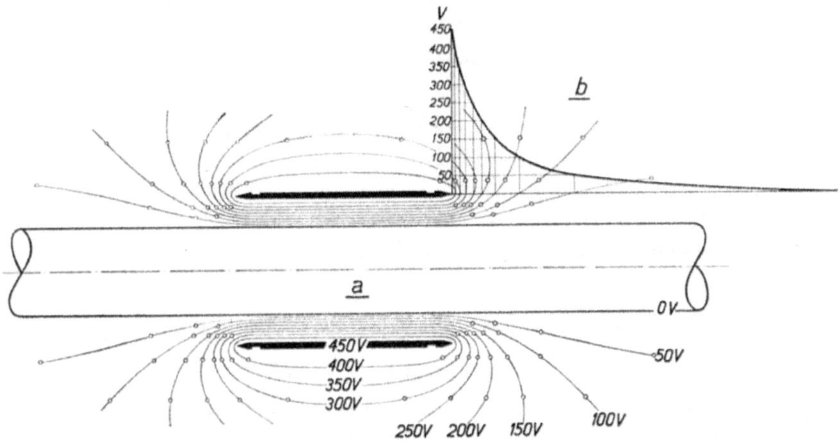

Abb. 103. Gemessenes Potentialfeld einer langen zylindrischen Elektrode in einem kurzen Zylinder. a) Äquipotentialfläche in der Anordnung; b) Feldstärke in der Verlängerung des Außenzylinders.

weil es auf einer Äquipotentialfläche liegt. Das kleine Element, das sich dem Glühdraht diametral gegenüber befindet, stört auch das Feld nur unerheblich.

Weitere Verfahren. Zu den weiteren Methoden, Felder experimentell zu bestimmen, gehört z. B. das von SCHWAIGER verwendete *Elektroskopverfahren*.

An einem Meßdraht wird ein kleines primitives Elektroskop angebracht, das z. B. nur aus einem Baumwollfaden besteht. Dieser Meßdraht wird zuerst in das Feld gebracht und der Ausschlag des Elektroskopes beobachtet. Dann wird bei Ausschaltung des Feldes ein solches Potential an den Meßdraht gegeben, daß der Ausschlag wieder derselbe ist.

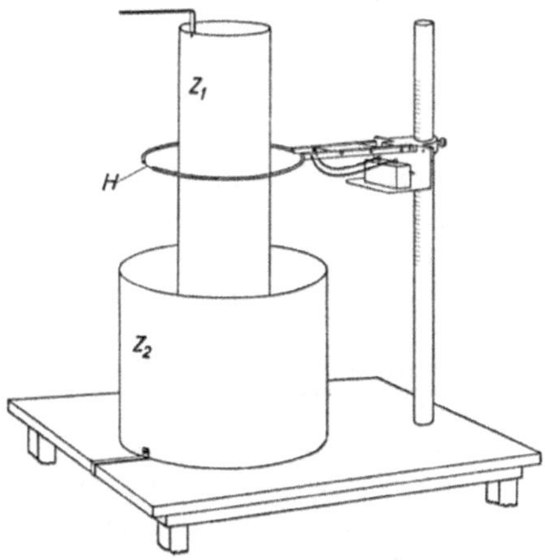

Abb. 104. Aufstellung zur Ausmessung des elektrischen Feldes von zwei zylindrischen Elektroden mittels Glühsonde.

Bei der *Kapazitätsmethode* bestimmt man unter Verwendung von Wechselspannung das Potential an der Stelle einer beweglichen Elektrode durch ein Brückenverfahren, das im Prinzip der elektrolytischen Methode ähnlich ist.

Schließlich sei noch die nur selten angewandte Methode der *elastischen Membran* erwähnt. Man kann zeigen, daß eine Membran zwischen zwei gekrümmten Rändern sich so einstellt, daß die Höhe an jeder Stelle einem elektrischen Potential entspricht. Es gilt für die Höhe h der elastischen Membran die LAPLACEsche Gleichung:

$$\frac{\partial^2 h}{\partial x^2} + \frac{\partial^2 h}{\partial y^2} = 0.$$

Die beiden Ränder l und m entsprechen den Potentialen zweier gegebenen Elektroden. Die Feldstärke entspricht der Neigung ($\partial\varphi/\partial n$ entspricht $\partial h/\partial n$). Diese Methode wurde neuerdings nicht nur zur Bestimmung des elektrostatischen Feldes, sondern sogar zur Bestimmung von Elektronenbahnen mit Erfolg angewandt [99].

III. Isolatoren (isolierende Medien).

§ 28. Das Vakuum als Isolator.

Das absolute „Vakuum" besteht nur in unserer Phantasie. Sogar beim höchsten, mit modernen Pumpen erreichbaren Vakuum, dem „Hochvakuum", bei dem eine Verdünnung bis etwa 10^{-10} at stattgefunden hat, enthält doch jedes Kubikzentimeter noch etwa einige Milliarden ($\sim 3 \cdot 10^9$) Moleküle.

Für die elektrische Leitfähigkeit ist — neben anderen Faktoren — die „mittlere freie Weglänge" eines Elektrons maßgebend. Bei Atmosphärendruck beträgt die mittlere freie Weglänge in Luft etwa $\lambda = 3{,}5 \cdot 10^{-5}$ cm. Bei Verkleinerung des Druckes nimmt λ zu, und zwar umgekehrt proportional mit dem Druck. Für „Hochvakuum" finden wir etwa $\lambda = 10^{10} \cdot 3{,}5 \cdot 10^{-5}\,\text{cm} = 3{,}5 \cdot 10^5$ cm, also einige km, d. h. die mittlere freie Weglänge eines Elektrons beträgt ein Vielfaches der Abmessungen eines normalen Entladungsgefäßes. Es wird also die Stoßionisation (§ 29), welche für die Elektrizitätsleitung in Gasen wesentlich ist, nicht auftreten. Damit wird das „Hochvakuum" theoretisch ein idealer Isolator.

Eine Anzahl Erscheinungen setzen aber praktische Grenzen:

a) äußere Überschläge;
b) der Kaltkathodenstrom;
c) der Thermoelektronenstrom;
d) Durchschläge infolge zeitlicher Gasausbrüche.

a) Äußere Überschläge. Die Gefäßwand, wenn sie auch noch so günstig ausgebildet ist, verträgt nur eine endliche Spannung und hat bei einer gegebenen Spannung einen nur endlichen Widerstand. Es ist aber möglich, durch günstige Gestaltung der Gefäßwand, durch genügende Länge oder durch Einbetten in flüssige oder plastische Isolatoren die Leitfähigkeit nach Wunsch herabzusetzen und die Überschlaggefahr zu vermeiden. Wir kommen hierauf im letzten Abschnitt noch zurück.

b) Der Kaltkathodenstrom. Wenn das Vakuum genügend hoch ist und auch die Gefäßwand eine genügend hohe Spannung verträgt, dann fließt doch bei Feldstärken der Größenordnung 10^6 V/cm ein geringer Strom, der sogar bei Vergrößerung der Feldstärke in eine durchschlagähnliche Entladung entartet.

Eine befriedigende Theorie der Erscheinung ist zum erstenmal auf quantenmechanischer Basis gegeben worden[100, 101]. Ein diese Theorie kennzeichnendes Grundgesetz ist, daß für Elektronen eine gewisse Wahrscheinlichkeit besteht, die Oberfläche zu verlassen, auch wenn die Geschwindigkeit kleiner ist als nach den klassischen Auffassungen nötig wäre, um die Potentialschwelle an der Oberfläche zu überschreiten. Eine ältere Theorie von SCHOTTKY[102] hatte angenommen, daß diese Potentialschwelle durch das äußere Feld genügend herabgesetzt wird. Dieser SCHOTTKY-Effekt trifft insoweit zu, als er die weiterhin zu behandelnde thermische und auch die photoelektrische Emission beeinflußt.

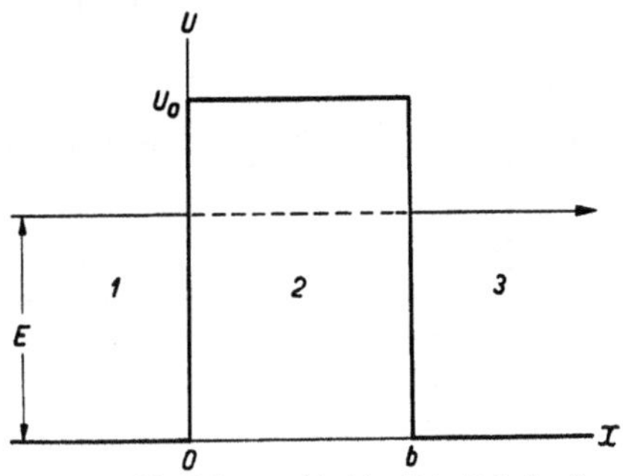

Abb. 105. Idealisierte rechteckige Potentialschwelle an der Oberfläche eines Metalles.

Wir wollen die wellenmechanische Theorie mit Rücksicht auf spätere Fragen ähnlicher Art (Kap. VI) etwas näher erörtern[103], und wir betrachten dazu zuerst den Durchgang eines Elektrons durch eine rechteckige Potentialschwelle von der Höhe U_0 und der Breite b (Abb. 105). Dabei bedeutet dann der Einfachheit halber U_0 nicht, wie gewöhnlich das Potential selbst, sondern die potentielle Energie des Elektrons.

Nach der klassischen Theorie ist ein Übergang des Elektrons vom Gebiete 1 nach 3 unmöglich, falls $U_0 > E$, wenn E die kinetische Energie $\frac{m v^2}{2}$ des Elektrons ist. Nun wird wellenmechanisch die Bewegung eines Elektrons in einem Potentialfelde durch die SCHRÖDINGER-Gleichung bestimmt, welche für den eindimensionalen Fall lautet:

$$\frac{\partial^2 \Psi}{\partial x^2} - \frac{8\pi^2 m}{h^2} U(x)\,\Psi = \frac{4\pi i m}{h}\frac{\partial \Psi}{\partial t}, \tag{1}$$

worin m = Masse des Elektrons, h = PLANCKsche Konstante und $i = \sqrt{-1}$.

Die dem Elektron zugehörige Funktion Ψ hat die Bedeutung: $\Psi^2\,dx\,dt$ stellt die Wahrscheinlichkeit dar, daß das Elektron sich im Elemente $dx\,dt$ befindet.

Trennung der Variablen ist in (1) zu erreichen durch die Substitution:

$$\Psi(x,t) = e^{\frac{2\pi i}{h} E\cdot t}\,\Phi(x), \tag{2}$$

wodurch (1) reduziert wird zu der „zeitunabhängigen SCHRÖDINGER-Gleichung“:

$$\frac{\partial^2 \Phi}{\partial x^2} + \frac{8\pi^2 m}{h^2}(E-U)\Phi = 0, \tag{3}$$

worin $\Phi^2\, dx$ jetzt die Wahrscheinlichkeit bedeutet, daß das Elektron sich im Raumelemente dx befindet.

Die allgemeine Lösung von (3) in den Gebieten 1 und 3 ist:

$$\Phi_{1,3} = A_{1,3}\, e^{-2\pi i \frac{x}{\lambda}} + A'_{1,3}\, e^{+2\pi i \frac{x}{\lambda}}. \tag{4}$$

Hierin ist

$$\lambda = \frac{h}{\sqrt{2mE}} = \frac{h}{mv} = \frac{h}{p}, \tag{5}$$

wie man leicht durch Einsetzen feststellt; $\lambda = \frac{h}{p}$ ist die DE BROGLIE-Wellenlänge. Der erste Summand im zweiten Glied stellt, zusammen mit dem Zeitfaktor (2), eine nach rechts fortschreitende Welle dar. Der an der Grenzschicht 1, 2 reflektierte Teil dieser Welle ist durch den zweiten Summanden gegeben. Da wir nur eine von der Oberfläche ausgehende Welle (emittiertes Elektron) betrachten wollen, ist $A'_3 = 0$. Weiter setzen wir: $A_1 = 1$.

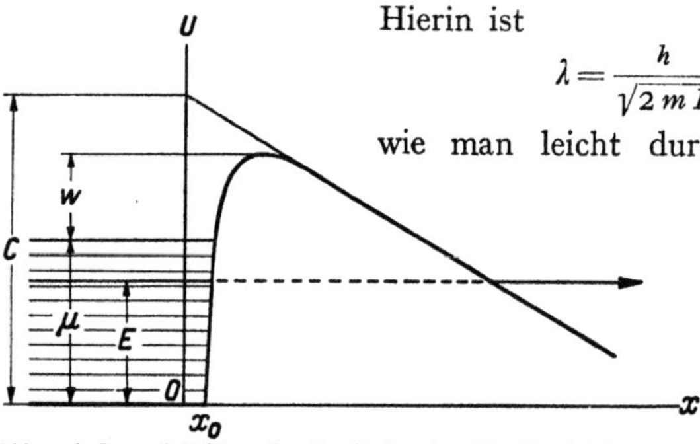

Abb. 106. Potentialfeld an der Oberfläche eines Metalles infolge von Bildkraft und äußerem Feld.

Im Gebiete 2 gilt:

$$\Phi_2 = A_2\, e^{-\alpha x} + A'_2\, e^{+\alpha x}. \tag{6}$$

Hierin ist

$$\alpha = \frac{2\pi}{h}\sqrt{2m(U_0 - E)}. \tag{7}$$

α hat den Charakter eines Absorptionskoeffizienten.

Die Durchlaßwahrscheinlichkeit ist nun gleich $|A_3|^2/|A_1|^2 = |A_3|^2$. Die Koeffizienten A'_1, A_2, A'_2 und A_3 werden bestimmt durch die Bedingung, daß Φ und $\partial\Phi/\partial x$ auch an den Grenzstellen stetige Funktionen sind:

$$\left.\begin{aligned}
&1 + A'_1 = A_2 + A'_2 \\
&\frac{2\pi i}{\lambda}(-1 + A'_1) = \alpha(-A_2 + A'_2) \quad \text{und} \\
&A_2\, e^{-\alpha b} + A'_2\, e^{\alpha b} = A_3\, e^{-2\pi i \frac{b}{\lambda}} \\
&\alpha(-A\ \ e^{-\alpha b} + A'_2\, e^{\alpha b}) = -\frac{2\pi i}{\lambda} A_3\, e^{-2\pi i \frac{b}{\lambda}}.
\end{aligned}\right\} \tag{8}$$

Für den Durchlässigkeitskoeffizienten $|A_3|^2$ ergibt sich daher unter der Annahme $e^{-2\alpha b} \ll 1$, welche Bedingung bei der kalten Emission im Vakuum immer erfüllt ist:

$$D = |A_3|^2 = \frac{16\,E\,(U_0 - E)}{U_0^2}\, e^{-2b\alpha}, \tag{9}$$

wobei α aus (7) bestimmt wird.

Der Wert des Exponentialfaktors ist für D maßgebend. Aus (7) und (9) ersieht man, daß der Logarithmus der Schwächung proportional der Breite und der Quadratwurzel der Höhe der Schwelle ist.

Das für die kalte Emission maßgebende Potentialfeld ist in Abb. 106 schematisch dargestellt. Für Abstände von der Oberfläche, die groß sind gegenüber einem Atomabstand, wird es durch eine Überlagerung von äußerem Feld und Bildkraft gebildet, da Raumladungen bei der üblichen Stromdichte zu vernachlässigen sind.

$$U = C - \frac{\varepsilon^2}{4x} - \varepsilon\, x F\,^*,$$

wenn ε die Ladung des Elektrons ist.

Auch in diesem Falle kann die Durchlässigkeit berechnet werden. Es ergibt sich dann für den Durchlässigkeitskoeffizienten[103]:

$$D = A\, e^{-2\int \alpha\, dx}; \tag{10}$$

$$\alpha = \frac{2\pi}{h} \sqrt{2m\,(U_x - E)},$$

wobei die Integration auszuführen ist über die ganze Strecke, längs der $(E - U)$ negativ ist.

Für die Berechnung des emittierten Stromes muß die Durchlässigkeit multipliziert werden mit der Anzahl der je Sekunde die Oberfläche treffenden Elektronen der Energie E, und dann ist über alle E zu integrieren. Diese Anzahl wird durch die Fermi-Dirac-Statistik gegeben[101]:

$$N(E)\,dE = \frac{4\pi m}{h^3}\, kT \ln\{1 + e^{-(E-\mu)/kT}\}\, dE. \tag{11}$$

μ ist der Parameter der Fermi-Dirac-Statistik, die maximale kinetische Energie eines Elektrons im Metall beim absoluten Nullpunkt der Temperatur.

Die totale Stromdichte wird dann nach Nordheim[101] gegeben durch:

$$i_E = \frac{\varepsilon^3}{2\pi h}\, \frac{\mu^{1/2}}{C\, w^{1/2}}\, F^2\, e^{\frac{-8\pi\sqrt{2m}\, w^{3/2}}{3h\varepsilon F}}, \tag{12}$$

worin w die für die thermische Emission maßgebende Austrittsarbeit ist.

(12) hat die Form:

$$i_E = a F^2 e^{-\frac{b}{F}}. \tag{13}$$

* Die Feldstärke wird in diesem Paragraphen mit F bezeichnet anstatt mit E, weil E, wie in der Wellenmechanik üblich, für die kinetische Energie verwendet wurde.

Der Strom hängt bei einem bestimmten Material nach der Theorie (13) also nur von der Feldstärke ab; die Temperatur spielt gar keine Rolle, solange sie nicht so hoch wird, daß auch der Thermoelektronenstrom Bedeutung erhält. In der Tat haben Experimente von MILLIKAN und LAURITSEN[104], von MÜLLER[105], DE BRUYNE[106] u. a. gezeigt, daß bei kalter Kathode der Logarithmus des Stromes linear mit dem reziproken Wert der Feldstärke verläuft.

Abb. 107 zeigt den Kaltkathodenstrom (field current) in Abhängigkeit von der reziproken Feldstärke nach DE BRUYNE[106].

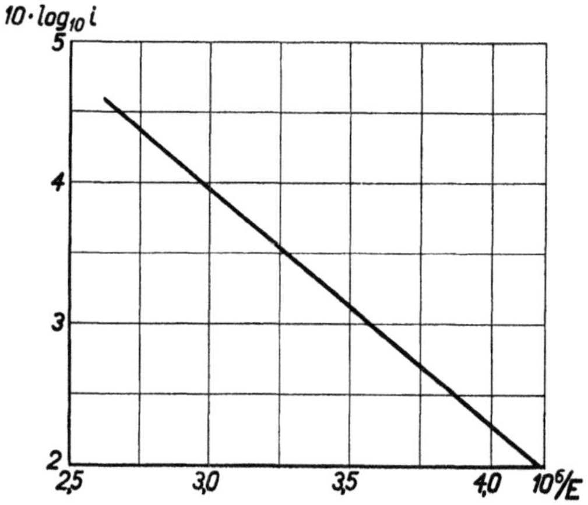

Abb. 107. Der Kaltkathodenstrom i (in Amp) in Abhängigkeit von der reziproken Feldstärke E (in V je cm) nach DE BRUYNE.

Die Größe des Stromes bei der kalten Emission hängt praktisch auch in hohem Maße von der Behandlung der Oberfläche ab. So ist die Stromstärke erheblich größer und die Entladung setzt bei erheblich niedrigeren Spannungen ein, wenn die Kathode aus Kupfer, als wenn sie aus Wolfram besteht. Verchromen einer Kupferkathode setzt die Spannung, bei der eine Entladung bemerkbar wird, erheblich herauf. Polieren der Oberfläche ist selbstverständlich günstig, weil dadurch der Unebenheitseffekt (§ 23) verringert wird.

Wenn zwischen eine Kathode, z. B. eine kleine Kugel aus Wolfram, und eine Anode, gleichfalls aus Wolfram, mit etwa 2 mm Abstand, eine Spannung von etwa 10 kV gelegt wird, dann wird bei genügendem Vakuum noch keine Entladung stattfinden. Bei Erhöhung der Spannung bis etwa 20 kV tritt aber eine Entladung mit durchschlagähnlichem Charakter auf, wenn sie nicht durch einen großen, in Reihe geschalteten Widerstand begrenzt wird. Steht genügend Energie zur Verfügung, so verursacht eine solche Entladung vielleicht eine bleibende Veränderung an der Oberfläche der Anode oder auch der Kathode. Wir wollen aber annehmen, die Entladung sei durch einen Widerstand begrenzt, und die Spannung werde nach kurzer Zeit ausgeschaltet. Die Stromstärken übersteigen dabei nicht 1 mA. Wenn wir eine solche kurze begrenzte Entladung oft wiederholen, so finden wir, daß allmählich die Spannung bis sogar auf 80 oder 100 kV erhöht werden kann, bevor eine Entladung auftritt und daß sich bei noch höheren Spannungen reproduzierbare Stromwerte einstellen, im Gegensatz zu den anfänglich stark schwankenden Strömen. Auch die Heizung der Kathode mit gleichzeitiger Entgasung in gutem Vakuum setzt die zulässige Spannung herauf.

Spannungen, welche Feldstärken zu etwa 10^6 V an der Kathode hervorrufen, können bei einer Wolframkathode nach vorsichtiger „Aufarbeitung" erreicht werden. Auch bei einer polierten Chromkathode oder einer mit einer polierten Chromschicht bedeckten Kathode aus anderem Material kann die Feldstärke etwa 10^6 V je cm betragen, bevor eine „Kaltentladung" auftritt. Die zulässige Spannung ist um so kleiner, je größer die Kathodenoberfläche ist, wie man es aus Wahrscheinlichkeitsgründen erwarten würde. In der Technik der Hochspannungsentladungsröhren darf man unter Voraussetzung sehr guter Entgasung der Elektroden Feldstärken bis etwa $3 \cdot 10^5$ V je cm bei geeignetem Elektrodenmaterial wie Wolfram, Molybdän oder verchromtem Kupfer als zulässig ansehen. Dabei sei bemerkt, daß auch das Material der Anode eine Rolle spielt, da es die Folgen der auftretenden Entladungen beeinflußt. Metalle wie Barium und Cäsium, für welche eine geringe Austrittsarbeit gilt, befördern Kaltentladungen erheblich, sobald sich auf der Kathode dünne Schichten dieses Materials bilden können, da ja nach (12) die Konstanten a und b in (13) von der Austrittsarbeit abhängen.

Schottky hat in seinen Abhandlungen auch den Effekt der Erhöhung der Feldstärke durch Unebenheiten auf der Kathode berücksichtigt. Er hat zuerst diesen Vergrößerungsfaktor zu etwa 10 geschätzt, später aber bemerkt, daß er viel größer sein kann*.

Wir haben in § 23 gesehen, daß man eine Feldvergrößerung um den Faktor 80 leicht erwarten kann. Eine solche Feldvergrößerung spielt eine Rolle bei dem Schottky-Effekt (18), aber in viel stärkerem Maße bei der „kalten Emission" (13).

Kalte Entladungen werden in hohem Maße beeinflußt durch an sich geringe Gasdrucke, und zwar so geringe (10^{-5} Torr), daß der Ionisierungsvorgang noch nicht zu dem Stromdurchgang beitragen kann. Die Wirkung des Gases ist in solchen Fällen offenbar auf Beeinflussung der Kathodenoberfläche zurückzuführen, denn die Erniedrigung der Durchschlagspannung ist durch die beschriebene Aufarbeitung durch Entladungen oder Temperatur wieder hochzubringen. Auch sind zeitliche Druckerhöhungen bis zu mehr als 10^{-4} mm oft ohne Einfluß auf Durchschlagspannung oder Stromstärke.

Die kalte Entladung verläuft bei genügender Energie in Kreisen mit geringer Drosselung bogenartig. Sie wird durch eine reine Elektronenemission eingeleitet und geht dann innerhalb 10^{-7} s in einen Dampfbogen über[108, 109, 110].

c) Der Thermo-Elektronenstrom. Bei höherer Kathodentemperatur tritt die Erscheinung der thermischen Elektronenemission auf. Nach Richardson gilt hierfür die Formel:

$$i = A T^2 e^{-\frac{\varepsilon \varphi}{k T}}, \qquad (14)$$

* Siehe die Diskussionsbemerkung zu der Arbeit von Müller[107], wonach der Vergrößerungsfaktor unter Umständen bis zu 1000 geschätzt werden müßte.

wo $\varepsilon\varphi = w$ die Austrittsarbeit für ein Elektron ist: die Arbeit, die das Elektron leisten muß, um die Oberfläche zu verlassen.

Bei Anwendung größerer Feldstärken nimmt der Thermostrom mit der Feldstärke einigermaßen zu (SCHOTTKY-Effekt). Durch die Feldstärke F an der Oberfläche der Kathode wird auf ein Elektron die Kraft $F\varepsilon$ ausgeübt, wodurch das Heraustreten aus der Oberfläche erleichtert wird. Hierdurch wird das Austrittspotential φ verringert und die negative Potentialschwelle erniedrigt (Abb. 108; vgl. auch Abb. 106).

Die Austrittsarbeit besteht überwiegend darin[111], daß das Elektron die „Bildkraft" $\varepsilon^2/4x^2$ überwinden muß, die in der Richtung der Oberfläche gerichtet ist. Ihr Potential für Abstände, größer als ein kritischer Abstand x_0 (Abb. 108, Kurve a), ist:

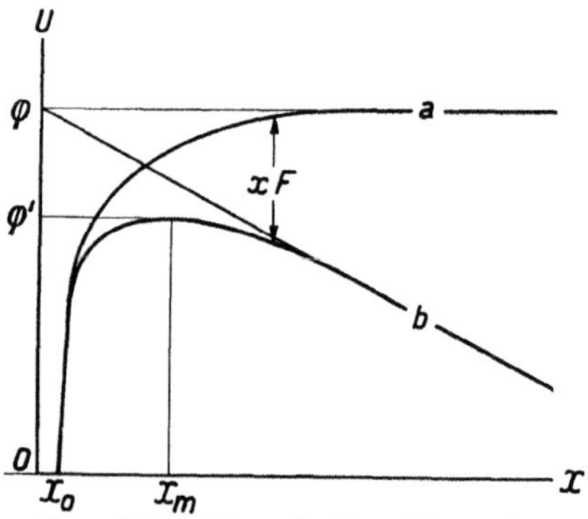

Abb. 108. Erniedrigung der Potentialkurve durch ein äußeres Feld (nach SCHOTTKY). Kurve a: Feldstärke = 0. Kurve b: Feldstärke = F.

$$\varphi_x = \varphi - \frac{\varepsilon}{4x}, \tag{15}$$

wo φ wieder das gesamte Austrittspotential ist. Das äußere Feld erniedrigt das negative Potential um den Betrag Fx (Abb. 108, Kurve b): das Maximum des negativen Potentiales liegt bei dem Abstand x_m, wobei das äußere Feld die Bildkraft gerade aufhebt:

$$\varepsilon F = \frac{\varepsilon^2}{4x_m^2}. \tag{16}$$

Die Höhe des Maximums ist nach (16) und (15):

$$\varphi' = \varphi_{x_m} - x_m F = \varphi - \sqrt{F\varepsilon}. \tag{17}$$

Ersetzt man φ in (14) durch φ', so entsteht:

$$i = i_0 e^{\frac{\varepsilon^{3/2}\sqrt{F}}{kT}}, \tag{18}$$

wobei i_0 die Stromstärke für $F = 0$ bedeutet.

Auch hier wurde wiederholt Übereinstimmung mit der Theorie gefunden, und zwar nimmt $\ln i$ linear mit F zu[112].

d) Durchschläge infolge zeitlicher Gasausbrüche. Durchschläge treten oft im Vakuum auf als selbständige Entladungen infolge zeitlicher Erhöhungen des Gasdruckes. Zeitliche Druckerhöhungen werden oft verursacht durch geladene Teilchen, die auf die Gefäßwand oder auf im Gefäß anwesende Körper auftreffen. Auf diese Weise gibt eine Teilentladung dann Veranlassung zu Gasausbruch und Durchschlag. Die Teilchenenergie wird um so höher sein, je höher das durchlaufene Potential ist. Hier liegt einer der Gründe vor, weshalb Entladungsgefäße für höhere Spannungen unverhältnismäßig schwieriger sind als solche für niedrigere Spannungen.

Bei einem bestimmten Gasdruck tritt eine Entladung um so eher auf, je länger die möglichen Entladungsbahnen im Gefäß sind, denn nicht nur der Gasdruck ist maßgebend, sondern das Produkt pd aus Gasdruck und Elektrodenabstand.

§ 29. Der Durchschlag in Gasen.

Über den Durchschlag in Gasen besteht eine umfangreiche Literatur, herrührend von J. J. THOMSON, J. S. TOWNSEND, P. LENARD, J. FRANCK, G. HERTZ, G. HOLST, E. OOSTERHUIS, W. O. SCHUMANN, L. B. LOEB, W. ROGOWSKI, A. v. HIPPEL, F. M. PENNING u. v. a. Vgl. z. B. v. ENGEL und STEENBECK „Elektrische Gasentladungen“ [113].

Die Leitfähigkeit von Gasen beruht auf der Erscheinung der Ionisation.

Wir denken uns zwei Elektroden auf entgegengesetzten Potentialen, z. B. zwei ausgedehnte parallele Plattenelektroden, zwischen denen sich ein Gas befindet. In dem Gas wird immer eine kleine Anzahl Elektronen und Ionen anwesend sein, die durch Fremdionisation — Licht, Röntgenstrahlen, Höhenstrahlen — entstehen. Ein Elektron, das sich in dem Gas etwa in der Nähe der Kathode befindet, wird durch das elektrische Feld in der Richtung der Anode beschleunigt. Es wird bald, nachdem ein kleiner Weg zurückgelegt ist, mit einem Gasmolekül zusammentreffen. Die mittlere Geschwindigkeit wird durch wiederholte Stöße mit Gasmolekülen begrenzt. Sie ist der Feldstärke proportional, so lange diese klein ist.

Die Weglänge vor dem Stoß wird im allgemeinen um so größer sein, je niedriger der Gasdruck ist, und deshalb wird bei gegebener Feldstärke die Geschwindigkeit beim Stoße bei niedrigem Druck höher sein als bei hohem. Die mittlere freie Weglänge λ_e eines Elektrons ist $4\sqrt{2}$mal so groß als diejenige des Moleküls λ_m:

$$\lambda_e = 4\sqrt{2}\,\lambda_m = \frac{1}{\pi p N r^2}, \qquad (19)$$

wo N die Zahl der Moleküle in 1 cm³ bei normalem Druck ist, p der Druck in Atmosphären und r der Radius des Moleküls. Entspricht die Geschwindigkeit des Elektrons beim Stoße wenigstens der Ionisierungsspannung, dann kann Ionisation auftreten und ein neues Ionenpaar gebildet werden. Das neugebildete Elektron wird neben dem primären Elektron beschleunigt und kann ebenso wie dieses wieder zur Bildung eines neuen Ionenpaares Veranlassung geben. Schließlich entsteht eine Ionenlawine, welche den Durchschlag einleitet.

Über den Mechanismus des Durchschlags selbst haben wir jetzt noch nichts ausgesagt. Trotzdem aber sind wir nach dem obigen schon einigermaßen imstande, die Haupterscheinungen des Durchschlags zu verstehen. Zum Beispiel ist es einleuchtend, daß bei hohen Gasdrucken, wenn die Abstände der Moleküle klein sind, die Wahrscheinlichkeit für große Weglängen und damit für die Ionisierung klein ist. Die Spannung, oder vielmehr die elektrische Feldstärke, muß hoch sein, damit Ionisierung auftritt. Eine hohe Ionisierungsspannung des Gases erschwert den Durchschlag.

Wenn auch bei geringem Gasdruck die Wahrscheinlichkeit der Ionisierung größer ist, weil längere Wege und deshalb größere Geschwindigkeiten vorkommen, so wird bei sehr geringen Drucken die Anzahl der Moleküle zwischen den Elektroden doch so klein sein, daß Lawinenbildung unwahrscheinlich wird: Daher hohe Durchschlagspannungen bei sehr großen und bei sehr geringen Gasdrucken. Bei hohem Vakuum wird

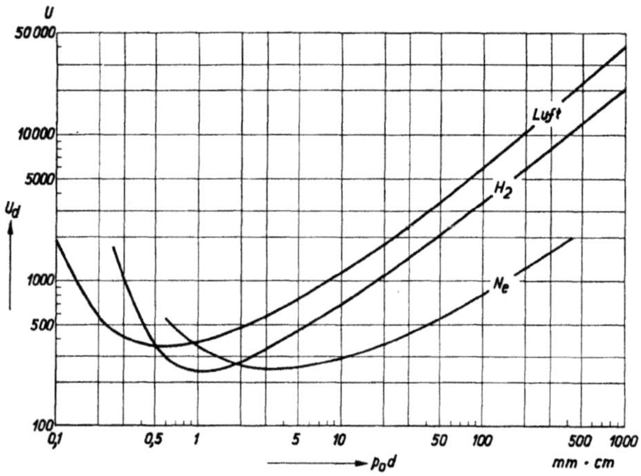

Abb. 109. PASCHENsche Durchschlagskurven: Durchschlagspannung U_d in Volt in Abhängigkeit von dem Produkt pd aus Elektrodenabstand und Druck nach PENNING.

die mittlere freie Weglänge schließlich größer als die in dem Entladungsgefäß vorkommenden Bahnen und dadurch Ionisierung immer seltener. Das stark verdünnte Gas wird ein vollkommener Isolator (§ 28).

Die Durchschlagspannung in Abhängigkeit von dem Gasdruck wird im Prinzip durch die Kurve der Abb. 109 dargestellt; ähnliche Kurven gelten für alle Gase. Bei hohem Druck nimmt die Durchschlagspannung ungefähr proportional dem Druck zu; bei niedrigen Drucken erreicht die Durchschlagspannung ein Minimum und steigt bei weiterer Gasverdünnung dann sehr stark an. In der Abbildung ist als Abszisse nicht der Gasdruck aufgetragen, sondern das Produkt pd aus Gasdruck und Elektrodenabstand, was nach dem Gesetz von PASCHEN für die Durchschlagspannung maßgebend ist. Bei sehr hohen Drucken ($\sim$10 at) treten bei Schlagweiten von einigen cm Abweichungen[114] von dem PASCHENschen Gesetz auf, und zwar steigt dann die Durchschlagspannung etwas weniger rasch als nach dem Gesetz.

Eine quantitative Erklärung für die meisten beim Durchschlag auftretenden Vorgänge hat die Theorie von TOWNSEND gebracht, die wir heute im wesentlichen folgendermaßen formulieren können:

Die TOWNSENDsche Theorie. Ein Elektron erzeugt durch Stoß auf 1 cm Weglänge in der Feldrichtung eine bestimmte Anzahl (α) Ionenpaare. Außer vom Gasdruck hängt α auch von der Feldstärke ab. Diese letztere Abhängigkeit ist theoretisch noch nicht genau quantitativ geklärt[115, 116], wohl aber experimentell bestimmt. Eine Anzahl Werte von α sind in der Abb. 110 angegeben. Es hat sich herausgestellt, daß α/p immer nur von E/p abhängt:

$$\frac{\alpha}{p} = f\left(\frac{E}{p}\right). \tag{20}$$

Bei jeder Ionisierung entsteht ein neues Elektron, das nun unter Einfluß des elektrischen Feldes seinen Weg in der Anodenrichtung anfängt und auch wieder eine gewisse Anzahl (α) Ionisierungen je cm Weglänge in der Feldrichtung zustande bringt. Die Anzahl der bei sämtlichen Ionisierungsstößen entstehenden positiven Ionen beträgt $e^{\alpha d} - 1$. Jedes von diesen positiven Ionen erzeugt bei Aufprall auf die Kathode im Mittel eine Anzahl (γ) neuer Elektronen. Es ist dann die gesamte Anzahl neugebildeter Elektronen, die durch jedes primäre Elektron entsteht: $\gamma(e^{\alpha d} - 1)$. Die TOWNSENDsche Durchschlagsbedingung lautet nun so, daß diese Anzahl 1 betragen soll, also:

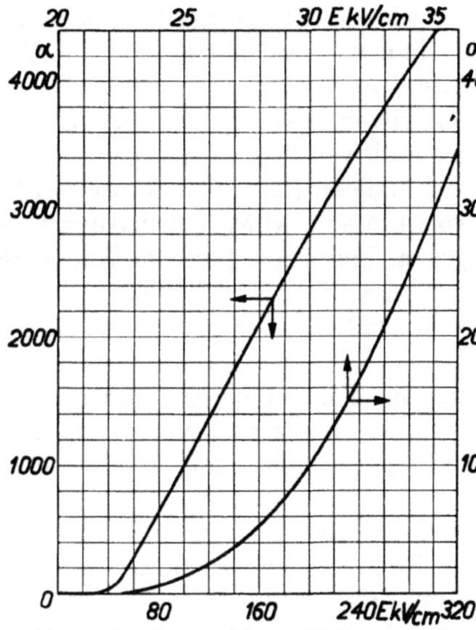

Abb. 110. Ionisierungszahl α für Elektronen in Abhangigkeit von der Feldstärke fur atmosphärische Luft.

$$\gamma(e^{\alpha d} - 1) = 1. \tag{21}$$

Der Elektronenstrom wird dabei schließlich:

$$i = i_0\{1 + \gamma(e^{\alpha d} - 1) + \gamma^2(e^{\alpha d} - 1)^2 + \cdots\} = \frac{i_0 e^{\alpha d}}{1 - \gamma(e^{\alpha d} - 1)}. \tag{22}$$

Der Strom wächst also tatsächlich über jede Grenze an, wenn (21) erfüllt ist. Wo α keine Konstante ist, müßte man anstatt (21) setzen:

$$\gamma\left(e^{\int_0^d \alpha\, dx} - 1\right) \geq 1. \tag{23}$$

Leider sind die Werte von γ gerade für Fälle, die für uns von Bedeutung sind, im allgemeinen nicht bekannt. Die Größe von γ wird meistens aus der Durchschlagspannung mit Hilfe von (21) bestimmt. Für quantitative Berechnung von Durchschlagspannungen ist die Formel (21) also nicht geeignet. γ hängt vom Kathodenmaterial ab. Es ist sogar möglich, den Koeffizienten γ in (21) und (23) ganz anders zu deuten. So führt

z. B. die Annahme einer Ionisierung durch positive Ionen zu einer Durchschlagformel von genau derselben Form wie (21) oder (23).

In den für uns wichtigen Fällen der Durchschläge bei größeren Elektrodenabständen wird gewiß nicht immer der Nachlieferungsmechanismus der Elektronen in dem γ-Effekt an der Kathode bestehen.

Erweiterung der Theorie. Wenn auch die TOWNSENDsche Theorie in vielen Fällen die Erscheinungen befriedigend beschrieben hat, so kann sie in der ursprünglichen Form doch nicht erklären, daß der Durchschlag in der kurzen Zeit von etwa 10^{-7} s entstehen kann, wie ROGOWSKI und Mitarbeiter schon vor längerer Zeit gezeigt haben. Denn die Zeit, welche die positiven Ionen benötigen, um die Kathode zu erreichen, ist ein Vielfaches dieser Zeit. Von ROGOWSKI[117], von v. HIPPEL und FRANCK[118] und von LOEB[119] wurden Erklärungen für diese kurze Entstehungszeit gegeben. Man betrachtete die Raumladung, welche von den positiven Ionen fast unmittelbar nach ihrer Entstehung im Gasraum dadurch gebildet wird, daß die Elektronen schnell abwandern. Die Feldstärke wird also in der Nähe der Kathode schon vergrößert, wenn die positiven Ionen sich noch kaum bewegt haben. Durch diese Erhöhung der Feldstärke wird der Ionisierungskoeffizient α größer: dadurch wächst wieder die Ionisierung und dadurch die Feldstärke usw. Dieser Vorgang kann innerhalb von Zeiten, die besser mit den beobachteten übereinstimmen, zum Durchschlag führen.

ROGOWSKI[120] hat darauf hingewiesen, daß die Verzerrung des Feldes durch zurückgebliebene Raumladung nicht in allen Fällen den Stromzuwachs erklären kann. Wenn man:

$$\alpha = f(E) = \alpha_0 + \left(\frac{d\alpha}{dE}\right)_0 \Delta E + \tfrac{1}{2}\left(\frac{d^2\alpha}{dE^2}\right)_0 (\Delta E)^2 \tag{24}$$

setzt, wo α_0 der Wert des Ionisierungskoeffizienten im Falle des homogenen Feldes

$$E = \frac{U}{d} \tag{25}$$

ist, so ist nur das Glied zweiter Ordnung in (24) und nicht das Glied erster Ordnung auf das Integral in (23) von Einfluß, solange die Spannung $U = \int_0^d E\,dx$ sich nicht ändert: Die Krümmung der Kurve $\alpha/p = f(E/p)$ ist also maßgebend. Nur für kleinere Werte von α/p ist sie positiv, und bedeutet Vergrößerung von E eine Zunahme der Größe $e^{\int_0^d \alpha\,dx}$, also nach (23) eine Erleichterung des Durchschlags. Auch ist nach ROGOWSKI das Absinken der Spannung durch die zurückbleibende Raumladung nicht einwandfrei erklärt, wenn man nicht auch ihren Einfluß auf den Nachlieferungsmechanismus berücksichtigt.

HOLST[89] hat bemerkt, daß Raumladung keinen entscheidenden Einfluß haben kann, solange die Gesamtladung $(e^{\alpha d} - 1) \sim e^{\alpha d}$ der von einem Elektron gebildeten positiven Ionen nicht von der Größenordnung der Ladungsdichte auf der Kathode ist. Das wird nur bei größeren Schlagweiten oder bei Überspannung der Fall sein. Bei hohen Überspannungen kann:

a) die Anzahl Elektronen einer Lawine $e^{\alpha d}$ so groß werden, daß eine Lawine genügt, um die Ladung auf der positiven Elektrode ganz aufzuheben; daher ein äußerst rascher Zusammenbruch der Spannung für Fälle, wobei die Nachlieferung der Elektrodenladung durch einen Widerstand oder Selbstinduktion verzögert wird;

b) die Energie in einem Lawinenkanal in der Form zahlreicher angeregter Moleküle so groß werden, daß dadurch die weitere Ionisation erheblich erleichtert wird; daher der leitende Kanal mit geringem Spannungsabfall.

Spätere Untersuchungen haben gezeigt, daß der Durchschlag bei Überspannung in etwa 10^{-8} s entsteht[121], obwohl nach der gemessenen Bewegungsgeschwindigkeit der Elektronen nach TOWNSEND u. a. sogar ein Elektron eine längere Zeit brauchen würde, um die Entladungsstrecke zu durchlaufen. Einen Beitrag zur Erklärung dieser kurzen Zeiten bringt die genauere Betrachtung des Aufbauvorganges der Entladung in dünnen Kanälen, auf die wir noch näher zurückkommen (§ 30).

Abschätzung der Durchschlagfeldstärke. Den Wert E_d der Durchschlagfeldstärke können wir aus schon angegebenen Gründen nicht nach der TOWNSENDschen Theorie berechnen. Für die Hochspannungstechnik ist jedoch gerade die Durchbruchfeldstärke von Bedeutung. Eine gute Schätzung der Durchbruchfeldstärke liefert merkwürdigerweise die nachfolgende Überlegung, die sicherlich von zu einfachen Annahmen ausgeht. Sie wird hier nur aufgeführt wegen der überraschenden Übereinstimmung, obwohl in der abgeleiteten Beziehung kaum mehr als eine empirische Formel gesehen werden kann.

Wenn λ die mittlere freie Weglänge eines Elektrons ist, so ist die Wahrscheinlichkeit dafür, daß ein Elektron nach Durchlaufen eines Abstandes x noch nicht mit einem Molekül zusammengestoßen ist:

$$w = e^{-\frac{x}{\lambda}}. \tag{26}$$

Es wird nun folgendes angenommen:

a) Bei jedem Zusammenstoß verliert das Elektron nahezu seine ganze Geschwindigkeit*. Deshalb beginnt es nach jedem Stoß mit geringer Geschwindigkeit und bewegt sich hauptsächlich in der Richtung des elektrischen Feldes.

b) Der Durchschlag wird nicht auftreten, bevor die Feldstärke so groß ist, daß im Mittel jedes von der Kathode ausgehende Elektron einmal ionisiert.

* Diese nicht dem wirklichen Mechanismus entsprechende Annahme ist früher auch von TOWNSEND bei seiner Berechnung von α gemacht worden.

Zu den Annahmen bemerken wir:

a) Diese Annahme wurde früher bei Nichtedelgasen ziemlich allgemein gemacht. Auch bei Nichtedelgasen wird nach späteren Untersuchungen im Mittel nur ein kleiner Teil der Energie beim Stoß abgegeben. Die Elektronen fangen nach jedem Zusammenstoß mit endlichen Geschwindigkeiten an, die nicht in der Feldrichtung liegen und beschreiben parabelförmige Bahnen. Der „Umwegfaktor" beträgt bei Luft von atmosphärischem Druck und bei einer Feldstärke von 30 kV je cm nach TOWNSEND[122] etwa 7.

b) Wenn die meisten Elektronen ohne Ionisation die Entladungsstrecke durchlaufen, so kann noch keine katastrophale Stromzunahme, die den Durchschlag einleiten muß, erwartet werden, es sei denn, daß ein einziges positives Ion viele Elektronen freimachen würde, was aus energetischen Gründen nicht möglich ist. Wenn aber die Elektronen auf ihrem Wege zur Anode im Mittel mindestens einmal ionisieren, dann haben die dabei entstandenen neuen Elektronen eine ebenfalls bestimmte Ionisierungswahrscheinlichkeit und eine Stromzunahme wird eingeleitet. Daß diese sofort zum Durchschlag führen muß, ist noch nicht sicher, und durch welchen Mechanismus der Durchschlag weiter entsteht, wodurch also die Entladung selbständig wird, darüber wird nichts ausgesagt. Die Annahme b) bedeutet also nur eine Mindestbedingung für das Entstehen des Durchschlages.

Tabelle IV. Abhängigkeit der nach Formel (28) berechneten Durchbruchfeldstärke von dem Elektrodenabstand.

$\lambda = 3{,}7 \times 10^{-5}$ cm *
$V_i = 12{,}5$ V **
Luft von Atmosphärendruck; 20° C

d cm	E (ber.) kV/cm	E (exp.) kV/cm ***
0,1	43	45
0,2	40	40
0,5	35	35
1	33	32
2	31	30
5	29	28
10	27	26

Nach der Annahme a) beträgt die Anzahl freier Bahnen, die ein von der Kathode ausgehendes Elektron beim Durchlaufen der Strecke d durchläuft, im Mittel d/λ. Deshalb ist nach (26)

$$\frac{d}{\lambda} w_x = \frac{d}{\lambda} e^{-\frac{V_i}{E\lambda}}$$

die Anzahl der Elektronen, deren Geschwindigkeit mindestens der Ionisationsspannung V_i entspricht. Soll nun Ionisation auftreten, so muß diese Anzahl größer als oder gleich 1 sein nach Annahme b). Wir finden also für den Durchschlag die Mindestbedingung

$$\frac{d}{\lambda} e^{-\frac{V_i}{E\lambda}} \geq 1, \tag{27}$$

* Gaskinetisch berechnet, s. z. B. v. ENGEL und STEENBECK: Elektrische Gasentladungen Bd. I, S. 39.

** Elektrische Gasentladungen Bd. I, S. 60 (für Sauerstoff).

*** SCHUMANN: Elektrische Durchbruchfeldstärke von Gasen, S. 25.

oder für die Durchbruchfeldstärke

$$E \geqq \frac{V_i}{\lambda \ln \frac{d}{\lambda}}. \tag{28}$$

In Tabelle IV sind die nach (28) berechneten Durchschlagspannungen neben den gemessenen Werten angegeben. Die Übereinstimmung ist überraschend gut.

In Tabelle VI (§ 32) haben wir neben den gemessenen Durchschlagfeldstärken E_m für verschiedene Gase bei atmosphärischem Druck auch die nach (28) berechneten Werte aufgeführt. Auch hier besteht im allgemeinen eine befriedigende Übereinstimmung, die aus dem Vergleich der relativen Zahlen aus Spalte 6 und 7 deutlich hervortritt. Eine Ausnahme macht CO_2.

Aus (28) und (27) geht sofort hervor, daß E/p eine Funktion von p/d ist, wie es das PASCHENsche Gesetz verlangt, da λ der Größe $1/p$ proportional ist.

Schließlich wenden wir den Gedanken, der zu den Formeln (27) und (28) führte, noch auf die Berechnung der Feldstärke E_r an der Oberfläche eines dünnen Leiters an, bei der Korona aufzutreten beginnt. Diese Feldstärke ist höher als die Durchbruchfeldstärke zwischen ebenen Elektroden, und zwar um so mehr, je dünner der Leiter ist. Wir betrachten eine den Leiter umgebende konzentrische Schicht von der Dicke dx, wobei:

$$r \gg dx \gg \lambda \tag{29}$$

also, die Schichtdicke ist klein gegenüber dem Halbmesser des Leiters und groß gegenüber der mittleren freien Weglänge λ eines Elektrons. Dann ist die Feldstärke E_x im Abstand x der Leiterachse:

$$E_x = \frac{r}{x} E_r \tag{30}$$

und an die Stelle von (27) tritt:

$$\int_r^\infty \frac{dx}{\lambda} e^{\frac{V_i x}{r E_r}} \geqq 1. \tag{31}$$

Hieraus ergibt sich durch Integration:

$$\frac{r E_r}{V_i} e^{\frac{-V_i}{\lambda E_r}} \geqq 1. \tag{32}$$

Im Grenzfall:

$$\frac{V_i}{E_r \lambda} = \ln \frac{r E_r}{V_i}$$

oder

$$E_r (\ln r E_r - \ln V_i) = \frac{V_i}{\lambda}. \tag{33}$$

Setzen wir wieder $V_i = 12{,}5$ und $\lambda = 3{,}7 \cdot 10^{-5}$ cm, so ergibt sich:

$$E_r (\ln r E_r - 12{,}5) = 340000. \tag{34}$$

In Tabelle V sind die nach dieser Formel berechneten Feldstärken aufgetragen für Werte von r zwischen 10 und 0,1 mm und ebenfalls die experimentell bestimmte Werte nach PEEK und WHITEHEAD (38a). Die Übereinstimmung ist auch hier überraschend gut.

Tabelle V. Korona-Grenzfeldstärke berechnet nach (34) verglichen mit experimentellen Werten.

r	E_r nach (34) in kV	E_r exp. nach PEEK und WHITEHEAD in kV	r	E_r nach (34) in kV	E_r exp. nach PEEK und WHITEHEAD in kV
10	31	33	0,5	44	43
5	35	34	0,2	50	52
2	38	36	0,1	56	57
1	42	39			

§ 30. Die Form der Entladung bei hohem Druck.

Ein Durchschlag atmosphärischer Luft vollzieht sich, auch in homogenen Feldern, in engen Kanälen, was z. B. aus Aufnahmen von DUNNINGTON[123] und von FLEGLER und RAETHER[124] hervorgeht und auch aus der Tatsache, daß ein sich zwischen zwei Elektroden befindlicher Papierschirm nach den Durchschlägen nur kleine Löcher zeigt.

Dieser geringe Durchmesser der Entladungsbahn ist charakteristisch für Entladungen bei hohen Drucken; in verdünnten Gasen ist die räumliche Ausdehnung sehr viel größer und die Stromdichte entsprechend kleiner. Dies gilt für alle Teile des Entladungsvorganges, für die einzelnen Lawinen ebenso gut wie für die darauffolgende Glimm- oder Bogenentladung.

Die mit einem Elektron anfangende Lawinenfolge wächst unstetig an und breitet sich sowohl in der Feldrichtung als auch in der Querrichtung aus, jedoch in der Querrichtung viel weniger schnell. Die Geschwindigkeit der Querausbreitung wird bestimmt durch die Diffusion der Ladungsträger, welche bei hohen Drucken relativ langsam vorgeht.

Breite der Kanäle. Die Kanalbreite b wäre, wenn sie nur von der Diffusionsgeschwindigkeit abhinge, bei größeren Schlaglängen annähernd mit der Wurzel aus der Schlaglänge proportional[125, 126]:

$$b = k\sqrt{d}. \tag{35}$$

Die Elektronen werden anfänglich durch gegenseitige Abstoßung (Raumladung) aus dem Kanal entfernt und diffundieren auch schneller als die positiven Ionen, wodurch sich in der Entladungsbahn eine positive Raumladung einstellt und somit eine radiale Feldstärke, welche auf die übrigen Elektronen eine konzentrierende Wirkung ausübt.

Bei größerer Stromdichte spielt auch die Temperaturerhöhung im Entladungskanal eine Rolle. Sie verursacht eine Abnahme der Gasdichte im Inneren des Kanals, wo demzufolge der Strom seinen Maximalwert erreicht.

Die Kanalbreite ist daher erheblich kleiner, als sie nach Berechnung aus der Diffusionsgeschwindigkeit wäre.

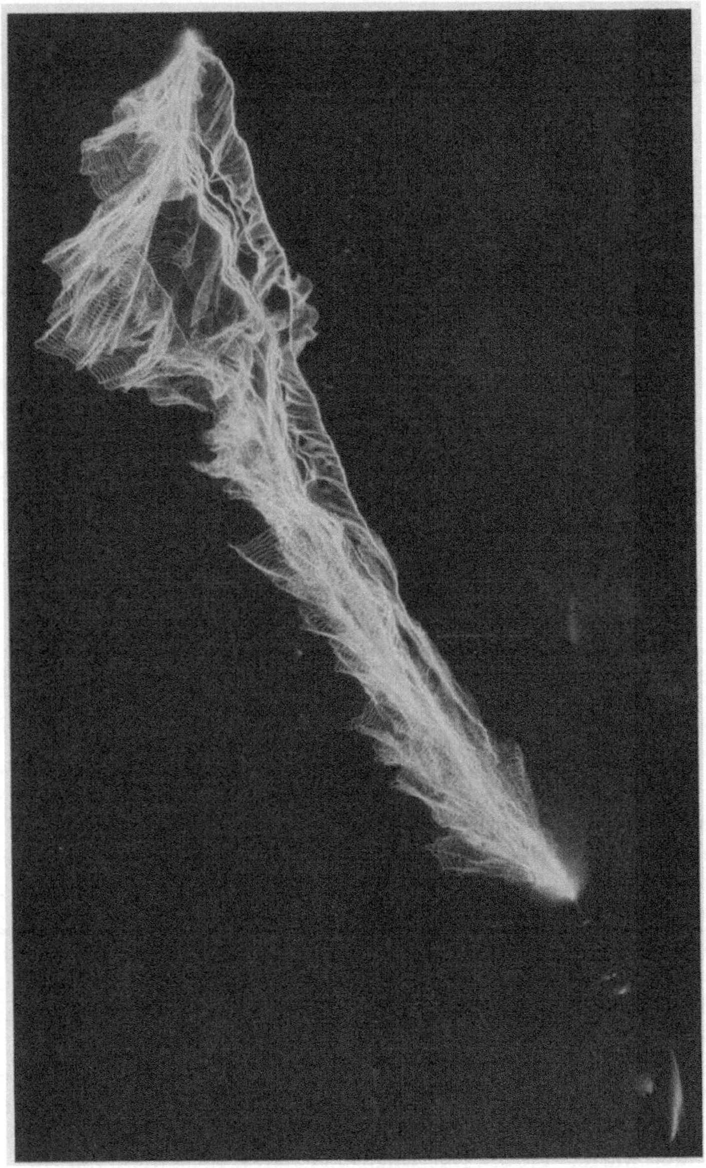

Abb. 111. Durchschlag zwischen Spitzen in atmosphärischer Luft bei einer Wechselspannung von etwa 2 MV, 60 Perioden; Spitzenabstand 4,30 m (G.E.C.).

Die Erfahrung zeigt, daß der Durchmesser des Entladungskanals über Längen von mehreren Metern fast konstant ist, und zwar von der

Größenordnung 1 mm. Ältere Beobachtungen von TÖPLER[127] ergaben eine Breite von etwa 0,2 mm bei 1 cm Schlagweite.

Ein schönes Beispiel kanalförmiger Entladungen gibt das Lichtbild (Abb. 111) einer Hochspannungsentladung bei Wechselspannung von etwa 2 MV. Die zwischen zwei Spitzen übergehenden Teilentladungen sind fadenförmig, bei jeder Entladung wird die Bahn der vorigen verfolgt, welche aber in der Zwischenzeit etwas nach oben verschoben ist unter Einfluß des aufwärtsgerichteten Druckes auf das durch Erwärmung weniger dicht gewordene Gasvolumen.

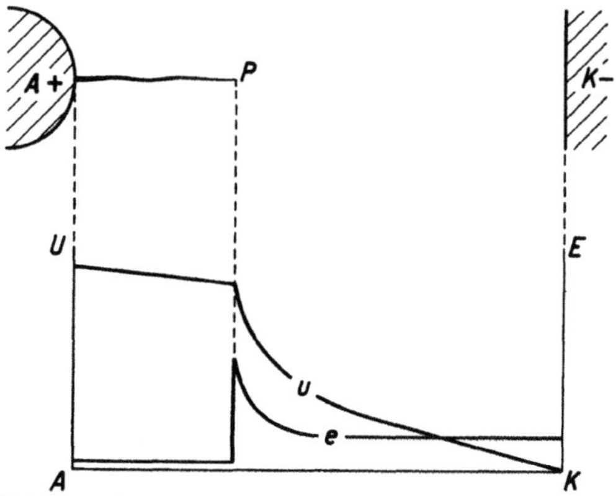

Abb. 112. Potential (u) und Feldstärke (e) zwischen den Elektroden A und K, nachdem eine Teilentladung zwischen dem Punkte P und der Anode stattgefunden hat.

Aus den mit einer Nebelkammer gemachten Aufnahmen von FLEGLER und RAETHER geht hervor, daß die Elektronenlawinen im homogenen Feld ihren Anfang nehmen können an einer beliebigen Stelle zwischen Anode und Kathode. Bei inhomogenen Feldern haben die Stellen größter Feldstärke aber den Vorzug. Dieselbe Erscheinung hat z. B. HOLZER[128] beobachtet an photographischen Aufnahmen von abgebrochenen Funken.

Die Erscheinung wird verständlich, wenn man bedenkt, daß schon ein einziges Elektron zu einem Lawinenkanal mit sehr großer Stromdichte[129] Veranlassung geben kann. Dabei muß die Stromdichte einem ungefähr stationären Endwert zustreben, denn die Zahl der Ionen kann nicht immer nach der Formel $i = e^{\alpha d} - 1 \sim e^{\alpha}$ steigen, weil in dem engen Kanal nicht mehr als etwa 10^{18} bis 10^{19} Moleküle je cm Länge vorhanden sind.

Wenn der Kopf einer in der Nähe der Anode entstandenen Lawine die Anode erreicht hat, kommt der Entladungskanal angenähert auf Anodenpotential. Die Moleküle sind zum größeren Teil in angeregtem Zustand; der Lawinenkanal bildet einen leitenden Faden. An der Kathodenseite des Kanals wird dann eine große Feldstärke hervorgerufen (Abb. 112), wodurch sich der Kanal schnell in der Kathodenrichtung ausbreitet.

Zufällig im Raum entstehende ionisierte Stellen, etwa durch Anwesenheit von Staubteilchen, können auch derartige Entladungen einleiten. Bei hohen Gleichspannungen wurden im Laboratorium des Verfassers unerwartet große Durchschlaglängen beobachtet, die in Abschnitt V, § 48, bei der Behandlung der Meßfunkenstrecke, genauer beschrieben werden. Diese Durchschläge sind vielleicht auf Entladungen dieser Art zurückzuführen. Dabei scheint es, als ob die Anwesenheit von Staubteilchen im Luftraum eine Rolle spielt, obwohl auch im sehr sauber gehaltenen Raume die Erscheinung nicht ganz vermieden werden konnte. Bei positiver Spannung (positive Elektrode gegenüber geerdeter Zimmerwand) sind die Durchschlaglängen größer und treten zu große Durchschlaglängen häufiger auf als bei negativer Spannung. Dieselbe Asymmetrie tritt bekanntlich auf bei Spannungsmessung mit der Funkenstrecke: Spitze gegenüber Platte. Die Durchschlaglänge ist bedeutend höher bei positiver als bei negativer Spitze.

Auch wenn man nur auf eine von zwei Kugeln einer Kugelfunkenstrecke eine Unebenheit anbringt, z. B. in der Form einer aufgeklebten Reißzwecke, so ist der Effekt bedeutend größer, wenn dies an der positiven Kugel geschieht, als an der negativen Kugel. Eine Spitze auf der negativen Kugel wird sogar oft gar nicht die Auftreffstelle der Entladung bilden. Bei allen diesen Erscheinungen fängt die Entladung offenbar vorzugsweise auf der Anodenseite an. Bei diesen Erscheinungen und bei großen Durchschlaglängen im allgemeinen kann der oben beschriebene γ-Mechanismus kaum eine Rolle spielen. Von ALLIBONE[130] wurde eine Anzahl schöne photographische Aufnahmen veröffentlicht, die zeigen, daß Vorentladungen einer ebenen Anode den Vorentladungen entgegentreten, die von einer spitzen Kathode ausgehen. Nicht aber umgekehrt.

Die Ausbreitungsgeschwindigkeit. Die Geschwindigkeit eines Lawinenkopfes in der Anodenrichtung ist sehr groß und kann das Zehnfache des aus Feldstärke und Elektronenbeweglichkeit zu erwartenden Wertes betragen. Nach STRIGEL[129] ist am Lawinenkopf mit einer sehr großen Feldstärke zu rechnen, größenordnungsmäßig 10^6 V/cm, der herrührt von der Raumladungswirkung einer dichten Elektronenwolke, welche den positiven Ionen gegenüber in der Anodenrichtung über einen kleinen Abstand verschoben ist. Hierdurch erklärt sich das rasche Fortschreiten der Lawine und der Aufbau der Durchschläge in etwa 10^{-8} s, wovon schon in § 29 die Rede war. Die für diesen Effekt nötige Elektronenkonzentration beträgt mindestens 10^{14} Elektronen/cm^3, was verständlich macht, daß scharf ausgeprägte Kanäle nur bei höheren Drucken auftreten.

Schon 1930 hat RÜDENBERG[131] die Geschwindigkeit eines Funkenkopfes zu berechnen versucht, indem er den Leitungsstrom in dem Kanal bis zum Kopf und den ergänzenden Verschiebungsstrom vor dem Kopf einander gleichsetzt.

Die Stromdichte dieses Verschiebungsstromes (Abb. 113) ist:

$$\dot{i}_x = \frac{d E_x}{d t} = v \frac{d E_x}{d x}.$$

Andererseits ist annähernd:

$$\dot{i}_x = \frac{I}{2\pi x^2}, \quad \text{also} \quad \frac{d E_x}{d x} = \frac{I}{2\pi v x^2},$$

oder

$$E_r = \frac{I}{2\pi v} \int\limits_r^\infty \frac{d x}{x^2} = \frac{I}{2\pi r v}.$$

Setzt man die maximale Feldstärke gleich der Durchbruchfeldstärke, also $E_r = E_d$, so ergibt sich:

$$v = 1{,}8\,10^{12} \frac{i}{r\,E_d}\ \mathrm{cm/s}, \tag{36}$$

wobei i die Stromstärke im Kanal bedeutet, E_d die Durchbruchfeldstärke. SCHONLAND[132] fand für die Vorentladungen beim Blitz, mit $r \sim 1$ cm, $E_d = 30$ kV/cm, $i = 10$ A, die nach (36) berechnete Geschwindigkeit von rd. 10^7 cm/s. Noch erheblich größere Geschwindigkeiten werden beobachtet bei Entladungen in der Richtung Anode—Kathode, welche nach Vorentladungen in umgekehrter Richtung auftreten. Die Hauptentladung beim Blitz (§ 16) ist ein Beispiel. Hier wurden von SCHONLAND[132] Geschwindigkeiten über 10^9 cm/s beobachtet. Sobald in dem vorionisierten Kanal die einzelnen Elektronenlawinen sich bis zum nächsten Elektron ausgebreitet haben, entsteht ein vollständiger Kurzschluß durch Elektronenlawinen.

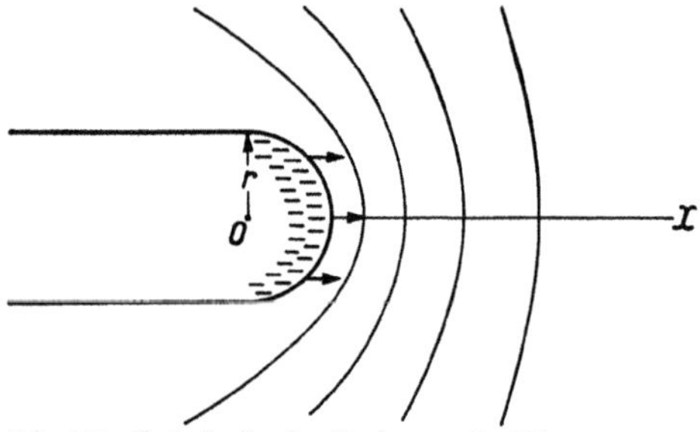

Abb. 113. Fortschreitender Funken nach RÜDENBERG.

Inhomogene Felder. In homogenen oder nahezu homogenen Feldern setzt der statische Durchschlag stoßartig ein. Eine sehr kleine Überschreitung der statischen Durchschlagspannung verursacht einen großen Stromstoß; die zuerst beobachtete Erscheinung ist schon gleich der Funken. Der Strom wächst mit anfangs gleichbleibender, später sogar abnehmender Elektrodenspannung, d. h. die Strom-Spannungskurve ist fallend.

In den stark inhomogenen Feldern, die zwischen Spitzenelektroden, parallelen Drähten usw. auftreten, sind die Erscheinungen anders. Wir wählen als Beispiel zwei Kugeln von 2 cm Durchmesser. Solange der Abstand nicht viel größer als 2 cm ist, geschieht die Entladung schlagartig, wie im homogenen Feld. Die „Anfangsspannung“ ist zugleich die „Durchschlagspannung“.

Bei Vergrößerung des Abstandes und Erhöhung der angelegten Spannung bemerkt man schon vor dem Durchschlag eine andere, weniger katastrophal ablaufende Entladungsform, welche eine steigende Strom-Spannungskurve zeigt. Mit zunehmender Spannung wächst der Strom stetig an, um bei einer bestimmten Spannung plötzlich in einen vollständigen Überschlag überzugehen.

Das Verhältnis zwischen Kugelabstand und Kugeldurchmesser, bei dem die Anfangsspannung nicht mehr mit der Durchschlagspannung zusammenfällt, hängt von der Größe der Kugel ab. Es ist bei kleinen Kugeln kleiner als bei größeren, aber immer größer als 2,5 r.

In Abb. 114 sind Anfangspannung und Durchschlagspannung für 2-cm-Kugeln in Luft nach WEICKER[133] aufgetragen. In dem Gebiete zwischen den Kurven rechts von dem kritischen Punkte P befindet sich das Übergangsgebiet, wo die Entladung bei steigender Spannung an Intensität stark zunimmt, sich nach der Form etwas ändert und schließlich in den Durchschlag übergeht.

Die stabile Entladung im inhomogenen Feld ist dadurch möglich, daß die Entladung selbst eine Schicht mit kleinem Spannungsgefälle um die sprühende Elektrode verursacht, die eine Vergrößerung des Krümmungsradius und demzufolge eine Herabsetzung der maximalen Feldstärke zur Folge hat. Erleichterung des Sprühens durch auf der Oberfläche angebrachte Spitzen oder Drähte kann die Stabilität erhöhen, und die oben erwähnten anomalen Überschläge vermindern. Bei größerer Ausbreitung muß schließlich die Feldstärke wieder zunehmen, ähnlich wie bei dem bekannten Beispiel zweier konzentrischen Zylinder, was schon in § 19 besprochen wurde, wo wir ableiteten, daß bei konstantem Durchmesser des Außenzylinders bei gleichbleibender Spannung die Feldstärke ein Minimum erreicht, wenn das Verhältnis der Durchmesser gleich $e = 2{,}718$ ist. Durch die Koronaentladung wird in dem Gebiete, wo die Raumladungsschicht die Feldstärke verringert, die Entladung unvollständig sein können; außerhalb dieses Gebietes ist nur eine vollständige Entladung möglich.

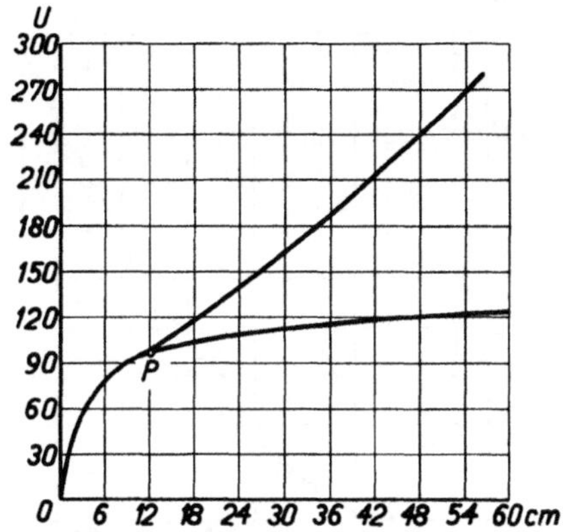

Abb. 114. Anfangspannung (untere Kurve) und Durchschlagspannung (obere Kurve) in Abhängigkeit vom Elektrodenabstand in atmosphärischer Luft fur kugelförmige Elektroden von 2 cm Durchmesser nach WEICKER.

Ähnliche Verhältnisse treten bei den inhomogenen Feldern in andern Anordnungen auf, wie z. B. in der Kugelanordnung.

Der Bogen. Bei genügender Stromergiebigkeit der Spannungsquelle stellt sich nach dem Durchschlag in kurzer Zeit die Bogenentladung als stabile Entladungsform ein. Sie ist gekennzeichnet durch starke positive, an der Kathode konzentrierte Raumladung, durch erhöhte Kathodentemperatur, bei der oft thermische Emission die Nachlieferung von Elektronen fördert, und durch hohe Stromdichte im ganzen Entladungskanal, dessen hohe Temperatur die Ionisation erleichtert.

Charakteristisch und für die Stromunterbrechung durch Schalter (§ 41) von Bedeutung ist die Tatsache, daß die Feldstärke im Entladungskanal, mit Ausnahme von dem an der Kathode konzentrierten hohen Wert, also in der „positiven Säule", konstant ist:

$$U_b = U_k + a l, \qquad (37)$$

wobei U_b die Bogenspannung, U_k der Kathodenfall, l die Länge der positiven Säule und a eine Konstante bedeuten. Demzufolge bewirkt Abstandsvergößerung der Elektroden schon eine, wenn auch nicht erhebliche Erhöhung des Bogenwiderstandes.

§ 31. Korona.

Die Erscheinung der Korona ist von besonderer Bedeutung für die Anordnung: zwei parallele Drähte oder Draht gegen Erde, weil sie bei der elektrischen Kraftübertragung durch Freiluftleiter eine ausschlaggebende Rolle spielt. Deshalb ist für diese Anordnung die Erscheinung auch wohl am besten untersucht. Am ergiebigsten ist das Material, das PEEK in seinem Buch „Dielectric phenomena in high voltage engineering" gebracht hat [134].

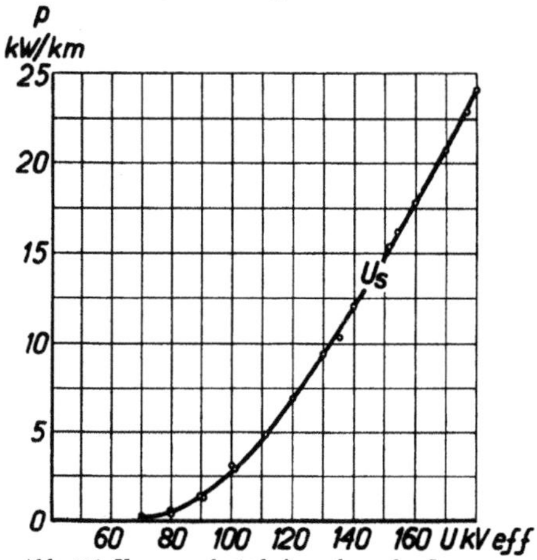

Abb. 115. Koronaverluste bei zunehmender Spannung für Wechselstrom nach PEEK.

PEEK hat besonders die Feldstärken bestimmt, wobei die Koronaentladung anfängt, die Feldstärke, bei der die Korona sichtbar wird und die Koronaverluste bei verschiedenen Spannungen und Drahtdurchmessern. Die Feldstärke an der Oberfläche eines Drahtes in einem Zylinder mit Halbmesser a beträgt nach § 19 (13, II):

$$E = \frac{U}{r \ln \frac{a}{r}}.$$

Das Experiment lehrt, daß bei der Feldstärke 30 kV je cm noch keine Entladung auftritt; bei dünnen Drähten ist die benötigte Feldstärke erheblich höher. PEEK fand für die benötigte Feldstärke für sichtbare Korona bei Wechselspannung

$$E_k = 30\left(1 + \frac{0{,}301}{\sqrt{r}}\right) \text{kV/cm}. \tag{38}$$

WHITEHEAD und Mitarbeiter fanden etwas andere Werte für die Konstanten der Formel (38), die überdies einigermaßen von der Polarität abhängen. Wenn wir setzen:

$$E_k = 30\left(1 + \frac{0{,}3}{\sqrt{r}}\right) \text{kV/cm}, \tag{38a}$$

dann liegt der Fehler in dem Gebiet $0{,}1 < r < 2$ cm innerhalb der Meßgenauigkeit. Man vgl. auch (34) und Tabelle V.

Für die Koronaverluste bei Wechselstrom fand PEEK Kurven von der Form, wie eine in Abb. 115 aufgezeichnet ist. Nach PEEK sind die Verluste p bei parallelen Drähten durch die Formel

$$p = k\,(U - U_0)^2 \tag{39}$$

gegeben, wo U die Spannung gegen Erde eines jeden der Leiter bedeutet. U_0 ist die kritische oder Anfangspannung. Die Konstante k hängt ab von dem Drahtradius r, von dem Abstand a zwischen den Drähten und von der Frequenz f des Wechselstromes. Bei zunehmendem Verhältnis r/a nehmen auch die Koronaverluste zu und ebenso bei zunehmender Frequenz. PEEK gibt auf Grund eines ausgiebigen Materials die Formel

$$p = 241\,(f + 25)\left(\frac{r}{a}\right)^{\frac{1}{2}} \cdot (U - U_0)^2\, 10^{-5}\,\text{kW/km}. \tag{40}$$

Sie gilt für zwei parallele Drähte mit symmetrischer Spannung gegen Erde. Zahlreiche Untersuchungen wurden angestellt über die Verluste in der unmittelbaren Nähe der kritischen Spannung und auch über den Einfluß von Feuchtigkeit, Temperatur, Nebel, Regen und Schnee. Besonders groß ist der Einfluß von Regen und Schnee. Dadurch wird die kritische Feldstärke erheblich erniedrigt, und die Koronaverluste werden bedeutend vergrößert. Ein Beispiel eines Versuchsergebnisses gibt Abb. 116 wieder.

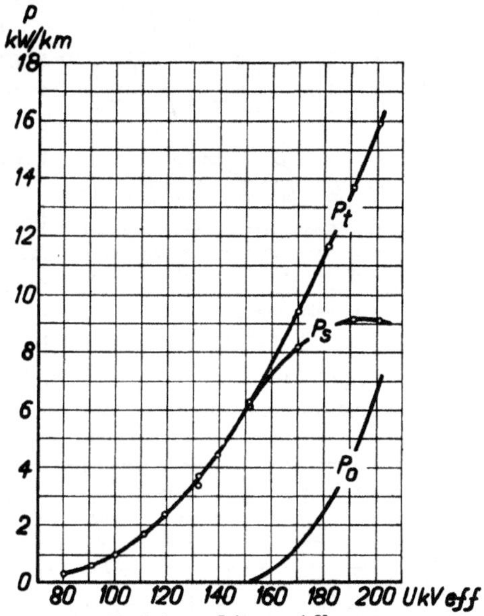

Abb. 116. Einfluß von Schnee auf Koronaverluste nach PEEK. Leiterlänge 109,5 cm, Durchmesser 1,18 cm, Abstand der Leiter 310 cm. P_t Gesamtverlust, P_0 Verlust bei schönem Wetter, P_s zusätzlicher Verlust durch Schnee.

Es sei hier jedoch bemerkt, daß nach KÜHN[135] bei Gleichspannung das Ansteigen der Verluste durch Schnee nicht auf Zunahme der Koronaverluste, sondern auf zusätzliche Isolatorverluste zurückzuführen ist.

Untersuchungen über Koronaverluste bei Gleichspannung wurden in den letzten Jahren ebenfalls mit Rücksicht auf die elektrische Kraftübertragung ausgeführt, und zwar meistens für Drähte in Zylindern. Für den Fall kleiner Stromdichten gilt für Gleichstromkorona nach TOWNSEND[136] die Formel

$$i = \frac{2\,b\,U_0\,(U - U_0)}{r_2^2 \ln \frac{r_2}{r_1}}, \tag{41}$$

wo b die Beweglichkeit der Ionen bedeutet.

MARX und GÖSCHEL[137] haben Messungen mit Wechselspannung und Gleichspannung ausgeführt an technischen Kupferseilen, die in einem Zylinder von 2 m Durchmesser ausgespannt waren. Die Ergebnisse eines Experimentes an einem normalen Kupferseile von 120 mm² Querschnitt sind in Abb. 117 aufgezeichnet.

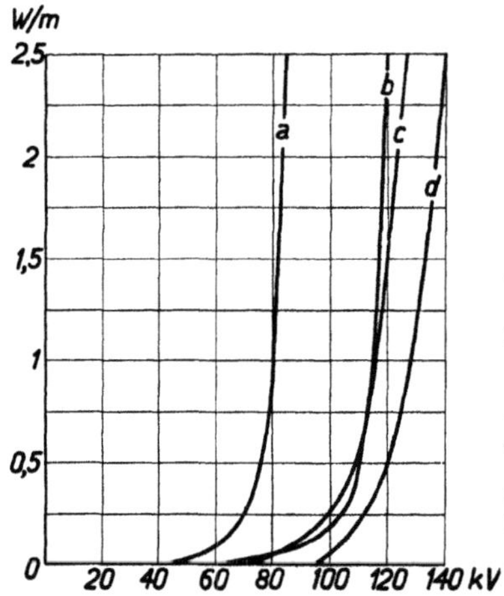

Abb. 117. Koronaverluste eines normalen Kupferseiles von 120 mm² Querschnitt nach MARX und GÖSCHEL. *a* bei 50 Hz (Effektivwert), *b* bei 50 Hz (Scheitelwert), *c* bei negativer Gleichspannung, *d* bei positiver Gleichspannung.

Besonders interessant ist das Ergebnis, daß bei positiver Gleichspannung die Koronaverluste bei einer erheblich höheren Spannung auftreten als bei negativer Gleichspannung, und daß die Verluste bei negativer Gleichspannung ungefähr ebenso groß sind wie bei Wechselspannung vom gleichen maximalen Wert.

Die Ergebnisse von MARX und GÖSCHEL wurden nur zum Teil bestätigt von STOCKMEYER[138], der Koronaverluste gemessen hat bei Gleichspannungen bis zu 170 kV an Drähten in Zylindern. STOCKMEYER fand, daß zwar bei Drähten mit rauher Oberfläche die negative Anfangsfeldstärke erheblich unter der positiven lag, daß aber dagegen bei glatten Drähtchen der Unterschied nicht bestand. Bei dünnen glatten Drähten lag sogar die negative Anfangsfeldstärke etwa 3% über der positiven. Bei Koronamessungen im hiesigen Laboratorium an Drähten in Zylindern wurde ebenfalls bei polierten Drähten eine etwas höhere Anfangspannung beim negativen Draht gefunden als beim positiven.

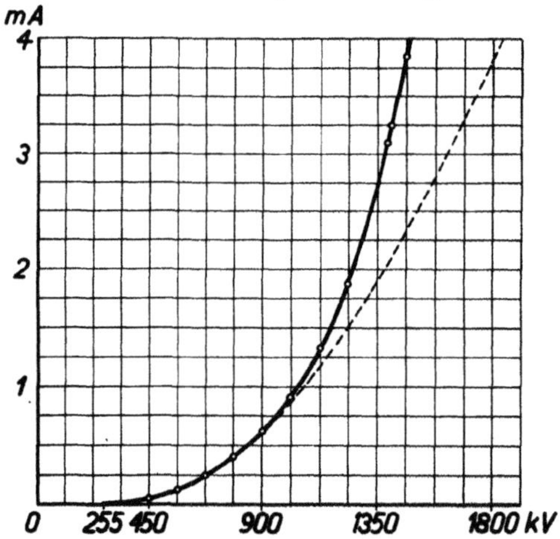

Abb. 118. Koronastrom von Spitzen auf einer abgerundeten Elektrode einer Hochspannungsanlage. Eine Anzahl Spitzen aus dünnen Kupferdrähten von 1 cm bestehend, senkrecht auf der Elektrode.

Interessant ist auch das Ergebnis von STOCKMEYER, daß das Verhalten der Verluste an einem Doppelleitungsmodell anders als bei der Einfachleitung ist. Die Verluste der Doppelleitung sind erheblich größer als die Verluste an den zwei Einfachleitungen, die man erhält, wenn man in der Mitte eine geerdete Platte anbringt. STOCKMEYER will diesen Unterschied erklären durch die Wirkung von Raumladungen, welche bei der Doppelladung fehlt, da Ionen beider Ladungen im Raum anwesend sind.

Von KÜHN[135] mitgeteilte Meßergebnisse über Koronaverluste weisen auch, wie bei MARX und GÖSCHEL, auf höhere Anfangsfeldstärke beim positiven Leiter hin. KÜHN findet, daß die Koronaverluste mit $(U-U_0)^3$ zunehmen, wo U_0 die Einsatzspannung ist. Erhebliche Unterschiede treten auf zwischen neuen und verwitterten Seilen. Bei letzteren liegt die Einsatzspannung niedriger. Daß KÜHN eine Abhängigkeit proportional der dritten Potenz von $(U-U_0)$ findet, während PEEK $(U_1-U_0)^2$ angibt, hat keine große Bedeutung. Sogar wenn das quadratische Gesetz nach PEEK genau gelten würde, müßte ein steilerer Anstieg der Koronaverluste schon dann hervorgerufen werden, wenn nicht alle Stellen zu gleicher Zeit zu sprühen anfangen, sondern die Kurve des Gesamtstromes als die Superposition verschiedener Parabeln angesehen werden muß.

Vom Verfasser wurden an einer 2-MV-Gleichspannungsanlage im Laboratorium Messungen des Sprühstromes gemacht, ausgehend von einer Anzahl etwa 1 cm langer Drahtspitzen auf einer gut abgerundeten Elektrode.

Eine der Meßkurven ist in Abb. 118 abgebildet. Sie hat denselben Charakter wie die Koronakurven nach PEEK u. a. Zum Vergleich ist eine Parabel eingezeichnet.

§ 32. Durchschlag in besonderen Gasen.

Wie aus Tabelle VI hervorgeht, ist die Durchschlagfestigkeit von Luft kleiner als die verschiedener anderer Gase, wie z. B. Cl_2 und SO_2.

Schon im Jahre 1889 wurde von NATTERER[139] eine Reihe verschiedener Gase bei gleichem Druck untersucht, indem er die Schlaglänge zwischen zwei Platindrähten maß unter einer immer gleich hohen Spannung eines Induktors. Er fand für diese Anordnung, daß z. B. Tetrachlorkohlenstoff

Tabelle VI. Durchbruchfeldstärke bei 20° C und 760 mm Hg in Abhängigkeit von der Gasart.

Gas	$\lambda^* \times 10^5$ cm	V_i **	E (ber.) kV/cm †††	E_{exp}	Verhältnis E_{gas}/E_N (ber.)	Verhältnis E_{gas}/E_N (exp.)
Luft . .	3,7	12,5	33	31	0,8	0,9
N_2 . . .	3,6	15,8	42	34	1	1
O_2 . . .	4,0	12,5	30	27***	0,7	0,8
H_2 . . .	7,1	15,8	22	19†	0,5	0,5
Cl_2 . . .	1,7	13	70	53††	1,7	1,6
SO_2 . .	1,7	13,1	70	55††	1,7	1,9
CO_2 . .	2,4	14,4	56	39†. ††	1,3	0,88

* Gaskinetisch berechnet, s. z. B. v. ENGEL und STEENBECK[113], Bd. I, S. 39.

** Nach KNOLL, OLLENDORF u. ROMPE: Gasentladungstabellen[143] S. 53 u. 63 und nach SPONER[143*], S. 131.

*** Nach A. ORGLER: Ann. Phys. Bd. 1 (1900) S. 159.

† Nach E. FINKELMANN: Arch. Elektrotechn. Bd. 31 (1937) S. 282.

†† Nach E. E. CHARLTON u. F. S. COOPER: Gen. Electr. Rev. Bd. 40 (1937) S. 438.

††† E (ber.) bedeutet: berechnet nach (8) § 27.

einen sehr großen festigkeiterhöhenden Einfluß besitzt. Auch die Halogene zeigten einen gleichartigen Einfluß.

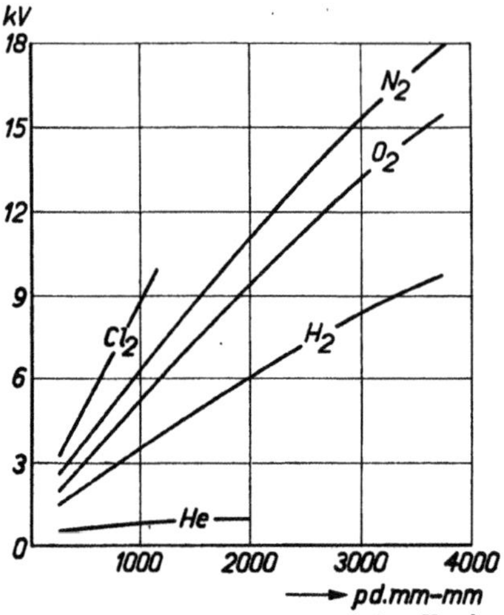

Abb. 119. Durchschlagspannung zwischen Kugelschalen von 2 cm Kugelradius nach ORGLER und RITTER.

Von ORGLER[140] und RITTER[141] wurde zwischen Kugeln von 2,5 cm Durchmesser bzw. zwischen Kugelschalen von 2 cm Kugelradius die Durchschlagspannung gemessen in Luft, He, CO_2, N_2, O_2, H_2 und Cl_2. Einige ihrer Ergebnisse sind in Abb. 119 wiedergegeben.

Mit der Entwicklung der Höchstspannungsanlagen beginnt neues Interesse für die besonders durchschlagfesten Gase. JOLIOT, FELDENKRAIS und LAZARD[54] beobachteten bei einem elektrostatischen Generator nach VAN DE GRAAFF (wo Koronaströme für die erzeugte Spannung bestimmend sind) eine Spannungserhöhung um ungefähr das Zweifache. RODINE und HERB[142] untersuchten diesen Einfluß genauer. Sie fanden, daß der Einfluß kleiner CCl_4-Mengen relativ größer ist als die großer Mengen. Dies wird gezeigt durch die Abb. 120, die nach neueren Messungen von DE GRAAF* gilt für Luft-CCl_4-Mischungen von 75° C und 1 at Gesamtdruck zwischen bestrahlten Kugeln von 10 cm Durchmesser in etwa 2 cm Abstand (Gleichspannung). Die Verbesserung bei 25° C durch die zu dieser Temperatur gehörige Dampfspannung ist gegenüber Luft nach RODINE und HERB[142] sowie gegenüber Stickstoff nach CHARLTON und COOPER[144], etwas kleiner als nach Abb. 93 für den gleichen Dampfdruck, d. h. ungefähr 1,8- statt 2,1 mal.

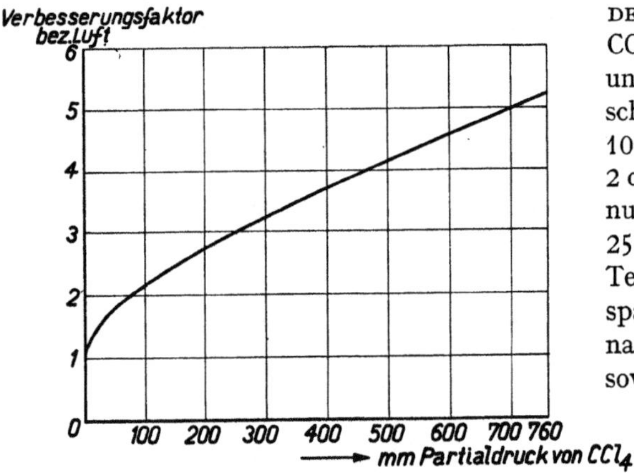

Abb. 120. Erhöhung des Durchschlages in Luft bei Anwesenheit von CCl_4, gemessen zwischen Kugeln von 10 cm Durchmesser (75° C und 1 at Gesamtdruck).

Die letzten Beobachter untersuchten viele Gase und Dämpfe auf Durchschlagfestigkeit bei 23° C und 1 at Gesamtdruck im homogenen Felde zwischen Kugelschalen von etwa 5 cm Kugelradius in 3 bis 6 mm

* J. E. DE GRAAF: Ausführliche Veröffentlichung demnächst.

Abstand. Es wurde die Funkenverzögerung mittels Bestrahlung der Elektroden aufgehoben, und die verwendete Gleichspannung hatte nur eine zu vernachlässigende Welligkeit. Einige ihrer Ergebnisse sind in Tabelle VII zusammengefaßt. Die angegebene relative Durchbruchfestigkeit ist definiert als das Verhältnis der Durchbruchfestigkeit des Gases oder Gemisches (von Dampf und Stickstoff) zu der des Stickstoffes von 23° C und 760 mm Quecksilberdruck in derselben Funkenstrecke.

Für nicht homogene Felder wurden diese Gase nur zum Teil genauer untersucht, aber es bestehen doch Andeutungen, daß die relative Durchbruchfestigkeit noch abhängig ist von der Form des Feldes[142, 144], und zwar daß mit wachsender Inhomogenität des Feldes der Einfluß der durchbruchfesten Gase kleiner wird (vgl. die Abb. 120 und 121).

Für *die Verwendung* ist wichtig, daß die besonders festen Gase, wie CCl_4, in starken elektrischen Feldern durch Korona und Funken zerfallen und dann zu einer kräftigen Korrosion Anlaß geben, die Kupfer, Eisen und Messing angreift. Chrom hat sich bisher im Laboratorium des Verfassers ziemlich resistent gezeigt: genügend stark verchromte Gegenstände sind wahrscheinlich auch auf die Dauer brauchbar.

Tabelle VII. Relative Durchbruchfestigkeit verschiedener Gase.

Gas oder N_2 + Dampfmischung von 23° C und 760 mm Hg Gesamtdruck	Druck des Dampfes (mm Hg)	Relative Durchbruchfestigkeit	Siedepunkt der Flüssigkeit unter dem Dampf bei at Druck
CCl_3F . .	725	3,0	24,1
CCl_2F_2 . .	760	2,4	—28
SO_2 . . .	760	1,9	—10,0
CCl_4 . . .	105	1,65	76,6
Cl_2 . . .	760	1,55	—34,6
CO_2 . . .	760	0,88	—28,5

Weil man durch Druckerhöhung die Durchbruchfestigkeit steigern kann, wird man dasjenige Gas wählen, das sich auszeichnet durch hohen Sättigungsdruck bei Zimmertemperatur. Mit 6 at Absolutdruck und 23° C erreichten CHARLTON und COOPER[144] bei CCl_2F_2 eine relative Durchbruchfestigkeit von etwa 15 (bezogen auf Stickstoff von 1 at). Lassen z. B. Vakuumgeräte nur atmosphärischen Druck zu, so wird man am besten CCl_3F wählen.

Die Erklärung dieser Tatsachen kann noch nicht in allen Teilen gegeben werden. Man kann in verschiedenen Richtungen suchen: Einmal kann die Ionenproduktion je Elektron in den durchbruchfesten Gasen dadurch kleiner sein, daß viele Elektronen eingefangen werden. Hierbei können die Größe der Moleküle, sowie auch das elektronegative Verhalten von Bedeutung sein. Zweitens kann die Nachlieferung von Elektronen an der Kathode durch Ionen kleiner sein etwa dadurch, daß die Anzahl positiver Ionen durch deren Rekombination mit den langsamen negativen Ionen abnimmt. Die hohe Durchschlagspannung kann sich nicht nur auf hohe Ionisationsspannungen und kleine Weglänge (vgl. § 29) stützen, weil z. B. Chloroform zwar durchschlagfester ist als Luft (nach DE GRAAF bei 75° etwa $3^1/_2$mal), aber nur eine Ionisationsspannung von etwa 12 V hat[145].

In inhomogenen Feldern werden die Koronaströme durch Tetrachlorkohlenstoff stark herabgesetzt, wie qualitativ auch schon durch JOLIOT, FELDENKRAIS und LAZARD beobachtet wurde.

Abb. 121, nach Messungen von DE GRAAF im hiesigen Laboratorium zeigt, wie bei zunehmendem Partialdruck des CCl_4 die zu einem bestimmten Sprühstrom oder Durchschlag gehörende Spannung steigt.

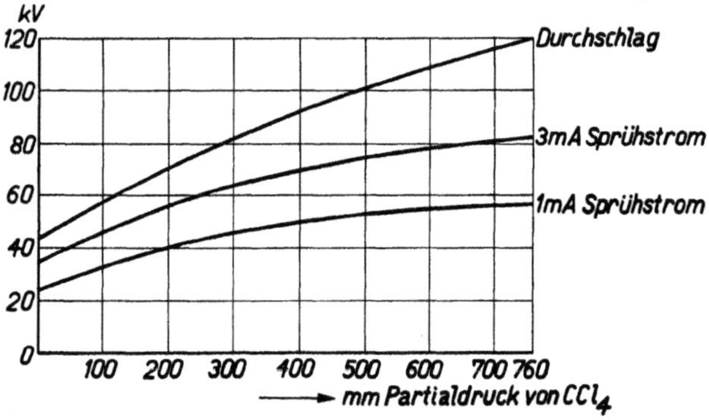

Abb. 121. Durchschlagspannungen und Spannungen bei konstantem Sprühstrom in Luft mit CCl_4 in einem Zylinderfeld (75° C und 1 at Gesamtdruck).

Bei einer Spitze gegenüber einer Platte untersuchten NAKAYA und YAMASAKI[146] die Ionenverteilung in den Zeiten der Funkenverzögerung mittels der Nebelkammer. Sie fanden in Luft stark verästelte Nebelspuren, während durch Tetrachlorkohlenstoff und Chloroform diese Spuren an Zahl geringer und weniger verästelt sind.

§ 33. Durchschlag bei Stoßspannung und Wechselspannung *.

(Frequenzabhängigkeit der Durchschlagspannung.)

Wird eine zeitlich nichtkonstante Spannung an einer Entladungsstrecke angelegt, so ist der Verlauf des Zündvorganges im allgemeinen verschieden von dem des statischen Durchschlags.

Dieses macht sich bemerkbar bei Beanspruchung der Entladungsstrecke mit Spannungsstößen und mit Wechselspannung. Wir werden im folgenden die Erscheinungen betrachten, welche in diesem Fall beim Durchschlag zwischen Kugelelektroden in atmosphärischer Luft auftreten können.

Bei Anlegung einer niederfrequenten Wechselspannung an der Funkenstrecke kann man erwarten, daß ein normaler Durchschlag in dem Augenblick stattfindet, wo der Momentanwert der Spannung der statischen Zündspannung gleich ist. Dafür wird es aber nötig sein, daß während der Zeit, wo die Feldstärke zur Ionisation des Gases ausreichend ist, der ganze Entladungsmechanismus sich ausbilden kann.

* Eben erschien das Werk „Elektrische Stoßfestigkeit" von R. STRIGEL, dessen Inhalt nicht mehr berücksichtigt werden konnte[146a].

Die Zeitabhängigkeit der Zündung ist eingehend experimentell untersucht worden. Dabei hat sich gezeigt, daß nicht immer ein Durchschlag stattfindet, wenn nur während einer sehr kurzen Zeit eine Spannung angelegt wird, die der statischen Zündspannung gleich ist oder diese sogar wesentlich übertrifft. So haben STRIGEL [121], WILSON [147], VIEHMANN [148] u. a. die Zeiten gemessen, die zwischen dem Moment des Anlegens der Spannung und dem Auftreten des Entladungsstromstoßes verlaufen.

Diese Zeiten sind im Mittel um so kürzer, je größer der Betrag ist, um den die Spannung die statische Zündspannung übertrifft, zeigen aber statistisch verteilte Abweichungen. Aus der Gesetzmäßigkeit der gefundenen Schwankungen lassen sich diese als reine Zufallseffekte deuten [149]. Die Existenz derartiger Schwankungen kann man in folgender Weise einsehen. Die TOWNSENDsche Theorie der Zündung setzt für das Anwachsen des Stromes von Null an die Anwesenheit wenigstens eines einzelnen Elektrons im Entladungsraum voraus. Die kurze Zeitpause bis zum Entstehen des ersten Elektrons, die Wartezeit, hängt von der Art und Intensität der nicht kontinuierlich mit gleicher Intensität vorhandenen Fremdstrahlung (Höhenstrahlen, radioaktive Strahlen, Licht) ab und wird also vom Zufall bestimmt.

Weiter wird nicht jedes Anfangselektron zu einer gleich großen Lawine von Ladungsträgern Veranlassung geben, sondern es kommt ein zweiter Zufallseffekt ins Spiel, nämlich die Wahrscheinlichkeit, welche jedes einzelne Ion bietet, ein neues Elektron nachzuliefern, wodurch der von den einzelnen Lawinen getragene Strom sowohl anwachsen als auch abklingen kann.

Diese Zufallseffekte bestimmen aber nicht die ganze gemessene Zeit des Zündverzuges, sondern nur die erste Phase. In der zweiten Phase ist die Zahl der Ladungsträger schon derart groß geworden, daß die zeitliche Zunahme nicht mehr merkbar von Wahrscheinlichkeiten abhängig ist. Die von den Ionen hervorgerufenen Raumladungen führen eine Feldverzerrung herbei, die für den weiteren Ablauf des Durchschlages maßgebend ist. Auf diese zweite Phase beziehen sich die von ROGOWSKI und anderen angegebenen grundlegenden theoretischen Erklärungen und die experimentellen Arbeiten vieler Untersucher. Charakteristisch für die zweite Entladungsphase ist das unstetige Anwachsen des Stromes bei anfangs gleichbleibender, im weiteren Verlauf sogar abnehmender Spannung. Dies gibt ein praktisches Kriterium für das Auftreten der Zündung (Funkenbildung).

Wichtig für unsere Fälle ist, daß die durch die zweite Phase bedingte Zeit bei höheren Gasdichten (atmosphärische Luft) außerordentlich kurz ist, von der Größenordnung 10^{-8} s, also meistens vernachlässigbar gegenüber der Dauer der ersten Phase. Sie wird um so kürzer sein, je höher die Gasdichte ist. Aus der ROGOWSKIschen Theorie geht hervor, daß die Zeit sich ungefähr umgekehrt proportional der Gasdichte ändern muß, was durch die von BUSS[150] veröffentlichten Oszillogramme für Luft bestätigt wird.

Die ganze Aufbauzeit des eigentlichen Durchschlages wird durch die gesamte Dauer der beiden Phasen bestimmt.

Die Zeitdauer der ersten Phase ist von der Anwesenheit von Anfangselektronen abhängig und von der Überspannung, d. h. von dem Betrag, um welchen die angelegte Spannung die statische Zündspannung übertrifft. Diese Zeit ist relativ sehr groß bei der statischen Zündspannung und strebt einem unteren Grenzwert zu bei einer etwa 80%igen Überspannung, ein Fall, bei dem ein einziges Anfangselektron die Zündung sicher einleitet, wie STRIGEL gezeigt hat.

In folgender Weise kann man die Statistik der Verzögerungszeiten messen: Man macht eine Reihe von n genau gleichen Versuchen, wobei zur Zeit $t=0$ eine bestimmte Spannung an eine Entladungsstrecke gelegt und die zur Zündung nötige Zeit gemessen wird. Bezeichnet man mit n_t die Zahl der gemessenen Zeiten länger als t, so findet man, daß bei genügend großem Werte von n der Bruchteil n_t/n sich ergibt zu

$$\frac{n_t}{n} = e^{-a\,b\,t},$$

worin a und b zwei von der Zeit unabhängige Wahrscheinlichkeiten sind; a bestimmt die Anwesenheit von Anfangselektronen und b die völlige Ausbildung der Lawinenfolge.

Die mittlere Verzögerungszeit ist gegeben durch $1/ab$ und kann auf zwei verschiedenen Wegen herabgesetzt werden; erstens durch Vergrößerung von a durch Bestrahlung der Entladungsstrecke, zweitens durch Vergrößerung von b durch Überspannung.

Für die Spannungsabhängigkeit des Zündverzuges im Gebiete niederer Drucke sei hingewiesen auf die theoretische Arbeit von HERTZ[151] und für die Aufbauzeit der Entladung auf eine Arbeit von SCHADE[152]. Für kleine Schlaglängen sind die Anschauungen von HERTZ und SCHADE auch gültig für Durchschlag in atmosphärischer Luft.

Bei dem Wechselspannungsdurchschlag gelangen die obenerwähnten Erscheinungen dadurch zum Ausdruck, daß eine gewisse Überspannung nötig sein kann für die völlige Ausbildung der ersten Phase.

Statistisch verteilte Schwankungen spielen bei genügend langsamer Spannungssteigerung keine erhebliche Rolle, weil Durchschlag auftritt in dem günstigen Fall, der in einer längeren Periodenfolge vorkommt; schon durch schwache Bestrahlung können sie weiter beseitigt werden.

Bei Spannungsmessung mit der Kugelfunkenstrecke konnte man zunächst erwarten, daß von sehr niedrigen Frequenzen an mit zunehmender Frequenz die gemessene Durchschlagspannung allmählich höher sein würde; es hat sich aber gezeigt, daß im Frequenzbereich von 50 bis 1000 Hz die Durchschlagspannung noch praktisch dieselbe ist wie bei

Gleichspannung, der Effekt also innerhalb der Meßgenauigkeit liegt. Es soll hier aber betont werden, daß die Frequenzabhängigkeit in diesem Gebiete nur wenig untersucht ist und die einzelnen Angaben nicht immer übereinstimmen. Eine erhebliche Zunahme der Durchschlagspannung bei Frequenzerhöhung wurde auf alle Fälle nicht gefunden.

Für höhere Frequenzen wurde sogar eine sehr deutliche Abnahme der Durchschlagspannung mit wachsender Frequenz festgestellt. Nach Angaben von PEEK[153] ist bei der Frequenz 1000 Hz noch keine Abweichung festzustellen, diese beträgt aber bei 40000 Hz schon 10%.

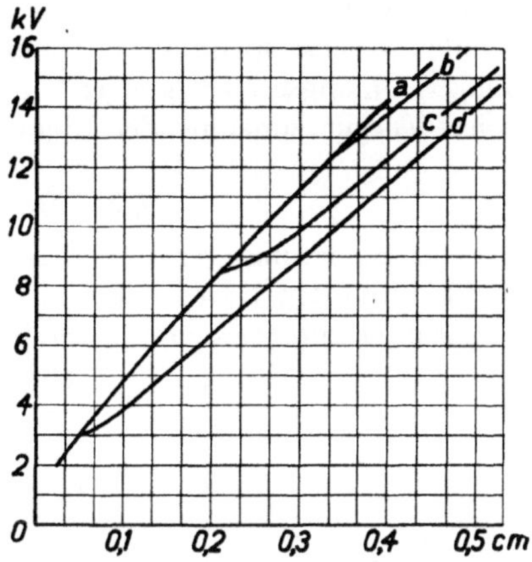

Abb. 122. Durchschlagspannung zwischen 2,5-cm-Kugeln in atmosphärischer Luft bei verschiedenen Frequenzen, nach LASSEN. *a* 50 und 10^5 Hz, *b* $1,5 \cdot 10^5$ Hz, *c* $3 \cdot 10^5$ Hz, *d* $2,5 \cdot 10^6$ Hz.

Die Abnahme der Durchschlagspannung läßt sich qualitativ in folgender Weise deuten: Die bei hohen Drucken verhältnismäßig geringe Beweglichkeit der positiven Ionen im elektrischen Felde, sowie die geringe Diffusionsgeschwindigkeit rufen einen schwachen Restionisationszustand hervor; bei genügend hohen Frequenzen ist die Entladungsstrecke nie völlig frei von Ionen, welche von abgebrochenen Ionisierungsprozessen aus vorausgegangenen Perioden herrühren. Das hat zur Folge, daß, wenn der Scheitelwert der angelegten Spannung der Zündspannung nahekommt, die negative Elektrode schon von positiven Ionen getroffen wird, welche nach dem γ-Mechanismus (§ 29) Elektronen erzeugen und in dieser Weise einen Anfangsstrom verursachen. Der Einfluß eines solchen Anfangsstromes auf die statische Zündspannung ist eingehend experimentell untersucht worden von ROGOWSKI und Mitarbeitern[154]. Es hat sich gezeigt, daß eine Zündspannungserniedrigung auftritt, die der Wurzel aus dem Anfangsstrom proportional ist. Zwar beziehen sich die ROGOWSKIschen Anschauungen auf homogene Felder, aber zur qualitativen Deutung der gefundenen Zündspannungserniedrigung dürften sie doch auch im Falle der Kugelfunkenstrecke herangezogen werden. Offenbar kompensiert im Bereiche der niedrigen Frequenzen diese Erniedrigung der Zündspannung die durch Aufbauzeit bedingte Erhöhung, um sie bei höheren Frequenzen sogar wesentlich zu übertreffen. Weitere Angaben hierüber finden sich in einer Arbeit von REUKEMA[155].

Neuere Messungen von LASSEN[156] und MISERÉ[157] umfassen einen größeren Frequenzbereich. Erhebliche Spannungserniedrigungen treten auf. Ein kritischer Elektrodenabstand wird beobachtet, wobei ein Knick in der Durchschlagkurve erscheint (Abb. 122).

Bei sehr hohen Frequenzen wird auch die von den Ionen verursachte Raumladung eine Rolle spielen, wodurch noch weitere Abweichungen zu erwarten sind.

Zusammenfassend können wir folgendes feststellen: Bei Verwendung der Kugelmeßstrecke für Spannungsstöße sind durch Trägheit und Zufall bedingte Effekte zu beachten, die bei kurzer Stoßdauer (etwa bis 10^{-4} s) zu niedrige Spannungen vortäuschen; durch schwache Vorionisierung der Entladungsstrecke durch Bestrahlung können diese Fehler noch beseitigt werden, falls die Stoßdauer nicht kürzer als 10^{-6} s ist (vgl. § 48, V).

Bei Wechselspannungen treten bei Frequenzen oberhalb 1000 Hz Zündspannungserniedrigungen auf, welche zuerst langsam, später schneller mit zunehmender Frequenz wachsen.

§ 34. Der Überschlag.

Die Spannungsgrenze bei Hochspannungskonstruktionen wird oft nicht durch den Durchschlag in Luft oder in einem andern homogenen Isolator bestimmt, sondern durch einen Längsdurchschlag oder „Überschlag" über die Grenzschicht zwischen zwei Isoliermitteln*. Besonders die Grenzschicht zwischen einem Isolator und der Luft, also die Oberfläche des Isolators, hat eine kleine Durchbruchfeldstärke. Für den Überschlag ist die Feldstärke in der Richtung der Oberfläche maßgebend. Im allgemeinen werden die Kraftlinien nicht parallel der Oberfläche verlaufen. Die in der Oberfläche liegende Komponente der Feldstärke (Abb. 123) ist dann für den Überschlag maßgebend.

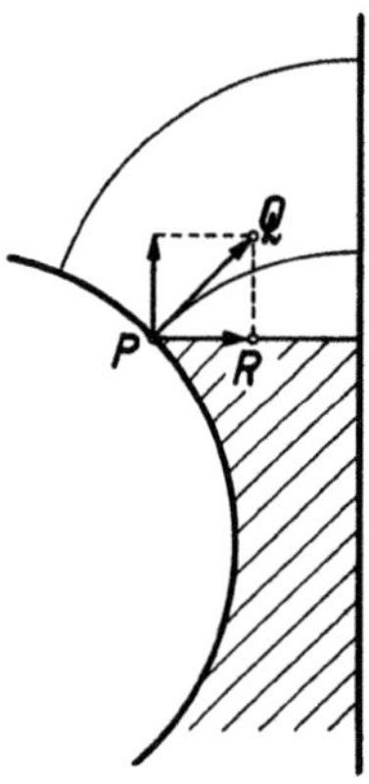

Abb. 123. Für den Überschlag ist die in der Oberfläche liegende Komponente PR der Feldstärke PQ maßgebend.

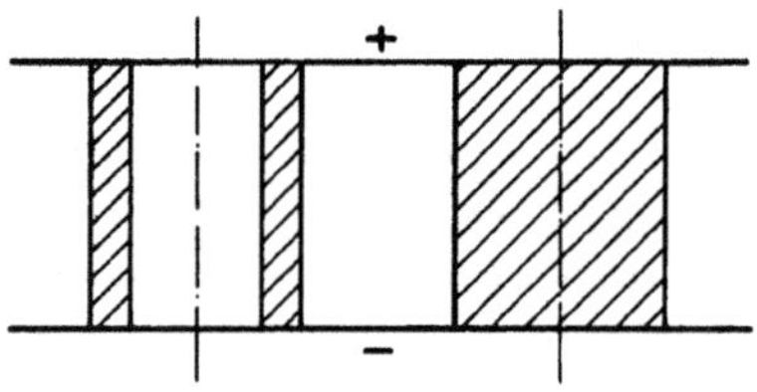

Abb. 124. Einfache Anordnung zur Messung der Überschlagfestigkeit.

Die Überschlagspannung kann man leicht studieren an zylindrischen Isolatoren, die zwischen plattenförmigen Elektroden eingespannt sind (Abb. 124); die Feldstärke verläuft dann genau längs der Oberfläche und ist daher für bestimmten Plattenabstand und bestimmte Spannung bekannt.

* Das Wort Überschlag wird sehr oft auch anstatt Durchschlag verwendet, bedeutet aber hier immer die Oberflächenerscheinung.

Die Überschlagfeldstärke oder „Überschlagfestigkeit" liegt in der Nähe von 10 kV je cm, ist also erheblich kleiner als die Durchschlagfestigkeit in

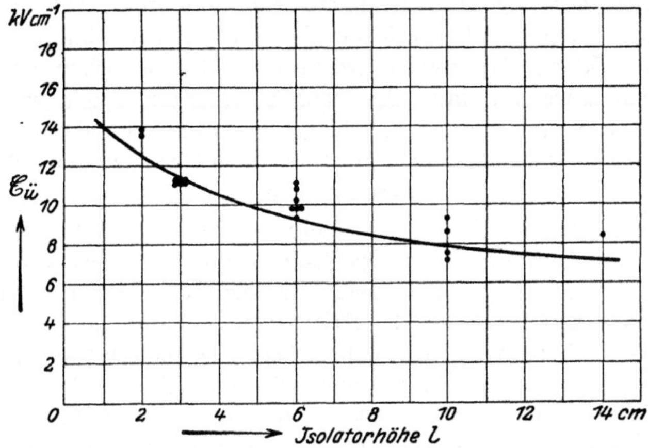

Abb. 125. Überschlagfestigkeit von Porzellan, abhängig von der Isolatorhöhe (nach SCHWAIGER).

Luft. Die Überschlagfestigkeit ist in etwas stärkerem Maße von dem Elektrodenabstand abhängig, als das bei dem Durchschlag der Fall ist.

Eine typische Überschlagkurve zeigt Abb. 125, gemessen an Porzellan in einer Aufstellung nach Abb. 124.

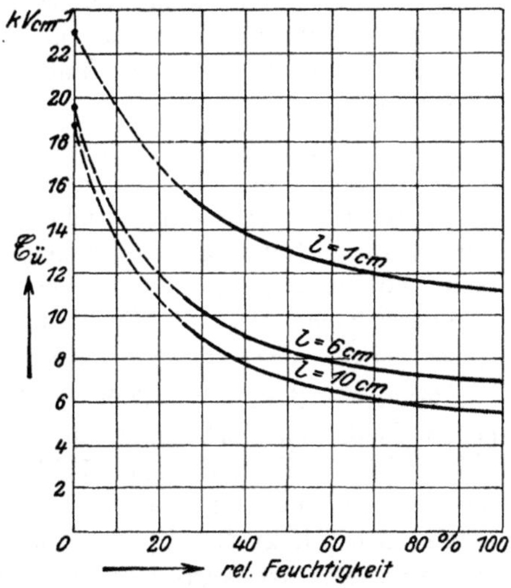

Abb. 126. Überschlagfestigkeit von Porzellan, abhängig von der relativen Feuchtigkeit (nach SCHWAIGER).

Im Gegensatz zu dem Durchschlage zeigt der Überschlag eine deutliche Abhängigkeit von der Feuchtigkeit der Luft. Das Wasser auf der Oberfläche scheint hier die entscheidende Rolle zu spielen, und zwar sowohl bei Isolatoren, deren Oberfläche von Wasser benetzt wird, wie Glas und Porzellan, als auch bei solchen, die nicht benetzt werden, wie Paraffin. Bei den letzteren findet Tropfenbildung statt. Die Abhängigkeit von der Feuchtigkeit verläuft immer ungefähr so, wie Abb. 126 angibt. Bei vollkommen trockener Luft liegt die Überschlagfestigkeit der Durchschlagfestigkeit von Luft ziemlich nahe.

Neben der Überschlagfestigkeit ist auch die Oberflächenleitung (oder der Oberflächenwiderstand) von Bedeutung. Der Oberflächenwiderstand ist von der Art des Isolators abhängig. Er beträgt für reines Paraffin z. B. ungefähr $10^{17}\,\Omega$; für Porzellan in trockener Luft etwa $10^{14}\,\Omega$ und in feuchter Luft $10^{10}\,\Omega$. Auf andere Isolatoren mit nicht benetzbaren Oberflächen hat die Feuchtigkeit der Luft keinen Einfluß, was sich dadurch erklärt, daß immer trockene Stellen zwischen den kleinen Tröpfchen anwesend sind. Die Oberflächenleitung spielt eine wichtige Rolle als Einleitung zum Überschlag, doch offenbar nicht die entscheidende, weil sonst die Feuchtigkeit bei nicht benetzbaren Oberflächen nicht den Überschlag herabsetzen könnte.

Neben der Feuchtigkeit hat Staub auf der Oberfläche des Isolators einen großen Einfluß auf den Oberflächenwiderstand. Er kann dadurch leicht um das 10fache oder sogar 100fache vermindert werden. Der Strom über die Oberfläche, der Kriechstrom, nimmt dann gut meßbare Werte an und kann außerdem die Oberfläche dauernd ändern. Durch diese Änderung der Oberfläche unterscheidet sich der Überschlag prinzipiell von dem Durchschlag. Der Durchschlag in Luft hinterläßt keine bleibenden Spuren, wenn er nicht in einen intensiven Flammbogen entartet, der die Elektrodenoberfläche anschmelzt. Von solchen Gedanken ausgehend, werden die Isolatoren oft mit Rillen und Rippen versehen, damit der „Kriechweg" und der Überschlagweg wenigstens möglichst lang werden. Die Wirkung von Rillen beruht aber zum Teil auf einem anderen Effekt; wir kommen darauf später (§ 40) zurück. Zu viele Rillen fördern oft die Anhäufung von Staub und sind deswegen zu vermeiden.

Von dem Luftdruck ist die Überschlagfestigkeit ebenfalls abhängig, und zwar nimmt sie mit zunehmendem Druck zu, ungefähr proportional mit ihm. Bei sehr hohen Drucken scheint aber die Abweichung von diesem Proportionalitätsgesetze beim Überschlag eher aufzutreten als beim Durchschlag, und zwar in dem Sinne, daß die Überschlagfestigkeit weniger schnell steigt als der Druck. In besonderen Gasen wie CCl_4 (§ 32), scheint diese letzte Erscheinung stärker ausgeprägt zu sein.

Besondere Aufmerksamkeit verdient der Überschlag im inhomogenen Feld. Die Erfahrung lehrt, daß die Überschlagfeldstärke hier größer ist als in homogenen Feldern. Wahrscheinlich ist das durch sehr kleine, noch kaum beobachtbare Glimmströme zu erklären, welche den Effekt haben, daß die Feldstärke gerade an der Stelle, wo sie maximal ist, verringert wird. Diese Erscheinung wird in Hochspannungsanordnungen oft mit Absicht benutzt, indem an den Stellen der maximalen Feldstärke Glimm- oder Sprühränder angebracht werden (vgl. § 40).

Eine typische Anordnung mit einem nicht homogenen Feld haben wir in Abb. 103 kennen gelernt. Am Rande der metallenen Außenelektrode wird hier mit Erfolg ein Stanniolrand angebracht, der die Überschlagfestigkeit erheblich vergrößert (§ 40, Abb. 153).

§ 35. Feste und flüssige Isolatoren.

Auch hier müssen wir uns damit begnügen, nur die Haupterscheinungen zu besprechen. Eine ausgiebige Behandlung von technischen Isolierstoffen findet man z. B. in dem Werk „Elektrotechnische Isolierstoffe", herausgegeben von R. VIEWEG[158].

Feste und flüssige Isolatoren unterscheiden sich von Gasen schon dadurch, daß sie bei niedrigen, weit unter der Durchschlagspannung liegenden Spannungen folgende Eigenschaften aufweisen:

a) Es besteht eine endliche Leitfähigkeit λ, also ein endlicher spezifischer Widerstand $\varrho = 1/\lambda$.

b) Im Wechselfeld treten Verluste auf, die bei Gasen zwar auch grundsätzlich bestehen, aber praktisch vernachlässigbar klein sind. Für diese „dielektrischen Verluste" ist bekanntlich der Tangens des Verlustwinkels δ maßgebend. Die Bedeutung von $\operatorname{tg}\delta$ kann folgendermaßen umschrieben werden:

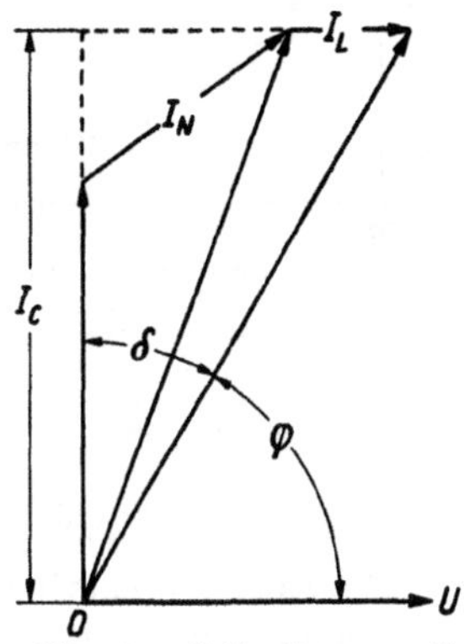

Abb. 127. Vektordiagramm für Strom und Spannung in festen Isolatoren (nach WAGNER).

Beim Luftkondensator eilt der Strom immer der Spannung um 90° vor. Der „Leistungsfaktor" $\cos\varphi$ ist in diesem Falle: $\cos 90° = 0$. Der Strom ist „wattlos". Ist das Dielektrikum des Kondensators ein fester Isolator, dann fließt auch ein gewisser Strom in Phase mit der Spannung, und demzufolge ist die Voreilung kleiner als 90°, und zwar $\varphi = 90° - \delta$. Diese Stromkomponente in Phase mit der Spannung rührt zum Teil vom wirklichen Leitungsstrom I_L her und zum anderen — meist überwiegenden — Teile vom Nachstrom oder Ladestrom i_N, auf den wir noch zurückkommen (Abb. 127).

Der Leistungsfaktor ist

$$\cos\varphi = \sin\delta \approx \operatorname{tg}\delta,$$

wenn δ klein ist. δ ist der Verlustwinkel. Die Verluste betragen

$$U I \cos\varphi \approx U^2 \omega C \operatorname{tg}\delta. \tag{42}$$

Die dielektrischen Verluste sind also wie die JOULEschen Verluste dem Quadrat der Spannung proportional.

c) Die dielektrische Konstante ε ist für feste (und flüssige) Isolatoren immer wesentlich größer als Eins.

Die drei Größen ϱ, $\operatorname{tg}\delta$ und ε sind neben der Durchschlagspannung für die Qualität eines Isolators maßgebend.

a) Die Leitfähigkeit. Die Leitfähigkeit beruht bei den Isolatoren auf Ionentransport. Dabei wird also mit dem Strom Materie mitgeführt und das Material zersetzt. Bekannt ist z. B. das Mitführen von Alkalien beim Stromdurchgang durch Glas bei hoher Temperatur. Im Gegensatz zu der metallischen Leitfähigkeit tritt bei Isolatoren eine Zunahme der Leitfähigkeit mit der Temperatur auf. Die Abnahme des spezifischen Widerstandes ϱ mit der Temperatur geschieht nach der Formel

$$\varrho = \varrho_0 e^{-\alpha T},$$

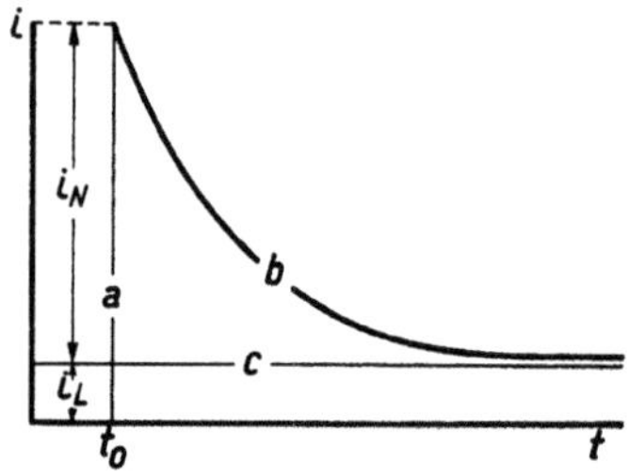

Abb. 128. Schematische Stromverluste in einem festen Isolator; *a* sehr rascher Anstieg des Stromes bis zur Aufladung der geometrischen Kapazität, *b* Ladestrom im Isolator, *c* Reststrom = Leitungsstrom.

wo α den Temperaturkoeffizienten bedeutet.

b) Die dielektrischen Verluste. Neben dem wirklichen Leitstrom I_L beobachtet man bei festen Isolatoren nach Einschaltung der Spannung einen abnehmenden „Nachstrom" oder „Ladestrom" (Abb. 128), welcher oft bis zu mehreren Minuten dauert. Am Ende stellt sich dann der nicht mehr mit der Zeit veränderliche Leitstrom ein. Dieser Nachstrom ist die Hauptursache für die dielektrischen Verluste bei Wechselspannung. Er wird in verschiedenen Weisen gedeutet:

Die Inhomogenitätstheorie. Nach MAXWELL wären Inhomogenitäten im Dielektrikum für den Ladestrom verantwortlich. Wir können das folgendermaßen einsehen: Beim Einschalten einer Gleichspannung ist zuerst die Kapazität der verschiedenen Schichten des Dielektrikums, also die Dielektrizitätskonstante ε, für die Spannungsverteilung entscheidend. Dann kommt allmählich der Einfluß des Widerstandes ϱ zur Geltung, um im stationären Fall allein die Spannungsverteilung zu bestimmen. Treten in verschiedenen Schichten verschiedene Werte von $\varepsilon : 1/\varrho = \varepsilon\varrho$ auf, dann müssen nach Einschaltung der Spannung noch Umladungen folgen, die den Ladestrom verursachen.

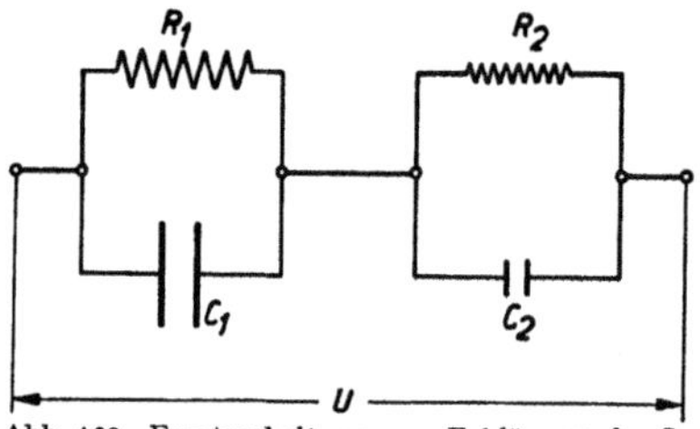

Abb. 129. Ersatzschaltung zur Erklärung der Inhomogenitätstheorie der Dielektrika nach MAXWELL.

Die Verluste sind frequenzabhängig. In dem Ersatzschema eines zweischichtigen Dielektrikums von Abb. 129 sei $R_1 \gg R_2$ und $C_1 \gg C_2$. Bei sehr niedrigen Frequenzen fließt kein Strom durch die Kondensatoren, deshalb wird:

$$i_{\omega\approx 0} = \frac{U}{R_1 + R_2}. \tag{43}$$

Es treten JOULEsche Verluste auf im Betrage:

$$V_{\omega\approx 0} = \frac{U^2}{R_1 + R_2} \approx \frac{U^2}{R_1}. \tag{44}$$

Bei sehr hoher Frequenz bestimmen die Kondensatoren die Spannungsverteilung; in diesem Falle ist:

$$i_{\omega\approx\infty} = \frac{U}{R_1}\frac{C_2}{C_1+C_2} + \frac{U}{R_2}\frac{C_1}{C_1+C_2} \approx \frac{U}{R_2}, \tag{45}$$

$$V_{\omega\approx\infty} = \approx \frac{U^2}{R_2}. \tag{46}$$

Der Verlustfaktor beträgt nach (42):

$$\operatorname{tg}\delta_{\omega\approx 0} \approx \frac{V_{\omega=0}}{U^2\omega C_1} \approx \frac{1}{\omega C_1 R_1}, \tag{47}$$

$$\operatorname{tg}\delta_{\omega\approx\infty} \approx \frac{V_{\omega=\infty}}{U^2\omega C_2} \approx \frac{1}{\omega C_2 R_2} \approx 0. \tag{48}$$

Für kleine Frequenzen sind nach (44) die Verluste klein und auch nach (47) der Verlustfaktor, solange $\omega C_1 R_1 \gg 1$ [nur solange ist die Formel (47) gültig]; für $\omega \to 0$ aber: $\operatorname{tg}\delta \to \infty$, so daß $\operatorname{tg}\delta$ für einen kleinen Wert von ω durch ein Minimum gehen muß. Für sehr hohe Frequenzen streben die Verluste dem konstanten Wert U^2/R_2 zu, während infolge (48) $\operatorname{tg}\delta$ unendlich klein wird. Für einen bestimmten Wert $\omega = \omega_0$ erreicht also $\operatorname{tg}\delta$ ein Maximum; wenn wir in unserem Schema noch $R_1 = \infty$ setzen (Abb. 129), ergibt sich:

$$\operatorname{tg}\delta = \frac{\omega C_1 R_2}{1+\omega^2 C_1 C_2 R_2^2} = \sqrt{\frac{C_1}{C_2}}\,\frac{\frac{\omega}{\omega_0}}{1+\left(\frac{\omega}{\omega_0}\right)^2}, \tag{49}$$

wo

$$\omega_0 = \frac{1}{R_2\sqrt{C_1 C_2}}.$$

$\operatorname{tg}\delta$ wird maximal, wenn $\omega = \omega_0$.

Von MAXWELL wurde der Fall kugelförmiger Verunreinigungen in einem übrigens homogenen Dielektrikum durchgerechnet und eine der Formel (49) ähnliche Beziehung für $\operatorname{tg}\delta$ in Abhängigkeit der Frequenz gefunden:

$$\operatorname{tg}\delta = C\,\frac{\frac{\omega}{\omega_0}}{1+\left(\frac{\omega}{\omega_0}\right)^2}, \tag{50}$$

wo wieder $\operatorname{tg}\delta$ maximal ist für $\omega = \omega_0$ und C eine Konstante bedeutet.

Die Dipoltheorie. Nach der Dipoltheorie von DEBYE[159] können wir auch ohne Annahme von Inhomogenitäten den Ladestrom und damit die dielektrischen Verluste erklären. Die Moleküle bilden Dipole, die durch das elektrische Feld gerichtet werden. Die Orientierung im elektrischen Feld fordert eine gewisse Zeit und geht mit einer gewissen Reibung vor sich, so daß $\operatorname{tg}\delta$ und ε von der Viskosität des Mediums und von der Frequenz abhängen. Stoffe ohne Dipolmoleküle, wie z. B. CCl_4, zeigen sehr kleine dielektrische Verluste, die dann auf Leitung und auf Verzerrung elektrischer Ladungen (Polarisierung) in Molekülen beruhen. Groß sind die Verluste bei ausgesprochenen Polarmolekülen, wie z. B. Nitrobenzol und Toluol.

Die Abhängigkeit von tg δ von der Frequenz wird auch nach der DEBYEschen Theorie durch eine Formel der Gestalt (50) beschrieben, wie wir noch näher (61) sehen werden. Wenn es sich um Flüssigkeiten handelt, hat ω_0 ungefähr den Wert:

$$\omega_0 = \frac{k\,T}{4\,\pi\,\eta\,r^3}. \tag{51}$$

η ist die Viskosität und r der Radius des betrachteten kugelförmigen Dipols.

$$\frac{4\,\pi\,\eta\,r^3}{k\,T} = \tau \tag{52}$$

ist ungefähr die Zeit (Relaxationszeit), welche notwendig ist, um den Dipol der Einwirkung des Feldes folgen zu lassen, oder um nach plötzlicher Entfernung des Feldes wieder in eine ungeordnete Verteilung zurückzukehren. Diese Zeit muß offenbar eine Funktion der Viskosität und der Teilchengröße sein, und ebenso der Temperatur. Die Temperaturbewegung erschwert die Einstellung durch das äußere Feld.

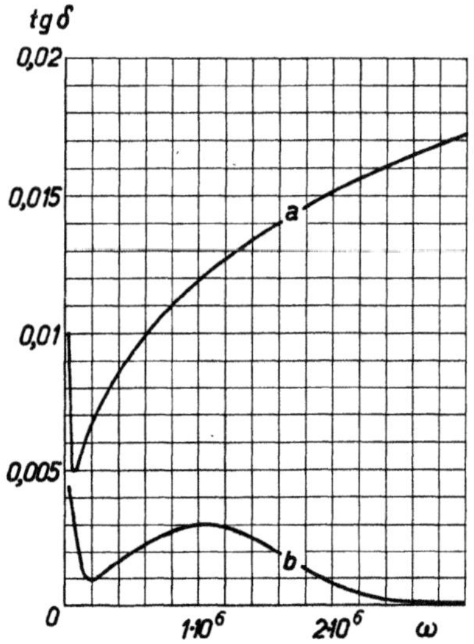

Abb. 130. tg δ in Abhängigkeit der Frequenz von *a* imprägniertem Papier, b Paraffinen.

Auch feste Stoffe zeigen mehr oder weniger den Effekt, daß tg δ ein Maximum hat, das meist bei sehr hohen Frequenzen liegt (Abb. 130). Ob es sich dabei um Inhomogenitäten nach MAXWELL oder Dipolorientierung nach DEBYE handelt, ist experimentell schwierig auszumachen.

Von WAGNER[160] wurde die MAXWELLsche Theorie neu aufgefaßt und unter anderem gezeigt, daß durch Superposition mehrerer Inhomogenitäten verschiedener Charaktere das Maximum der tg δ-Kurve weniger ausgeprägt wird, wie es oft experimentell festgestellt worden ist. An einen derartigen Superpositionseffekt kann man aber auch bei der Dipoltheorie denken.

Die Theorie von BÖNING. Neuerdings wurde von BÖNING[161] anschließend an MURPHY und LOWRY[161*] eine ganz andere Erklärung der dielektrischen Verluste — und der übrigen Eigenschaften des festen Isolators — gegeben. BÖNING denkt sich den Isolierstoff als ein von einem ausgedehnten Kanalsystem durchsetztes „Diaphragma". Der Stoff selbst ist nicht an den Vorgängen beteiligt. Die Kanäle enthalten einen dissoziierten Elektrolyten, dessen Ionen zum Teil an den Kanalwänden adsorbiert sind (Grenzionen), während die Ionen entgegengesetzter Polarität frei beweglich sind (Gleitionen). Diese Gleitionen bewegen sich im Wechselfeld hin und her.

Wenn auch auf Grund dieses Gedankens, wie BÖNING zeigt, eine Anzahl Erscheinungen befriedigend erklärt werden können, so scheint uns, daß diese Auffassung der Isolation doch nur in besonderen Fällen und nicht allgemein richtig ist.

c) Die Dielektrizitätskonstante. Die Dielektrizitätskonstante ändert sich mit der Temperatur, mit der Frequenz und mit der Zusammensetzung des Isoliermaterials, wenn auch in viel geringerem Maße als die Leitfähigkeit und der Verlustfaktor. Nach der DEBYEschen Theorie ist besonders der Einfluß der Temperatur leicht verständlich, weil ja die Einstellung der Dipole von der Temperatur abhängt.

$$\varepsilon = 1 + 4\pi \frac{P}{E}, \tag{53}$$

wo P die Polarisation, E das elektrische Moment je Volumeneinheit ist. P hängt außer vom elektrischen Felde von der Polarisierbarkeit α ab, die zum Teil (α_0) auf Verzerrung elektrischer Ladungen in anfänglich nicht polarisierten Molekülen, zum anderen — meist wichtigeren — Teile von dem Orientierungseffekt vorhandener Dipole herrührt:

$$\alpha = \alpha_0 + \frac{\mu^2}{3kT}, \tag{54}$$

wobei μ das Moment der Dipole ist. Die direkte Beziehung zwischen ε und α lautet:

$$\varepsilon = \frac{1 + \frac{8}{3}\pi n \alpha}{1 - \frac{4}{3}\pi n \alpha}, \tag{55}$$

wo n die Anzahl Moleküle in 1 cm^3 ist.

In Gasen wird zufolge (54) und (55) die Einstellung der Dipole bei Temperaturerhöhung erschwert, nimmt also ε bei steigender Temperatur ab. Bei anderen Stoffen tritt oft das Umgekehrte auf: Von einer gewissen Temperatur ab fängt ε an, mit der Temperatur ziemlich rasch zu steigen. Temperaturerhöhung bedeutet dann das Aufheben der gegenseitigen Behinderung der einzelnen Moleküle. Bei Natronsilikatglas und bei Niederfrequenz liegt nach STRUTT[162] diese Grenztemperatur bei ungefähr 80°; bei Borosilikatglas bei 120°. Bei der Frequenz 10^4 Hz werden diese kritischen Punkte bis auf 140° und 240° erhöht.

Auch die Abhängigkeit von ε von der Frequenz wurde von DEBYE gedeutet und besonders das abnorme Verhalten für bestimmte Frequenzen; die Abnahme von ε erfolgt bei der Frequenz ω_0, wo $\operatorname{tg}\delta$ ein Maximum hat. Bei hohen Frequenzen ist der Beitrag des Orientierungseffektes der Dipole zur Polarisierbarkeit gering, die optische Dielektrizitätskonstante ist:

$$\varepsilon_{\omega \to \infty} = \varepsilon_1. \tag{56}$$

Tabelle VIII.

Elektrische Eigenschaften fester Isolierstoffe

Dielektrikum	Dielektrische Konstante ε	Verlustfaktor 10^3 tg δ	Spezifischer Widerstand ϱ Ω cm	Durchschlagspannung bei Elektrodenabstand 0,2 mm kV_{eff}	1 mm kV_{eff}	10 mm kV_{eff}
Glas	5...16	1...20	$10^{13}...10^{14}$	6	12...20	90...100
Glimmer	4...8	0,1...0,2	$10^{15}...10^{17}$	19	etwa 60	500
Hartgummi	2,5...3,5	2...25	$10^{15}...10^{18}$	10	etwa 35	100...300
Keramische Sondermassen	...100	0,1...10	$10^{12}...10^{15}$		20 ÷ 35	...100
Kunstharz-Preßmassen	3,5...4,5	10...50	$10^{8}...10^{14}$		5 ÷ 25	
Marmor	8,5	10...100	$10^{9}...10^{11}$		etwa 5	10
Papier (trocken)	1,8...2,6	10			20	
(ölimprägniert)	4	3			150	
Paraffin	1,9...2,2	2	$10^{16}...3\cdot10^{18}$		etwa 30	100...200
Porzellan	6	10...20	$3\cdot10^{14}$			...200
Preßspan		20...60	10^{10}	2	etwa 15	
Quarzglas	3,7	0,1...0,2	$10^{15}...5\cdot10^{18}$		15 ÷ 30	
Steatit	4,1...5	1	10^{14}		15 ÷ 20	...200

Andererseits gibt es einen statischen Wert:

$$\varepsilon_{\varepsilon\to 0} = \varepsilon_0 . \tag{57}$$

Nach Debye schreibt sich nun der komplexe $\varepsilon = \varepsilon' + i\varepsilon''$ als Funktion der Kreisfrequenz ω folgendermaßen:

$$\left.\begin{aligned} \varepsilon' &= \varepsilon_0 + \frac{\varepsilon_1 - \varepsilon_0}{1+\left(\frac{\varepsilon_1+2}{\varepsilon_0+2}\right)^2 \omega^2\tau^2} \\ \varepsilon'' &= (\varepsilon_1 - \varepsilon_0)\frac{\frac{\varepsilon_1+2}{\varepsilon_0+2}\,\omega\tau}{1+\left(\frac{\varepsilon_1+2}{\varepsilon_0+2}\right)^2 \omega^2\tau^2}, \end{aligned}\right\} \tag{58}$$

wobei τ aus (52) bestimmt wird. ε' ist die gewöhnliche Dielektrizitätskonstante, $\varepsilon''/\varepsilon' = \operatorname{tg}\delta$. Man überzeugt sich leicht, daß tg δ von der Form (50) ist:

$$\operatorname{tg}\delta = \frac{\varepsilon_1-\varepsilon_0}{\sqrt{\varepsilon_1\varepsilon_0}}\,\frac{\frac{\omega}{\omega_0}}{1+\left(\frac{\omega}{\omega_0}\right)^2} \tag{59}$$

mit:

$$\omega_0 = \frac{1}{\tau}\,\frac{\varepsilon_0+2}{\varepsilon_1+2}\sqrt{\frac{\varepsilon_1}{\varepsilon_0}} . \tag{60}$$

Der maximale Wert ist:

$$\operatorname{tg}\delta_m = \frac{1}{2}\,\frac{\varepsilon_1-\varepsilon_0}{\sqrt{\varepsilon_1\varepsilon_0}} . \tag{61}$$

Wir erwähnen nun die lehrreichen Ergebnisse einer Untersuchung von SCOTT u. a.[163] an Gummi, die wir dem Aufsatze PFESTORFs im obengenannten Werke von Vieweg entnehmen.

Abb. 131 zeigt den Verlauf des Verlustfaktors und der Dielektrizitätskonstante in Abhängigkeit vom Schwefelgehalt des Gummis. Erst durch den Schwefelzusatz entstehen Dipole, die entsprechend dem Schwefelgehalt die Dielektrizitätskonstante ε erhöhen. Bei etwa 12% Schwefelgehalt wird der Gummi so hart, daß die polaren Moleküle keinen weiteren

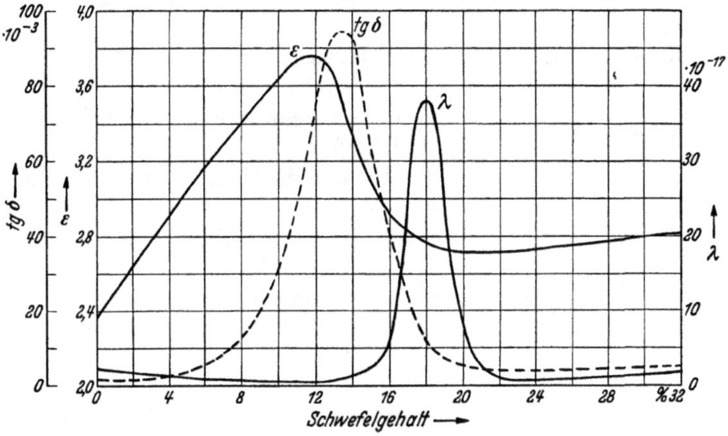

Abb. 131. Elektrische Eigenschaften von Gummi in Abhängigkeit vom Schwefelgehalt nach SCOTT, PERSON und CURTISS.

Beitrag zur Erhöhung von ε liefern können; ε wird kleiner. tg δ hat ungefähr bei diesem Schwefelgehalt sein Maximum: bei kleinerem Schwefelgehalt weniger Dipole, bei größerem Schwefelgehalt größere Viskosität.

Wird die Temperatur erniedrigt, so tritt eine Verschiebung der Maxima für ε und tg δ nach geringerem Schwefelgehalt (in der Abb. 131 nach links) ein. Eine Temperaturerniedrigung bewirkt bekanntlich bei Gummi eine Härtung. Diese Härtung kann auch durch einen äußeren Druck auf den Gummi hervorgerufen werden. Es entsteht dann die gleiche Verschiebung der Maxima von ε und tg δ nach links wie durch die Temperaturerniedrigung. Aus diesem Beispiele geht deutlich hervor, daß sowohl tg δ als auch ε in hohem Maße von der Zusammensetzung des Materials abhängig sein müssen. Nach einer derselben Stelle entnommenen Tabelle ändert sich tg δ für verschiedene Sorten von Hartgummi innerhalb der Werte $3{,}8 \cdot 10^{-3}$ und $127 \cdot 10^{-3}$ und ε innerhalb der Werte 3,0 und 5,2. Von ZWIKKER und Mitarbeitern[164] wurde neuerdings über Beobachtungen im selben Sinne berichtet.

Die Tabelle VIII zeigt für einige bekannten Isolierstoffe die drei Größen ϱ, tg δ und ε neben der Durchschlagfeldstärke, welche im nächsten Paragraphen besprochen wird. Ausführliche Angaben über keramische Stoffe und Kunstharze bieten die Tabellen IX und X.

§ 36. Der Durchschlag in festen Isolatoren.

In festen Stoffen ist der Durchschlagmechanismus ein ganz anderer als in Gasen. Die Moleküle sind nicht mehr elektrisch neutrale, voneinander unabhängige Gebilde, sondern sie sind durch elektrische Teilladungen aneinander gebunden. In Kristallen ist die Ordnung der Moleküle regelmäßig periodisch, wenn auch von „Fehlanordnungen" gestört[165]. In amorphen Stoffen ist die Anordnung nicht periodisch.

Der Durchschlag kann auf verschiedenartigen Wegen zustande kommen, und zwar:

a) durch Wärme (Wärmedurchschlag);

b) durch elektrische Wirkung (Ionisierungsprozesse, nicht von der Temperatur abhängig);

c) durch die Kombination von a) und b).

In allen Fällen tritt Durchschlag auf bei einer bestimmten Feldstärke, die im Falle des Wärmedurchschlages von der Temperatur abhängig ist.

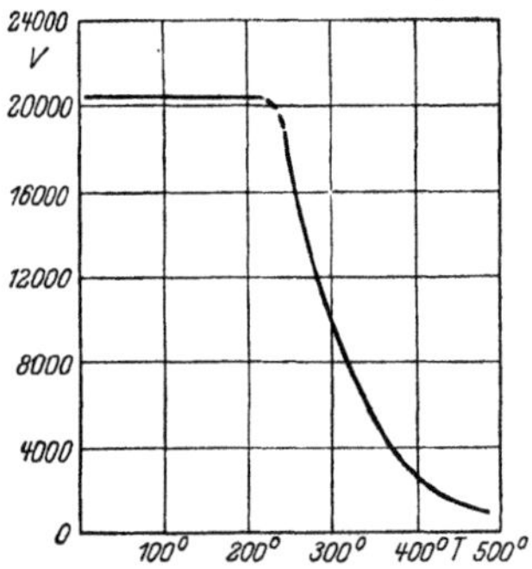

Abb. 132. Durchschlagspannung in Abhängigkeit von der Temperatur nach INGE und WALTHER bei Steinsalz.

Abb. 132 gibt die Abhängigkeit der Durchschlagspannung von der Temperatur für Steinsalz von 1 mm Dicke nach INGE, SEMENOFF und WALTHER[166]. Deutlich sind zwei Gebiete zu unterscheiden, nämlich ein Gebiet bis ungefähr 200°, wo die Temperatur keinen Einfluß hat, und ein Gebiet höherer Temperaturen, wo die Durchschlagspannung mit steigender Temperatur rasch abfällt.

Zu den allgemeinen Gesetzmäßigkeiten gehören: Die Durchschlagspannung ist erheblich höher bei kurzer Beanspruchung als bei längerer: bei Stoßspannungen höher als bei der 1-Minute-Probe, bei dieser höher als bei Dauerbeanspruchung. Die Durchschlagfeldstärke nimmt bei Verkleinerung der Schichtdicke stark zu. Sie ist höher an stark gekrümmten Leiterstücken (Kanten) als im homogenen Gebiet.

a) Der Wärmedurchschlag. Wir haben schon gesehen (§ 35), daß die Leitfähigkeit nach der Formel

$$\lambda = \lambda_0 e^{a T} \tag{62}$$

mit der Temperatur steigt. Mit jedem Stromdurchgang ist Wärmeentwicklung verbunden, so daß die in den Strombahnen entwickelte Wärme auch mit der Temperatur steigt. Diese Wärme wird eine Temperaturerhöhung verursachen, solange die durch Wärmeleitung abgeführte Wärme nicht die entwickelte Wärme kompensiert. Dieser Wettlauf zwischen Wärmezu- und -abfuhr kann zu einer stabilen Temperatur oder zu einer Katastrophe, dem Durchschlag, führen.

Das Verhältnis wird verdeutlicht durch die schematische Abb. 133 nach SEMENOFF und WALTHER[98]. Die Gerade 4 stellt die Wärmeabfuhr in Abhängigkeit von der Temperatur durch Wärmeleitung dar; die Kurven 1, 2 und 3 zeigen die erzeugte Wärme für verschiedene Spannungen. Solange die Kurve 4 die Wärmezufuhrkurve einer bestimmten Spannung schneidet, stellt der Schnittpunkt den stabilen Zustand dar: Wärmezufuhr und Wärmeabfuhr sind einander gleich. Die Temperatur T_m gehört zum Berührungspunkte der Geraden 4 mit der Kurve 2, die einer solchen Spannung angehört, daß gerade noch ein stabiler Zustand entsteht. Ein solcher Zustand ist nicht möglich bei der der Kurve 3 entsprechenden Spannung, denn sie wird nicht mehr von der Geraden 4 geschnitten: die Wärmeerzeugung ist immer größer als die Wärmeabfuhr.

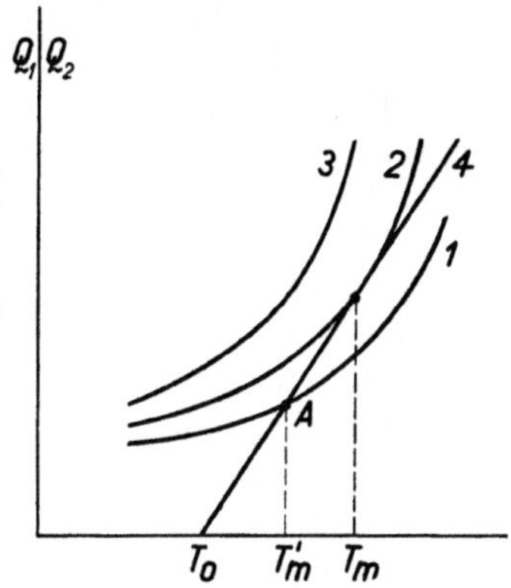

Abb. 133. Entwickelte und abgeführte Wärmemenge im Isolator nach SEMENOFF und WALTHER.

Wir denken uns nach WAGNER den Stromtransport in Kanälen bevorzugter Leitfähigkeit konzentriert. Die Wärmeentwicklung in einem Kanal mittleren Querschnittes q und mit der Länge d ist:

$$Q_1 = \frac{0{,}24\, U^2 \lambda(T)\, q}{d}. \tag{63}$$

Die abgegebene Wärmemenge ist:

$$Q_2 = k(T - T_0)\, d, \tag{64}$$

wo k eine Konstante ist, die von dem Kanaldurchmesser und von der Leitfähigkeit des Materials abhängt.

In dem Punkte T_m gilt:

$$Q_1 = Q_2 \tag{65}$$

und auch

$$\frac{dQ}{dT} = k\, d. \tag{66}$$

Aus (62) bis (66) läßt sich nun die Durchbruchspannung berechnen:

$$U_d = \sqrt{\frac{k}{0{,}24\, q\, a\, e}}\, d\, e^{-\frac{a}{2} T_0} \tag{67}$$

Die Durchschlagspannung hat also einen bestimmten, mit fallender Temperatur steigenden Wert. Sie wäre aber nach (67) proportional der Schichtdicke, was nicht den Erfahrungen entspricht.

Spätere verfeinerte Theorien (vgl. [167]), welche auch homogenen Stromdurchgang berücksichtigen, erklären auch die Abnahme der Durchbruchfeldstärke mit der Schichtdicke. Wir können diese Abhängigkeit schon folgendermaßen einsehen.

Im Fall eines leitenden Kanales ist in jeder Schicht des Isolators die Wärmeleitung im Mittel dieselbe, weil die Wärme nach den Seiten abgeführt wird und die nach den Elektroden abgeführte Wärme zu vernachlässigen ist. Bei räumlich homogen verteiltem Strom wird die

Wärmeableitung bei zunehmender Dicke verringert. Für größere Dicke des Isolators tritt also in diesem Falle der Durchschlag bei niedrigerer Feldstärke auf als bei dünneren Schichten.

b) Der elektrische Durchschlag. In § 35 haben wir die Stromleitung in festen Isolierstoffen als einen Ionentransport beschrieben. Nach den neuesten Auffassungen [168] sieht man auch in dem elektrischen Durchschlag einen Ionenvorgang. Die ursprünglich von JOFFE[169] vorgeschlagene Ionenstoßtheorie war nicht haltbar, weil sie nicht den äußerst raschen Verlauf des Durchschlags erklären konnte, welcher von ROGOWSKI mittels Kathodenstrahloszillographen festgestellt wurde. Der Durchschlag verläuft nach ROGOWSKI in etwa 10^{-8} s. Nach v. HIPPEL ist diese kurze Entladungsdauer doch auf Grund von Stoßionisation zu erklären. Kurz gefaßt wäre der Vorgang ungefähr folgender: Bei Feldstärken unter der Durchbruchfeldstärke verliert ein in einem Kristall durch das Feld bewegtes Elektron an jedem Atom eine gewisse Energie, indem es Schwingungen im Kristallgitter anregt. Nun hängt die Anregungswahrscheinlichkeit von der Elektronengeschwindigkeit ab. Die Anregungsfunktion hat ein Maximum. Unterhalb des Maximums steigt mit der Geschwindigkeit des Elektrons auch die Wahrscheinlichkeit des Energieverlustes durch Anregung von Gitterschwingungen. Das Elektron bewegt sich wie in einem reibenden Medium mit einer der Feldstärke proportionalen Geschwindigkeit. Oberhalb des Maximums der Anregungsfunktion wird die Wahrscheinlichkeit des Energieverlustes geringer, das Elektron wird durch das Feld beschleunigt und bekommt schließlich eine genügende kinetische Energie, um durch Stoß ionisieren zu können. Obwohl hier bisher von Kristallen gesprochen wurde, kann man sich einen ähnlichen Vorgang auch in anderen Stoffen denken, auch in Flüssigkeiten. Auf die Stoßionisation folgt unmittelbar der Durchschlag, weil die neugebildeten Elektronen wieder schnell abwandern und die stehenbleibende positive Raumladung ähnlich wie beim Gasdurchschlag die Feldstärke vergrößert. Auf Grund dieser Auffassungen sind z. B. die von v. HIPPEL beobachteten Richtungsdurchschläge in Kristallen erklärt[168].

BÖNING stellt sich einen elektrischen Durchschlag ganz anders vor. Nach BÖNING[161] tritt Durchschlag ein in dem Moment, wo die Feldstärke ausreicht, um die an den Kanalwänden im Isolator haftenden „Grenzionen“ (vgl. § 35) von der Oberfläche abzutrennen.

c) Der wärmeelektrische Durchschlag. ROGOWSKI hat sich den Durchschlag fester Isolatoren ungefähr folgendermaßen gedacht:

Die im Isolator entwickelte Wärmemenge $Q = 0{,}24\,\lambda U^2$ reicht noch nicht aus, um den labilen thermischen Zustand hervorzurufen, solange λ noch die bei geringer Feldstärke gemessene Leitfähigkeit bedeutet. Bei Erhöhung der Feldstärke nimmt die Leitfähigkeit aber zu, weil dann schon Inhomogenitätserscheinungen aufzutreten beginnen. Die hierdurch bedingte Vergrößerung von Q hat wieder Steigerung solcher

Prozesse zur Folge, so daß schließlich kombinierte elektrische und Wärmewirkung zustande kommt. Für den Widerstand setzt ROGOWSKI:

$$R = R_0\left(1 - \frac{E}{E_0}\right)e^{-aT}. \tag{68}$$

Hierin ist zum Ausdruck gebracht, daß die Leitfähigkeit nach der Formel (62) steigt und außerdem bei der Feldstärke $E = E_0$ die Leitfähigkeit unendlich groß wird. Für die elektrische Feldstärke berechnen sich dann Werte, die für dünne und für dicke Schichten verschieden sind, und zwar näherungsweise:

Für dünne Schichten:

$$U_d = E_0 d\left(1 - \frac{E_0^2 d^2}{U_w^2}\right), \tag{69}$$

worin U_w den Grenzwert der thermischen Durchschlagspannung bei großer Schichtdicke bedeutet und E_0 die elektrische Durchbruchfeldstärke; für dicke Schichten:

$$U_d = U_w\left(1 - \frac{U_w}{2E_0 d}\right). \tag{70}$$

In den Formeln kommt zur Geltung, daß bei größeren Schichtdicken der Wärmevorgang entscheidend wird, bei kleineren Schichtdicken der elektrische Vorgang; insoweit entsprechen die Formeln den Ergebnissen. Die Schwierigkeit bei der Entwicklung der verschiedenen Theorien überhaupt liegt darin, daß in vorliegenden Fällen nicht a priori bekannt ist, in welchem Gebiete man sich befindet. Man hat den Eindruck, daß alle besprochenen Theorien in gewissen Gebieten von Temperatur und Schichtdicke ihre Bedeutung haben. Das trifft auch sehr wahrscheinlich zu für die Auffassungen BÖNINGs.

§ 37. Flüssige Isolatoren.

Der Durchschlag in flüssigen Isolatoren zeigt eine gewisse Ähnlichkeit mit dem in festen Stoffen — es besteht ein elektrischer und eine Wärmedurchschlag — und daneben deutliche Analogien mit dem Gasdurchschlag. Eine praktische Analogie mit dem Gasdurchschlag liegt z. B. in der Tatsache, daß nach dem Durchschlag der ursprüngliche Zustand wiederhergestellt ist. Auch wurden wiederholt in stark inhomogenen Feldern koronaartige Entladungen beobachtet, die ohne Zweifel auf ähnliche Erscheinungen zurückzuführen sind, wie sie beim Durchschlag durch Gase auftreten.

Die Auffassung, daß der Durchschlag in Flüssigkeiten genau so wie in einem stark komprimierten Gase verläuft, ist jedoch nicht haltbar. So gilt z. B. das PASCHENsche Gesetz schon nicht mehr bei sehr hohen Gasdrucken, weil die Molekülgröße dann nicht mehr gegenüber der freien Weglänge der Elektronen vernachlässigbar ist.

Auch die Auffassung, daß der Flüssigkeitsdurchschlag ein verschleierter Gasdurchschlag sei, wobei durch Wärmeentwicklung Gasblasen entstehen, in denen dann ein normaler Gasdurchschlag auftritt, hat sich als nicht haltbar erwiesen. Jedoch ist bemerkenswert, daß in der Flüssigkeit gelöste Gase einen entscheidenden Einfluß auf die Durchschlagspannung haben. Auch verläuft nach ZEIER[170] der Durchschlag in flüssiger Kohlensäure genau wie ein Durchschlag in einem komprimierten Gase. Die vor dem Durchschlag entstehenden Gasblasen konnten photographiert werden. Gasblasen spielen auch eine gewisse Rolle bei einer Theorie des Durchschlags — mechanischer Durchschlag —, welche von GEMANT[171] u. a. aufgestellt wurde. Eine besonders einfache Überlegung nach KOPPELMANN[172] führt zu einer Formel für die Durchschlagspannung, welche wenigstens qualitativ die Abhängigkeit von Druck und Temperatur gut beschreibt. Die Flüssigkeit wird mit der Kraft

$$K_1 = p - p_d \tag{71}$$

gegen die Elektroden gedrückt, wobei p der äußere Druck und p_d der Dampfdruck der Flüssigkeit oder der Druck eines in der Flüssigkeit gelösten Gases ist. Man nimmt nun an, daß die Elektrodenladung auf die Flüssigkeitsoberfläche übergehen kann, etwa dadurch, daß Ionisation stattfindet in kleinen, an der Elektrodenoberfläche haftenden Gasbläschen, die dadurch leitend werden. Auf diese Ladung wird dann eine Kraft K_2 ausgeübt, welche die Flüssigkeit von den Elektroden abzuheben versucht. Diese Kraft hat die Größe:

$$K_2 = k \varepsilon E^2, \tag{72}$$

wobei ε die Dielektrizitätskonstante, E die Feldstärke und k eine numerische Konstante ist.

Durchschlag erfolgt, wenn $K_1 = K_2$, also:

$$E = \frac{1}{\sqrt{k \varepsilon}} \sqrt{p - p_d}\,. \tag{73}$$

Die Formel (73) gibt die Abhängigkeit vom Druck und von der Temperatur qualitativ gut wieder, wie der Vergleich mit Messungen von INGE und WALTHER[176] zeigt. Sie zeigt auch, wie ein gelöstes Gas mit hohem Dampfdruck p_d die Durchschlagspannung erniedrigen muß.

Neben gelösten Gasen haben auch weitere Verunreinigungen: Staub, Faser, Feuchtigkeit, großen Einfluß auf Durchschlagspannung und Leitfähigkeit.

Besonders der Einfluß von Wasser ist eingehend untersucht worden. Das Stehen von Öl in einem offenen Gefäß in feuchter Luft hat zur Folge, daß die Leitfähigkeit erheblich vergrößert und die Durchschlagspannung verkleinert wird. Langes Stehen in trockener Luft verringert die Leitfähigkeit und vergrößert die Durchschlagfestigkeit.

Abb. 134 zeigt die Durchschlagspannung eines bestimmten Öles in Abhängigkeit von der Feuchtigkeit. Die niedrigste Durchschlagspannung liegt in der Nähe von 20 kV/cm. Der Grund für den Einfluß der Feuchtigkeit muß nach KOPPELMANN[174] darin gesucht werden, daß die in der Flüssigkeit schwebenden Faserteilchen Feuchtigkeit aufnehmen und dadurch leitend werden. Sie reihen sich aneinander und bilden Brücken zwischen den Elektroden. In der Tat ist die Durchschlagfestigkeit bei sorgfältig filtriertem Öl viel weniger empfindlich gegen Feuchtigkeit.

Die elektrische Leitfähigkeit von Flüssigkeiten muß im Wesen der Leitfähigkeit fester Isolatoren ähnlich gedacht werden. Der „Ladestrom" fehlt bei Öl aber fast ganz und damit die durch sie bedingten dielektrischen Verluste. Die meßbaren dielektrischen Verluste werden gewöhnlich auch

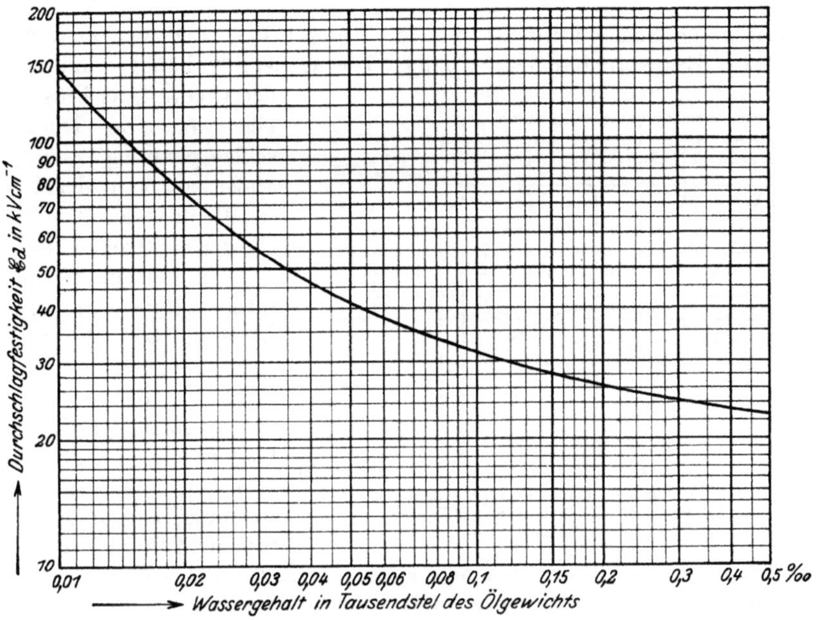

Abb. 134. Durchschlagfestigkeit von Transformatorenöl, abhangig von der Feuchtigkeit, gemessen von FRIESE (nach SCHWAIGER).

von Verunreinigungen verursacht. Vollkommen reines Öl zeigt eine ganz kleine Leitfähigkeit (der spezifische Widerstand beträgt etwa $10^{12}\,\Omega$/cm). Die Verluste sind also im reinen Öl außerordentlich gering; tg $\delta < 0{,}001$. Abhängigkeit von tg δ von der Frequenz besteht nicht bis zu Frequenzen von etwa 10^5 Hz. Von BECK[175] wurde gezeigt, daß bei sehr hohen Frequenzen auf Dipolwirkung beruhende Verluste auftreten. SNOEK[300] zeigte, daß bei Rizinusöl solche Verluste schon bei 10^4 Hz aufzutreten beginnen.

Die Leitfähigkeit beträgt bei Anwesenheit von Verunreinigungen ein Vielfaches des bei reinem Öl gemessenen Wertes.

Die Durchbruchfeldstärke bei guten Transformatorölen beträgt mindestens 100 kV/cm, gemessen bei 3 mm Elektrodenabstand. Bei sorgfältig entfeuchteten reinen Ölen kommen Werte bis zu 300 kV/cm vor. Die Durchbruchfeldstärke ist in stärkerem Maße als bei Gasen von dem Elektrodenabstand abhängig und beträgt bei sehr kleinem Elektrodenabstand (Größenordnung 0,5 mm) in gutem Öl mehrere hundert kV/cm. Die Durchbruchfeldstärke ist größer bei kleineren Krümmungsradien (im inhomogenen Feld) als im homogenen Feld.

Die Durchschlagfeldstärke ist keine Konstante, sondern vielmehr hat man:

$$\int_0^a f(E_x)\, d x = \text{konst.},$$

wobei a die Schlagweite ist und die Integration längs der Feldlinie höchster Beanspruchung stattfindet. Die Konstante hängt dann von der Qualität der Flüssigkeit ab. Die Durchschlagspannung hängt außerdem von der Beschaffenheit der Oberfläche der Elektroden ab[176].

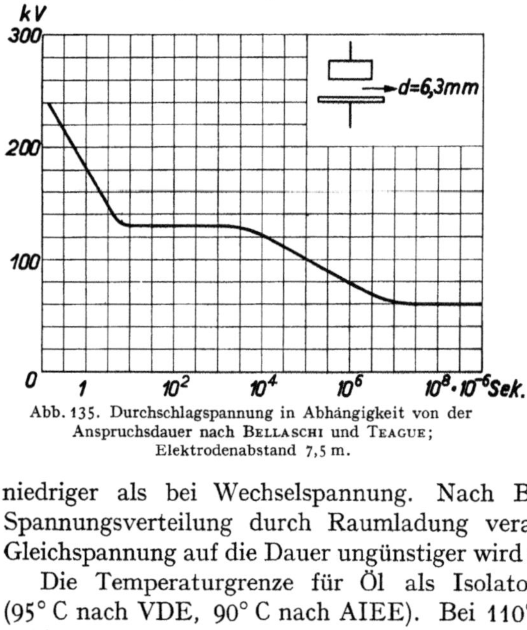

Abb. 135. Durchschlagspannung in Abhängigkeit von der Anspruchsdauer nach BELLASCHI und TEAGUE; Elektrodenabstand 7,5 m.

Die meisten technischen Erfahrungen mit Öl sind bei Wechselspannung gemacht. Man rechnet meist mit einer zulässigen Feldstärke im homogenen Feld von 50 kV/cm. Bei Gleichspannung liegt die Durchbruchfeldstärke etwas niedriger als bei Wechselspannung. Nach BÖNING[161] soll dafür die Spannungsverteilung durch Raumladung verantwortlich sein, die bei Gleichspannung auf die Dauer ungünstiger wird als bei Wechselspannung.

Die Temperaturgrenze für Öl als Isolator liegt etwa bei 95° C (95° C nach VDE, 90° C nach AIEE). Bei 110° C wird Transformatoröl bald zerstört.

Die Zerstörung wird durch die Berührung mit bestimmten Metallen beschleunigt. Kupfer wirkt katalytisch auf den Oxydationsprozeß, das die Qualität verschlechtert. Der Oxydierungsgrad kann als Qualitätsmaß gelten und als Basis für die Prüfung dienen[177]. Blei verursacht Seifenbildung. Der Kontakt mit derartigen Metallen muß, wenn diese unvermeidlich sind, durch Oberflächenverkleidung vermieden werden.

Elektrodenverkleidung hat auch einen direkten Einfluß auf die Durchschlagspannung dadurch, daß die Bildung von Faserbrücken erschwert wird. Eine ähnliche günstige Wirkung haben Schirme (§ 41).

Die Durchbruchspannung erhöht sich, wenn die Anspruchsdauer verkürzt wird. Von BELLASCHI und TEAGUE[178] wurden für Transformatoröl als Ergebnis zahlreicher Messungen die nachfolgenden Gesetzmäßigkeiten festgestellt: Die Durchbruchspannung erhöht sich langsam, wenn die Anspruchsdauer kleiner als 1 Minute wird. Von 1000 bis 10 μs bleibt die Durchschlagspannung ungefähr konstant, und zwar etwa auf dem doppelten Betrage; nach kürzeren Stößen als 10 μs steigt die Durchschlagspannung dann wieder erheblich an. Abb. 135 zeigt den Charakter der veröffentlichten Kurven.

Neben Öl, das durch seine leichte Brennbarkeit oft eine gewisse Gefahr mit sich bringt, wurden vor allem in Amerika Benzolderivate und andere nicht brennbare Flüssigkeiten als Isolierstoffe verwendet, und zwar sowohl in Transformatoren wie in Kabeln.

Für Kondensatoren ist die hohe Dielektrizitätskonstante in derartigen Flüssigkeiten wichtig. Mit Pentachlordiphinil (P.D.) imprägniertes Papier hat eine Dielektrizitätskonstante rund 6.

§ 38. Technische Isolierstoffe.

Wir betrachten kurz die Haupteigenschaften der wichtigsten technischen Isoliermaterialien, die für Höchstspannungen in Frage kommen.

a) Keramische Isolatoren. Am meisten verbreitet für Hochspannungszwecke sind die keramischen Isolatoren, besonders Porzellan. Für eine eingehende Erörterung empfehlen wir einen Aufsatz von WEICKER: „Keramische Isolierstoffe“[179]. Wir können je nach der Zusammenstellung verschiedene Gruppen unterscheiden, z. B.:

a) Hartporzellan mit Tonsubstanz als überwiegendem Bestandteil.

b) Magnesiumsilikathaltige Massen mit Speckstein oder Talkum als Hauptbestandteil. Steatit und Calit sind bekannte Vertreter dieser Gruppe.

c) Rutilhaltige Isolatoren, die sich durch ihre hohe dielektrische Konstante unterscheiden.

Andere besondere Massen kommen für Hochspannungszwecke nicht in Betracht.

Die interessantesten Eigenschaften dieser Gruppen gehen aus der Tabelle IX hervor, welche wir dem obengenannten Aufsatze WEICKERs entnehmen.

Eigenschaften im Vakuum werden in der Literatur noch nicht angegeben und sind doch für die Anwendung in Höchstspannungsentladungsröhren von Bedeutung. Besonders die Gasabgabe bei hohen Temperaturen und die Überschlagfestigkeit im Vakuum kommen dabei in erster Linie in Betracht.

Für Calit und Porzellan hat Verfasser solche Messungen ausführen lassen. Beide sind im Hochvakuum zulässig. Die Überschlagfestigkeit im Vakuum beträgt bei beiden etwa 100 kV/cm.

Porzellanisolatoren werden meistens als Rotationskörper ausgeführt, obwohl gegossenen Stücken beliebige Formen gegeben werden können. Die Maßhaltigkeit ist in den letzten Jahren sehr verbessert worden, was die Verwendung als Konstruktionselemente stark gefördert hat.

Tabelle IX. Übersichts- und Eigenschaftstafel keramischer Werkstoffe für die Elektrotechnik (Stand Mitte 1935) nach WEICKER.

Richtunggebende Eigenschaften	Maßeinheiten	Gruppe I Hartporzellane, überwiegend tonsubstanzhaltige dichte Massen		Gruppe II Steatite, vorwiegend magnesiumsilikathaltige dichte Massen		Gruppe III Massen mit hohem Gehalt an Titanverbindungen (Rutil)	
		Gedreht	Gegossen	Normal	Sondermassen	Normal	Sondermassen
		Ausgeglichene Eigenschaften		Geringer Verlustwinkel, hohe Maßhaltigkeit, große mechanische Festigkeit		Hohe Dielektrizitätskonstante	
Zugfestigkeit, glasiert	kg/cm²	300…500	—	550…850	550…950	300…600	300…500
unglasiert		240…320					
Durchschlagfestigkeit bei 50 Hz	kV/mm	34…38	34…38	20…30	35…45	10	15…20
bei 10^6 Hz					25…27		
Dielektrische Konstante bei 50 Hz		5,0…6,5	5,0…6,5	5,5…6,5	5,6…6,5	80…88	40
Dielektrische Verlustf. bei 50 Hz	$10^4 \cdot \mathrm{tg}\,\delta$	170…250	170…250	25…30	10…15	—	—
bei 800 Hz					9	300	100
bei $10^6 \ldots 10^7$ Hz		70…120	70…120	15…20	3…5	3…15	6…20
Isolationswiderstand nach Messung mit Gleichsp. bei 20° C	$\Omega \cdot$ cm	10^{14}		$6{,}0 \cdot 10^9$	etwa 10^{12}		
bei 200° C		$1{,}6 \cdot 10^7 \ldots 2{,}0 \cdot 10^9$		$7{,}0 \cdot 10^8$	$2{,}5 \cdot 10 \ldots 3{,}0 \cdot 10^{10}$	$25 \cdot 10^8$	$1{,}2 \cdot 10^8$
bei 400° C		$1{,}6 \cdot 10^5 \ldots 3{,}4 \cdot 10^6$		$1{,}0 \cdot 10^6$	$1{,}5 \cdot 10^8 \ldots 2{,}0 \cdot 10^8$		

Einige Porzellanstücke für Hochspannungszwecke zeigen die Abb. 136 bis 139. Abb. 136 zeigt einen fast 2 m hohen Überwurf aus Porzellan. In Abb. 137 sind eine Anzahl gegossener Porzellankörper für Stromwandler abgebildet. Abb. 138 zeigt das Porzellanstück eines Kabelendverschlusses einer hochspannungssicheren Röntgenröhre für 300 kV, und Abb. 139 zwei Kondensatoren für 220 kV mit Porzellanüberwürfen.

Abb. 136. Überwurf aus Porzellan. Höhe 192 cm, Durchmesser 80 cm (Hermsdorf).

Eine schöne Sammlung von Isolatoren für sehr hohe Spannungen wurden auch in dem Freiluftschalter verwendet, der in Abb. 220 abgebildet ist.

Interessant sind die neuerdings möglich gewordenen Verbindungen zwischen keramischen Materialien und Glas einerseits und Metall andererseits. Abb. 140 zeigt eine Porzellan-Glas-Anschmelzung und eine Porzellan-Metall-Anschmelzung.

Abb. 137. Gegossener Körper fur Wandler (Rosenthal).

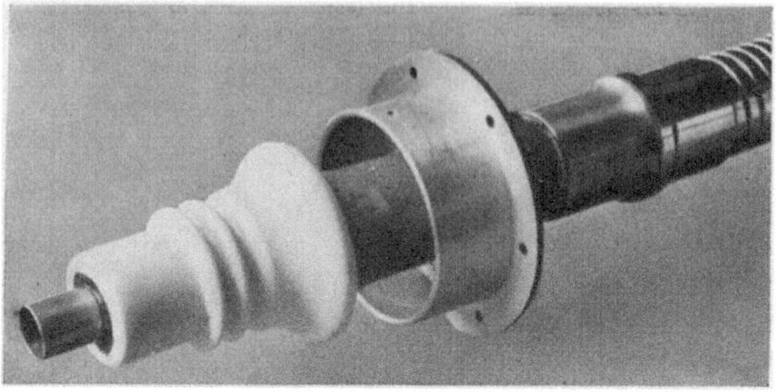

Abb. 138. Kabelendverschluß eines Gummikabels einer Röntgenröhre mit Hochspannungsschutz für 300 kV.

Abb. 139. Kondensatoren für 220 kV mit Porzellanüberwürfen.

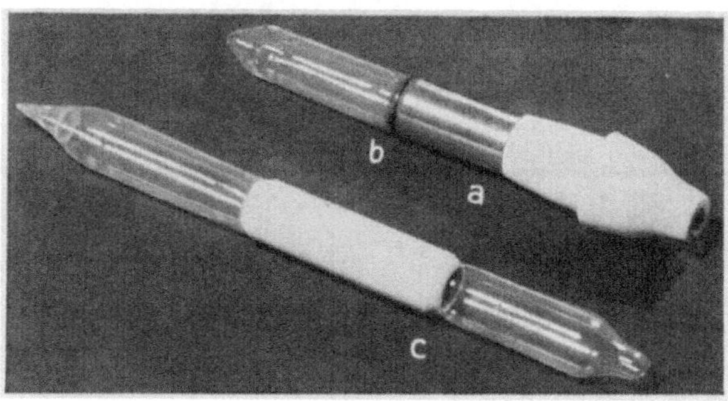

Abb. 140. Vakuumverbindungen zwischen: *a* Metall und Calit, *b* Metall und Glas, *c* Porzellan und Glas.

b) Kunstharzpreßstoffe. Auch hier läßt sich eine Einteilung in Gruppen vornehmen, da die Eigenschaften von der Zusammenstellung (Trägerstoff und Füllmittel) abhängen. Tabelle X enthält einige für die Hochspannungstechnik wichtige Materialien.

Es zeigt sich, daß die Massen auf der Grundlage von Phenolformaldehydharz (vgl. HOUWINK[180] und MORRELL[181]) wohl die Hauptrolle spielen. Besonders die Holzmehl als Füllstoff enthaltenden (Typ S und Typ O) haben sich für sehr verschiedene Anwendungen in der Praxis bewährt. Auf diese Harzbasis lassen sich noch Sondermassen aufbauen, z. B. mit Baumwolleschnitzeln als Füllstoff, welche eine hervorragende mechanische Stoßfestigkeit besitzen, eine Eigenschaft, die jedoch einigermaßen auf Kosten der elektrischen Qualität gewonnen worden ist.

Besonders durch Anwendung von Asbest bei den phenolischen Typen läßt sich ein hochtemperaturbeständiges Material herstellen; Typ I kann z. B.

Tabelle X. Wichtigste elektrische Eigenschaften von Kunstharzpreßstoffen*.

Richtunggebende Eigenschaften	Maßeinheiten	Typ S Phenolformaldehydharz mit organischem Füllstoff Übliches Material für verschiedenste Anwendungen	Typ O Phenolformaldehydharz mit organischem Füllstoff Handelsüblich Wie S, aber höherer elektrischer Widerstand	Typ O Sondermasse Besonders für Hochspannungen (Hochspannungsphilit)	Typ I Phenolformaldehydharz mit anorganischem Füllstoff Temperaturbeständig	Typ K Harnstoffformaldehydharz mit organischem Füllstoff Helle Farben möglich wegen Lichtbeständigkeit	Polystyrol Thermoplastisch
Zugfestigkeit	kg/cm²	400	300...400		300...350	400	300
Durchschlagfestigkeit, gemessen an 1 mm Stärke	kV/mm	5...10	5...10	30	1...5	5...10	20...30
Dielektrische Konstante		4...6	4...6		6...8	4...6	2...4
Dielektrische Verlustf. bei $1{,}5 \cdot 10^{-6}$ Hz ($\pm$ 200 M)	$10^4 \cdot \mathrm{tg}\,\delta$	600	400		600	400	2...5
Isolationswiderstand	$\Omega \cdot$ cm	10^9	10^{10}	10^{13}	10^9	10^{10}	10^{13}

* Siehe PABST[183] und BRANDENBURGER[184].

bis zu Temperaturen von etwa 200° C Verwendung finden. Mit Hinsicht auf die Anforderungen der Hochspannungstechnik sind auf der Grundlage von Phenolharzen besondere Massen entwickelt worden, für die eine Durchschlagfestigkeit von 30 kV/mm erreicht worden ist, ein Wert, welcher dem für Porzellan ähnelt.

Als Typ K bezeichnet man die Preßmassen, welche auf Harnstoffformaldehydbasis[180, 181] entwickelt wurden und sich besonders durch Lichtbeständigkeit auszeichnen, wodurch die Möglichkeit zur Erreichung von hellfarbigen Artikeln geschaffen wurde. Diese besitzen jedoch den Nachteil, nur bis 100° C beständig zu sein, wodurch ihre Anwendungsmöglichkeit stark beeinträchtigt wird.

In den späteren Jahren ist besonders durch die Radiotechnik das Bedürfnis nach Materialien mit geringen dielektrischen Verlusten in die Erscheinung getreten. Polystyrol mit einem $\operatorname{tg} \delta$ von nur 2 bis $5 \cdot 10^{-4}$ entspricht diesem Wunsche weitgehend, und auf Grund molekularer Erwägungen kann man sagen, daß dieser Wert schon recht nahe an das theoretisch Mögliche herankommt. (Betrachtungen über den Verband zwischen elektrischen Eigenschaften und Molekularstruktur findet man z. B. bei SCHUPP[182].) Leider hat dieses Material nur eine geringe Wärmebeständigkeit; bei etwa 60° C tritt schon Erweichung ein. Um diesem Nachteile zu entgehen, sind in der allerletzten Zeit Materialien herausgebracht worden, welche ein ziemlich geringes $\operatorname{tg} \delta$ mit einer guten Wärmebeständigkeit vereinigen. Dieser Zweig der Entwicklung ist noch in vollem Fluß.

Für manche elektrischen Zwecke braucht man neben den erwähnten Preßmaterialien, welche sich besonders zur Herstellung von profilierten Preßkörpern eignen, auch verschiedene Materialien in Platten- und Röhrenform. Diese werden meistens aus mit Kunstharz getränkten Papier- oder Baumwollebahnen hergestellt. Es können auch Röhren aus Typ S, O und K gespritzt werden. Diese zeichnen sich in der Längsrichtung durch bessere elektrische Eigenschaften aus im Vergleich zu aus Papierbahnen gewickelten Röhren. Ganz grob kann man sagen, daß die meisten elektrischen Werte etwa mit denen von Typ O übereinstimmen. Nur findet man für die Durchschlagfestigkeit senkrecht auf den Schichten höhere Werte, z. B. etwa 25 kV/mm. Diese Materialien zeichnen sich durch eine sehr hohe mechanische Festigkeit aus; sie haben etwa das Verhalten von Holz und können auch wie Holz nachbearbeitet werden.

Besondere Vorteile der Kunstharze sind:

1. Metallelektroden können vollkommen an dem Isolator anschließend eingepreßt werden.

2. Die Maßgenauigkeit ist größer als bei keramischen Stoffen; Schraubgewinde erlauben z. B. das Aneinanderreihen von Teilen, wie es in Abb. 141 dargestellt ist. Es sind aus „Philit“ gepreßte Ringe. Die zulässige Gleichspannung auf jedem Ring ist erstaunlich hoch. Bei der

Ringhöhe 11 cm ist die zulässige Spannung 50 kV. Bei 22 cm Ringhöhe ist die zulässige Spannung gut 100 kV.

Abb. 142 ist die Photographie einiger Kunstharz- (Philit-) Preßstücke mit eingepreßten Metallteilen.

Abb. 141. Teile aus „Philit", benutzbar als Überwürfe, Isolatoren, Entladungsröhren. Angefertigt in Durchmessern von 18 und 28 cm (PHILIPS).

c) Glas. Die Anwendungen von Glas als Isolator sind in der Technik weniger zahlreich als die von keramischen Materialien. Die meisten üblichen Glasarten sind auch keine guten Isolatoren für hohe Spannungen. Die Oberfläche bedeckt sich leicht mit einer Wasserhaut; das Glas wird von Wasser angelagert — Hydrolyse —, und bei höheren Temperaturen wird die elektrolytische Leitfähigkeit und

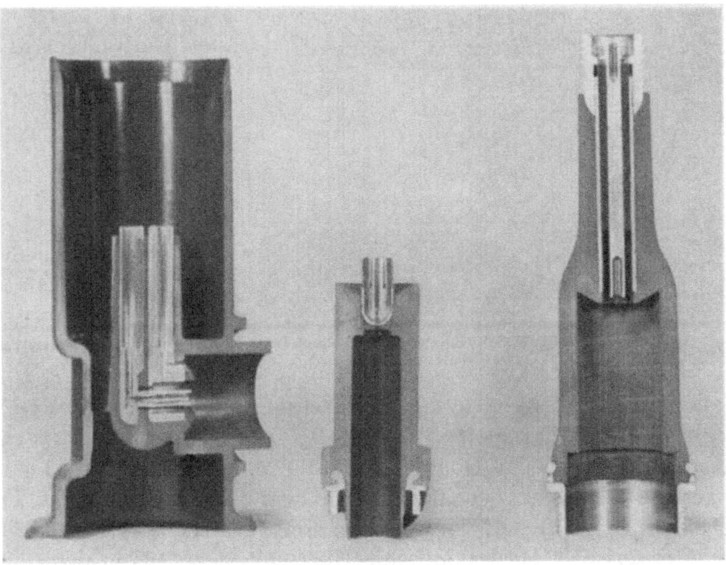

Abb. 142. „Philit"-Teile für Rontgenröhren mit eingepreßten Metallstücken (PHILIPS).

demzufolge die Zersetzung durch Ionentransport erheblich. Die Eigenschaften sind um so ungünstiger, je größer der Alkaligehalt ist. Mit Erfolg werden deswegen Alkalien, besonders Natron, durch Einführung von Tonerde und Borsäure, ersetzt. Alkalienarme, kieselsäurereiche Borosilikatgläser, wie Pyrex, haben ausgezeichnete Isolationseigenschaften.

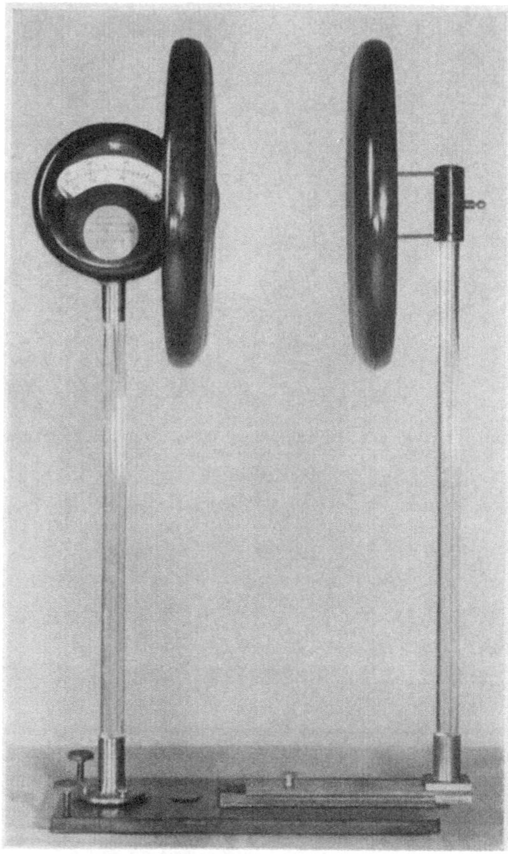

Abb. 143. Elektrostatisches Voltmeter nach ABRAHAM-VILLARD fur Spannungen bis 250 kV mit Isolatoren aus Glas.

Wenn wir auch Glas in dünnen Schichten als ein zerbrechliches Material ansehen, so ist doch Glas in massiven, richtig gekühlten Körpern gar nicht schwach. Hängeisolatoren aus Glas sind besonders in Frankreich mit Erfolg angewandt und haben die schwersten Betriebsbedingungen bestanden. Auch als Stützisolatoren können Glasstäbe sehr gut verwendet werden.

Abb. 143 zeigt z. B. die Glasisolatoren bei einem elektrostatischen Voltmeter. Für Spannungen bis etwa 400 kV in trockener Luft können Glasstäbe auf diese Weise verwendet werden.

Besondere Bedeutung hat jedoch das Glas für Hochspannungsentladungsröhren. Sämtliche abgeschmelzten Entladungsröhren enthalten Glas, das gleichzeitig zwei Anforderungen erfüllt: Abschließung des Vakuums und Isolation zwischen den Elektroden.

Abb. 144 zeigt eine Röntgenröhre für 400 kV als Beispiel dafür, wie geringe Glaslängen genügen, wenn dem Glas eine günstige Form gegeben wird. Bei dieser Konstruktion sind zusätzliche Isolationskörper nach Abb. 234, VI notwendig, um Überschläge zu vermeiden.

Die Anschmelzung von Glas an Chromeisen, zum erstenmal im Jahre 1922 angewandt*, hat in dieser Richtung neue Möglichkeiten gegeben,

* Niederländisches Patent Philips 12876, angemeldet 13. Juni 1922.

auf die im letzten Abschnitt noch weiter eingegangen wird. Erhebliche Verbesserungen bringen Konstruktionen, bei denen das Glas in ein geeignetes plastisches Isoliermittel eingebettet wird (Abb. 145). Die ungünstigen Oberflächenerscheinungen sind dann behoben und die Durchschlaggefahr durch Herabsetzung der Feldstärke — Vergrößerung der Schichtdicke durch die zusätzliche Isolatorschicht — verkleinert.

d) Papier. Papier ist das gegebene Isoliermittel für Hochspannungskabel und das Dielektrikum für die meisten modernen Hochspannungskondensatoren. Auch zwischen den Wicklungen von Transformatoren wird schon seit Jahren Papier verwendet. Bei allen diesen Anwendungen wird aber das Papier imprägniert, meistens mit Öl, aber auch mit Lack

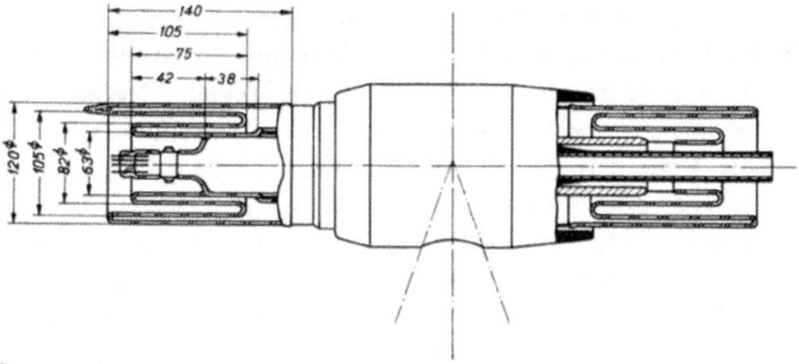

Abb. 144. Röntgenröhre fur 400 kV mit gunstig gestalteter Glasisolation zwischen metallischem Mittelteil und Elektroden. Gesamtlänge 52,5 cm (PHILIPS).

oder Compoundmassen[185]. Durch das Imprägnieren wird das Naßwerden des Papiers, das die an sich ausgezeichneten elektrischen Eigenschaften heruntersetzen würde, vermieden und es werden auch die Lufträume ausgefüllt. Das Imprägnieren geschieht vorzugsweise im Vakuum oder unter erhöhtem Druck. Für Telephonkabel wird auch nicht imprägniertes Papier verwendet.

Die Durchschlagfestigkeit beträgt bei geringen Dicken mehrere hundert kV je cm, die Dielektrizitätskonstante ist ungefähr 4 bei in Öl getränktem Zellulosepapier. Der Verlustfaktor tg δ beträgt bei 20° etwa 0,003. Die Handhabung — Wicklung aus Band — ist außerordentlich einfach. Von Bedeutung ist, daß einzelne Schichten durch zufällige Fehlerstellen eine erheblich geringere Durchschlagfestigkeit haben als eine Doppelschicht oder eine Dreifachschicht, bei denen zufällige Fehlerstellen gegeneinander verschoben sind.

e) Glimmer. Glimmer hat neben großer Durchschlagfestigkeit und Hitzebeständigkeit geringe dielektrische Verluste bei hohen Frequenzen und wird deshalb oft als Dielektrikum in Kondensatoren verwendet. Auch für Isolationszwecke in der Hochspannungstechnik findet Glimmer Verwendung in Platten- oder Folienform, kombiniert mit Papier, Preßspan usw. Bekannt sind z. B. Mikanit und Mikafolium. Die Durchschlagfestigkeit der einzelnen Glimmerschuppen, die als kristallisiertes

Material hauptsächlich aus Indien und Kanada stammen, beträgt bei 0,1 mm Dicke etwa 6 kV, also rd. 600 kV je cm. Der dielektrische Verlustfaktor tg δ bei 60° ist nur 0,0002. Für „Mikafolium" (Mikafil) werden die folgenden Eigenschaften angegeben; für Schellack Mikafolium: Durchschlagfestigkeit bei 1 mm Dicke 300 kV je cm; Dielektrizitätskonstante bei 20° C: $\varepsilon = 4$; tg δ bei 20° C $= 0{,}025$; tg δ bei 90° C $= 0{,}25$, und für Compound Mikafolium: Dielektrizitätskonstante bei 90° C: $\varepsilon = 4$; Verlustfaktor tg δ bei $90° = 0{,}01$.

f) Plastische Isoliermittel. Als solche werden sehr verschiedene Stoffe verwendet, wie Vaseline, Wachs, Paraffine, Schellack, Kunstharze, Asphalte, Teerpeche, Kolophonium, dickflüssige Öle, Kautschuk und Mischungen dieser Stoffe. Sie dienen meistens als Verguß- oder Füllmassen in Kabelendverschlüssen, Durchführungen, Kondensatoren usw. und auch in Transformatoren geringer Leistungen. Neben den elektrischen Eigenschaften sind mehrere andere Eigenschaften für die Anwendung von Bedeutung, wie Vergußtemperatur, „Tropfpunkt" und Plastizität bei Zimmertemperatur. Eine gewisse Plastizität auch in kaltem Zustand ist oft erwünscht, um der Bildung von Rissen vorzubeugen. Auch der Ausdehnungskoeffizient ist von Bedeutung, da bei zu großem Ausdehnungskoeffizienten beim Abkühlen leicht Hohlräume entstehen. Aus demselben Grunde darf die Volumenänderung beim Schmelzen nicht zu groß sein. Weiter soll bei hoher Temperatur das Isoliermittel auch in die kleinsten Öffnungen eindringen und an Metall und Isolierteilen haften. Die Fülle durchschlaggebender Eigenschaften von oft ungenau definierten Substanzen bewirkt, daß man bei der Anwendung auf die im Betrieb erhaltenen Erfahrungsdaten angewiesen ist.

g) Öl. Die bedeutendsten Eigenschaften des Öles wurden schon in § 37 behandelt.

Vor der Anwendung als Hochspannungsisoliermittel ist es erwünscht, Öl zu reinigen, zu entfeuchten und zu entgasen. Die Technik kennt verschiedene Wege zur Verbesserung von Öl als Isoliermittel:

a) Am einfachsten ist vielleicht das Auskochen. Eine Schwierigkeit hierbei ist das Vermeiden von Temperaturunterschieden im Gefäß, was aber durch Rühren erreicht werden kann. Auskochen unter gleichzeitiger Anwendung eines Vakuums liefert die besten Ergebnisse.

b) Ein viel verwendetes Mittel ist das Zentrifugieren. Die spezifisch schwereren Teile wie Wasser werden dadurch ausgeschieden. Technische Zentrifugiervorrichtungen sind im Handel erhältlich.

c) Ein drittes Mittel ist das Filtrieren. Der Erfolg hängt sehr vom Filtriermittel ab. Das Filter kann nämlich auch Verunreinigungen, z. B. sehr dünne Faser, an das Öl abgeben.

d) Wenn keines der drei Mittel zur Verfügung steht, so kann man auch mit Erfolg lang dauernde Gleichspannung anwenden. Wenn Öl dauernd einer möglichst hohen Gleichspannung ausgesetzt wird, tritt durch Elektrolyse und vielleicht auch durch Transport von Wassertropfen im elektrischen Feld eine deutliche Erhöhung des Widerstands und der

Durchschlagspannung auf. Durch die Elektrolyse werden Verunreinigungen dauernd, durch Transport von Tropfen nur zeitlich unschädlich gemacht.

Die meisten in der Hochspannungstechnik verwendeten Öle sind Mineralöle, die durch Destillation aus Erdölen entstehen. Die nach Benzin und Petrol bei immer höherer Temperatur gewonnenen Destillationsprodukte: Öle (Mineralöl, Schmieröl, Zylinderöl), Vaseline, Asphalte, Peche, haben alle Eigenschaften guter Isolatoren.

Für Kabel wird noch meistens ein Nichtmineralöl verwendet. Was die Technik als „Kabelöl" kennt, ist ein aus Fichtenharz gewonnenes Produkt: aus Fichtenharz wird Kolophonium und daraus durch Destillation

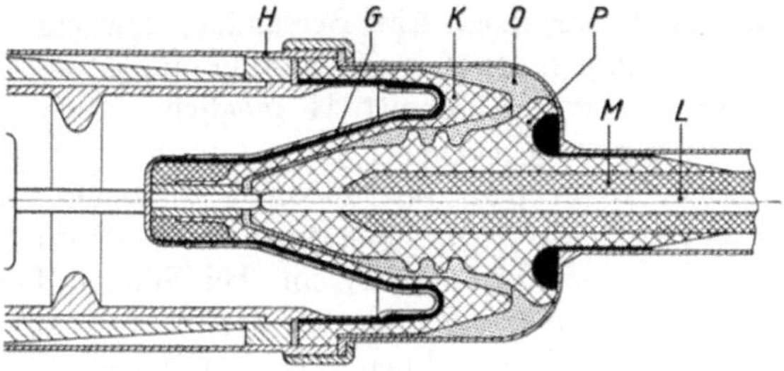

Abb. 145. Röntgenröhre in geerdeter Haube für 300 kV. Gesamtlänge bis zu den Kabelenden: 70 cm.

Harzöl hergestellt. Es hat eine ausgezeichnete elektrische Festigkeit und dringt noch leichter als Mineralöl in Papier ein. In den modernen „Ölkabeln" mit Öl unter Druck (§ 47) wird Mineralöl verwendet.

h) Kombinationen. In Kombination mit Kunstharz finden wir das Papier z. B. in den bekannten Hartpapieren, wie Pertinax, Paxalin usw., die eine besonders große Durchschlagfestigkeit in der Querrichtung haben, jedoch in der Längsrichtung weniger sicher sind.

Bekannte Kombinationen verschiedener Isolierstoffe sind z. B. die Massen- oder ölgefüllten Durchführungen und die mit plastischem Material, wie Wachs oder Paraffinen ausgegossenen festen Isolierkörper, wie sie in Kondensatoren und Kabelmuffen und Endverschlüssen und auch bei Transformatoren für geringe Leistung Verwendung finden.

Die Verguß- und Füllmassen sind an sich oft Mischungen aus den genannten plastischen Isoliermitteln.

Ein Beispiel einer kombinierten Isolation zeigt die Kabeleinführung einer Röntgenröhre für 300 kV (Abb. 145). Hier ist ein fester Isolator *K* durch einen Compound auf das Glas *G* der Röhre geklebt. Der Raum zwischen dem Kabelendstück *P*, dem Isolator *K* und dem geerdeten Außenmantel ist mit einer plastischen Isoliermasse *O* ausgegossen. Interessant ist bei dieser Konstruktion die Vermeidung von Oberflächeneffekten, wie Hydrolyse an der Glaswand.

Die Überschlagfeldstärke für die Berührungsfläche Öl—Glas beträgt etwa 25 kV/cm. Bei gut anschließenden plastischen Vergußmassen ist die Überschlagfeldstärke an der Glasoberfläche nicht viel kleiner als die Durchschlagspannung der Isoliermasse selbst und hat die Größenordnung 100 kV/cm.

IV. Bauelemente von Hochspannungsanlagen.

§ 39. Leiter.

In Abschnitt II sind die Gesichtspunkte entwickelt worden, die dazu dienen sollen, bestimmten unter Hochspannung stehenden Leiterteilen die günstigste Form zu geben. Das ist meist die Form, bei der die maximale Feldstärke am kleinsten ist. Eine Berechnung bzw. eine Abschätzung der Feldstärke oder ihre experimentelle Bestimmung ist nach den Grundsätzen und Formeln von Abschnitt II möglich. Auch die zulässige Spannung zwischen zwei gegebenen Leitern kann nach denselben Regeln bestimmt werden, wenn man die maximal zulässige Feldstärke als bekannt betrachtet. Diese ist im homogenen Feld in Luft unter idealen Bedingungen bekanntlich etwa 30 kV/cm, bei dünnen Leitern größer als 30 kV/cm. Praktisch wird man im annähernd homogenen Feld höchstens mit etwa 20 kV/cm rechnen dürfen. Für hohe Gleichspannung muß dann aber der Effekt der anomalen Durchschlagstrecken berücksichtigt werden, von dem in § 30 die Rede war und der in § 48 ausführlicher beschrieben wird.

Beispiel. Wie groß soll der Durchmesser einer Kugelelektrode im Zentrum eines Zimmers von $10 \cdot 10 \cdot 10\,\text{m}^3$ sein, damit die Elektrode eine möglichst hohe Spannung verträgt? Und welche Gleichspannung ist zulässig?

Das Zimmer darf annähernd als Kugel mit einem Radius 5 m aufgefaßt werden. Dann ist nach § 19 der günstigste Kugelradius 2,5 m, und die Spannung U ist nach (8, II) bestimmt durch: $U = E_d \frac{250}{2} = 125\, E_d$, wobei E_d die Durchbruchfeldstärke ist. Ein Durchschlag tritt sicher auf, wenn $E_d = 30$ kV, also $U = 3750$ kV; für $E_d = 20$ kV berechnet sich $U = 2500$ kV. Die praktisch zulässige Gleichspannung ist nun wegen der bei diesen hohen Spannungen auftretenden zu großen Durchschlagstrecken niedriger, besonders wenn das Potential der Elektrode positiv ist.

In der Praxis wählt man den Abstand zur Wand zweckmäßigerweise größer und daher den Durchmesser der Kugel kleiner. Bei 1 m Radius und $E_d = 20$ kV/cm wäre die zulässige Spannung:

$$U = \frac{400 \cdot 20}{\frac{10}{2}} = 1600\,\text{kV}.$$

Dieser Wert ist erfahrungsgemäß ungefähr die höchst zulässige negative Spannung in einem $10 \cdot 10 \cdot 10\,\text{m}^3$ großen Raum, wenn keine besonderen

Maßnahmen getroffen werden (§ 41). Die positive Spannungsgrenze liegt für die gegebenen Abmessungen noch etwa 300 kV niedriger.

Die Koronaspannung von Freileitern. Die Frage nach dem notwendigen Minimaldurchmesser einer zylindrischen Leitung, bei dem Glimmen bei gegebenem Abstande von Nebenleitungen oder Wänden noch nicht auftritt, oder gerade anfängt aufzutreten, ist besonders für die Kraftübertragung wichtig. Wir unterscheiden drei Fälle:

a) Ein Leiter mit dem Radius r ist konzentrisch in einem Zylinder mit dem Radius $(r+a)$ angeordnet (oder ein Leiter befindet sich in der Mitte eines Zimmers mit dem Wandabstand $2a$). Die Feldstärke E_m an der Oberfläche des Leiters ist (12, II):

$$E_m = \frac{U}{r \ln \frac{r+a}{r}}, \tag{1}$$

also

$$U_d = E_m r \ln \frac{r+a}{r}. \tag{2}$$

Nun hängt die *Koronaspannung* aber vom Radius ab. Nach den empirischen Formeln von PEEK und WHITEHEAD (§ 31) ist annähernd: $E_m = 30\left(1 + \frac{0{,}3}{\sqrt{r}}\right)$ kV/cm, also:

$$U_d = 21\, r \left(1 + \frac{0{,}3}{\sqrt{r}}\right) \lg \frac{r+a}{r}\ \mathrm{kV_{eff.}}. \tag{3}$$

In Abb. 146 nach SCHWAIGER[92] ist die Koronaspannung oder *Anfangspannung* U_d als Ordinate gegen die zugehörigen r-Werte als Abszisse aufgetragen, und zwar für verschiedene Größen des Abstandes a (Kurven A).

b) Einphasen-Wechselstromfreileitungen. Das Verfahren ist genau dasselbe; nur tritt an Stelle der Formel (1) die Näherungsformel für $a \gg r$:

$$E_m = \frac{U}{2 r \ln \frac{a}{r}}, \tag{4}$$

also

$$U_d = 42\, r \left(1 + \frac{0{,}3}{\sqrt{r}}\right) \ln \frac{a}{r}\ \mathrm{kV_{eff.}}. \tag{5}$$

Auch für diesen Fall sind die Ergebnisse in Abb. 146 aufgetragen (Kurven B).

c) Drehstromfreileitungen (verkettete Spannung). Hier ist die Spannung zwischen zwei der Leiter gerade maximal, wenn der dritte Leiter die Spannung Null hat. Wenn U_0 den Maximalwert der Spannung an jedem Leiter bedeutet und $U_{\max}$ die maximale verkettete Spannung zwischen zwei Leitern, dann ist

$$U_{\max} = 2\, U_0 \sin \frac{\pi}{3} = U_0 \sqrt{3}. \tag{6}$$

Die Feldstärke an der Oberfläche ist maximal in dem Augenblick, in welchem die betreffende Leitung die größte Ladung hat, denn es ist $E_r = 4\pi\varrho$, worin ϱ die Flächendichte der Ladung ist. Die Ladung jedes Leiters ändert sich periodisch. Die maximale Ladung tritt nun an jedem

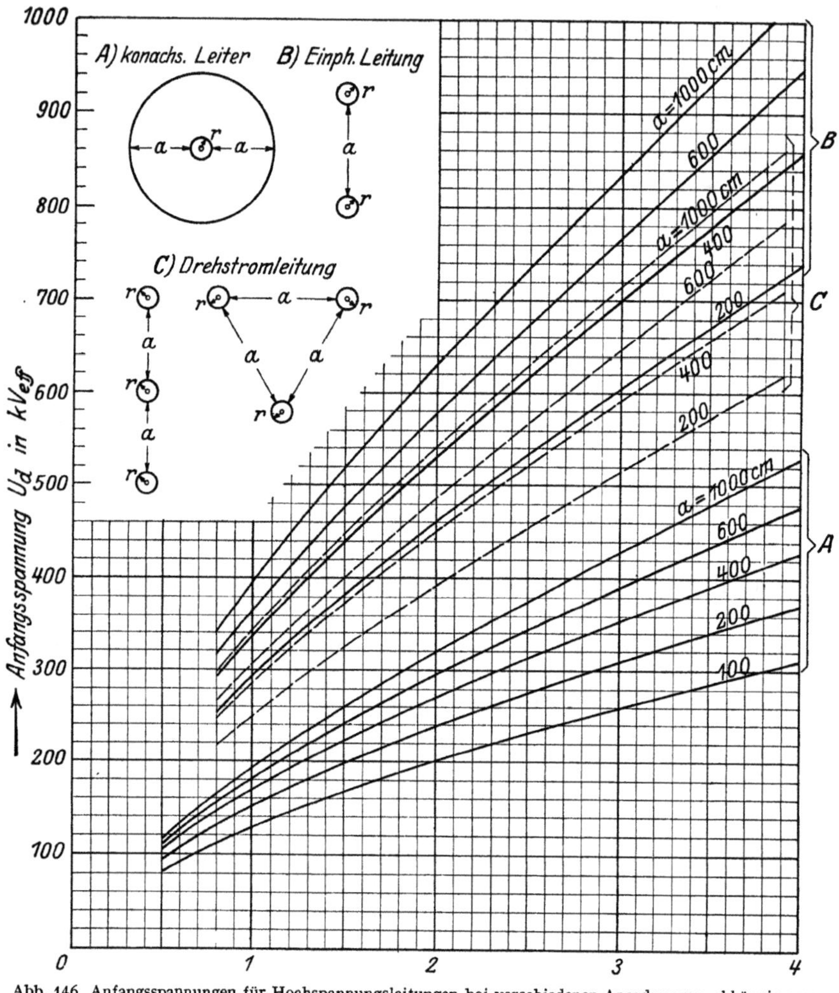

Abb. 146. Anfangsspannungen für Hochspannungsleitungen bei verschiedenen Anordnungen, abhängig vom Leiterradius r (Abszisse in cm) nach SCHWAIGER.

der Leiter gerade im Moment der maximalen Spannung auf, denn sie ist offenbar Null, wenn die Spannung durch Null geht, weil dann die beiden anderen Leitungen entgegengesetzte Spannungen haben (Abb. 147, Zeitpunkt B).

Ein Blick auf Abb. 147 zeigt sofort, daß die Höchstladung im Maximum der Spannung eines Leiters (Zeitpunkt A für Leiter 2) $2/\sqrt{3}$mal so groß ist wie im Moment (B), in welchem die verkettete Spannung maximal ist. Also:

$$E_m = \frac{U}{2r \ln \frac{a}{r}} \cdot \frac{2}{\sqrt{3}} = \frac{U}{r\sqrt{3} \ln \frac{a}{r}} \tag{7}$$

und mit Rücksicht auf (3)

$$U_d = 21\, r \left(1 + \frac{0,3}{\sqrt{r}}\right) \sqrt{3} \ln \frac{a}{r} \text{ kV}_{\text{eff}}\,. \tag{8}$$

In Abb. 146 sind auch die Anfangsspannungen U_d für diesen Fall (Kurven C) aufgetragen.

Einige Bemerkungen seien noch hinzugefügt:

1. Da nur der Logarithmus des Abstandes in die Formeln eingeht, zeigen diese, daß die Vergrößerung des Abstandes einen viel geringeren Einfluß auf die Anfangsspannung hat als eine Vergrößerung des Durchmessers.

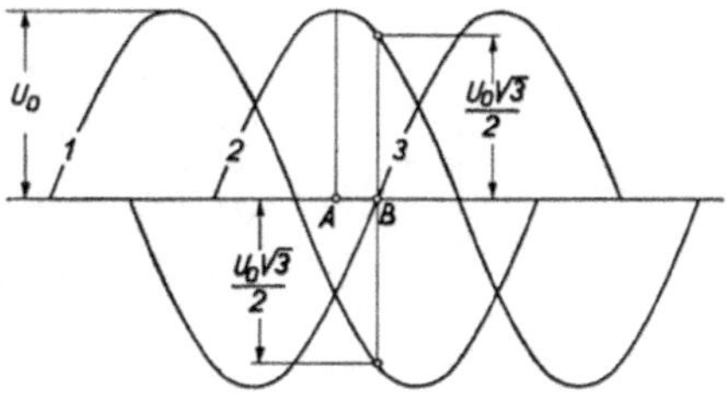

Abb. 147. Spannungen auf den drei Leitern eines Drehstromnetzes. Maximale Spannung zwischen den Leitern 1 und 3 im Zeitpunkt B. Maximale Spannung auf Leiter 2 im Zeitpunkt A.

2. Die Spannung kann in Wirklichkeit etwas höher gewählt werden, wenn man gewisse kleine Koronaverluste zuläßt. Der Gewinn durch die verminderten „OHMschen" Verluste bei gleichbleibendem Leitungsdurchmesser kann die zunehmenden Koronaverluste dabei übertreffen.

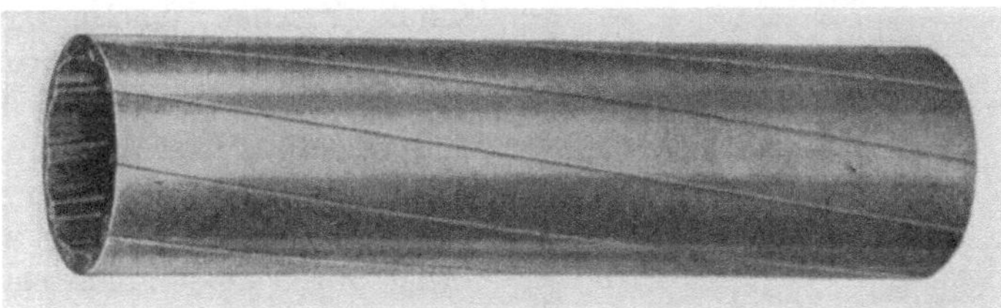

Abb. 148. Aus Streifen aufgebauter Hohlleiter mit glatter Oberfläche des Boulder-Dam-Netzes, Los Angelos. Durchmesser 35 mm.

3. Die Abbildung gilt annähernd auch für Gleichspannung, wenn man die Spannungen mit $\sqrt{2} = 1{,}41$ multipliziert. Nach neueren Untersuchungen muß der Faktor etwa 1,5 sein (§ 31).

Um die Koronaverluste herabzusetzen, werden Leiter mit großem Durchmesser und mit möglichst glatter Oberfläche gewählt. Hohlleiter verschiedener Konstruktionen wurden entworfen. Abb. 148 zeigt einen Teil eines aus spiralförmigen Kupferstreifen aufgebauten Hochspannungsleiters des Boulder-Dam-Netzes[186] mit dem Durchmesser 35 mm; ähnliche Systeme werden auch in Europa verwendet. Auch Hohlseile sind bekannte Hochspannungsleiter.

Im Laboratorium verwendet man mit Vorteil ziemlich dünne Leiter in einem mit Wasser gefüllten Glasrohr, das erst bei sehr hohen Feldstärken an der Glasoberfläche zu sprühen beginnt. Oft ist bei kleinen Strömen auch der Leiter im Inneren überflüssig, weil der Widerstand des Wassers nicht schadet oder sogar günstig wirkt als Dämpfungswiderstand.

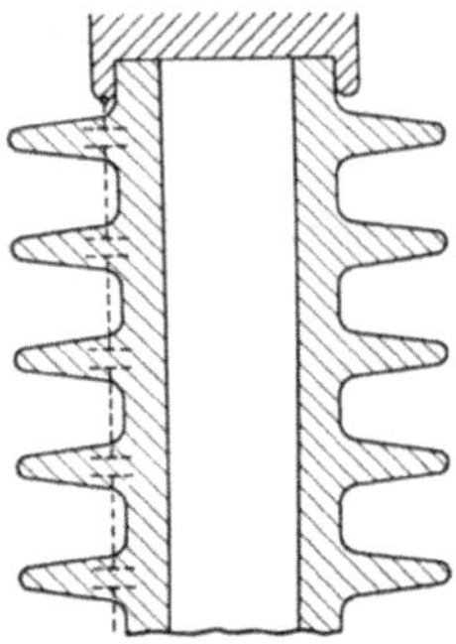

Abb. 149. Schematische Andeutung der Wirkung von Rillen als strombegrenzende Kapazitäten.

§ 40. Isolatoren.

Die Qualität eines Isolators wird durch die Eigenschaften des Materials und durch die Form bestimmt. Durchschlagfestigkeit, Oberflächenwiderstand, dielektrische Konstante, Verlustwinkel, innerer Widerstand und mechanische Stärke sind die Eigenschaften, welche an erster Stelle von Bedeutung sind. In Sonderfällen spielen dann oft Eigenschaften wie Widerstand gegen chemische Einflüsse und Feuerbeständigkeit eine Rolle.

Für feste Höchstspannungsisolatoren kommen hauptsächlich folgende Materialien in Frage: keramische Stoffe, Kunstharze, Hartgummi, Glas, Papier, Kombinationen davon und Kombinationen mit Öl oder plastischen Isoliermitteln, wie Schellack, Kunstharze, Asphalte, Teerpeche, Kolophonium, dickflüssige Öle, Kautschuk, Vaseline, Wachs, Paraffin. Diese plastischen Isoliermittel werden meist als Füllmassen in Kabelendverschlüssen, Durchführungen, Transformatoren, Entladungsröhren usw. verwendet. Spulen werden meist mit Compoundmassen unter Druck oder im Vakuum imprägniert.

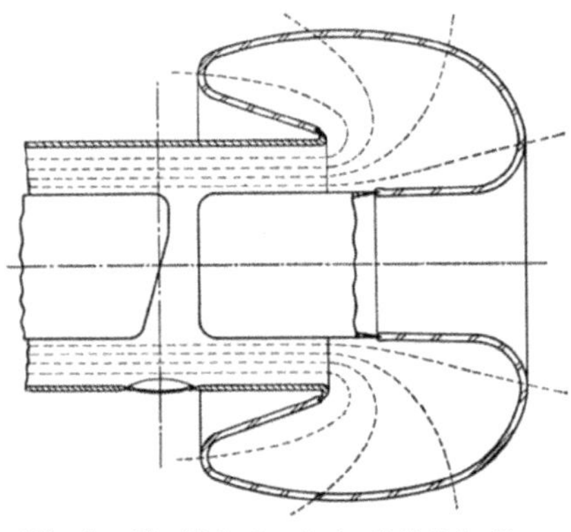

Abb. 150. Oberfläche konstanter Feldstärke längs der Wand einer Hochspannungsentladungsröhre.

Für Stoßspannungen genügen im allgemeinen weniger hochwertige Stoffe; so kann z. B. auch Holz verwendet werden. Die wichtigsten Eigenschaften von Isoliermaterial wurden schon im vorigen Abschnitt (§ 35 bis § 38) behandelt.

Allgemeine Gesichtspunkte in bezug auf die Form gelten für alle Materialien, z. B.:

a) Rillen. Rillen verbessern die Überschlagfestigkeit. Sie brauchen nicht sehr breit zu sein und nicht sehr zahlreich. Ihre Wirkung beruht oft weniger auf der Verlängerung des Kriechweges als auf einer Strombegrenzung, da die Rillen als Reihenkapazitäten wirken (Abb. 149).

Daß dieser Effekt nicht der allein bestimmende ist, geht aus der Verbesserung hervor, die man durch Rillen auch bei Gleichspannung erzielt.

b) Form der Oberfläche. Im übrigen ist auch die Form der Oberfläche von Bedeutung. Ein Mittel zur Erhöhung der Überschlagfestigkeit eines Isolators besteht darin, die Oberfläche so auszubilden, daß die Feldstärke überall nahezu konstant ist.

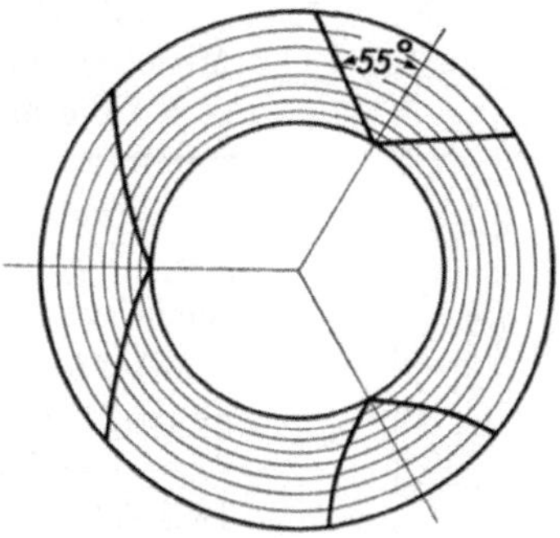

Abb. 151. Oberflächen konstanter Feldstärke in einem Zylinderfeld.

Abb. 150 zeigt einen Teil einer Hochspannungsentladungsröhre[187] mit einer Oberfläche annähernd konstanter Feldstärke.

Abb. 151 zeigt einige Oberflächen konstanter Feldstärke in einem Zylinderfeld.

Bemerkenswert ist, daß unter solchen Oberflächen auch die Ebene vorkommt. Man kann zeigen, daß diese Ebene mit dem Zylinderradius

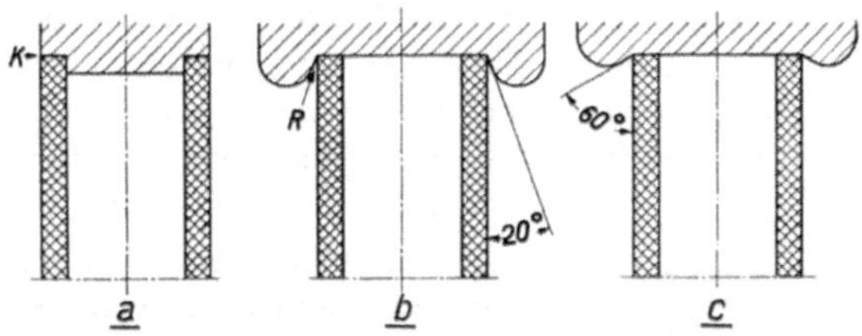

Abb. 152. Elektrodenformen bei Hochspannungsisolatoren: *a* Scharfe Kante. *b* Zu enger Luftraum. *c* Bessere Ausführung.

einen Winkel bildet (Abb. 151), bei dem $\cos\alpha = 1/\sqrt{3}$, der Winkel also etwa 55° ist.

Abb. 153. Glimmrand aus Stanniol bei Röntgenröhre mit zylindrischem Wandteil aus Metall.

c) Elektrodenform. Die Form der Elektroden hat großen Einfluß. Falsch sind z. B. die in Abb. 152 *a* und *b* gezeichneten Formen; *a* wegen der Kante *K*, *b* wegen des engen Luftraumes *R* zwischen Metall und Isolator, in welchem die Luft überlastet wird (§ 25). Die Form 152c ist günstig.

d) Glimmränder. Mit Absicht werden oft Glimm- oder Sprühränder angewandt. Der Effekt wurde in § 34 beschrieben.

Abb. 153 zeigt eine Röntgenröhre mit metallischem Mittelteil und einem Stanniolrand[188], dessen Glimmstrom die maximale Feldstärke auf der Glaswand vermindert.

Glimmränder werden ebenfalls mit Erfolg verwendet, um gleichmäßige Spannungsverteilung an der Oberfläche von Durchführungen zu gewährleisten.

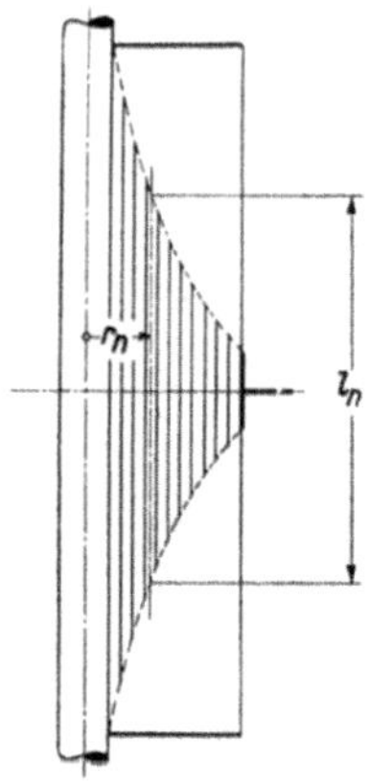

Abb. 154. NAGELsche Kondensatordurchführung.

e) Metalleinlagen. Durchführungen werden durch günstig angebrachte Metalleinlagen erheblich verbessert. Die NAGELsche Durchführung ist das klassische Beispiel dafür.

Das Prinzip ist: Gleichmäßige Beanspruchung der Schichten durch die Reihenschaltung gleicher Kapazitäten. Dazu muß das Produkt $l_n r_n$ (Abb. 154) annähernd konstant sein, also die gestrichelte Kurve durch die Enden der Einlagen ungefähr eine Hyperbel sein. Auch die Feldverteilung längs der Oberfläche wird durch die Einlagen günstiger.

Abb. 155 bis 157 zeigen eine Anzahl moderner Isolatoren für verschiedene Zwecke aus Porzellan und Kunstharz, die für Höchstspannungen in Betracht kommen.

Abb. 155. Überwürfe aus Porzellan für 220 kV, auch als Stützen zu verwenden (ROSENTHAL).

Für den Gebrauch im Laboratorium ist es wichtig zu bemerken, daß die Isolatoren in der Starkstromtechnik, vor allem solche für Freileitungen, mit so großen Sicherheitsfaktoren konstruiert sind, daß die Verwendung im trocknen Laboratorium oft erfreuliche Überraschungen bringt. Ein Kettenisolator für 150 kV_{eff} (Freileitung) verträgt z. B. im Laboratorium 600 kV_{eff} und sogar etwa 1600 kV Stoßspannung (vgl. § 55, VI). Oft sind einfache Zylinder mit Rillen im Laboratorium bis zu erstaunlich hohen Spannungen zu verwenden, und zwar sowohl als Überwurf für Kondensatoren und Widerstände, als für Stutzisolatoren. Auch in Entladungsgefäßen (Neutronen- oder Röntgenröhren) wurden oft solche Zylinder mit Erfolg angewandt (§ 59). Ein Zylinder nach Abb. 155, obwohl für 220-kV-Kondensatoren bestimmt, verträgt, zwischen günstig geformte Elektroden gestellt, im trockenen Laboratorium wahrscheinlich etwa 800 kV Gleichspannung.

Die Durchführung nach Abb. 156 für 220 kV verträgt nach den Prüfvorschriften 500 kV, und die Überschlagfestigkeit für Gleichspannung der acht aufeinander geschraubten Ringe aus Preßstoff nach Abb. 157 beträgt mehr als 1 MV. Der Hängeisolator nach Abb. 216 (VI) für 287 kV Wechselspannung des Boulder-Dam-Netzes verträgt Stoßspannungen von etwa 3 MV.

Abb. 156. Ölgefullte Porzellandurchführung für Freiluft 220 kV (DELLE).

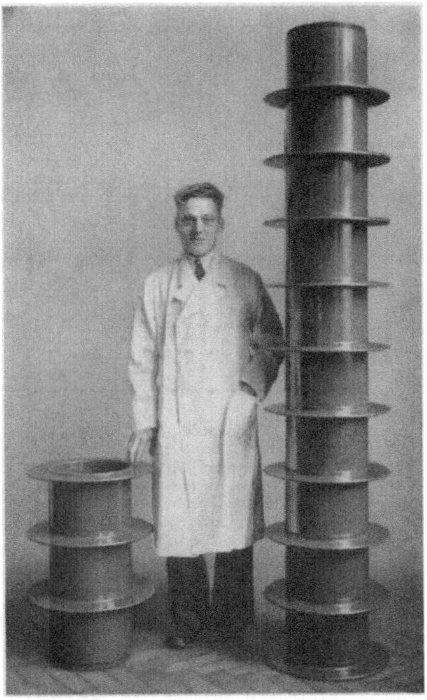

Abb. 157. Aufeinander geschraubte Ringe mit Flanschen aus Philit. Durchmesser des zylindrischen Teils 30 cm. Höhe der einzelnen Zylinder 22 cm.

§ 41. Schirme.

Bei Spannungen von der Größenordnung 1 MV kommen oft Durchschlaglängen vor, die ein Vielfaches dessen sind, was man nach der Feldstärke berechnen würde (§ 48). Um solche Durchschläge zu vermeiden, kann man Schirme verwenden. Von MARX[189] sind schon vor mehreren Jahren Papierschirme vorgeschlagen worden. Neben Papier kommen auch Preßspan, Hartpapier oder sonstige plattenförmige Isolatoren und auch imprägniertes Tuch in Betracht.

Diese Schirme haben wahrscheinlich zweierlei Wirkung. Erstens wird durch die Glimmentladung, welche in inhomogenen Feldern dem

Durchschlag vorangeht, auf den Schirm eine Ladung der Polarität der sprühenden Elektrode gebracht. Hierdurch wird also die Feldstärke an dieser Elektrode verkleinert. Zweitens wird die Bildung von Entladungskanälen im Sinne des in § 30 Besprochenen durch das Vorhandensein des Schirmes unmöglich.

Daß der zuerst angegebene Effekt tatsächlich besteht, geht aus folgenden Beobachtungen hervor:

Eine nicht sprühende Elektrode auf 1 MV gegen Erde befinde sich 3,5 m von der Zimmerwand. Ein Funkenschlag tritt mit unregelmäßigen Zwischenpausen auf. Jetzt wird ein Papierschirm zwischen Elektrode und Wand — etwa in der Mitte — aufgehängt und auf der Elektrode ein kleiner Sprühdraht angebracht, wodurch eine kaum sichtbare Koronaerscheinung beginnt. Von jetzt ab kommen die Überschläge nach der Wand sogar bei wesentlich höherer Spannung, z. B. 1300 kV, nicht mehr vor. Wohl beobachtet man ein geringes Sprühen des Drahtes. Bei scharfer Beobachtung stellt man fest, daß die Stärke des Sprühens, also anscheinend die Feldstärke, nach einiger Zeit abnimmt. Nebenbei sei hier bemerkt, daß eine — wenn auch geringere — Verbesserung auch durch den Sprühdraht ohne Schirm auftritt, wahrscheinlich ebenfalls durch das Vorhandensein räumlich verteilter Ladung im Felde zwischen Elektrode und Wand.

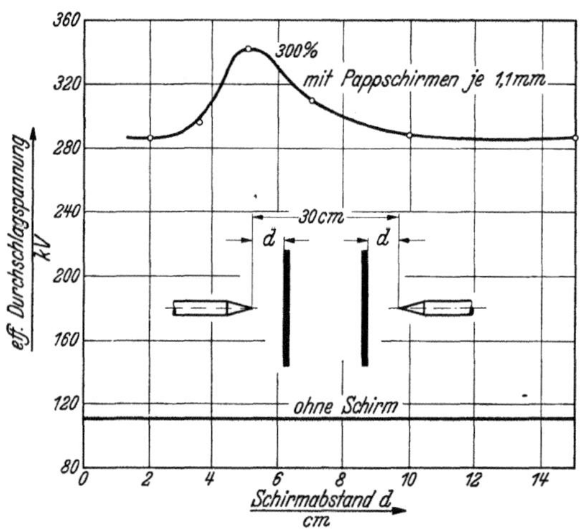

Abb. 158. Durchschlag-Wechselspannung von Luft zwischen zwei Spitzen mit Schirmen in Abhängigkeit vom Schirmabstande, $f = 50$ Hz (MARX).

Die Wirkung der Schirme ist sowohl für Wechselspannung wie für Gleichspannung beträchtlich und anscheinend bei Stoßspannungen noch größer. Der Effekt ist in inhomogenen Feldern deutlich größer als in homogenen Feldern.

Abb. 158 zeigt die Erhöhung bei der Wechselspannung 50 Hz bei Verwendung von zwei Schirmen zwischen Spitzen.

Abb. 159 zeigt einen Papierschirm im Hochspannungslaboratorium zwischen Generator und Decke. Der Schirm dient dazu, Überschläge bei 2000 kV negativer Spannung über einen Abstand von 3 m zu verhindern.

Weitere Versuche mit Schirmen, auch aus Metall, werden sicher lohnend sein. Mit spannungsgesteuerten Schirmen, sowohl aus Metall als auch aus Isoliermaterial wurden vom Verfasser vielversprechende Versuche gemacht. Man vergleiche auch den Entwurf in Abb. 77, § 17.

Abb. 159. Papierschirm im Hochspannungsraum zwischen Generator und Decke. Bei 3 m Abstand zwischen Elektrode und Decke trat mit Schirm bei 2 MV negativer Gleichspannung kein Durchschlag auf; ohne Schirm Durchschlag bei 1600 kV.

Auch Schirme in Öl können eine erhebliche Verbesserung der elektrischen Festigkeit bringen, vor allem, weil sie die Bildung von Brücken aus Fasern zwischen den Elektroden verhindern (§ 37).

§ 42. Widerstände.

Die an Höchstspannungswiderstände gestellten Anforderungen werden oft folgende sein:

a) Der Strom muß genügend klein sein, um auf die Dauer keine zu hohe Temperatur hervorzurufen.

b) Der Spannungsabfall am Widerstand soll höchstens etwa dem erlaubten Spannungsgradienten an Oberflächen und Isolatoren entsprechen, also ungefähr 5 kV/cm in Luft bei normalem Druck, etwa 15 kV/cm in Öl.

c) Unabhängigkeit von der Temperatur (besonders für Meßwiderstände).

d) Geringe Induktivität.

e) Die Konstruktion soll nicht zu Koronaerscheinungen Veranlassung geben.

Bei der Spannung 1 MV würde der Widerstand 1 $M\Omega = 10^6\,\Omega$ schon einen Strom von 1 A führen, was der Leistung 1000 kW entspricht. Ein Widerstand für 10^6 V für Meßzwecke wird etwa den Wert $10^9\,\Omega$ nicht unterschreiten dürfen, wenn die Bedingung a) erfüllt sein soll und wenn nicht eine entsprechende Kühlung vorhanden ist.

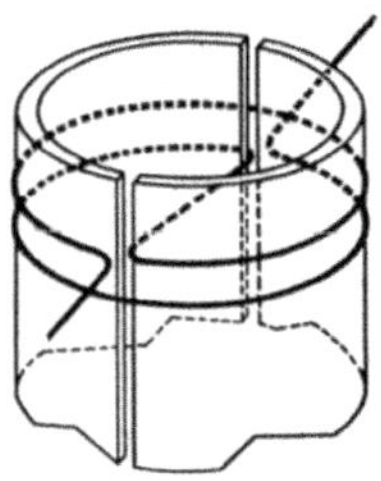

Abb. 160. Induktionsfreie Wicklung nach GROVER und CURTIS (schematisch).

Als Widerstandsmaterialien kommen in Betracht:

1. Drähte aus Legierungen mit hohem spezifischen Widerstand, wie z. B. Konstantan, Manganin oder Nichrom.
2. Kohleschichtwiderstände.
3. Halbleiter.

Metallegierungen lassen sich zu dünnen Drähten ausziehen, welche z. B. auf Baumwolle spiralförmig aufgewickelt, zu sehr großem Widerstande je Längeneinheit (der Drahtspiralen) führen. Werte zu $10^5\,\Omega$ je m sind noch gut erreichbar. Solche Drahtspiralen kann man auf verschiedene Weise wieder auf feste Isolatoren aufwickeln. Wo die Anwendung verlangt, daß der Widerstand induktionsfrei sei, kommen nur besondere Wickelverfahren in Betracht. Der als lange Spule gewickelte Widerstand hat eine Selbstinduktion (§ 44)

$$L = 4\pi w^2 \frac{Q}{l} 10^{-9}\,\mathrm{H}. \tag{9}$$

Bei einer Widerstandsspule mit $w = 1000$, $Q = 100$, $l = 100$ also:

$$L = \text{rd. } 12\,\mathrm{mH}.$$

Ein für Hochspannung sehr geeignetes Verfahren zur Vermeidung von Selbstinduktion ist das nach GROVER und CURTIS[190], das schematisch in Abb. 160 angegeben ist. Diese Wicklung hat gegenüber der Bifilarwicklung auch den Vorteil, daß sie fast kapazitätsfrei ist, was bei Messungen ebenfalls erforderlich sein kann.

Abb. 161 zeigt ein Beispiel eines hochohmigen Widerstandes auf Steatit. Das große Schraubengewinde des Steatitkörpers ist, wie Abb. 162 im einzelnen zeigt, mit spiralförmigen Drähten einer Chromnickellegierung bewickelt. Der Widerstand dieses Körpers beträgt ungefähr $10^5\,\Omega$ je cm Wickelhöhe bei dem Durchmesser 9 cm. Ein 5 m langer, aus solchen

Steatitkörpern hergestellter Widerstand hat $5 \cdot 10^7\,\Omega$ Widerstandswert und führt bei der Spannung 10^6 V also noch einen Strom 20 mA, welcher nur während einer ganz kurzen Zeit ertragen wird, selbst

Abb. 161. Auf Steatit gewickelter Hochspannungswiderstand.

wenn der Widerstand mit Öl umgeben ist. Durch Vergrößerung des Durchmessers oder Verkleinerung des Schraubenganges wäre noch eine erhebliche Vergrößerung des Widerstandwertes erreichbar.

Kohleschichtwiderstände mit sehr hohem Widerstand je Längeneinheit werden für die Radiotechnik in Massen angefertigt.

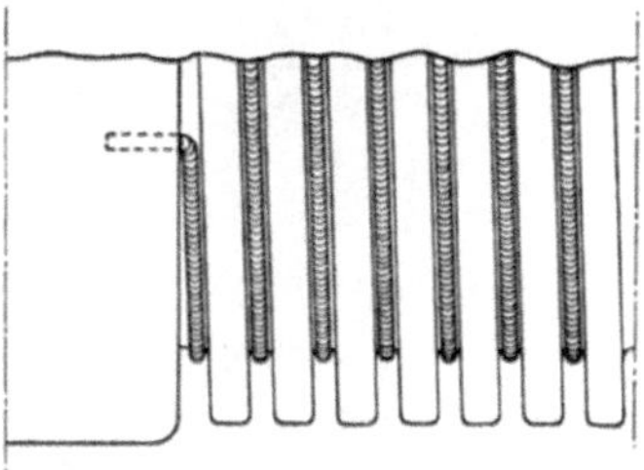

Abb. 162. Der Widerstand von Abb. 161 im einzelnen.

Abb. 163 zeigt eine Anzahl solcher auf einen Hartpapierrahmen aufgewikkelten Widerstandseinheiten. Der Widerstand beträgt z. B. $10^6\,\Omega$ je Einheit. Auch Einheiten mit $10^7\,\Omega$ Widerstand bei derselben Länge können hergestellt werden. Die Kohleschicht ist auf einem Porzellanröhrchen angebracht. Durch Einschleifen einer Nute wird die Kohleschicht in ein spiralförmiges, schmales Kohleband verwandelt. Der Rahmen zu 5 Einheiten je cm Länge für je 1 MΩ hat den Widerstand 5 MΩ je cm.

Abb. 163. Hochspannungswiderstand, aufgebaut aus Gitterwiderständen aus Graphit (Kohleschichtwiderstande).

Auf die Gesamtlänge 4 m kommt also der Widerstand $2 \cdot 10^9\,\Omega$, und die Spannung 2 MV führt zu dem Strom 1 mA. Eine solche Stromstärke ist für diesen Widerstand erlaubt, wenn er mit fließendem Öl gekühlt wird. Die Erwärmung beträgt dann nur wenige Grad, so daß der Widerstandswert konstant bleibt. Rahmen nach Abb. 163 in einem mit Öl gekühlten Zylinder aus Isoliermaterial liefern ausgezeichnete Meßwiderstände (vgl. § 9), wobei die zulässige Stromstärke so groß ist, daß für die Messung ein normales mA-Meter benutzt werden kann.

Von TUVE, HAFSTAD und DAHL[49] wurden ähnliche Widerstände in einem Gummischlauch untergebracht, und zwar so, daß zwischen 200-MΩ-Einheiten flache Metallscheiben von 30 cm Durchmesser angebracht wurden mit Rändern aus Kupferrohr, um Sprüheffekte zu vermeiden. Die Verfasser weisen besonders auf den Einfluß von Staub hin; deshalb

Abb. 164. Hochspannungswiderstände im Metallkörper nach TAYLOR.

wurde auch als Staubschutz ein 50 cm weites Textilrohr verwendet. Auch dieser Widerstand wurde für Meßzwecke benutzt.

Eine etwas andere Anordnung von Metallwiderständen wurde von TAYLOR[191] angegeben.

Das Kennzeichnende dieser Konstruktion ist, daß Einheiten zu 5 MΩ in Aluminium-Hohlkörpern (Abb. 164) untergebracht werden. Aus den Hohlkörpern sind dann durch Reihenschaltung größere Widerstände zu bilden (Abb. 165). Der Dauerstrom dieser Widerstände darf 1,6 mA betragen, so daß auch hier die Messung mit normalen technischen Instrumenten vorgenommen werden kann. Allerdings sind die Spannungswerte kleiner als beim oben beschriebenen ölgekühlten Widerstand.

Halbleiter können unter Umständen auch als Hochspannungswiderstände benutzt werden. Fraglich ist immer die Konstanz. Als Beispiel erwähnen wir Silitwiderstände, die durch Zusammenschmelzen von Siliziumkarbid mit Kohlenstoff und Ton hergestellt werden und die als Ableitwiderstände oder auch als Heizwiderstände Verwendung finden.

Sie haben im allgemeinen einen ziemlich großen negativen Temperaturkoeffizienten und sind sehr spannungsabhängig.

Für Dämpfungszwecke ist z. B. ein mit Wasser gekühltes Glasrohr ganz bequem; die Wanddicke des Glases soll nicht zu klein genommen werden. Der Widerstand des Wassers ist fast beliebig einzustellen, indem man von destilliertem Wasser ausgeht und nach Bedarf Leitungswasser oder Salz zufügt.

Die Messung sehr großer Widerstände geschieht außer mit der gewöhnlichen Brückenmethode sehr bequem mit Hilfe einer Kondensatorentladung. Ein Kondensator bekannter Kapazität C, Größenordnung 1 μF, wird über den Widerstand R entladen und der Entladestrom im Zeitabstand einiger Minuten abgelesen. Der Strom verläuft bekanntlich nach der Formel:

$$i = \frac{U}{R} e^{-\frac{t}{RC}}. \tag{10}$$

Abb. 165. Reihenschaltung der Widerstände im Metallkörper nach TAYLOR.

§ 43. Kondensatoren.

Auf fast keinem Gebiete der Hochspannungstechnik ist der Fortschritt in den letzten 10 Jahren so groß gewesen wie auf dem Gebiete der Kondensatoren. In dem Buche „Praktische Physik" von KOHLRAUSCH[192] vom Jahre 1935 werden als Beispiele von Hochspannungskondensatoren Preßgaskondensatoren nach PALM[193] bis 180 kV mit Kapazitäten von 100 μμF, solche nach SCHERING und VIEWEG[194] und „Minosflaschen" der Firma Schott, Jena, erwähnt.

In Röntgenanlagen wurden vor etwa 10 Jahren Kondensatoren mit Hartpapier als Dielektrikum mit Kapazitäten zu ungefähr 0,01 μF und Betriebsspannungen von 100 kV in Zylinderform mit etwa 200 cm Höhe und 30 cm Durchmesser gebaut. Jetzt verfügt die Technik über betriebssichere Kondensatoren für 100 kV mit Kapazitäten von ungefähr 0,05 μF etwa in den Abmessungen: Höhe 20 cm, Durchmesser 12 cm. Das Dielektrikum ist fast immer in Öl imprägniertes Papier.

Der Fortschritt in der Konstruktion kann am besten gezeigt werden, wenn wir den Energieinhalt je Volumeneinheit als Maß einführen.

Energieinhalt je Volumeneinheit als Maß. In Abb. 166 sind fünf Kondensatoren einmal parallel und einmal in Reihe dargestellt. Jeder einzelne Kondensator ist in ein Quadrat eingezeichnet; damit soll angedeutet sein, daß jedes Kondensatorelement eine etwa kubische Form hat. Ein solches Element habe die Kapazität C bei einer zulässigen Spannung U. Dann ist der Energieinhalt in aufgeladenem Zustand: $CU^2/2$. Bei n-Kondensatoren in Reihe (Abb. 166a) ist die Kapazität n-mal so klein und die zulässige Spannung n-mal so groß geworden;

der Energieinhalt I ist also bei einer n-maligen Volumenvergrößerung geworden:

$$I_n = \frac{n\,C\,U^2}{2}. \tag{11}$$

Bei der Parallelschaltung von n-Kondensatoren mit der Kapazität C ist der Energieinhalt selbstverständlich ebenfalls

$$I_n = \frac{n\,C\,U^2}{2}. \tag{12}$$

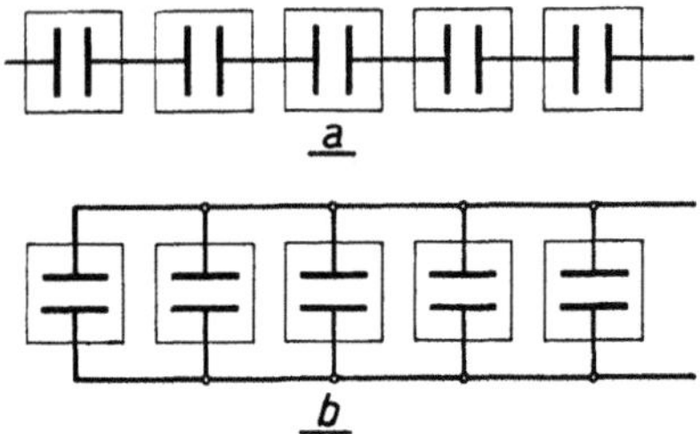

Abb. 166. Fünf Kondensatoren parallel (a) und in Reihe (b) zur Demonstration der Tatsache, daß die Energie je Volumeneinheit von der Schaltung unabhängig ist.

Die Energiemenge je Volumeneinheit ist also bei jeder Schaltung von Kondensatoren konstant.

Wir wählen als Einheit die Anzahl Joule je dm³. Diese Zahl war bei den obengenannten Preßgaskondensatoren und Minosflaschen nur ein Bruchteil einer Einheit. Allerdings haben die Preßkondensatoren auch den besonderen Vorzug, praktisch keine dielektrischen Verluste zu haben und deswegen als Meßkondensatoren in Brückenschaltungen verwendbar zu sein. Bei den bis vor etwa 10 Jahren allgemein in Röntgenapparaten für Spannungen bis 100 kV verwendeten Kondensatoren war der maximale Energieinhalt etwa 0,4 J/dm³. Die modernen Hochspannungskondensatoren, wie sie z. B. in dem in Abschnitt I beschriebenen Kaskadengenerator angewandt sind, zeigen schon Werte von 40 J/dm³, und noch spätere Ausführungen derselben Konstruktion haben sogar den maximalen Energieinhalt 100 J/dm³. Tabelle XI gibt eine Übersicht über die in den letzten 15 Jahren erreichten Werte.

Tabelle XI.

Zunahme des Energieinhaltes von Kondensatoren (Joule/dm³) in den letzten 15 Jahren. Die weiteren Angaben betreffen wirklich ausgeführte Kondensatoren, sind aber kein Maß für die Möglichkeiten in dem betreffenden Jahr.

Jahr (ungefähr)	Spannung in kV	Kapazität in µF	$\frac{1}{2} CU^2$ in W	Äußere Länge in cm	Außendurchmesser in cm	Joule/dm³
1923	100	0,01	50	200	30	0,36
1925	100	0,01	50	200	20	0,8
1930	50	0,008	10	30	16	1,7
1934	150	0,006	65	47	18	5,5
1936	85	0,035	125	36	18	14
1937	200	0,025	500	58	18	70
1938	(im Prinzip erreichbar)					200

In der Tabelle sind auch einige andere Zahlen angegeben. Sie sind ziemlich willkürlich gewählt, betreffen aber alle bestimmte Ausführungen und sollen kein Bild geben über erreichbare Spannungen bei den verschiedenen Konstruktionen. Es sei noch bemerkt, daß die Einzelpakete der neuen Kondensatoren der Konstruktion PHILIPS einen noch viel größeren Energieinhalt haben, und zwar 240 J/dm³, so daß schließlich bei günstigem Füllfaktor der Wert 200 J/dm³ in dem vollständigen Kondensator erreichbar wäre.

Abb. 167 zeigt zwei Kondensatoren in Zylinderform mit und ohne Rippen für Spannungen von 200 und 250 kV; die Höhe der Zylinder beträgt 46,5 cm, der Durchmesser 17,5 cm. Das Dielektrikum ist auch hier imprägniertes Papier. Die Kondensatoren sind aus gewickelten Einheiten aufgebaut (Abb. 168), die in Reihe oder parallel geschaltet werden, je nach der gewünschten Spannung und Kapazität. Die Kondensatoren sind in ein plastisches Isoliermittel eingebettet und zusammen in dem Philitzylinder aus aufeinander geschraubten Ringen untergebracht.

Abb. 167. Zwei verschiedene Ausführungen der Hochspannungskondensatoren.

Ein Kondensator für 300 kV in einem Zylinder mit 28 cm Durchmesser aus Teilen nach Abb. 141 hat bei 66 cm Höhe die Kapazität 0,09 μF. Der Energieinhalt beträgt 100 J/dm³.

Abb. 169 zeigt eine Anzahl Kopplungskondensatoren für 120 kV und 4000 cm Kapazität. Je zwei in Reihe geschaltete Kondensatoren sind für 220 kV bestimmt. Der Energieinhalt je Volumeneinheit ist gering, wohl zum Teil durch die großen Reserven, welche die Starkstromtechnik verlangt.

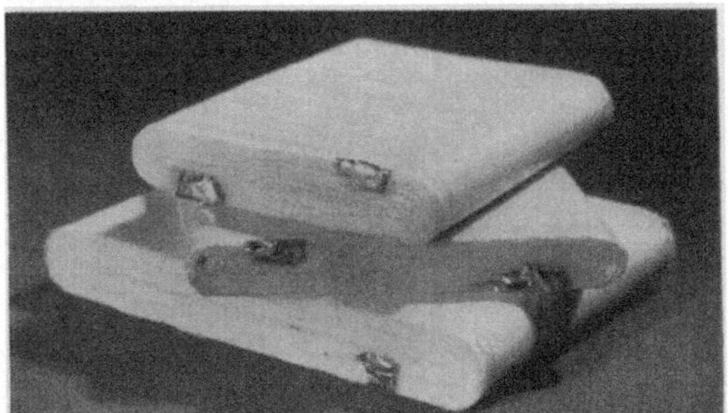

Abb. 168. Einzelpaket eines Papierkondensators. Jede Einheit hat etwa die Kapazität 1 μF bei einer zulässigen Spannung von rd. 5000 kV.

Besondere Ausführungen fordern die Kondensatoren, welche einen hochfrequenten Strom führen müssen, wie z. B. die in der Kaskadenschaltung (§ 10) für den Heizstrom der Ventilkathoden verwendeten. Bei solchen Kondensatoren dürfen die Widerstände von Verbindungsdrähten und Belegen keinen zu großen Wert haben, weil sonst der durchgehende hochfrequente Strom einen großen Spannungsabfall und damit Wärmeentwicklung zur Folge hat. Für sehr hohe Frequenzen sind auch die dielektrischen Verluste in Papier erheblich. Deshalb wird oft Glimmer als Dielektrikum vorgezogen. Auch auf rasche Entladungen, wie z. B.

Abb. 169. Freiluft-Kopplungs-Ölkondensatoren für 220 kV (MEIROWSKY).

in Stoßspannungsanlagen, ist bei der Konstruktion besondere Rücksicht zu nehmen.

Beim vollständigen Kurzschluß über einen äußeren Widerstand, der gegenüber dem inneren Widerstand klein ist, wird die ganze Kondensatorenergie $\frac{1}{2} C U^2$ unvermeidlich im Inneren des Kondensators in JOULEsche Wärme umgesetzt. Auch beim Umladen, Übertragung der Ladung eines Kondensators auf einen anderen, treten unvermeidlich Energieverluste auf, die teils im inneren Kondensatorwiderstand als

JOULEsche Wärme zur Geltung kommen. Wir wollen hierauf etwas näher eingehen:

Verluste bei Ladung von Kondensatoren. Es sei (Abb. 170) der Kondensator C_1 auf die Spannung U_0 aufgeladen und dann durch den Schalter S der anfänglich nicht aufgeladene Kondensator C_2 angeschlossen. Die Kapazität des zweiten Kondensators sei $C_2 = k C_1$. Es stellt sich nun die Spannung $U = \frac{1}{k+1} U_0$ an beiden Kondensatoren ein. Die Energie des Kondensators C_1 war ursprünglich

$$\varphi_0 = \frac{C_1 U_0^2}{2}$$

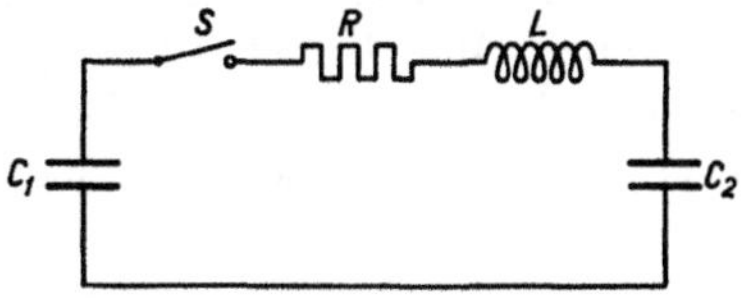

Abb. 170. Übertragung der Ladung eines Kondensators auf einen zweiten Kondensator.

und der Energieinhalt beider Kondensatoren am Ende:

$$\varphi = \frac{(k+1)\,C_1}{2}\left(\frac{1}{k+1}U_0\right)^2 = \frac{1}{k+1}\varphi_0.$$

Der Energieverlust beträgt also:

$$\Delta\varphi = \varphi_0\left(1 - \frac{1}{k+1}\right) = \frac{k}{k+1}\varphi_0. \tag{13}$$

Die Energie des Kondensators C_2 nach Aufladung ist:

$$\varphi_2 = \frac{k}{(k+1)^2}\varphi_0, \tag{14}$$

also

$$\frac{\Delta\varphi}{\varphi_2} = k + 1. \tag{15}$$

Bei der Übertragung von Ladung eines Kondensators auf einen anderen mit k-mal so großer Kapazität tritt immer ein Energieverlust auf, dessen Betrag im Endzustande (gleiche Spannung an beiden Kondensatoren) das $(k+1)$fache der Energie des zweiten Kondensators beträgt.

Wenn der ursprünglich aufgeladene Kondensator durch eine Gleichspannungsquelle oder einen sehr großen Kondensator ersetzt wird, so wird $k = 0$. Wir finden also in diesem Falle die bekannte Tatsache wieder, daß bei der Aufladung eines Kondensators aus einer Gleichspannungsquelle immer nur die Hälfte der der Quelle entnommenen Energie zur Geltung kommt; die andere Hälfte geht verloren.

Bei diesen Betrachtungen sind die Konstanten L und R des Entladungskreises nicht berücksichtigt. Ist die Selbstinduktion gegenüber dem Widerstande des Kreises nur gering $\left(R^2 > \frac{4L}{C}\right)$, so verläuft die Aufladung ohne Schwingungserscheinungen, und die verlorene Energie wird unmittelbar in JOULEsche Wärme umgesetzt. Treten Schwingungen auf $\left(R^2 < \frac{4L}{C}\right)$, so wird neben der Entwicklung JOULEscher Wärme auch Energieverlust durch Strahlung auftreten (vgl. § 8).

Kapazitäten einfacher Anordnungen. Wir erwähnen schließlich die für verschiedene oft vorkommende Anordnungen berechneten Kapazitäten und berücksichtigen dabei auch solche Anordnungen, die nicht wegen ihrer Kapazität gewählt worden sind, sondern vielmehr eine nicht zu vermeidende Mindestkapazität besitzen.

Wir geben die Werte ohne Ableitung; die Berechnung geschieht nach den in Kapitel II erörterten Methoden. Der Vorgang ist grundsätzlich folgender: Man berechnet bei gegebener Ladung q den Potentialunterschied U zwischen den in Betracht kommenden Elektroden; dann ist $C = q/U$. Das Dielektrikum habe die Dielektrizitätskonstante ε.

a) Parallele ebene Platten. Der Abstand sei d, die Oberfläche der Platten sei O.

$$C = \frac{O\,\varepsilon}{4\,\pi\,d}\ \text{cm}. \tag{16}$$

b) Konzentrische Kugeln. Halbmesser r_1 und r_2.

$$C = \frac{r_1\,r_2}{r_2 - r_1}\,\varepsilon\ \text{cm}. \tag{17}$$

Die Formel gilt annähernd für eine Kugel mit dem Halbmesser r_1 in der Mitte eines Zimmers mit der kleinsten Abmessung $2\,r_2$.

c) Gestreckter zylindrischer Leiter. Halbmesser r, Länge l, $r \ll l$.

$$C = \frac{\varepsilon\,l}{2\ln\frac{l}{r}}\ \text{cm}. \tag{18}$$

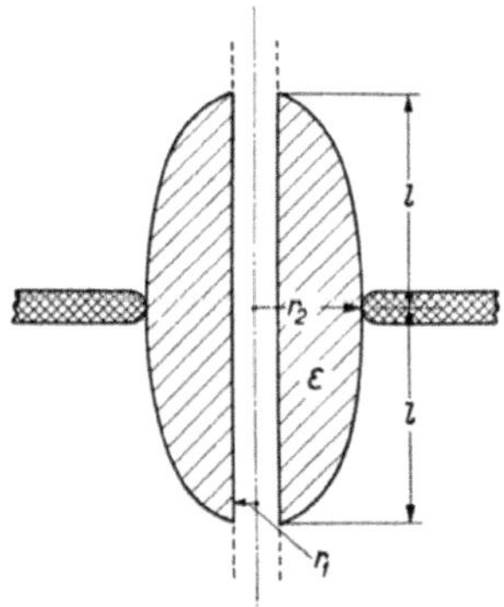

Abb. 171. Einfache Kreislochdurchführung. Der Isolatorkörper ist ein Rotationsellipsoid.

d) Doppelleitung. Der Abstand sei a:

$$C = \frac{\varepsilon\,l}{4\ln\frac{a}{r}}\ \text{cm}. \tag{19}$$

e) Kabel mit den Radien r_1 des Innenleiters und r_2 des Außenleiters:

$$C = \frac{l}{2\ln\frac{r_1}{r_2}}\,\varepsilon\ \text{cm}. \tag{20}$$

f) Kreisförmige Scheibe. Halbmesser r, Dicke d:

$$C = \frac{2\,r}{\pi}\left(1 + \frac{d}{\pi\,r}\right)\varepsilon\ \text{cm}. \tag{21}$$

g) Isolatordurchführung (Abb. 171). Bolzen mit Durchmesser $2\,r_1$ durch eine Kreislochscheibe mit Lochdurchmesser $2\,r_2$ in ellipsoidförmigem Isolierkörper der Länge $2\,l$ [91]:

$$C = \frac{l}{\frac{1}{\varepsilon}\ln\frac{2\,l}{r_1} + \left(1 - \frac{1}{\varepsilon}\right)\ln\frac{2\,l}{r_2} - \ln\left(1 + \frac{l}{r_2}\right)}\ \text{cm}. \tag{22}$$

§ 44. Spulen.

Spulen finden in zahlreichen Formen Verwendung in der Elektrotechnik und im Laboratorium. Wenn wir uns auf Hochspannung beschränken, können wir drei Anwendungsgebiete unterscheiden, und zwar

a) als Transformatorwicklung;

b) zur Beschränkung der Ansteiggeschwindigkeit von Strömen und des Spannungsabfalls;

c) zur Erzeugung von Resonanz.

Letzteres geschieht bei der Verwendung in Resonanztransformatoren, aber daneben auch z. B. da, wo der Blindstrom eines Kondensators durch eine Parallelspule kompensiert wird. Im ersten Falle handelt es sich um Spannungs-, im zweiten Falle um Stromresonanz.

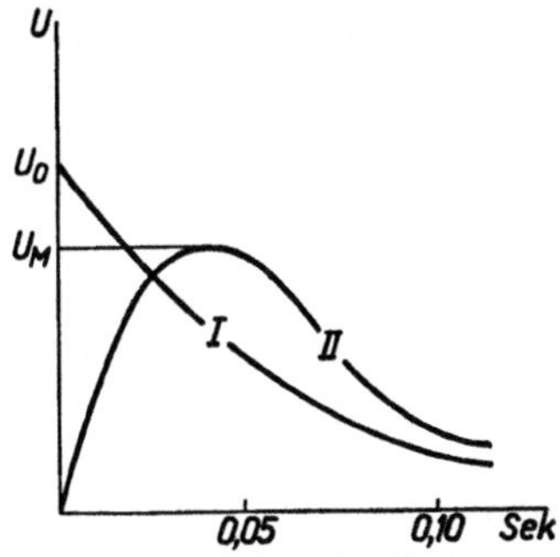

Abb. 172. Entladung eines Kondensators über einen Widerstand (Kurve I) und über einen Widerstand und eine Drosselspule; kritischer Fall $R^2 = 4\frac{L}{C}$ (Kurve II).

Bei den bekanntesten Anwendungsbeispielen von Drosselspulen in der Elektrotechnik gehören die PETERSEN-Spulen, welche zur Beschränkung der Erdschlußschäden in Kraftstromnetzen dienen. Wir gehen hierauf nicht näher ein; die elektrotechnische Literatur über diesen Gegenstand ist ausgiebig.

Eine besondere Anwendung einer Drosselspule ist die nachfolgende: Zur Erzeugung kurzzeitiger Röntgenmomentaufnahmen wird zweckmäßigerweise ein Kondensator verwendet. Wenn ein Kondensator von 2 μF z. B. zu der Spannung 70 kV aufgeladen wird, dann ist die Energie $\frac{1}{2} C U^2$ genügend, um eine Lungenaufnahme in genügendem Abstand herzustellen. Verwendet man jedoch den Kondensator ohne weiteres, so ist der Spannungsverlauf ungünstig: Die Spannung fällt zu rasch ab und erreicht schon bald eine so geringe Höhe, daß keine Röntgenstrahlen mehr erzeugt werden. Übrigens hat die große Änderung der Spannung eine stark inhomogene Röntgenstrahlung zur Folge, die weniger schöne Bilder liefert. Hier bringt die Drosselspule Abhilfe, weil sie die Spannungsform günstig beeinflußt. Der Spannungsverlauf mit (Kurve II) und ohne Drosselspule (Kurve I) ist in Abb. 172 dargestellt.

Die günstigste Selbstinduktion L ist in diesem Falle ungefähr die, bei der gerade noch keine Schwingungen auftreten. Wir haben schon in Abschnitt I, § 8 gesehen, daß dies der Fall ist, wenn $R^2 = 4\frac{L}{C}$ wird. Die Maximalspannung an der Röhre U_R wird dann

$$U_R = \frac{U C R^2}{2 e L}, \text{ wobei } e = 2{,}718. \tag{22}$$

Hierbei ist für R der konstant angenommene Widerstand der Röntgenröhre zu setzen und für C die Kapazität des Kondensators. Für $C = 2 \cdot 10^{-6}$ F, $R = 10^5\,\Omega$ wird also $L =$ rd. 2000 H. Die minimale Stromstärke hat die Größenordnung 1 A.

Nach der Konstruktion können zwei Arten Spulen unterschieden werden; es gibt:

1. eisenlose Spulen;
2. Spulen mit Eisenkern (mit und ohne Luftspalt).

a) Eisenlose Spulen*. Die eisenlose Spule hat eine mit der Stromstärke proportionale und zeitunabhängige Selbstinduktion L. L ist wegen des Hauteffektes bei sehr hohen Frequenzen nicht frequenzunabhängig. Deshalb wird für Spulen in der Hochfrequenztechnik Litzendraht verwendet. Durch diese Maßnahme wird auch bei ziemlich hohen Frequenzen die Selbstinduktion noch frequenzunabhängig: Wenn die Klemmenspannung höhere Harmonische enthält, enthält sie auch der durchgehende Strom. Wo es auf diese Eigenschaft ankommt, und übrigens auch überall dort, wo nur kleine L-Werte gefordert werden, benutzt man eisenlose Spulen. Sie haben den weiteren Vorteil vor eisenhaltigen Spulen, daß in vielen Fällen die Berechnung von L möglich ist, so daß sie für Meßzwecke als Normalien verwendet werden können. Aber auch in der Elektrotechnik werden eisenlose Spulen häufig in Reihe mit Leitungen, Transformatoren und Maschinen geschaltet zum Schutze der Apparate gegen Überspannungen. Solche Spulen haben erhebliche Abmessungen (vgl. unten), die von der benötigten Selbstinduktion und von der zu erwartenden Stromstärke, Spannung und Leitung bedingt werden. Bei eisenlosen Spulen kann die Tatsache, daß die Kraftlinien weit außerhalb der Einzelspule liegen, zu Unannehmlichkeiten führen, weil dadurch Metallteile erwärmt und Instrumente beschädigt werden können.

Bei Spulen für große Stromstärken werden gewöhnlich durch Distanzstücke aus feuerfestem Material die Windungen voneinander getrennt gehalten, um Überschläge zu vermeiden. Auch werden oft die Windungen mit Asbest isoliert, besonders um Kurzschlüsse zwischen Windungen zu verhindern, die durch magnetische herangezogene Eisenteile entstehen können. Eisenlose Spulen für höhere Spannungen werden oft in Öl eingebaut. In diesem Falle sind besondere Maßnahmen nötig, um den Kasten gegen Wirbelstromverluste zu schützen. Die Selbstinduktion bekommt dadurch andere Werte als bei freier Aufstellung der Spulen.

b) Spulen mit Eisenkern. Drosselspulen mit Eisenkern finden Anwendung, wo hohe Selbstinduktionen benötigt werden und wo es auf die Proportionalität von L mit der Stromstärke und auf Unabhängigkeit von der Frequenz nicht ankommt. Der Strom hat bei sinusförmiger

* Ein ausführliches Werk: „Eisenlose Drosselspulen" von J. HAK[195] erschien nach der Fertigstellung dieser Monographie.

Spannung stark ausgeprägte höhere Harmonische, die für besondere Zwecke benutzbar gemacht werden können.

Durch Vormagnetisierung mit Gleichstrom kann man erreichen, daß L und damit also die Reaktanz ωL, für kleine Wechselströme klein ist und dann mit dem Wechselstrom sehr stark wächst. Für verschiedene Anwendungen ist eine solche Charakteristik günstig, weil dann der Spannungsabfall der Spule bei normalem Betrieb klein bleibt. Solche Drosselspulen werden z. B. verwendet, um die Welligkeit eines Gleichstromes zu verkleinern, sowie zur Spannungsregelung.

Der Eisenkern wird gewöhnlich unterbrochen durch Luftspalte, damit die Eisensättigung nicht zu groß wird und die Abhängigkeit der Reaktanz von der Stromstärke innerhalb eines zulässigen Maßes bleibt. Diesen Typ hat die Drosselspule, die im obigen Anwendungsbeispiel in einem Röntgenapparat erwähnt wurde. Die Konstruktion ist schematisch in Abb. 173 dargestellt.

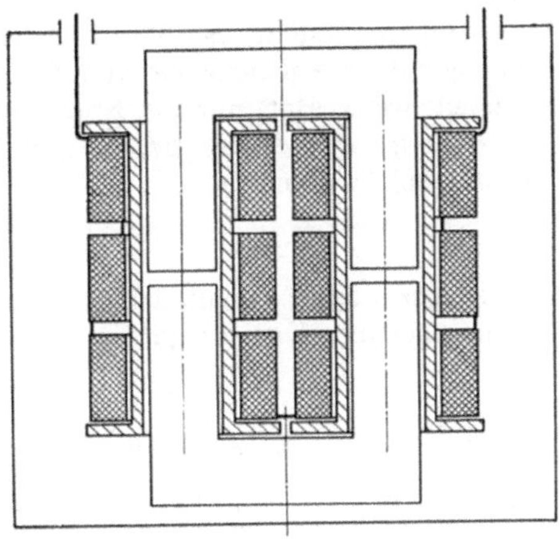

Abb. 173. Eisenkern-Drosselspule mit Luftspalten.

Es werden auch Spulen mit Eisenjoch ohne Kern angefertigt.

Eisenhaltige Spulen für höhere Spannungen werden in Öl eingebaut und haben vollständig das Aussehen und im wesentlichen auch den Aufbau eines Transformators.

Bemerkenswerte Fortschritte sind in der letzten Zeit auf dem Gebiete der Spulen für die Hochfrequenztechnik gemacht worden. Es gelang, Spulen aus Preßstoffen mit Eisenpulver herzustellen, welche bis zu den höchsten in Betracht kommenden Frequenzen noch verwendet werden können, allerdings bei Werten der Permeabilität in der Größenordnung $\mu = 20$.

L-Werte oft vorkommender Anordnungen. Wir geben, wieder ohne Ableitung, die Werte der Selbstinduktion einer Anzahl Anordnungen an, die in der Praxis der Hochspannungstechnik oft vorkommen. Dabei nehmen wir auch solche Anordnungen auf, die nicht wegen ihrer Selbstinduktion gewählt wurden, sondern vielmehr eine gewisse nicht zu vermeidende Mindest-Selbstinduktion besitzen. Die Berechnung geht grundsätzlich aus der Definition der Selbstinduktion hervor. Nach Definition ist:

$$U = -L \frac{di}{dt}. \qquad (23)$$

Da auch nach (2, I)

$$U = -10^{-8}\frac{d\Phi}{dt}\text{: so wird:}$$

$$L = \frac{\frac{d\Phi}{dt}}{\frac{di}{dt}} = \frac{d\Phi}{di}. \tag{24}$$

Bei Proportionalität zwischen Φ und i ergibt sich also

$$L = \frac{\Phi}{i}. \tag{25}$$

Die Aufgabe besteht also darin, bei jeder vorliegenden Anordnung das Magnetfeld in Abhängigkeit von der Stromstärke zu finden. Wir erwähnen, wie gesagt, nur die Ergebnisse:

α) *Lange zylindrische Spule.* Die Länge sei l, der Querschnitt Q, die Anzahl Windungen w.

$$L = 4\pi w^2 \frac{Q}{l}\ \text{cm}. \tag{26}$$

β) *Kurze Spule.* Wenn der Durchmesser d der Spule nicht mehr sehr klein gegenüber l ist, so gilt:

$$L = 4\pi k w^2 \frac{Q}{l}\ \text{cm}, \tag{27}$$

wobei k die Werte der folgenden Tabelle nach NAGAOKA hat:

Tabelle XII. Korrektionsfaktor für kurze Spulen nach NAGAOKA.

$\frac{d}{l}$	k	$\frac{d}{l}$	k	$\frac{d}{l}$	k
0	1	1	0,69	6	0,28
0,1	0,96	1,5	0,59[5]	7	0,26
0,2	0,92	2	0,53	8	0,24
0,4	0,85	3	0,43	9	0,22
0,6	0,79	4	0,36	10	0,20
0,8	0,73	5	0,32		

γ) *Mehrlagige Zylinderspulen.* Die Länge l, die Höhe h, der mittlere Spulendurchmesser d.

Für $\frac{d}{l+h} < 2$ ist annähernd:

$$L = 10{,}5\, w^2 d \sqrt[4]{\frac{d}{2(l+h)}}\ \text{cm}. \tag{28}$$

Für $\frac{d}{l+h} > 2$ annähernd:

$$L = 10{,}5\, w^2 d \sqrt{\frac{d}{2(l+h)}}\ \text{cm}. \tag{29}$$

δ) *Spule mit geschlossenem Eisenkern.* Die Länge l, der Eisenquerschnitt Q, die Windungszahl w:

$$L = 4\pi w^2 \frac{Q}{l}\mu\ \text{cm}. \tag{30}$$

ε) *Eisenspule mit Luftspalt.* Der Querschnitt des Spaltes sei Q, die Spalthöhe δ. Annähernd:

$$L = 4\pi w^2 \frac{Q}{\delta} \text{ cm}. \tag{31}$$

ζ) *Gestreckter Leiter.* Die Länge l, der Durchmesser $2r$; $r \ll l$ annähernd:

$$L = 2l \ln \frac{l}{r} \text{ cm}. \tag{32}$$

Wir bemerken hier: Da für diesen Fall nach (18) gilt:

$$C = \frac{\varepsilon l}{2 \ln \frac{l}{r}},$$

ist das Produkt $L'C'$ beim zylindrischen Leiter, wo L' und C' die Weite je Längeneinheit sind:

$$L'C' = \frac{LC}{l^2} = \varepsilon. \tag{33}$$

Für die Leitung in Luft:

$$L'C' = 1. \tag{34}$$

Nach § 12 ist die Fortpflanzungsgeschwindigkeit elektrischer Wellen längs des Leiters $1/\sqrt{LC}$, wobei aber L und C die Werte je Längeneinheit in Henry, bzw. Farad, sind. Deshalb wird:

$$v = \sqrt{9 \cdot 10^{20}} = 3 \cdot 10^{10} = c, \tag{35}$$

wo c die Lichtgeschwindigkeit bedeutet. Ist die Dielektrizitätskonstante ε anstatt 1, dann gilt nach (33):

$$v = \frac{c}{\sqrt{L'C'}} = \frac{c}{\sqrt{\varepsilon}}. \tag{36}$$

η) *Doppelleitung.* Der Abstand zwischen den Leitern sei a:

$$L = 4l \ln \frac{a}{r} \text{ cm}. \tag{37}$$

ϑ) *Kabel.* Die Halbmesser von Leiter und Mantel seien r_1 und r_2, die Dicke des Mantels sei klein gegenüber r_1:

$$L = 2l \ln \frac{r_1}{r_2} \text{ cm}. \tag{38}$$

§ 45. Gleichrichter.

Die Umwandlung von Wechselspannung in gleichgerichtete Spannung geschieht durch Vorrichtungen, die nur Strom durchlassen, wenn die Spannung eine bestimmte Richtung hat und nicht oder nur in sehr geringem Maße bei entgegengesetztem Vorzeichen der Spannung. Bei mechanischen Gleichrichtern wird dies dadurch erreicht, daß ein sich bewegender Kontakt gerade im richtigen Augenblick (bei bestimmtem Vorzeichen der Spannung) geschlossen wird, bei den stationären Gleichrichtern dadurch, daß der Stromdurchgang stets nur in einer Richtung stattfinden kann.

Wir verfügen für die Gleichrichtung hoher Spannungen über:

a) Mechanische Gleichrichter.
b) Hochvakuumgleichrichter.
c) Gasgefüllte Gleichrichter mit Glühkathode.
d) Quecksilberkathodengleichrichter.
e) Den „Stromrichter" nach MARX.
f) Noch einige besondere Gleichrichter.

a) Mechanische Gleichrichter. Die mechanischen Gleichrichter, bis vor einigen Jahren noch ziemlich allgemein verwendet in Röntgenapparaten (SNOOK-Gleichrichter) und in Gasreinigungsanlagen, werden mehr und mehr durch stationäre „Ventile" ersetzt.

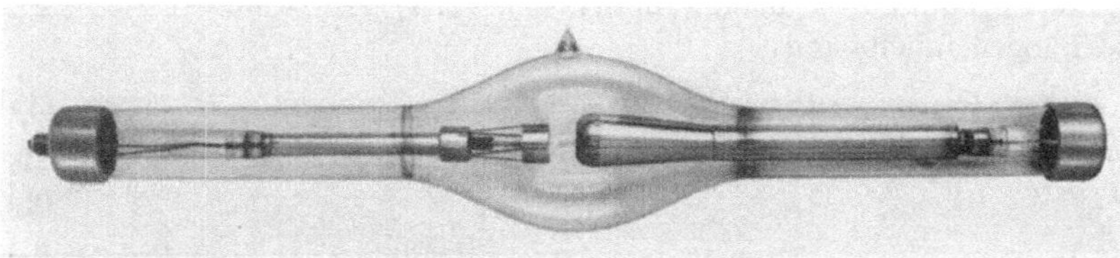

Abb. 174. Hochvakuumgleichrichter für 400 kV (SRW.), Gesamtlänge 120 cm.

Ein interessantes Beispiel eines mechanischen Gleichrichters ist der Nadelschalter in dem FISCHER-Transformator nach Abb. 17, I.

b) Hochvakuumgleichrichter. Für hohe Spannungen bis etwa 400 kV wurden bis vor kurzer Zeit fast ausschließlich Hochvakuumgleichrichter verwendet, für die Abb. 174 ein Beispiel zeigt. Die Wirkung beruht auf Elektronenemission der Glühkathode, die einen Stromdurchgang während der Zeit, in der die „Kathode" negativ ist, ermöglicht, während in der Gegenphase, wenn die „Anode" negativ ist, das Vakuum vollständig isoliert. Die Stromstärke bei völliger Ausnutzung der Elektronen durch genügende Anodenspannung (Sättigungsstrom) beträgt nach der RICHARDSONschen Formel (§ 28):

$$i = a\,T^2 e^{-\frac{\varepsilon\varphi}{kT}},$$

wobei ε die Ladung des Elektrons, φ das Austrittpotential der Kathode, T die Temperatur in °K, k die Konstante von BOLTZMANN und a eine weitere Konstante der Größenordnung 50 A/cm² Grad² ist. Die maximale Temperatur wird durch die Verdampfung begrenzt, die in noch stärkerem Maß als die Elektronenemission mit der Temperatur steigt. Ein Glühfaden aus Wolfram von der gebräuchlichen Dicke, z. B. 200 bis 400 μ, kann bei genügender praktischer Lebensdauer etwa 8 mA je Watt Heizung liefern, entsprechend der Temperatur rd. 2600° K. Für 1 A Dauerleistung wären also etwa 120 W Heizleistung nötig. Praktisch ist die benötigte Heizleistung noch etwas größer wegen der Verluste durch Abkühlung an den Enden.

Thorierte Wolframkathoden zeigen eine erheblich stärkere Emission und werden neuerdings aus diesem Grund in Gleichrichtern für größere Stromstärken verwendet. Bei Temperaturen von rd. 2000° K liefern thorierte Wolframkathoden über 50 mA je Watt, also 1 A bei etwa 20 W Heizleistung. Die genannten Leistungen wären auch nötig für solche Fälle, in denen nur intermittierend Stromstöße von 1 A durchgehen.

Die Stromstärke wird auch bei genügend heißer Kathode dadurch begrenzt, daß durch den Elektronenstrom eine negative Raumladung entsteht, die das elektrische Feld an der Kathode schwächt. Der Strom ändert sich bei genügend heißer Kathode mit der Spannung nach der LANGMUIRschen Formel:

$$i = a\,U^{3/2}, \tag{39}$$

wo U die Spannung und a eine Konstante ist, die von der Konstruktion abhängt. Für eine flache Kathode, die einer ebenen Anode auf x cm gegenübersteht, ist nach LANGMUIR[196]:

$$i_E = 2{,}33 \cdot 10^{-6} \frac{U^{3/2}}{x^2}\ \mathrm{A/cm^2}, \tag{40}$$

für eine konzentrisch in einer zylindrischen Anode mit Halbmesser r aufgestellte Kathode[196]:

$$i_Z = 14{,}65 \cdot 10^{-6} \frac{U^{3/2}}{r^2}\ \mathrm{A/cm^2}. \tag{41}$$

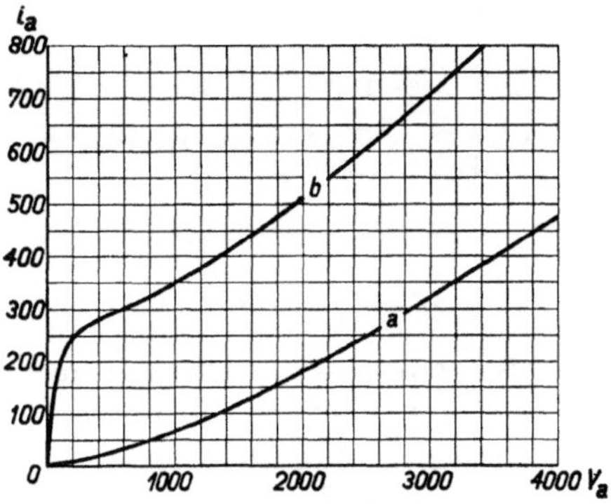

Abb. 175. Strom-Spannungscharakteristik eines Hochvakuumgleichrichters. a Rohre ohne Gitter. b Röhre mit positivem Raumladungsgitter. Strom in mA.

Wenn die Kathode nicht genügend Elektronen emittiert, tritt Stromsättigung auf und damit ein hohe Werte annehmender Spannungsabfall. Unter solchen Bedingungen kann die Leistung $i\,U$, die in der Anode die entsprechende Wärmemenge erzeugt, sehr erheblich werden, und dadurch das Ventil vernichten, wenn keine genügende Wärmeabfuhr vorgesehen ist.

Abb. 175 zeigt Strom-Spannungscharakteristiken eines in der Praxis verwendeten Hochvakuumgleichrichters mit Gitter, und zwar bei der Gitterspannung (in bezug zur Kathode) Null (Kurve *a*) und bei der Gitterspannung 100 V (Kurve *b*). Die Kurven der Abbildung entsprechen nicht dem LANGMUIRschen Gesetz[196]. Dieses gilt jedoch wohl für die einzelnen Punkte der Kathode, für die die Temperatur genügend hoch ist. Nur durch die Summation dieser Einzelvorgänge bekommt die Charakteristik die Form der Figur. Die Stromstärke steigt noch bei der höchsten Anodenspannung, was darauf hindeutet, daß der durch die Elektronenemission der Kathoden bestimmte Sättigungsstrom noch nicht erreicht ist: auch bei der höchsten Anodenspannung wird der Strom noch durch Raumladung begrenzt.

Eine gewisse Erwärmung der Anode tritt auch bei genügender Kathodenheizung auf, da ja nach (39) eine bestimmte Spannung U immer nötig ist, um einen Strom i aufrechtzuerhalten. Die Anode wird zweckmäßig so gebaut, daß eine genügende Wärmeabfuhr stattfinden kann.

Abb. 176 zeigt die Konstruktion eines „Metalix"-Ventils für 220 kV mit kleinem Spannungsabfall (kleinem mittleren a der LANGMUIRschen Formel) und Außenanode.

Zur weiteren Verminderung des Spannungsabfalls bei großer Stromstärke kann man ein positives Gitter verwenden (Abb. 175b). Das Gitter kann auch dazu benutzt werden, den Strom bei Aufrechterhaltung der Spannung zu unterbrechen dadurch, daß das Gitter negativ gemacht wird. Diese Eigenschaft des Vakuumventils mit Gitter — Möglichkeit

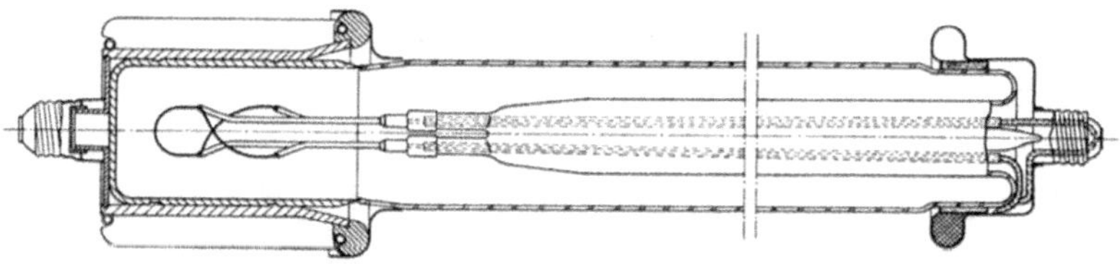

Abb. 176. „Metalix"-Ventil mit Anode als Außenwand für 220 kV, Länge 68 cm.

der Steuerung — ist noch mit keinem andern Hochspannungsgleichrichter in gleicher Vollkommenheit erreicht.

c) Gasgefüllte Gleichrichter mit Glühkathode. Für Hochspannungszwecke wurde bis jetzt als Gasfüllung nur Quecksilberdampf verwendet, so daß wir uns hierauf beschränken. Das Prinzip ist — kurzgefaßt — folgendes:

Zwischen kalten Elektroden in etwa 1 cm Abstand wird in Quecksilberdampf bei einem der Zimmertemperatur entsprechenden Dampfdruck die Spannung von etwa 30 kV noch keinen Durchschlag hervorrufen. Es handelt sich dann um den Zustand, in welchem die freie Weglänge der Elektronen für Stöße gegen die Gasatome schon groß gegenüber dem Elektrodenabstand ist, entsprechend dem linken steilen Teil der PASCHEN-Kurve in Abb. 109, III. Anders wird dies jedoch, wenn eine der Elektroden Elektronen emittiert, z. B. dadurch, daß sie eine heiße Stelle hat. Anbringung einer Glühkathode in der negativen Elektrode leitet schon bei sehr niedrigen Spannungen eine Bogenentladung ein, die dann bei noch niedrigerer Spannung stationär wird. Eine solche Erniedrigung der Durchschlagspannung tritt nicht auf, wenn in die positive Elektrode ein Heizkörper eingebaut wird. Daher die Ventilwirkung: Stromdurchgang bei negativer „Kathode", Sperrung bei positiver „Kathode".

Über den Mechanismus des Vorganges nur folgendes: Die Elektronen aus der heißen Kathode erzeugen in dem Gase viele positive Ionen, deren Zahl genügt, um die Raumladung der Elektronen aufzuheben. Daher fehlt die Strombeschränkung durch Raumladung, die bei Vakuumventilen beobachtet wurde. Die positiven Ionen im gasgefüllten Ventil übernehmen die Aufgabe des positiven Gitters, sind jedoch erheblich wirkungsvoller.

Vor mehreren Jahren wurden gasgefüllte Ventile mit Wolframkathode gebaut (der Tungargleichrichter des GEC mit Argon war z. B. ein bekannter Vertreter); jetzt ist die Kathode meist eine Oxydkathode, wodurch auch die Heizleistung sehr verringert wurde.

Ein einstufiger Hochspannungsgleichrichter nach Abb. 177 hat z. B. 40 V Zündspannung und bei der Stromstärke 1 A die Brennspannung

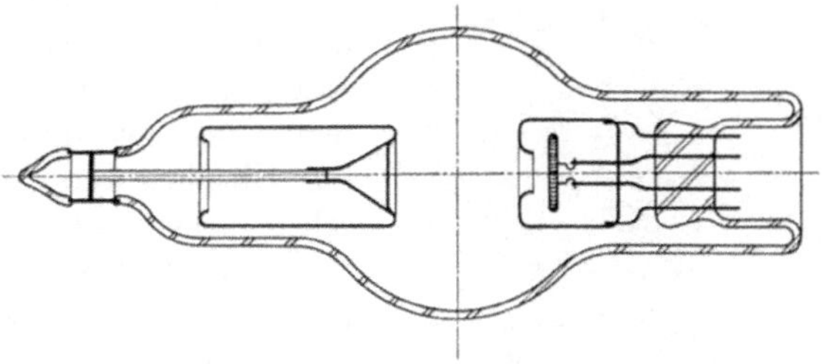

Abb. 177. Hochspannungsgleichrichter mit Quecksilberdampf und Heizkathode fur 40 kV und 1 A, Gesamtlänge 20 cm

30 V bei 40 kV Sperrspannung, während die Heizleistung 7 W beträgt. Es gelang nun, für Hochspannungszwecke mehrere Stufen in Reihe zu bauen, wobei die durchbohrte Anode der einen Stufe die Funktion der Kathode in der nächst höheren Stufe übernimmt.

Abb. 178 zeigt ein neunstufiges Ventil für 250 kV Sperrspannung. Zwischen Kathode 1 und Anode 2 befinden sich acht metallische Zwischenbüchsen, so daß der Entladungsraum in neun Stufen zerlegt ist. Mit

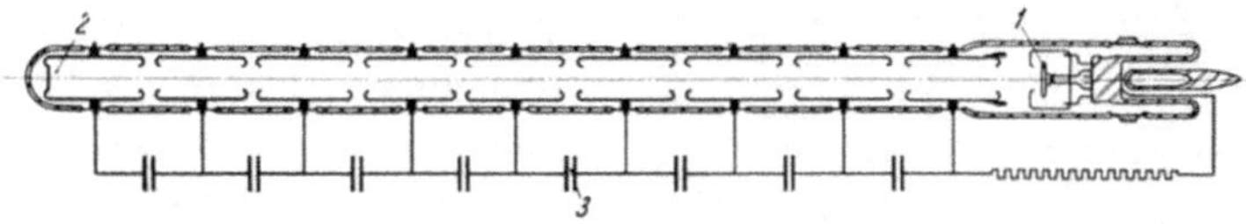

Abb. 178. Querschnitt einer gasgefüllten Gleichrichterröhre. Sperrspannung 250 kV.

Hilfe der schematisch angedeuteten, in Wirklichkeit den Ventilkörper konzentrisch umgebenden Kondensatoren 3 wird dafür gesorgt, daß sich die Spannung linear über das Ventil verteilt: jede Stufe enthält einen gleichen Bruchteil der Gesamtspannung. Die Röhren enthalten ein Tröpfchen Quecksilber. Bei Temperaturen bis etwa 30° C verträgt ein solches Ventil die Sperrspannung 300 kV, bei 45° C noch ungefähr 250 kV. Die zuletzt genannte Sperrspannung wird mit Sicherheit bei 40° C noch beherrscht. Bei höheren Temperaturen tritt Rückzündung ein. Der Druck entspricht dann dem linken Teil der PASCHEN-Kurve (Abb. 109). Unter 10° C wird der Quecksilberdruck so niedrig, daß die Zündspannung zu hohe Werte (mehrere kV) annimmt. Das Temperaturgebiet, in dem die Ventile benutzt werden können, ist deshalb auf etwa 15 bis 40°

beschränkt. In der Praxis wird das für die meisten Anwendungen kaum als lästig empfunden.

Wichtig scheint die Umhüllung der Ventile mit zylindrischen Leitern, die durch die äußeren Belege der Kondensatoren gebildet werden. Dadurch wird in Hochspannungsanlagen das Ventil elektrisch abgeschirmt. Atmosphärische Einflüsse, wie Feuchtigkeitsniederschlag auf der Glaswand, werden mit Erfolg ausgeschlossen durch Anwendung einer Lackschicht auf dem Glas oder durch Einbetten des Gleichrichters in ein plastisches Isoliermittel oder in Öl.

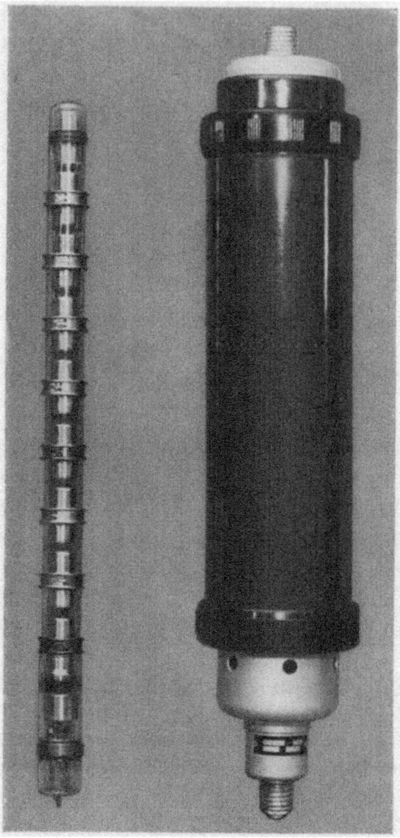

Abb. 179. Ansicht einer gasgefüllten Gleichrichterröhre (PHILIPS), links ohne, rechts mit Kondensatoren.

Abb. 179 zeigt die Photographie zweier derartigen Gleichrichter ohne und mit Umhüllung. Der Glaskörper des Ventils befindet sich in einem Überwurf von „Philit", der auch die Abstufungskondensatoren enthält. Die Gesamtlänge für das 250-kV-Ventil zum Betrieb in Luft beträgt 70 cm.

Ventile dieser Art bis zu Spannungen über 400 kV wurden im Laboratorium mit Erfolg für Versuche verwendet. Ventile für Spannungen bis zu 220 kV sind schon in vielen hundert Stücken in Röntgenapparaten und eine kleinere Anzahl in Anlagen für Kernphysik im Betrieb.

Neben diesen mehrstufigen Hochspannungsgasventilen mit Heizkathode für Stromstärken in der Größenordnung 1 A gibt es schon zweistufige Ventile für 30 kV, 10 A (Abb. 180) und einstufige für niedrigere Spannungen und größere Stromstärken[197, 198, 198a]. Grundsätzlich besteht die Möglichkeit, durch Vergrößerung der Abmessungen und Verbesserung der Kühlung, Stromstärke und Spannung zu steigern.

Steuerung. Interessant ist, daß auch eine Steuerung dieser Gleichrichter mittels eingebauter Gitter möglich ist. Steuerbare gasgefüllte Gleichrichter mit Oxydkathoden werden praktisch angewandt, wenn auch nicht für sehr hohe Spannungen (Thyratrons[199]). Bei diesen Typen war es jedoch bis vor kurzer Zeit nicht möglich, mittels einer negativen Gitterspannung den Strom in Hochspannungskreisen zu unterbrechen, wie dies beim Vakuumventil mit Gitter möglich ist. Der Grund hierfür liegt darin, daß sich um das negative Gitter eine Raumladung positiver Ionen aufbaut von solcher Dichte, daß das negative Gitterpotential vollkommen abgeschirmt erscheint. Neuerdings ist es aber gelungen, Ventile mit Gitter zu bauen, bei denen es möglich ist, den Strom bei voller Spannung zu unterbrechen. Mit einem Ventil, das dem in Abb. 179 dargestellten ähnlich ist, gelang es, durch eine negative Spannung auf einem zwischen zwei Ringen eingebauten Gitter einen 5-A-Gleichstrom bei einer Spannung zu unterbrechen, die nach der Unterbrechung am Ventil bis 40 kV stieg.

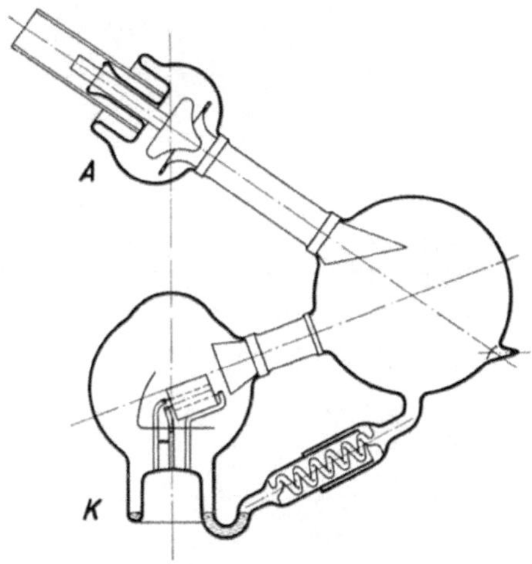

Abb. 180. Schemazeichnung eines Quecksilberdampfgleichrichters fur 30 kV, 10 A. Der kondensierte Quecksilberdampf lauft durch die Glasspirale zurück in den Kathodenraum.

Besondere Vorteile der gasgefüllten Ventile sind:

1. Geringe Heizleistung (etwa 8 W).
2. Geringer Spannungsabfall (in der Größenordnung 30 V).
3. Geringe Leistungsverluste.
4. Elektrostatische Abschirmung.
5. Gleichmäßige Spannungsverteilung.
6. Steuerbarkeit.

Die Punkte 4. und 5. sind besonders wichtig für Hochspannungsanlagen.

Sämtliche Vorteile kommen in der in § 9 beschriebenen Kaskadenschaltung zur Geltung, besonders der Vorteil der geringen Heizleistung, ohne welche die dort beschriebene Hochfrequenzheizung große Schwierigkeiten mit sich bringen würde.

d) **Quecksilberkathodengleichrichter.** In ihrer Wirkungsweise dem gasgefüllten Gleichrichter mit Glühkathode ähnlich, aber in mancher Hinsicht doch davon verschieden sind die schon viel älteren Quecksilberdampfgleichrichter mit flüssiger Quecksilberkathode. An die Stelle der Glühkathode tritt der Fußpunkt einer Bogenentladung auf der Quecksilberkathode, der Elektronen in genügender Anzahl liefern kann. Das verdampfte Quecksilber bildet die Gasfüllung. Um den Gasdruck niedrig zu halten, muß für schnelle Kondensation gesorgt werden. Das Quecksilber schlägt sich auf den vielfach gekühlten Glaswänden nieder und strömt zur unten angeordneten Kathode zurück. Die Zündung geschieht mittels einer Hilfsentladung, die an einer Stelle auf der Kathodenoberfläche einen Bogen zündet. Ist der Lichtbogen einmal eingeleitet, dann bleibt zwischen der flüssigen Kathode und einer Hilfsanode immer eine Bogenentladung bestehen. Zur Hauptanode fließt aber nur ein Strom in der Halbperiode des Wechselstromes, in der die Kathode negativ ist; in umgekehrter Richtung tritt kein Stromdurchgang auf. Auch hier kann jedoch Rückzündung auftreten, z. B. wenn durch Stromkonzentration die Anode eine heiße Stelle bekommt, oder wenn die Gleichspannung einen zu hohen Wert annimmt. Ein gewisser Gegenstrom ist meistens vorhanden. Er kann als Maß für die Qualität des Gleichrichters dienen. Gleichrichter dieser Art mit mehreren Anoden für Mehrphasenbetrieb sind üblich.

Abb. 181. Hochspannungs-Mutator 20000 V, 1500 kW (Brown-Boveri).

Es gibt Quecksilberdampfgleichrichter für Spannungen bis zu 60000 V und Stromstärken von wenigen Amp, für 20000 V bei einigen 100 A und für sehr viel höhere Stromstärken — etwa 10000 A — bei niedriger Spannung[200]. Diese Gleichrichter sind aus Metall hergestellt und arbeiten an der Pumpe. Abb. 181 zeigt einen modernen Quecksilberdampfgleichrichter (Mutator) für 20000 V und 1500 kW.

Gleichrichter mit Gittern wurden zur Verbesserung der Qualität, zum Schutze der Anlage bei Rückzündung oder Kurzschluß und auch für Steuerungszwecke gebaut. Bis jetzt gelang die Steuerung in der Praxis nur auf der Thyratron-Art. Das Gitterpotential verhindert das Neuentstehen des Stromes nach dem Erlöschen. Es wurden aber auch schon Versuche zur Ausschaltung unter Strom unternommen.

Interessant sind z. B. die von Kobel[201] veröffentlichten Ergebnisse über die Unterbrechung eines brennenden Anodenstromes durch Gittersteuerung. Es gelang z. B., einen 120-A-Gleichstrom — allerdings bei 400-V-Spannung — mittels eines Steuergitters zu löschen.

e) Der Stromrichter nach Marx. Aussichtsreich als Hochspannungsgleichrichter, besonders wenn Steuerung erforderlich ist, erscheint der von Marx entwickelte Lichtbogen-Stromrichter. Das Prinzip des Stromrichters wird vielleicht am besten beschrieben, indem wir dem Buche von Marx „Lichtbogen-Stromrichter"[202] folgendes entnehmen:

„Der Betriebsstrom fließt durch einen Lichtbogen zwischen den Elektroden *E* (Abb. 182), der in jeder zweiten Halbperiode der Wechselspannung durch eine überlagerte stoßartige gedämpfte hochfrequente Spannung gezündet und durch strömende Druckluft wieder gelöscht wird. Die Elektroden *E*, die in ihren einander gegenüberstehenden, eng schraffierten Teilen aus Kupfer bestehen, sind in ein zylindrisches Druckgefäß eingebaut, das aus Isolierstoff besteht. Die Stirnflächen sind aus Eisenplatten hergestellt. Durch Öffnungen in diesen wird Preßluft eingeblasen. Die Luft strömt aus der Druckkammer durch die zentral gelegenen düsenförmigen Öffnungen in beiden Elektroden wieder aus der Kammer heraus. Sie streicht also an den Elektroden entlang nach der Achse der Anordnung hin und erreicht im engsten Querschnitt der Ausströmungsöffnung Schallgeschwindigkeit, wenn das Verhältnis zwischen innerem Druck und äußerem Druck höher als etwa 1,9 liegt. Die Stromzuführungen werden an den Endplatten angeschlossen. — Durch die Hilfszündung wird ein Überschlag zwischen den nächstliegenden Stellen der Elektroden hervorgerufen. Die Fußpunkte dieser Überschläge liegen annähernd auf einem Kreise mit dem Durchmesser *D*; wir wollen diesen Kreis auf den Elektroden in Zukunft den „Zündkranz" nennen. Die Hilfszündung leitet den Betriebslichtbogen ein, der nun durch die Luftströmung vom Zündkranz aus allmählich nach den Ausströmungsöffnungen mit dem Durchmesser *d* hingetrieben wird. Dabei wird der Lichtbogen zunächst nur wenig, später aber, wenn die Lichtbogenfußpunkte in die Nähe der engsten Stelle der Ausströmungsöffnungen kommen, sehr rasch verlängert.

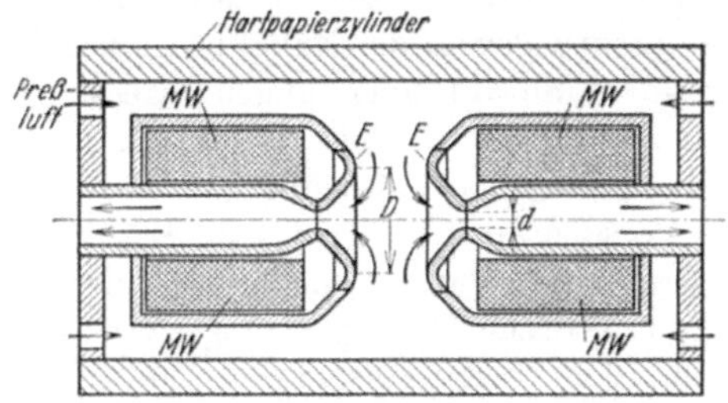

Abb. 182. Schematische Darstellung einer für hohe Stromstärke und hohe Sperrspannung geeigneten Lichtbogenkammer nach Marx. (Die Kühleinrichtung für die Elektroden ist der Deutlichkeit halber nicht mit eingezeichnet.)

Die Verhältnisse können so gewählt werden, daß der Lichtbogen beim Nulldurchgang des Stromes gerade aus den Öffnungen hinausgelassen wird. Dazu müssen die Werte *D* und *d*, die Formgebung der Lichtbogenlauffläche der Elektroden *E* sowie der Druck in der Kammer aufeinander abgestimmt sein. Auch die Stromstärke und der Elektrodenabstand spielen dabei, wie wir sehen werden, eine Rolle. Der Lichtbogen steht also beim Verlöschen etwa in der Mittelachse der Anordnung. Beim Auftreten der Sperrspannung, deren höchste Feldstärke im allgemeinen wieder auf dem Zündkranz vorliegt, muß dort praktisch wieder die volle elektrische Festigkeit der Anordnung vorliegen. Durch diese Formgebung der Elektroden können fast ideale Betriebsverhältnisse erreicht werden. Der Lichtbogen wird während des eigentlichen Stromdurchganges vom Zündkranz aus durch eine quer zu seiner Achse gerichtete Luftströmung mitgenommen. Bei einer solchen Bewegung erhöhen sich die Lichtbogenverluste nur wenig, weil ja der Lichtbogen mit der Luft wandert und weil dadurch dem Lichtbogen nur wenig Wärme entzogen wird. Dieser Zustand ändert sich aber grundsätzlich, wenn der Lichtbogen in die Nähe der Achse der Anordnung kommt. Die Luft strömt dann auf einer langen Strecke mit sehr großer Geschwindigkeit am Lichtbogen entlang, kühlt ihn intensiv und erzeugt dadurch eine sichere Lichtbogenlöschung.“

Versuchsausführungen von Stromrichtern, die nach diesem Prinzip gebaut sind, wurden wiederholt mit Erfolg im Laboratorium erprobt. Für praktische Hochspannungszwecke sind uns Anwendungen bis jetzt noch nicht bekanntgeworden. MARX sieht große Möglichkeiten in der Anwendung für elektrische Kraftübertragung, was durch die fast unbegrenzte Leistung und die Steuerbarkeit begründet sein dürfte, sofern nicht die Weiterentwicklung einer der anderen Arten von Gleichrichtern eher oder leichter zum gewünschten Ziel führt.

f) Andere Gleichrichter. Im Prinzip kämen auch elektrolytische Gleichrichter für Höchstspannungen in Betracht. Das gleiche gilt für die trockenen Sperrschichtgleichrichter, wie die *Kupferoxydul-* oder die *Selengleichrichter.* Bei beiden Typen ist Reihenschaltung und dadurch im Prinzip die Anwendung für hohe Spannungen möglich. Steuerung ist selbstverständlich ausgeschlossen.

In Röntgenapparaten wurden von WESTINGHOUSE Kupferoxydulgleichrichter bis zu Spannungen von 400000 V verwendet. Mehrere in Reihe geschaltete Elemente werden in Röhren von etwa 30 cm Länge montiert und viele solche Röhren zusammen in Öl gestellt. Nach einer WESTINGHOUSE-Druckschrift[209] sind die Abmessungen eines 400-kV-Gleichrichters $50 \cdot 50 \cdot 50\ \mathrm{cm}^3$. Stromstärken werden nicht angegeben. Derartige Gleichrichter sind bis jetzt nur ausnahmsweise angewandt worden. Der Widerstand in der Leitrichtung und der Strom in der Sperrichtung sind nicht unerheblich.

Unter besonderer Berücksichtigung der elektrischen Kraftübertragung sind noch verschiedene steuerbare Gleichrichter vorgeschlagen worden. Wir erwähnen: den *Quecksilberstrahlgleichrichter* nach HARTMANN[203]; den „*statischen Gleichrichter*“ nach SITNIKOV[204], bei dem die Leitfähigkeit eines Gases erst nach Einschalten eines Magnetfeldes entsteht, das also die Steuerung ermöglicht; das *Ignitron*[205, 206], wobei die

Steuerung mit Hilfe eines aus einem Halbleiter bestehenden gesteuerten Zünders an der Quecksilberkathode geschieht; den *Vakuumgleichrichter mit magnetischer Ablenkung*[207]; den Synchrongleichrichter nach KESSELRING, ein rotierender Gleichrichter, bei dem ein Strahl gut leitender elektrolytischer Flüssigkeit den Kontakt herstellt. Mit einigen von diesen sind schon sehr erhebliche Leistungen erzielt worden, so daß man mit Interesse der Weiterentwicklung entgegensehen darf. Von WATANABE und Mitarbeitern[208] wurden neuerdings günstige Ergebnisse mitgeteilt mit dem *Sendytron*, wobei der Bogen der Quecksilberkathode eingeleitet wird durch einen Spannungsstoß auf einen in dem Quecksilber hineinragenden, mit einer dünnen Glaswand umgebenen Leiter.

Abb. 183. Freiluft-Trennschalter für 220 kV_{eff} (DELLE).

§ 46. Schalter.

Die Schaltungsfrage bietet bei Hochspannungen keine Schwierigkeiten, solange die Schaltung nicht unter Strom stattfindet. Es genügt dann, an der gewünschten Stelle in dem Leiter eine Unterbrechung anzubringen, die so bemessen ist, daß der Abstand der Leiterteile größer ist als die Durchschlaglänge bei den in Betracht kommenden Spannungen. Für Freileiter ist dieser Mindestabstand bei Höchstspannungen erheblich. Bei nicht abgerundeten Leiterteilen muß man mit etwa 40 cm je 100 kV rechnen.

Die Unterbrechungsstrecke kann selbstverständlich in Luft unter höherem Druck kleiner sein, außerdem in besonderen Gasen wie Tetrachlorkohlenstoff (§ 32) oder in Öl. In der Röntgentechnik werden ferngesteuerte Ölschalter verwendet, um nach Wahl verschiedene Röntgenröhren an einem bestimmten Hochspannungsgenerator an- oder abzuschalten.

Ziemlich einfach sind auch die Trennschalter, die fast stromlos geschaltet werden und in Hochspannungsleitungen nur dazu verwendet werden, Netzteile zeitweise abzuschalten, z. B. um ohne Gefahr an dem betreffenden Netzteil arbeiten zu können. In einem solchen Falle braucht nur der geringe Ladestrom des Netzes unterbrochen zu werden, was ohne weiteres mit einem Freilufttrennschalter geschehen kann. Für Spannungen bis etwa 50 kV verwendet man das bekannte Trennmesser, für höhere Spannungen Schwenk- oder Drehschalter mit oder ohne Fernsteuerung. Ein Trennschalter für Freiluft 220 kV_{eff} ist in Abb. 183 gezeigt.

Ganz anders wird das Schaltproblem, wenn es sich um die Unterbrechung großer Stromstärken handelt.

Die Schaltfrage ist eines der Hauptprobleme der Starkstromtechnik. Hochspannungsschalter für Stromstärken von mehreren tausend Amp sind in zahlreichen verschiedenen Ausführungen von Konstrukteuren in vielen Ländern entwickelt worden. Besonders in den letzten Jahrzehnten ist die Schalttechnik erheblich verbessert worden. Eine ausgiebige Behandlung findet man bei ROTH[4]. Wir erwähnen nur die wichtigsten Hauptfragen und die für Höchstspannungen in Betracht kommenden Lösungen.

Zuerst müssen wir zwischen Gleichspannung und Wechselspannung unterscheiden. Das Schalten von Wechselspannung ist deswegen erheblich einfacher, weil der Strom periodisch den Wert Null annimmt, was bei Gleichspannung nicht eintritt.

Das Ausschalten von Gleichstrom geschieht in der Technik bis jetzt ausschließlich über einen Lichtbogen, d. h. in dem Augenblick, in welchem die Kontakte sich trennen, entsteht zwischen diesen ein Lichtbogen. Widerstandserwärmung verursacht eine hohe Temperatur der Kontakte; die heiße Stelle auf der Oberfläche des negativen Kontaktes — der Kathode — erleichtert durch Lieferung von Thermoelektronen die Bogenentladung.

Das Abschalten des Gleichstromes kommt dadurch zustande, daß Maßnahmen getroffen werden, um die Bogenspannung zu erhöhen, bis schließlich der Spannungsabfall in dem Bogen der im Kreise wirksamen elektromotorischen Kraft gleichkommt, so daß der Bogen erlischt. Nach v. ENGEL und STEENBECK[113] können wir den Unterbrechungsvorgang durch Abstandsvergrößerung der Elektroden im Gleichstromkreis ohne Induktivität folgendermaßen beschreiben. Bei wachsendem Elektrodenabstand würde schon bei konstanter Stromstärke die Brennspannung U_b des Bogens ansteigen (§ 30). Da

$$U = iR + U_b, \tag{92}$$

wenn R der Widerstand im Kreise ist, muß auch $U - iR$ anwachsen und daher der Strom i abnehmen. Dieses Abnehmen des Stromes hat eine weiter steigende Bogenspannung zur Folge. Die Bogenspannung wächst also aus zwei Gründen: Vergrößerung der Bogenlänge und Verkleinerung des Bogenstromes. Abb. 184 zeigt die bei verschiedenen

Stromstärken i verfügbare Elektrodenspannung $U - iR$ (Gerade) und die Stromspannungscharakteristik bei vier verschiedenen Bogenlängen, l_1 bis l_4. Die Schnittpunkte A, B, C, D bedeuten, daß die verfügbare Elektrodenspannung der Bogenspannung gleichkommt. Wächst die Bogenlänge über den Wert l_4 hinaus, so schneidet die Gerade nicht mehr die Bogencharakteristik, d. h. die verfügbare Elektrodenspannung reicht nicht mehr aus, um den Bogen aufrechtzuerhalten: der Bogen erlischt. Gleichzeitig ist der Strom von i_0 auf i_a abgesunken, im Augenblick des Erlöschens springt der Strom von diesem Wert unstetig auf Null.

Es ist klar, daß die Verhältnisse sich verwickeln, wenn der Kreis eine Induktivität enthält, weil dann die Spannung $-L\frac{di}{dt}$ in dem Kreise hinzukommt. Demzufolge muß beim Vorhandensein einer Induktivität die Abschaltung eine gewisse endliche Zeit in Anspruch nehmen, weil sonst $L\frac{di}{dt}$ unendlich groß würde. Bei zu schneller Unterbrechung entstehen deshalb Überspannungen. Insoweit ist der Lichtbogen günstig, weil er die Abschaltzeit automatisch verlängert.

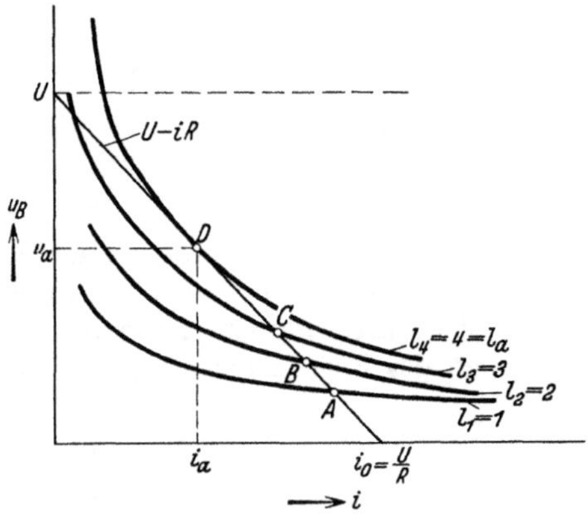

Abb. 184. Verfügbare Elektrodenspannung $U - iR$ (Gerade) und Stromspannungscharakteristik fur verschiedene Bogenlängen nach v. ENGEL und STEENBECK[113].

Eine bedeutungsvolle Größe ist immer die während der Schaltung vernichtete Arbeit, die Schaltarbeit:

$$A = \int_0^t i\, U_b\, dt. \tag{43}$$

Sie muß möglichst klein sein, weil sonst an Abmessungen und Konstruktion des Schalters zu hohe Anforderungen gestellt werden müssen. Für den Bau des Schalters ist neben dieser Gesamtarbeit auch der Augenblickswert $(i \cdot U_b)$ maßgebend.

Neben der Verlängerung des Lichtbogens durch Vergrößerung der Kontaktabstände verfügt die Technik über eine Anzahl Mittel, um die Bogencharakteristik in dem Sinne zu beeinflussen, daß Löschung etwa nach kürzerer Zeit oder bei kleinerer Bogenlänge erfolgt. Zu diesen Mitteln gehören:

a) Blasmagnete. Durch ein transversales Magnetfeld wird der Bogen senkrecht auf den magnetischen Kraftlinien und senkrecht auf seiner eigenen Richtung (Lorentzkraft) bewegt und dadurch abgekühlt. Die Abkühlung ist besonders groß in Ölschaltern, wo der Bogen bis an die Wand der Dampfblasen, also nahe an die Flüssigkeit geführt wird.

b) Hörner. Die Abreißkontakte sind meist hörnerförmig (Abb. 185 rechts), um beim Öffnen die Verlängerung des aufsteigenden Bogens zu vergrößern. Der Bogen wird dabei, auch wenn kein magnetisches Fremdfeld vorhanden ist, durch die Wärmebewegung und die magnetische Kraft der Stromschleife Horn-Bogen-Horn hochgetrieben. Als Kontaktmaterial wird für die Hauptkontakte wegen der Wärmeleitfähigkeit meistens Kupfer und mit Wolfram überzogenes Kupfer verwendet.

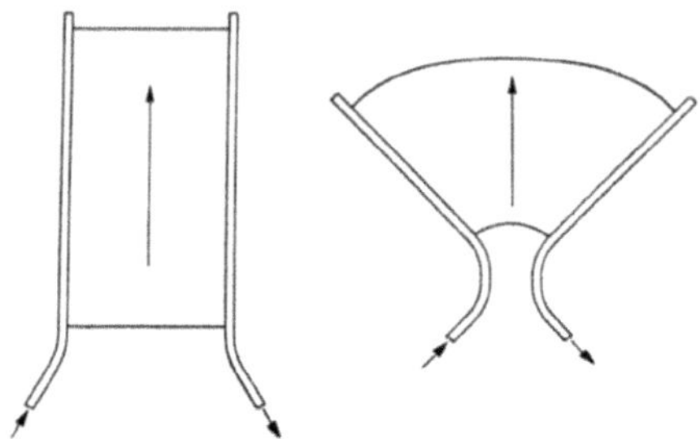

Abb. 185. Vergrößerung der Bogenlänge nebst Abkühlung durch Blasmagnete.

c) Längs oder quer zur Bogensäule gerichtete Gasströmungen. Sie kühlen die Säule und erhöhen damit die axiale Feldstärke. Hier kämen vielleicht die besonderen Gase in Betracht, von denen in Abschnitt III, § 32 die Rede war und die infolge ihrer großen Elektronenaffinität sehr wahrscheinlich das Erlöschen des Bogens rascher als die bisher verwendeten Gase bewerkstelligen würden.

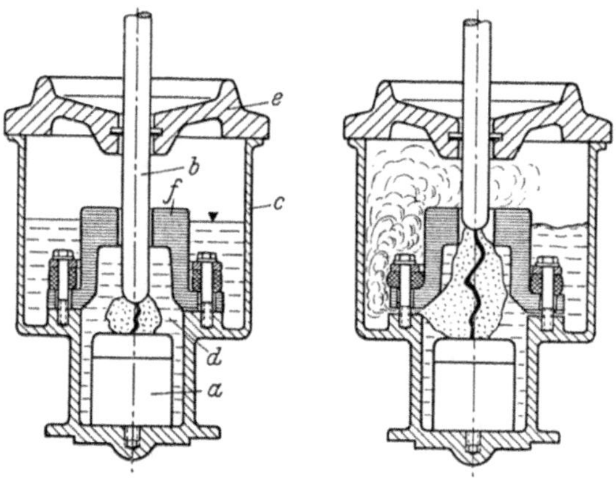

Abb. 186. Expansionskammer in elastischer Ausführung (SSW.) nach Roth.

d) Löschkammern. Das Öffnen des Schalters in einem geschlossenen, gasgefüllten Gefäß hat Erhitzung und Dissoziation des Gases zur Folge. Gasdruck, Säulenfeldstärke und damit die Brennspannung steigen an, bis der Bogen abreißt.

e) Einbetten des Bogens in eine Flüssigkeit. Der Bogen brennt in einer durch seine Wärme erzeugten Gasblase. Die löschende Wirkung ist verwickelt: Abkühlung bei durch Blaswirkung seitwärts getriebenem Bogen, Rekombination von Ionen durch Flüssigkeitströpfchen, Ruß, Druckerhöhung usw.

f) Expansion. Zu den erfolgreichsten Mitteln zur Erniedrigung der Bogendauer und der Bogenlänge gehört die Expansion.

Abb. 186 zeigt die Wirkung eines Expansionsschalters und Abb. 187 die Dampfkammer eines Expansionsschalters für 100 kV, 600 A (SSW). Das den Bogen umgebende Gas wird durch diesen selbst auf hohen Druck gebracht; wenn der Bogen die zum Löschen notwendige Länge erreicht hat, wird durch plötzliches Gasausströmen der Druck gesenkt. Hierdurch fällt die Temperatur, die Bogensäule erweitert sich explosionsartig und der Bogen wird zum Erlöschen gebracht.

Neben der Expansion kommen als stärkere Löschmittel noch in Frage: das Einspritzen von durch die Wärme der Lichtbogen erzeugten Öldämpfen, das Einspritzen von Öl durch einen mechanisch bewegten Kolben sowie auch Erhöhung der Schaltgeschwindigkeit. Die Schaltgeschwindigkeiten wurden bis auf 5 m je Sekunde erhöht. Durch diese Maßnahmen wurde die Schaltarbeit und damit die Gaserzeugung außerordentlich verringert. Es wurde dadurch möglich, die metallischen Schaltkessel und damit die Durchführungen zu verlassen. Ölgefäße aus Isoliermaterial für Freiluft sind mit Porzellanüberwürfen versehen worden.

Abb. 188 zeigt einen dreipoligen Freiluftschalter nach diesem Prinzip für 220 kV. In Reihe mit den Hauptschaltern sind, wie das in Hochspannungsanlagen meistens geschieht, Trennschalter zum Schutze des

Abb. 187. Dampfkammer zum Expansionsschalter 100 kV, 600 A, 1500 MVA (SSW.) nach Roth.

Abb. 188. Dreipoliger Freiluftschalter für 220 kV (Delle).

geöffneten Hauptschalters eingebaut. Selbsttätige Schnellschalter, als Kurzschlußschalter verwendet, werden zweckmäßig so ausgeführt, daß das Ausschalten stattfindet, bevor der Strom seinen Endwert erreicht hat. Für die Induktivität L und den Widerstand R des Netzes steigt der Strom bekanntlich nach der Formel:

$$i = \frac{U}{R}\left(1 - e^{-\frac{R}{L}t}\right). \tag{44}$$

Bei genügend schnellem Eingreifen hat der Schalter also eine erleichterte Arbeit.

Während bei Gleichstrom der Bogenwiderstand vergrößert wird, um die Brennspannung zu erhöhen, dient bei Wechselspannung die Beeinflussung der Bogencharakteristik dazu, das Widerzünden des Bogens nach dem Nullwerden des Stromes zu verhindern. Diese Maßnahmen fallen fast genau mit denen zur Erhöhung der Brennspannung beim Gleichspannungsbogen zusammen. Die Aufgabe ist aber bei Wechselspannung eine sehr viel leichtere. Auch die Schaltarbeit kann bei Wechselspannung erheblich kleiner sein.

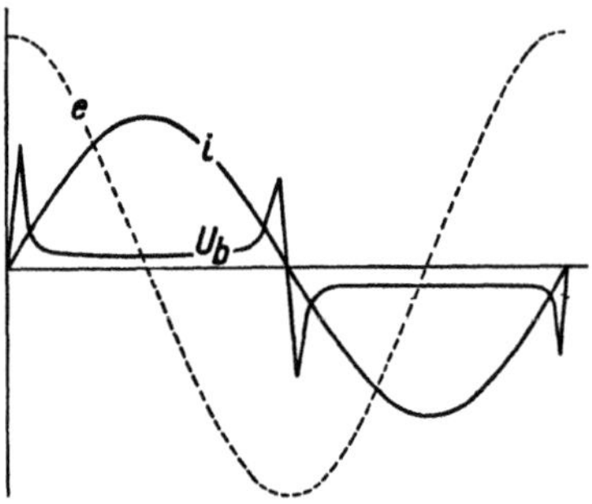

Abb. 189. Verlauf von Strom i, EMK e und Bogenspannung U_b' am Wechselstrombogen bei 90° Phasenverschiebung zwischen Strom und EMK (nach ROTH).

Abb. 189 zeigt schematisch den Verlauf des Stromes i, der elektromotorischen Kraft E und der Bogenspannung U_b beim Wechselstrombogen bei 90° Phasenverschiebung zwischen Strom und Spannung. Die Abschaltung wird dadurch bewirkt, daß durch die Löschwirkung äußerer Mittel die für den Bogen notwendige Spannung nach dem Nullwerden des Stromes so rasch vergrößert wird, daß sie in jedem Augenblick höher liegt als die an den Elektroden befindliche von der Maschine aufgedrückte wiederkehrende Spannung. Theoretisch besteht die Möglichkeit, die Unterbrechung im Nullmoment des Stromes so rasch erfolgen zu lassen, daß die Schaltarbeit bis auf Null reduziert wird. Praktisch aber beträgt die Schaltzeit oft noch einige Perioden.

Es sei noch bemerkt, das neben den beschriebenen Schaltern und anderen in der Technik ausgearbeiteten Konstruktionen auch Ventile und Vakuumschalter für die Schaltung von Höchstspannungen in Betracht kommen. Sie sind aber bis jetzt für diesen Zweck nicht praktisch verwendet worden. Die Zukunft muß lehren, inwieweit ihre praktische Anwendung möglich sein wird.

§ 47. Kabel.

Über Hochspannungskabel bestehen einige zu empfehlende Werke, z. B. EMANUELI: „High voltage cables"[210], KLEIN: „Kabeltechnik"[211] und ROBINSON: „Dielectric phenomena in high voltage cables"[212].

Die Isolation von Hochspannungskabeln besteht meistens aus ölimprägniertem Papier. Eine Ausnahme bilden die flexiblen Kabel, welche seit 1928[213] in Röntgenanlagen angewendet werden, und zwar als Verbindung zwischen den hochspannungsgeschützten Röntgenröhren und dem Hochspannungsgenerator. Solche flexiblen Kabel haben meist eine Gummiisolation. Sie werden von verschiedenen Fabriken für Spannungen bis etwa 80 kV Wechselspannung und 200 kV Gleichspannung laufend hergestellt[214].

Abb. 190 zeigt schematisch die übliche Konstruktion eines Hochspannungskabels mit einem, und eine der vielen Konstruktionen eines Kabels mit drei Leitern. Wir beschränken uns im nachfolgenden auf Einleiterkabel, weil wahrscheinlich nur diese für Spannungen von mehreren hundert kV in Betracht kommen und im übrigen die wesentlichsten Eigenschaften der Mehrleiterkabel nicht anders sind als die der Einleiterkabel.

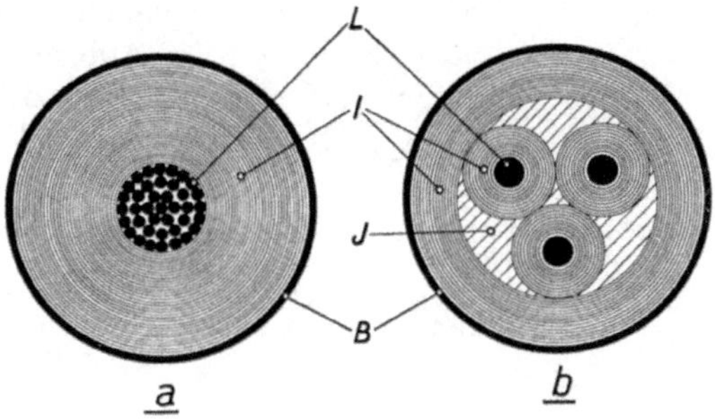

Abb. 190. Verschiedene Ausführungen von Hochspannungskabeln. a Einphasige Kabel. b Dreiphasige Kabel. *L* Leiter, *I* Isolation, *J* Jütte-Füllmasse, *B* Bleimantel.

Der Kern besteht in der Regel aus mehreren verseilten Kupferdrähten, in Sonderfällen auch aus anderem Material. Die Feldstärke am Kern ist bei gegebenem Manteldurchmesser nach § 19 am kleinsten, wenn das Verhältnis zwischen Kern- und Manteldurchmesser genau 1:2,718 beträgt. Oft wird aber in der Praxis ein dünnerer Kern verwendet, weil die Erfahrung gelehrt hat, daß dadurch die Durchschlagspannung der Kabel verbessert wird. Nach WAGNER muß man diese Verbesserung dadurch erklären, daß zwar eine größere Feldstärke am Kern auftritt, aber dafür eine Extraschicht hinzugefügt ist, die stabilisierend auf eine eventuelle Entladung wirkt. Ganz klar ist die Erscheinung noch nicht, um so mehr, als eine andere Erfahrung lehrt, daß beim gleichen Verhältnis zwischen Kern- und Manteldurchmesser ein dünneres Kabel eine höhere Durchbruchfeldstärke aufweist.

Die Versuche zeigen, daß die Beanspruchungsdauer eine Rolle spielt und daß Durchschläge bei kurzer Beanspruchungszeit höher liegen als bei längerer Beanspruchungszeit. Nach etwa 50 Stunden, abhängig von der Qualität des Kabels, bleibt aber die Durchschlagspannung für verschieden lange Beanspruchungszeiten konstant. Diese „asymptotische“ Spannung ist die wirkliche Dauerdurchschlagspannung. Die Kabeldurchschläge sind fast immer eine Folge von Fehlern in der Imprägnierung. Besonders Gaseinschlüsse sind scheinbar unvermeidbar.

Es ist sehr schwierig, vorauszusagen, bei welcher Spannung ein bestimmtes Kabel durchschlagen wird. Die Spannungsprobe mit einer bestimmten Spannung ist durchaus nicht die Garantie dafür, daß dieselbe Spannung auch dauernd vertragen wird, um so mehr, als praktische Bedingungen, wie Temperatureffekte, eine Rolle spielen.

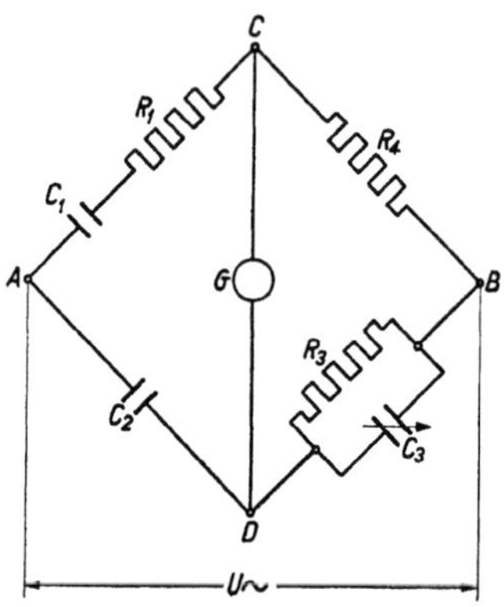

Abb. 191. Schema der Scheringbrücke zur Messung dielektrischer Verluste.

Einen großen Schritt weiter ist die Kabelprüfung gekommen, nachdem die Scheringbrücke vor etwa 18 Jahren zur Messung von dielektrischen Verlusten eingeführt wurde.

Abb. 191 zeigt das Prinzip. Es sei C_1 die Kapazität und R_1 der äquivalente Widerstand des zu untersuchenden Kabels. R_3 und R_4 sind Widerstände, R_3 regelbar, C_2 ein Kondensator mit fester, C_3 ein Kondensator mit veränderlicher Kapazität. Der Einstellung auf Minimalstrom entspricht:

$$\left(R_1 + \frac{1}{j\,\omega C_1}\right)\frac{1}{\frac{1}{R_3} + j\,\omega\,C_3} = R_4\,\frac{1}{j\,\omega C_2}, \tag{45}$$

was sich vereinfacht zu

$$R_1 - \frac{1}{j\,\omega C_1} = R_4\left(\frac{C_3}{C_2} - \frac{j}{\omega C_2 R_3}\right). \tag{46}$$

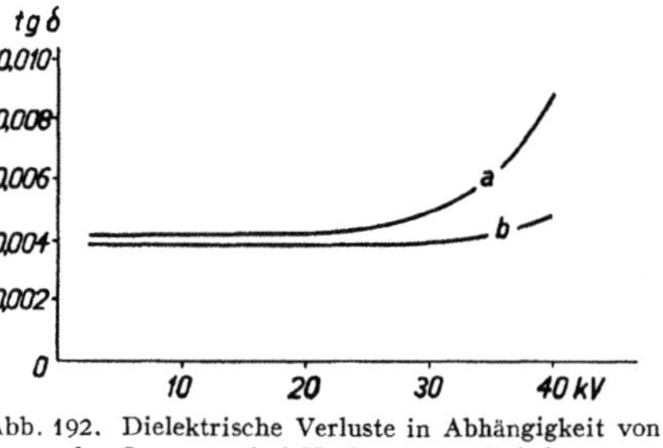

Abb. 192. Dielektrische Verluste in Abhängigkeit von der Spannung bei Hochspannungskabeln.

Reelle und imaginäre Glieder sind einander gleich, also:

$$R_1 = \frac{C_3}{C_2} R_4 \quad \text{und}$$

$$C_1 = \frac{R_3}{R_4} C_2 \tag{47}$$

$$\operatorname{tg}\delta = \omega R_1 C_1 = \omega R_3 C_3. \tag{48}$$

Hiermit sind die Verluste $U I \operatorname{tg}\delta$ bekannt.

Eine Verlustkurve ist in Abb. 192 abgebildet. Von einer bestimmten Spannung an steigen bei den älteren Kabeln, die dielektrischen Verluste offenbar deutlich. Diese Spannung wird oft Ionisationsspannung genannt. Der Name beruht auf der nachfolgenden Vorstellung: Von einer gegebenen Spannung an wird das Gas in den Einschlüssen ionisiert. Die Wechselspannung verursacht in diesen Gaseinschlüssen Stromdurchgang und damit verknüpfte Ladungstransporte in dem anliegenden Dielektrikum. Die Ionisationsströme — und damit die Verluste — steigen dann bei weiterer Spannungserhöhung stark an.

Trotz der verbesserten Prüfungsmethoden durch Messung der dielektrischen Verluste kommen unerwartete Kabeldurchschläge vor. Eine Schwierigkeit besteht z. B. darin, daß bedeutende örtliche Abweichungen auf die Verluste in dem ganzen Kabel nur einen kleinen Einfluß haben können. Immerhin sind vor allem durch Verbesserung der Imprägniermethode und Imprägniermittel die Hochspannungskabel während der letzten Jahrzehnte sehr verbessert. Während z. B. vor 20 Jahren ein zuverlässiges Hochspannungskabel für 100 kV Gleichspannung noch nicht bestand, gibt es jetzt schon betriebssichere Kabel für etwa 150 kV Wechselspannung und etwa 350 kV Gleichspannung. Anstatt eines Unterschiedes zugunsten der Gleichspannung im Verhältnis $\sqrt{2}:1$ zeigt die Erfahrung etwa ein Verhältnis 2,5:1. Interessant ist die Beobachtung, welche bei der Dauerprüfung von Kabeln wiederholt gemacht wurde, daß eine Überlagerung von Wechselspannung die Durchschlagspannung nicht erheblich herabsetzt, solange die Maximalspannung dieselbe bleibt und die Amplitude dieser Wechselspannung nicht der Gleichspannung gleichkommt; wird die Amplitude größer, so daß eine Gegenkomponente auftritt, so wird die Durchschlagspannung bedeutend niedriger. Dieser große Unterschied zwischen Gleich- und Wechselspannung ist leicht erklärlich, wenn man sich auf den Standpunkt der Ionisationstheorie stellt. Bei Gleichspannung wird in den Gaseinschlüssen ein einmaliger Ladungstransport stattfinden, welcher auch eine einmalige Ladungsverschiebung im Dielektrikum zur Folge hat. Bei Wechselspannung aber tritt ein dauernder Wechselstrom in den Gaseinschlüssen auf und damit ein kontinuierliches Bombardement der Wände mit elektrischer Ladung. In Einklang mit dieser Auffassung ist auch die Erhöhung der Durchschlagspannung durch Überdruck, auf die wir noch zurückkommen.

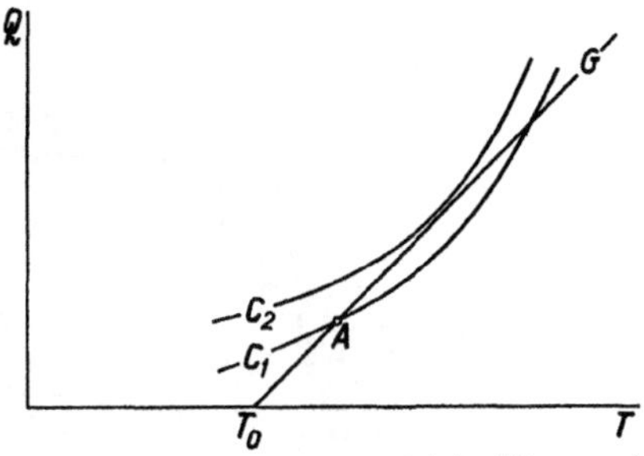

Abb. 193. Durch Verluste entwickelte Wärme und abgeführte Wärme in einem Hochspannungskabel.

Dielektrische Verluste verursachen in dem Kabel immer eine gewisse Wärmeentwicklung. Die damit verknüpfte Temperaturerhöhung bringt wieder eine Erhöhung der Verluste. Die Verlustkurven verlaufen, wie in Abb. 193 angegeben. Die Erwärmung durch Verluste kann entweder zu einer stabilen Temperatur führen oder zum Durchschlag. In Abb. 193 sind die beiden Fälle aufgezeichnet, in denen einmal eine stabile Temperatur möglich ist — Punkt A auf G und C_1 —, das andere Mal eine solche stabile Temperatur nicht besteht. Die Figur ist der Abb. 133 von §36 ganz ähnlich. Es handelt sich also um einen typischen Wärmedurchschlag.

Besondere Mittel wurden schon angewandt, um die Durchschlagfestigkeit von Kabeln zu verbessern. So wurden zum ersten Male von

EMANUELI ölgefüllte Kabel ausgeführt, in denen das dünnflüssige Öl unter Druck in der Längsrichtung des Kabels zwischen in bestimmten Abständen angebrachten Behältern fließen kann[215]. Der Überdruck beträgt meistens 0,5 bis 3 at.

Abgesehen von der Verbesserung der Durchschlagfestigkeit, welche von dem Druck an sich hervorgerufen wird, ist es ein großer Vorteil dieser Konstruktion, daß Längsbewegungen von Öl durch Temperaturänderungen nicht zu ölarmen Stellen führen können, die bei nicht unter

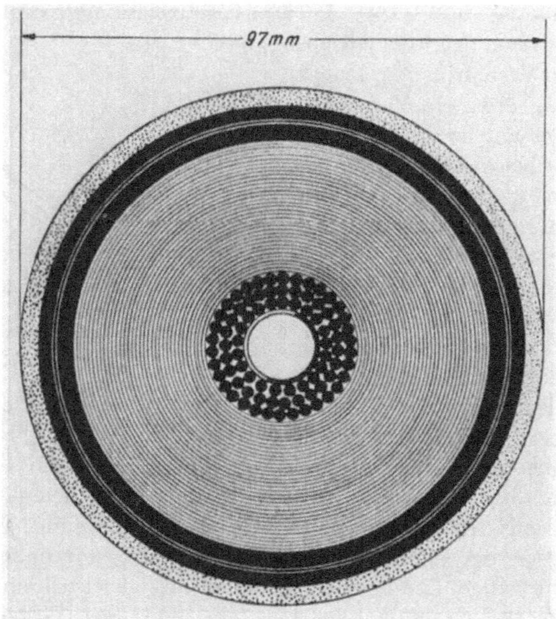

Abb. 194. Ölkabel des 220-kV-Netzes Inter-Paris. Die Spannung des Leiters gegen Erde beträgt $220\sqrt{\frac{2}{3}} \approx 180\ \mathrm{kV_{max}}$.

Druck stehenden Kabeln oft die Ursache von Durchschlägen sind. Derartige Kabel sind für Betriebsspannungen bis 220 $\mathrm{kV_{eff}}$ (verkettete Spannung) im praktischen Betrieb eingeführt. Die maximale Spannung gegen Erde beträgt dabei also $220\frac{\sqrt{2}}{\sqrt{3}}$ kV = rd. 180 kV. Bei der Prüfung von Ölkabeln werden Messungen von dielektrischen Verlusten bei wiederholtem Temperaturwechsel ausgeführt, um festzustellen, inwieweit das Kabel durch die damit zusammenhängenden Druckänderungen und Öltransporte verschlechtert wird.

Abb. 194 zeigt einen Schnitt durch ein Ölkabel für 220 $\mathrm{kV_{eff}}$ und 420 A, das in dem großen französischen Kraftnetz (Inter-Paris) verwendet wird[216].

Ein anderes Mittel zur Erhöhung der Durchschlagfestigkeit besteht darin, daß man den gewickelten Kern durch einen glatten zylindrischen ersetzt. Der Verbesserungsfaktor muß nach den Ergebnissen von § 25, Abschnitt II erheblich kleiner als 2 sein. Die Erfahrung ergibt eine Verbesserung um etwa 25%.

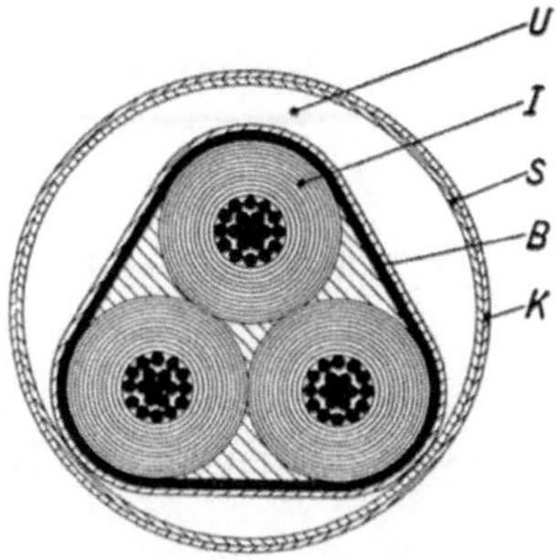

Abb. 195. Druckkabel mit Stahlmantel. *U* Überdruckraum, *I* Papierisolation mit dickflüssigem Öl, *B* Bleimantel, *S* Stahlmantel, *K* Koronaverlustschutz.

Von Hochstädter wurden mit großem Erfolg Metallumhüllungen um die Papierisolierung der einzelnen Kabel in Dreileiterkabeln eingeführt. Auch Metallhüllen um alle drei Leiter werden mit Erfolg verwendet.

Ein besonderes Mittel bei Einleiterkabeln bestand in einer Abstufung der Dielektrizitätskonstante mit dem maximalen Wert an der Oberfläche des Kernes. Dadurch wird die Feldstärke, welche aus geometrischen Gründen gerade am Kern am größten ist, nach dem in Abb. 101 angedeuteten Prinzip, am meisten verringert.

Schließlich sind in den letzten Jahren die sog. Druckkabel eingeführt. bei denen (Abb. 195) ein Kabel mit dickflüssigem Öl in ein Stahlrohr gelegt ist und zwischen Bleimantel und Stahlrohr ein hoher Gasdruck von der Größenordnung 10 at gebracht wird. Es sind auch schon Kabel verwendet worden, bei denen das Imprägniermittel durch Gas unter Druck ersetzt wurde.

Zu diesem Zwecke könnten vermutlich auch mit Erfolg die besonderen Gase wie CCl_4 und CF_2Cl_2 verwendet werden.

Neben den Kabeln selbst verdienen die Kabelendverschlüsse große Aufmerksamkeit, weil gerade dort oft die Ursache von Durchschlägen liegt.

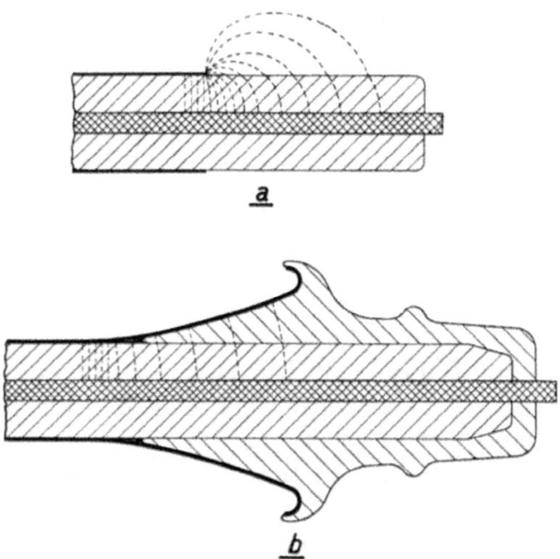

Abb. 196. Feldverlauf am Kabelende: a bei plötzlichem Aufhören des Kabelmantels; b das Feld eines Kabelendverschlusses günstiger Form.

Abb. 196a deutet schematisch an, wie die Feldstärke längs der Oberfläche und teilweise auch im Dielektrikum vergrößert wird, wenn der Kabelmantel plötzlich aufhört. Abb. 196b zeigt ein Beispiel eines Kabelendverschlusses, bei dem das Feld durch die richtige Formgebung bedeutend günstiger verläuft.

Als Verbindungsstücke zwischen Kabelenden werden Kabelmuffen nach dem Schema von Abb. 197 verwendet. Die Konstruktion geht aus der Abbildung und dem zugehörigen Text hervor.

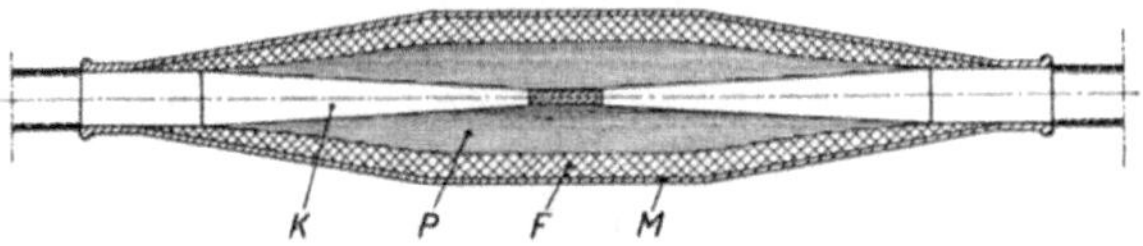

Abb. 197. Schematische Darstellung einer Kabelmuffe. *K* Kabelende, *P* Papierisolation, *F* Füllmasse, *M* Metallmantel.

Kabelendverschlüsse und Muffen bereiten in der Praxis oft mehr Schwierigkeiten als die Kabel selbst.

V. Die Messung von Höchstspannungen.

§ 48. Die Funkenstrecke.

Das gebräuchliche Meßgerät zur Messung hoher Spannungen ist die Funkenstrecke. In den „Regeln für Spannungsmessungen mit der Kugelfunkenstrecke in Luft" gibt z. B. der Verband Deutscher Elektrotechniker (VDE) Aufschluß über Aufbau und Handhabung der Kugelfunkenstrecke und außerdem viele Meßwerte[217, 218]. Die Tabellen des International El. Committee (IEC) geben Werte, die von diesen etwas abweichen. Neue internationale Zahlentafeln und Meßvorschriften sind sowohl beim IEC als auch beim VDE in Vorbereitung.

Aufbau der Funkenstrecke. Einer der wichtigsten Punkte bei dem Aufbau von Funkenstrecken ist, daß die Feldstärke an der Kugeloberfläche, dort, wo sie maximal ist, nicht von in der Nähe befindlichen Gegenständen beeinflußt wird, seien es Leiter oder Isolatoren. Bei größeren Entladungsstrecken (Abstand s von der Größenordnung r) ist der Einfluß der Umgebung nicht ganz zu vermeiden. Es besteht dann ein Unterschied, je nachdem beide Kugeln an einer gegen Erde symmetrischen Spannung liegen, oder die eine geerdet ist, nämlich insofern, als der Einfluß des Erdfeldes nicht mehr zu vernachlässigen ist. Dieser Einfluß ist für den Fall „eine Kugel geerdet" verschieden, je nachdem die gegen Erde spannungführende Kugel positiv oder negativ ist. Außerdem bestehen Unterschiede zwischen waagerechter und senkrechter Kugelanordnung. Von einer bestimmten Schlagweite an ist die negative Durchschlagspannung kleiner als die positive. Dabei ist mit negativer Spannung die Spannung gemeint, bei der die nicht geerdete Kugel negativ ist. Die negative Spannungskurve weist eine gewisse, nicht sehr ausgesprochene Unstetigkeit auf, und zwar dort, wo sie niedriger als die positive Kurve zu werden beginnt. Dieses Gebiet ist als TOEPLERsche Knickstelle bekannt.

Abb. 198 nach DATTAN[219] zeigt den Unterschied in der Polarität bei Messungen an Stoßspannungen. Bei noch größeren Kugelabständen — etwa $s = 5\,r$ — wird die Messung auch dadurch unzuverlässig, daß die Anfangsspannung nicht gleich der Funkenspannung ist (§ 30), wodurch zuerst eine Koronavorentladung auftritt. Schlagweiten, die größer als 1,5 r sind, werden für genaue Messungen nicht empfohlen; Messungen bei $s > 5\,r$ sind irreführend. Von TOEPLER wird besonders die Messung mit abgeschirmter, in einen Käfig eingeschlossener Funkenstrecke empfohlen[220]:

Um den Einfluß des Kugelstieles auf das Feld zwischen den Kugeln möglichst klein zu halten, soll auch die Dicke des Kugelstieles nicht zu groß gewählt werden, jedoch auch nicht zu klein, damit keine Feldverzerrung durch Sprühen auftritt. Ein Durchmesser des Stieles im Betrage $^1/_5$ des Kugelhalbmessers wird empfohlen. Die Forderung, daß die Länge des Kugelstieles mindestens das 2,5fache des Kugeldurchmessers betragen soll, ist bei sehr großen Kugeln kaum zu erfüllen.

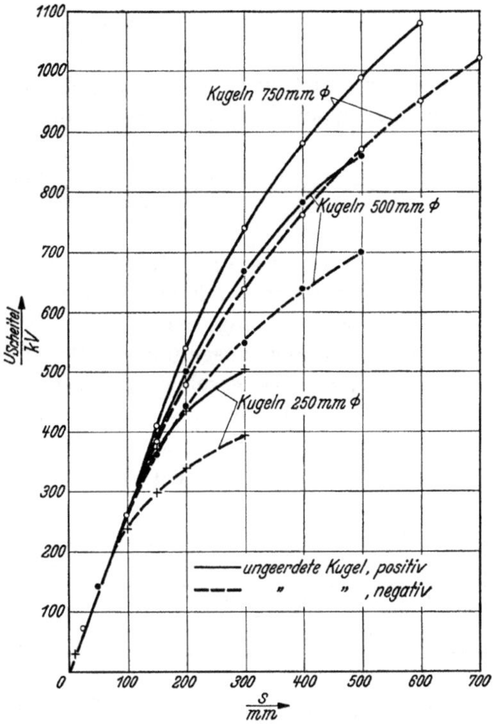

Abb. 198. Polaritätseinfluß bei Spannungsmessungen mit der Kugelfunkenstrecke nach DATTAN.

Widerstände in Reihe mit der Kugelfunkenstrecke von der Größenordnung 1 Ω je V sind bei niedrigen Frequenzen erlaubt, nach den VDE-Vorschriften bis 100 Hz; diese dienen zum Schutze der Anlage.

Bei Spannungsmessungen in Röntgenbetrieben sind nach den betreffenden Deutschen Vorschriften (DIN Röntgen 7/1933) höhere Widerstände erlaubt, und zwar bis 75 Ω je V bei Gleichspannung mit kleiner Wechselstromkomponente. Wenn die Gleichspannungsquelle eine bedeutende Kapazität besitzt, die eine gewisse Aufladezeit bedingt, wie es z. B. beim Kaskadengenerator der Fall ist, so kann man leicht den Widerstand so wählen, daß bei der Funkenentladung eine Kippschwingung entsteht, wobei die Kapazität der Kugeln eine Aufladezeit in der Größenordnung 1 s bedingt. Die Regelmäßigkeit des Durchschlages ist dann eine Bürgschaft dafür, daß keine abnormen Überschläge falsche Werte vortäuschen.

Bei Wechselspannungsmessungen muß dafür gesorgt werden, daß der Widerstand R in Reihe mit der Funkenstrecke klein gegenüber dem kapazitiven Widerstande der Funkenstrecke bei der gegebenen Frequenz f ist, also:

$$R \ll \frac{1}{\omega C},$$

wo $\omega = 2\pi f$. Ist diese Bedingung nicht erfüllt, so erhält die Funkenstrecke nur einen Teil α der Spannung, wobei

$$\alpha = \frac{1}{\omega C \sqrt{R^2 + \frac{1}{\omega^2 C^2}}}.$$

Wechselspannung und Stoßspannungen. Die in der Literatur angegebenen Eichwerte für Kugelfunkenstrecken bei sehr hohen Wechselspannungen weichen untereinander ziemlich stark ab. Besonders die in den letzten Jahren ausgeführten Messungen an Spannungen in der Größenordnung 1 MV ergeben für bestimmte Kugelabstände niedrigere Werte für die Spannung als die VDE-Normen[217]. Auch die von dem IEC genormten Werte liegen niedriger als diese VDE-Werte und schließen sich im allgemeinen besser den neueren Meßwerten an.

Tabelle XIII. Durchschlaglängen bei Wechselspannung nach IEC, 25° C, 760 Torr, eine Kugel geerdet.

U_{max} kV	Kugeldurchmesser				U_{max} kV	Kugeldurchmesser			
	25 cm	50 cm	75 cm	100 cm		25 cm	50 cm	75 cm	100 cm
100	35,5				600		330	267	247
140	51,5	51,5			640			293	
150					650				273
160	60,0	59,5			660			305	
200	78,5	76,0	75,0	75,0	700			334	300
240	99,0	92,0	91,0		740			368	
250				95,5	750				328
260	111,5	100	99,5		760			385	
300	142	118	116	115	800			422	360
340	177	137	132		840			465	
350				135	850				393
360		147	141		860			490	
400		168	159	155	900			537	430
440		192	179		950				469
450				177	1000				514
460		206	189		1050				561
500		236	209	199	1100				622
540		268	231		1150				683
550				222	1200				751
560		285	242						

Tabelle XIII gibt eine Anzahl der vom IEC im Jahre 1935 genormten Werte für Kugeln mit 25, 50 und 100 cm Durchmesser für Wechselspannung in Luft von 25° C und 760 mm Druck. Für abweichende

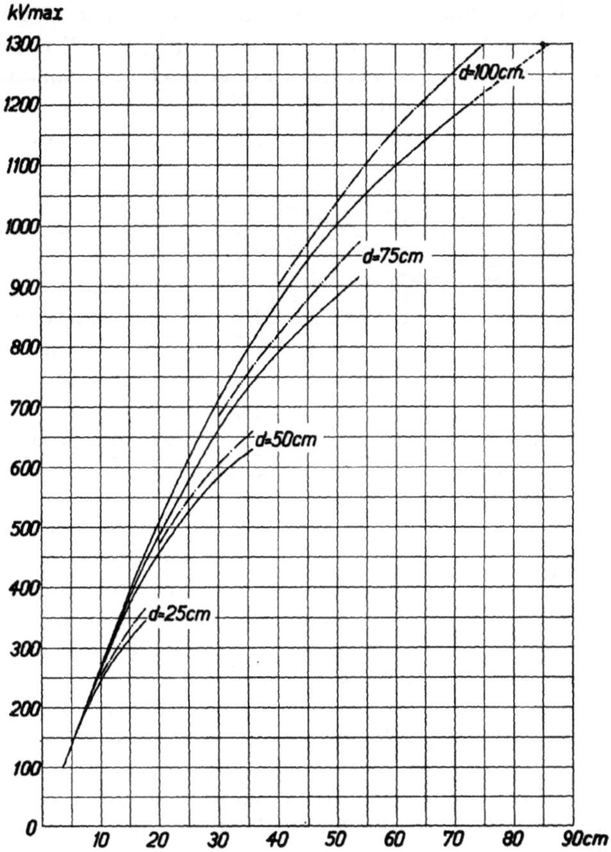

Abb. 199. Durchschlaglängen von Kugelfunkenstrecken bei Wechselspannung nach IEC 1935, umgerechnet auf 20° C, 760 Torr. ——— Eine Kugel geerdet. —·—·—·— Symmetrische Spannung.

Werte des Druckes und der Temperatur ist die relative Luftdichte f maßgebend:

$$f = \frac{0{,}392\,b}{273 + t},$$

wo b der Luftdruck in mm Hg und t die Temperatur in ° C ist. Für nicht zu große Abweichungen darf dieser Faktor f als Korrektionsfaktor benutzt werden: die in der Tabelle abgelesene Spannung für eine bestimmte Funkenlänge wird mit f multipliziert.

Die Werte der Tabelle XIII sind, auf die Temperatur 20° C umgerechnet, zwecks leichterer Interpolation in Abb. 199 aufgetragen.

In der Abbildung sind einige Erweiterungen vorgenommen: Die Kurve für $d = 100$ cm ist bis 1300 kV gestrichelt gezeichnet und ein

Meßpunkt für negative Gleichspannung nach Bouwers und Kuntke bei 1300 kV eingetragen. Die Abweichung ist nur sehr gering.

Ferner sind die in der Literatur angegebenen Werte für den Unterschied der Durchschlaglänge bei symmetrischer Spannungsverteilung und bei unsymmetrischer Spannung (eine Kugel geerdet) dazu benutzt, um aus den Kurven für den Fall „ein Pol geerdet" die Kurven für symmetrische Spannung abzuleiten. Sie sind in der Abbildung mit eingezeichnet, jedoch nur für größere Schlagweiten $s\,(s/d > 0{,}4)$.

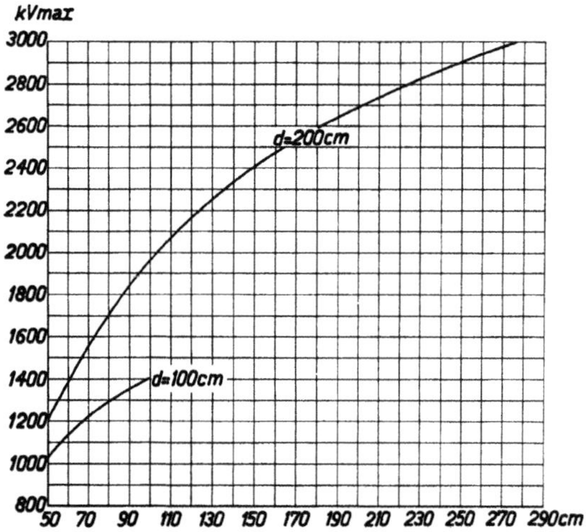

Abb. 200. Durchschlaglängen von Kugelfunkenstrecken bei Wechselspannung bei 3000 kV_{max}, eine Kugel geerdet, 20° C, 760 Torr. Mittelwerte aus der Literatur; Genauigkeit bis auf etwa 5%.

Die durch die ausgezogenen Kurven angegebenen Spannungen dürften bis auf 2% genau sein; die von den Strich-Punktkurven (symmetrische Spannung) angegebenen Werte nur bis auf etwa 4%.

In Abb. 200 sind auch die Meßwerte für höhere Spannungen und Kugeln mit 200 cm Durchmesser aufgezeichnet, so wie sie als Mittelwerte aus den wenigen in der Literatur veröffentlichten Werten abgeleitet wurden. Die in derselben Weise aus denselben Meßreihen abgeleiteten Werte für 100-cm-Kugeln bis 1400 kV sind mit aufgetragen. Die Vergleichung mit den genaueren Kurven der Abb. 199 zeigt bei 70 cm einen Unterschied von gut 3%. Die Spannungswerte der Abb. 200 dürften nicht mehr als bis auf etwa 5% genau sein.

In einer neueren Arbeit von Weicker und Hörcher[221] wird eine Anzahl neuere Messungen von Pugno Vanoni und DiPieri[222], Bouwers und Kuntke[31], Davis und Bowdler[223], Edwards und Smee[224] sowie die neuen ERA-Normen mit den Deutschen Mittelwerten verglichen. Diese Verfasser tragen nicht die Spannung U in Abhängigkeit von der Schlagweite S auf, sondern das Verhältnis U/S in kV/cm in Abhängigkeit vom Kugeldurchmesser D für mehrere Werte von S/D als Parameter. Diese Darstellungsweise bietet neben der großen Übersichtlichkeit den Vorteil der Möglichkeit, durch Interpolation auf nicht angegebene Kugelgrößen zu kommen, und sogar eine Extrapolation auf etwas größere Kugeldurchmesser auszuführen.

Abb. 201 ist der Veröffentlichung von Weicker und Hörcher entnommen. Die Vergleichung mit Abb. 199 zeigt, daß auch die dort aufgetragenen Werte nur mit geringer Abweichung in diese Kurven hineinpassen, so daß also die IEC-Werte und die neuen Deutschen Mittelwerte voneinander nur wenig verschieden sind.

Konstante Gleichspannung. Für Gleichspannungen in der Nähe 1 MV sind bis jetzt nur Messungen von BOUWERS und KUNTKE[31] veröffentlicht worden, und zwar für Kugeln mit 100 cm Durchmesser.

Einige besondere Erfahrungen bei der Messung von Gleichspannung wollen wir der Arbeit von BOUWERS und KUNTKE entnehmen.

Etwas oberhalb 600 kV gegen Erde werden bei sprühfreien Entladungen Durchschläge beobachtet mit Durchschlagslängen, die erheblich größer sind als man aus der Konfiguration unter Annahme der Durchschlagfeldstärke 30 kV/cm an der Oberfläche der spannungführenden Kugel erwarten würde.

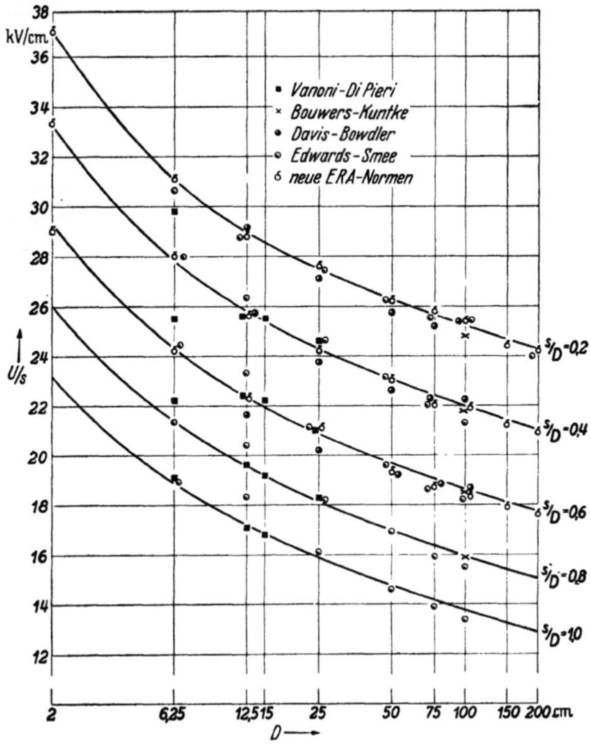

Abb. 201. Vergleich der Deutschen Mittelwertkurven mit den Werten des ERA-Entwurfes neuer Britischer Normen sowie mit den Werten verschiedener ausländischer Verfasser fur einpolige Erdung.

Bei positiven Spannungen macht sich diese Erscheinung sehr unangenehm bemerkbar, bei negativen Spannungen in geringerem Maße.

Um festzustellen, welche Durchschlagabstände bei bestimmten Spannungen notwendig sind, unter der Annahme ausgesprochener Unebenheiten auf den Elektroden, wurde eine Kugel mit 50 cm Durchmesser an der Vorderseite mit einem (einige mm langen) Drahtstück versehen und die Durchschlagweite bei positiver Spannung gegen eine große Fläche (Mauer) bestimmt. Es ergab sich, daß bei dieser Anordnung für Spannungen zwischen 500 kV und 1500 kV Durchschlag eintrat, wenn etwa 5 kV/cm mittlere Feldstärke überschritten wurde. Diese Zahlen decken sich etwa mit den bekannten Werten für Spitze-Platte-Funkenstrecken bei positiver Spitze.

Es war jedoch überraschend, als sich bei etwa 1100 kV positiver Spannung gegen Erde und gut abgerundeter Elektrode bei dem Abstand 3,70 m von der Wand Durchschläge einstellten. Diese Durchschläge traten nicht regelmäßig, sondern während längerer Betriebszeiten auf, im Mittel

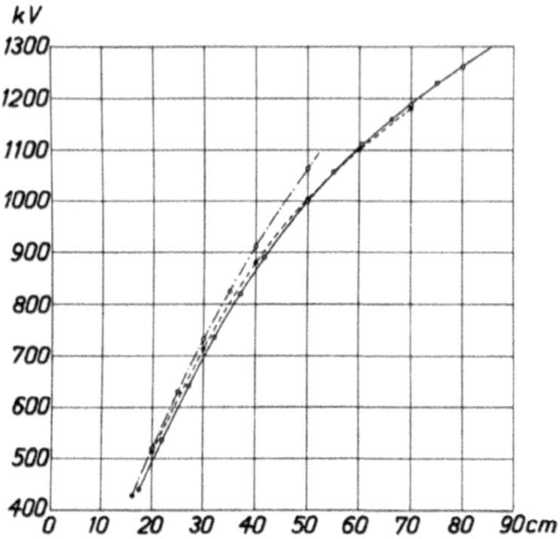

Abb. 202. ——— Messungen an Gleichspannung von Bouwers und Kuntke, eine Kugel negativ. - - - - — Meßergebnisse von Meador an Stoßspannungen. -·-·-·- Scheitelwerte der Wechselspannungen nach VDE.

etwa zweimal je Stunde. Die Frequenz wird höher bei höherer Spannung. Hierbei war der Apparat fast vollständig sprühfrei; der totale Sprühstrom hatte die Größenordnung 0,1 mA. Wurde an der Stelle, von welcher der Überschlag ausgegangen war, oder in ihrer Nähe, ein Draht angebracht, der bei der gleichen Spannung eine Büschelentladung verursachte (Stromstärke der Entladung 0,5 bis 1 mA), so traten diese Durchschläge nicht auf.

Im ersten Fall ist das Feld vollständig raumladungsfrei, während im zweiten Falle das

Abb. 203. Anomaler Durchschlag. Funkenlänge 4,5 m; Spannung 1700 kV negativ.

Feld durch die Büschelentladung nicht mehr raumladungsfrei ist und offenbar dadurch die Durchschlagweite geringer wird.

Auch die Aufstellung eines starken Ventilators, der konstant einen Luftstrom auf die spannungführende Elektrode richtete, brachte Verbesserung. Man bekommt den Eindruck, daß Staubteilchen, und besonders von den spannungführenden Leitern angezogene Fäserchen für die *anomalen* Durchschläge verantwortlich sind.

Maßnahmen zur Vermeidung von Staub und Aufstellung eines auf die unter Spannung stehenden Leiter gerichteten Ventilators haben in der Tat die Anzahl Durchschläge verringert, jedoch nicht ganz beseitigt. Es scheint deshalb so, als ob der Effekt nicht ausschließlich den Staubteilchen zuzuschreiben ist.

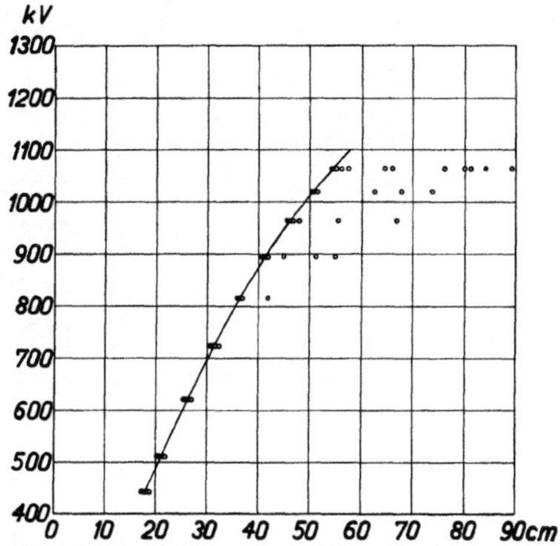

Abb. 204. Durchschläge zwischen 100-cm-Kugeln, beobachtet von BOUWERS und KUNTKE; eine Kugel positiv

Auf keinen Fall darf aus dem Auftreten eines Funkens zwischen zwei Kugelelektroden sofort auf die bei dieser Durchschlaglänge in den Meßtabellen abzulesende Spannung geschlossen werden. Diese kann in Wirklichkeit erheblich kleiner sein, wie wir weiter unten näher sehen werden. Über die Verbesserung durch Papierschirme in solchen Fällen wurde schon in § 41 berichtet.

Abb. 202 zeigt die Meßergebnisse bei negativer Spannung zusammen mit den Werten nach den VDE-Normen und den Ergebnissen von MEADOR[225], bzw. für Wechselspannung und für Stoßspannungen. Die Messungen mit positiver Spannung wurden nur bis 1100 kV ausgeführt, obwohl Spannungen über 1,5 MV zur Verfügung standen, und zwar wegen der großen und stark mit der Spannung zunehmenden Anzahl anomaler Durchschläge in dem vorhandenen Raum.

Abb. 203 zeigt die Photographie eines anomalen Durchschlages: Funkenlänge 4,5 m bei 1700 kV negativer Spannung. Die gleiche Durchschlaglänge wurde bei 1300 kV positiver Spannung beobachtet.

In Abb. 204 sind alle Durchschlagwerte während einer Meßreihe aufgezeichnet. Von etwa 800 kV an treten zu große Überschläge auf. Die Meßmethode war so, daß der Abstand zwischen den Kugeln, von 2 m anfangend, langsam verkleinert wurde, nachdem auf eine bestimmte, durch direkte Strommessung bei bekanntem Widerstand gemessene Spannung eingestellt war. Bei Spannungen unter 1100 kV ließen sich die richtigen Durchschlagwerte noch durch die obengenannte Erscheinung der Kippschwingung erkennen; oberhalb 1100 kV aber war die Messung nicht mehr zuverlässig. Läßt man den maximalen Elektrodenabstand

2 m längere Zeit bestehen, so treten auch bei Spannungen von 1 MV Durchschläge über diese volle Länge auf. Wie schon bemerkt, war der Effekt bei negativer Spannung gegen Erde geringer, so daß für diese Spannung Messungen bis 1300 kV ausgeführt wurden. Die Abmessungen

Abb. 205. Kugelfunkenstrecke mit Kugeln von 1,5 m Durchmesser mit eingebautem Meßkondensator und Einrichtung zum Anschließen von Prüflingen (Hescho-Werke).

des zur Verfügung stehenden Raumes gestatteten keine einwandfreien Messungen bei noch höheren Spannungen.

Andere Anordnungen. In der Literatur werden auch zahlreiche Meßwerte angegeben für Funkenstrecken mit anderer Elektrodenform, wie z. B. Spitze gegenüber Platte. Bei dieser Anordnung ist das unsymmetrische Verhalten interessant: die Funkenlänge ist größer bei positiver Spitze als bei negativer, ein Unterschied also im umgekehrten Sinne, als wir bei Kugeln kennengelernt haben (TOEPLERsche Knickstelle), aber viel mehr ausgesprochen.

Abb. 205 zeigt als Beispiel eine in den Hescho-Werken benutzte Meßanordnung. Es ist eine Kugelfunkenstrecke mit Kugeln von 1,5 m Durchmesser, die auch als Meßkondensator nach der in § 49 beschriebenen Methode benutzt werden kann. Das Meßverfahren beruht dabei auf der Messung des gleichgerichteten Ladestromes des Kondensators in einem Drehspulinstrument. Die isolierte Meßkalotte mit 0,5 m Durchmesser in der unteren Kugel ist auf der Abbildung deutlich zu sehen, ebenso auch das Meßinstrument. Bei Kugelfunkenstrecken-Messungen wird diese Meßkalotte mit dem Kugelrest verbunden. Die obere Kugel ist an einem waagerechten Zylinder mit 0,5 m Durchmesser befestigt und das ganze System an einer 28gliedrigen Isolatorenkette aufgehängt. Prüfstücke werden an den Enden dieses Zylinders angeschlossen. Der vorgeschriebene Reihenwiderstand befindet sich in dem vertikalen Porzellanrohr, an dem die obere Kugel hängt. Dieser Widerstand kann für Stoßprüfungen kurz geschlossen werden. Angeblich können Spannungen bis zu 1500 kV_{eff} mit dieser Funkenstrecke gemessen werden.

Eine interessante Anordnung wurde von SCHWAIGER vorgeschlagen, nämlich gekreuzte Zylinder, bei denen die Feldstärke an den abgerundeten Enden infolge der geometrischen Verhältnisse derart geschwächt ist, daß sie nicht mehr stört. In diesem Falle sind die Feldstärken leichter als bei der Kugelanordnung zu berechnen (§ 20, Abschn. II). Außerdem ist wahrscheinlich bei dieser Anordnung der Einfluß der Umgebung etwas geringer. Dem steht gegenüber, daß Durchschläge von den Zylinderenden nach anderen Gegenständen viel eher auftreten als bei Kugeln. Für sehr hohe Spannungen kommt praktisch doch nur die Kugelfunkenstrecke in Frage.

Hohe Frequenz und kurze Stöße. Für nicht gar zu hohe Frequenzen, bei denen z. B. die Kapazität der Kugeln und die Aufbauzeit der Entladung die Meßwerte beeinflussen können, gilt annähernd, daß der Maximalwert der Spannung für den Durchschlag maßgebend ist (man vergleiche Abschn. III, § 33).

Auch bei Stoßspannungen gibt die Funkenstreckenmessung reproduzierbare Werte, wenn der Rücken nicht zu schnell abfällt. FÖRSTER[226] gibt Korrekturen für verschiedene Wellenformen an und auch die nachfolgende Faustformel: bei Messung mit einer bestrahlten Funkenstrecke muß die Spannung um etwa $1/t$% erhöht werden, wenn t die Stoßdauer (bei rechteckigem Stoß) in μs beträgt. Also keine Korrektur für $t > 1$ μs und z. B. 10% Spannungszuschlag, wenn $t = 10^{-7}$ s. BELLASCHI[227] zeigte, daß bei der Messung steiler Sprungwellen mit steil abfallendem Rücken Fehler bis 40% vorkommen.

§ 49. Direkte Strommessung; Spannungsteilung.

Bei Gleichspannung besteht ohne Zweifel die sicherste Meßmethode in der Messung des durch einen konstanten Widerstand fließenden Stromes. Treten jedoch z. B. durch Erwärmung des Meßwiderstandes

Änderungen des Widerstandswertes ein, so fälschen diese die Ergebnisse. Man muß dabei durch entsprechende Kühlung oder durch Beschränkung des Meßstromes diese Widerstandsänderungen durch Temperatursteigerung innerhalb derart enger Grenzen halten, daß ihr Einfluß innerhalb des mittleren Meßfehlers liegt. Den Einfluß der Widerstandsänderung kann man auch ganz ausschließen, wenn man die Spannung eines bestimmten kleinen Bruchteiles des Gesamtwiderstandes durch ein elektrostatisches Voltmeter mißt, wie dies von BOUWERS und KUNTKE[31] beschrieben wurde. Direkt anzeigende elektrostatische Voltmeter bis zu Spannungen von mehreren kV sind im Handel erhältlich. Die Messung eines großen Widerstandes geschieht sehr bequem durch die Messung des zeitlichen Verlaufs des Entladestromes eines Kondensators mit bekannter Kapazität (§ 42).

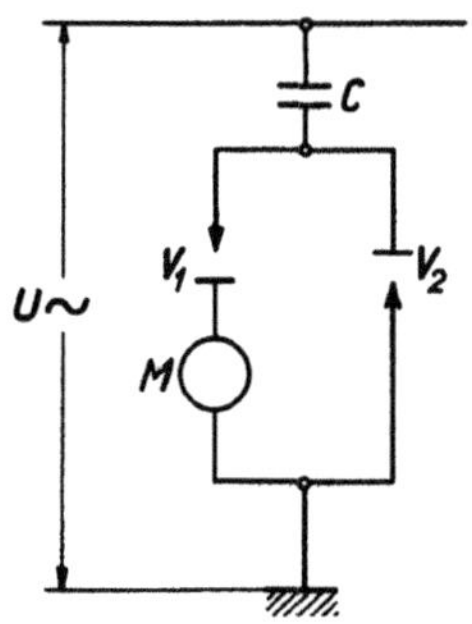

Abb. 206. Schema der Meßanordnung zur Messung des Effektivwertes hoher Wechselspannung nach CHUBB und FORTESCUE.

Will man pulsierende Gleichspannung oder Wechselspannung von nicht genau sinusförmigem Verlauf nach diesem Verfahren messen, dann ist eine Eichung unentbehrlich, wenn es sich um die Messung des Maximalwertes der Spannung handelt.

Reine Wechselspannungen kann man durch den Verschiebungsstrom messen, der durch eine bekannte Kapazität fließt. Bei einer Frequenz f ist dieser Strom: $i = 2\pi f U C$, oder:

$$U = \frac{i}{2\pi f C}, \tag{1}$$

wenn U die effektive Spannung und C die Kapazität des Kondensators ist. Höhere Harmonische stören natürlich die Messung, die übrigens nur den Effektivwert der Spannung liefert. Es besteht jedoch auch die Möglichkeit, die Maximalspannung mittels eines Kondensators zu messen. Dazu werden nach CHUBB und FORTESCUE (Abb. 206) zwei Gleichrichter in Gegenschaltung in Reihe mit dem Kondensator geschaltet. In jeder Halbperiode lädt der Kondensator sich bis zur Maximalspannung auf; die Maximalspannung geht hervor aus der Beziehung: $2fCU = i$, oder:

$$U = \frac{i}{2fC}, \tag{2}$$

wenn i der Gleichstrom durch ein Ventil ist.

Auch kann das Prinzip der Spannungsteilung bei Wechselspannung mit Erfolg angewendet werden. An Stelle von Widerständen verwendet man Kondensatoren in Reihenschaltung. Die Spannung U_1 auf einer Teilkapazität C_1, die mit einer zweiten Kapazität C_2 in Reihe geschaltet ist, beträgt

$$U_1 = \frac{C_2}{C_1 + C_2} U,$$

also:

$$U = \frac{C_1 + C_2}{C_2} U_1, \tag{3}$$

wenn U die zu messende Summenspannung beider Kapazitäten ist. Durch Verwendung eines Gleichrichters parallel zu C_2 kann auch der Maximalwert der Spannung bestimmt werden[228].

Die Methode der Spannungsteilung bei Gleichspannung mit Ohmschen, bei Wechselspannung mit kapazitiven Widerständen läßt bei gewissen Vorsichtsmaßnahmen sehr genaue Ergebnisse erzielen.

Auf die Verwendung des Kathodenstrahloszillographen, welche die Spannungsteilung ermöglicht, kommen wir zurück.

§ 50. Spannungsmessung auf der Niederspannungsseite eines Transformators.

Die Messung reiner Wechselspannung eines Transformators oder einer Reihe von Transformatoren geschieht am einfachsten durch Messung der Primärspannung. Durch Multiplikation mit dem Wickelverhältnis n_2/n_1 findet man dann annähernd die sekundäre Spannung; den genauen Wert berechnet man nach den in § 2 (I) angegebenen Methoden.

Auch wenn durch die Art der Belastung die Form der Spannungswelle durch höhere Harmonische gestört ist, kann die Ablesung des primären Voltmeters doch meistens sehr gut zur Messung der effektiven Sekundärspannung dienen. Dasselbe trifft sogar zu für gleichgerichtete Spannung in Schaltungen mit Kondensatoren und Gleichrichtern.

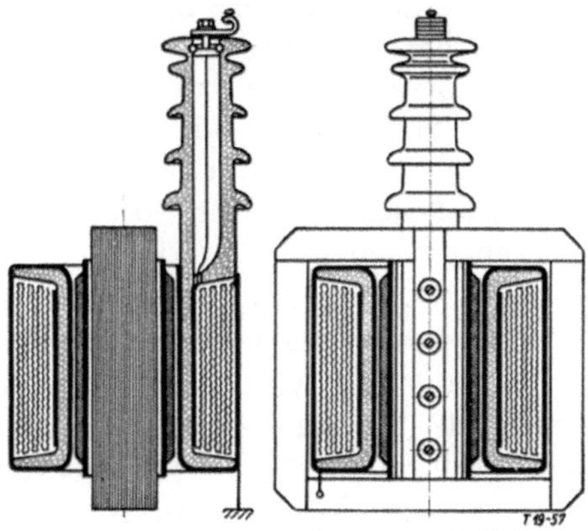

Abb. 207. Spannungswandler mit gegossenen Isolierkörpern als Isolation (Koch & Sterzel).

Für genaue Messungen ist beim Transformator Eichung auf eine Anzahl Spannungen unentbehrlich, wenn es sich um den Maximalwert der Spannung handelt, weil ja dieser nur bei genau bekannter Wellenform und bei völliger Abwesenheit von Überspannungen aus dem Effektivwert zu berechnen ist.

Besonders bei kapazitiver Belastung kann die Sekundärspannung erheblich höher werden als der nach dem Wickelverhältnis und der Primärspannung berechnete Wert (vgl. § 2, I).

Bei Halbwellengleichrichtung ist die Maximalspannung in der belasteten Halbperiode niedriger als in der „Fehlphase", eine Tatsache, die z. B. bei Funkenstreckenmessungen leicht übersehen wird.

In Hochspannungsnetzen werden Spannungsmessungen meistens mit Hilfe der dazu eingebauten Spannungswandler bestimmt, deren Niederspannungswicklung die direkte Ablesung auf einem Wechselstrominstrument gestatten, natürlich unter Berücksichtigung des Übersetzungsverhältnisses. Hierfür gilt dasselbe wie für die Messung im Primärkreis des Hochspannungstransformators. Spannungswandler in Dreiphasennetzen werden meistens zwischen jeder der drei Phasen und Erde geschaltet. Ihre Konstruktion unterscheidet sich in keiner Hinsicht wesentlich von den für kleine Leistungen gebauten Leistungstransformatoren. Neben den üblichen Ausführungen in Öl kommen mehr und mehr Konstruktionen mit Trockenisolation vor.

Abb. 207 zeigt einen modernen Spannungswandler der Firma Koch & Sterzel. Die Konstruktion ist aus der Abbildung deutlich zu ersehen.

§ 51. Spannungsmessung mit dem Kathodenstrahloszillographen.

Sowohl bei Gleichspannung als auch bei Wechselspannung haben wir die Methode der Spannungsteilung kennengelernt; bei Gleichspannung durch einen unterteilten Widerstand, bei Wechselspannung mittels Kondensatoren.

Die Spannungsteilung bietet auch die Möglichkeit, um den zeitlichen Verlauf der Spannung mit dem Kathodenstrahloszillographen zu verfolgen. Diese Methode ist für Stoßspannungen die einzige, um den Verlauf der Stoßwelle zu studieren (vgl. z. B. [229, 230]).

Dabei muß man auf die Eigenschaften der Anschlußleitung oder des Kabels besonders acht geben, und zwar sind in erster Linie die nachfolgenden Bedingungen zu erfüllen:

a) die Leitung muß verzerrungsfrei sein;

b) Reflexion am Leiterende muß vermieden werden.

Wenn R der Widerstand, L die Selbstinduktion, C die Kapazität und G die Ableitung je Längeneinheit des Leiters (oder des Kabels) sind (Abb. 54), so lauten die Differentialgleichungen des Leiters:

$$\left.\begin{aligned} -\frac{\partial u}{\partial x} &= Ri + L\frac{\partial i}{\partial t} \\ -\frac{\partial i}{\partial x} &= uG + C\frac{\partial u}{\partial t}\,, \end{aligned}\right\} \tag{4}$$

oder, wenn wir uns vorläufig auf harmonische Spannungen und Ströme beschränken und für u und i setzen

$$u = U\,e^{j\omega t} \qquad \text{und} \qquad i = I\,e^{j\omega t} \tag{5}$$

$$\left.\begin{aligned} -\frac{dU}{dx} &= (R + j\omega L)\,I \\ -\frac{dI}{dx} &= (G + j\omega C)\,U\,. \end{aligned}\right\} \tag{6}$$

Hieraus folgt nach Differentiation:

$$\frac{d_2 U}{dx^2} = (R + j\omega L)\,(G + j\omega C)\,U\,. \tag{7}$$

Die allgemeine Lösung ist:

$$U_x = A_1 e^{-\gamma x} + A_2 e^{+\gamma x} = U_1 + U_2, \tag{8}$$

wo

$$\gamma = \alpha + j\beta = \sqrt{(R + j\omega L)(G + j\omega C)}\,. \tag{8a}$$

Die Gleichungen (6) und (7) werden offenbar auch erfüllt durch:

$$\left.\begin{aligned} U &= U_0 e^{-\gamma x} \\ I &= I_0 e^{-\gamma x}, \end{aligned}\right\} \tag{9}$$

wo U_0 und I_0 bzw. Spannung und Strom am Leitungsanfang sind.

Mit Rücksicht auf (5) wird also:

$$\left.\begin{aligned} u &= U_0 e^{-\gamma x} e^{j\omega t} \\ i &= I_0 e^{-\gamma x} e^{j\omega t}\,. \end{aligned}\right\} \tag{10}$$

In diesem Falle findet man für die Spannung und den Strom am Punkte x zur Zeit t:

$$\left.\begin{aligned} u &= U_0 e^{-\alpha x} e^{j\omega\left(t - \frac{\beta x}{\omega}\right)} \\ i &= I_0 e^{-\alpha x} e^{j\omega\left(t - \frac{\beta x}{\omega}\right)}\,. \end{aligned}\right\} \tag{11}$$

Spannung und Strom pflanzen sich mit konstanter Geschwindigkeit fort. Die Geschwindigkeit beträgt

$$v = \frac{\omega}{\beta}\,. \tag{12}$$

In dem besonderen Fall:

$$LG = RC \tag{13}$$

wird

$$\left.\begin{aligned} \alpha &= RG \\ \beta &= \omega\sqrt{LC}\,. \end{aligned}\right\} \tag{14}$$

Die Fortpflanzungsgeschwindigkeit wird also in diesem Falle:

$$v = \frac{\omega}{\beta} = \frac{1}{\sqrt{LC}}\,. \tag{15}$$

Bei einer Leitung, die dieser Bedingung genügt, ist sowohl die Dämpfung wie die Fortpflanzungsgeschwindigkeit frequenzunabhängig, d. h. auch eine aus mehreren Frequenzen zusammengesetzte Schwingung wird völlig unverzerrt längs der Leitung übertragen. Zwar wird auch hier der Wellenzug gedämpft, doch die Form der Wellen bleibt erhalten. Die Leitung ist also in diesem Falle verzerrungsfrei; Bedingung a) ist erfüllt.

Die Bedingung (13) ist sicher erfüllt, wenn R und G beide Null sind. In diesem Falle folgt aus (6):

$$I_x = -\frac{1}{j\omega L}\frac{dU}{dx}, \tag{16}$$

und aus (8a):

$$\gamma = j\omega\sqrt{LC}.$$

Dann aus (16) und (8):

$$I_x = \frac{A_1 e^{-jx} - A_2 e^{+jx}}{\sqrt{\frac{L}{C}}} = I_1 + I_2. \tag{17}$$

$\sqrt{L/C}$ ist der Wellenwiderstand; die beiden Glieder in (8) und (17) stellen Wellen in entgegengesetzter Richtung dar.

Wir betrachten nun eine Leitung, die am Ende mit einem Widerstand R abgeschlossen ist. Am Leitungsende seien die beiden Teilspannungen U_{1e} und U_{2e}; dann ist nach (8) und (17)

$$\frac{U_e}{I_e} = \frac{U_{1e} + U_{2e}}{U_{1e} - U_{2e}} \sqrt{\frac{L}{C}}\,. \tag{18}$$

Andererseits ist offenbar: $U_e/I_e = R$, also:

$$\frac{U_e}{I_e} = \sqrt{\frac{L}{C}}\,\frac{U_{1e} + U_{2e}}{U_{1e} - U_{2e}} = R\,. \tag{19}$$

Wir unterscheiden drei extreme Fälle:

α) Wenn $R = \infty$ (offene Leitung), wird $U_{1e} = U_{2e}$; in diesem Falle tritt also Verdopplung der Spannung beim Strome Null ein.

β) Wenn $R = 0$ (Leitungskurzschluß), wird:

$$U_e = 0 \qquad \text{und} \qquad I_e = \frac{2U_0}{\sqrt{\frac{L}{C}}}\,.$$

γ) Für

$$R = \sqrt{\frac{L}{C}} \tag{20}$$

ergibt sich $U_{2e} = I_{2e} = 0$. In diesem Falle tritt also keine Reflexion auf und die Bedingung b) ist erfüllt.

Schließlich kommt bei der Anwendung auf Stoßspannungen noch eine praktische Bedingung hinzu, die darin besteht, daß eine Zeit der Größenordnung 10^{-6} s vergehen soll, bevor die Welle an den Ablenkungsplatten des Oszillographen ankommt. Dadurch soll erreicht werden, daß die störenden Schwingungen am Oszillographen, welche unmittelbar auf den Spannungsstoß folgen, inzwischen abgeklungen sind. Wenn L und C je Längeneinheit des Leiters bekannt sind, so findet man nach (15) die benötigte Kabellänge.

Die Abstellung auf Reflexionsfreiheit durch den Abschlußwiderstand wird am besten nach (13) abgeschätzt und dann durch Probieren genau korrigiert.

Die Kürze des Spannungsstoßes erfordert eine außerordentlich hohe „Schreibgeschwindigkeit" des Oszillographen.

Schnell schreibende Kathodenstrahloszillographen, die für Beobachtungen von kurz dauernden Spannungsstößen geeignet sind, vor allem mit steileren Stirnen, sind z. B. in dem Aachener Institut von Rogowski entwickelt worden. Solche Oszillographen sind jetzt im Handel erhältlich und werden z. B. von Trüb-Täuber, Schweiz; Cambridge Instr. Cy, England; Westinghouse Electr. Cy, USA.; Hochspannungs-Gesellschaft, Köln, geliefert. Sie arbeiten meistens mit kalter Kathode und mit Konzentration des Bündels durch positive Raumladung (Gaskonzentration). Sie enthalten deshalb in dem Teile, wo die Elektronen erzeugt werden, einen gewissen Gasdruck. Um den für die Fokusierung erforderlichen Gasdruck in diesem Teil aufrechterhalten zu können, neben einem genügend hohen Vakuum in dem üblichen Teile des Oszillographen, ist Arbeiten an der Pumpe erforderlich. Hierdurch besteht außerdem die Möglichkeit, den Film im Vakuum anzubringen, also photographische Aufnahmen innerhalb des Vakuums zu machen. Schreibgeschwindigkeiten bis zu mehreren tausend km/s sind mit solchen Oszillographen erreichbar. Eine Übersicht über eine Anzahl Kathodenstrahloszillographen findet sich bei INDUNI[231]. Einen Trüb - Täuber - Oszillographen zeigt Abb. 208.

Abb. 208. Oszillograph von Trub-Tauber des Hochspannungslaboratoriums der Technischen Hochschule, Delft. Schreibgeschwindigkeit 2000 km/s. Im Hintergrund ein Spannungsteiler (Widerstand) für 1 MV Stoßspannung.

In allerletzter Zeit sind auch nicht an der Pumpe arbeitende, sog. abgeschmolzene Kathodenstrahloszillographen mit hoher Schreibgeschwindigkeit entwikkelt worden, bei denen das Oszillogramm durch ein Objektiv auf einen entfernt aufgestellten Film abgebildet oder visuell beobachtet wird. Die erreichbaren Schreibgeschwindigkeiten solcher abgeschmolzenen Kathodenstrahloszillographen betragen bis jetzt etwa 1000 km/s bei einer Beschleunigungsspannung 20 kV. Sie genügt noch nicht den Anforderungen, die man bei den technischen Untersuchungen an Stoßwellen stellt. Verbesserung wird sicher noch möglich sein durch Erhöhung der Spannung bei geeigneter Fluoreszenzschicht.

Für Beobachtung im Hochspannungskreis von unter Spannung stehenden Leiterteilen sind abgeschmolzene Oszillographen bedeutend einfacher in der Handhabung als an der Pumpe arbeitende. Hierfür ist erforderlich, daß die Oszillographenröhre mit der zugehörigen Spannungsquelle in einem mit der Hochspannung verbundenen Abschirmgehäuse untergebracht ist. Die zur Abbildung des Oszillogramms benötigte Optik wird etwa in einem Isolierzylinder in der Isolationsstrecke zwischen Oszillographenröhre und geerdeter Filmtrommel angeordnet.

§ 52. Elektrostatische Methoden.

Verschiedene auf elektrostatischer Wirkung beruhende Instrumente sind für die Messung von Hochspannung vorgeschlagen und gebaut worden. Das Prinzip entspricht meist dem der COULOMBschen Drehwaage. Die Anziehung erfolgt mit einer Kraft, die dem Quadrat der Feldstärke proportional ist.

Wenn U die Spannung zwischen zwei parallelen Scheiben im Abstand a in E.S.E. ist und in einer der beiden Scheiben ein runder Teil mit dem Durchmesser d beweglich angeordnet wird, dann ist die Ladung q auf der beweglichen Scheibe:

$$q = \frac{\pi}{4} \frac{d^2 U}{4 \pi a},$$

und die Feldstärke E an der Scheibenoberfläche, insoweit sie von der Ladung auf der gegenüberstehenden Scheibe herrührt, wird:

$$E = \frac{U}{2a}.$$

Also die auf die Scheibe ausgeübte Kraft p ist:

$$p = qE = -\frac{d^2}{32 a^2} U^2 \text{ dn}. \tag{21}$$

Wenn wir U in kV ausdrücken, dann wird das die Anziehung kompensierende Gewicht in Grammen:

$$G = \frac{d^2}{2825 a^2} U^2 \text{ g}. \tag{22}$$

Grundsätzlich ist also absolute Spannungsmessung möglich. Von PALM[232] wurde die kompensierende Kraft durch die magnetische Anziehung von Spulen erzeugt, die mit dem Quadrat des Spulenstromes i proportional ist. Auf diese Weise ist die Stromstärke i ein direktes Maß für die Spannung.

Für Spannungen bis etwa 250 kV ist das Voltmeter nach ABRAHAM-VILLARD (Abb. 143) geeignet, das ebenfalls auf der Anziehung eines beweglichen Körpers durch das elektrostatische Feld beruht. Anwendung auf Wechselspannung zur Bestimmung des Effektivwertes ist möglich.

Das Hochspannungsvoltmeter von STARKE und SCHRÖDER[233] (Abb. 209) unterscheidet sich von dem nach ABRAHAM und VILLARD dadurch, daß es für noch höhere Spannungen ausgeführt wurde und die Spannung nicht durch einen Zeiger, sondern auf optischem Wege mit

Drehspiegel angezeigt wird. Die Aufstellung des Apparates im Raume wird aber für Spannungen von etwa 1 MV erhebliche Schwierigkeiten bieten, da Überschläge von den Rändern der Schalen auch bei möglichst guten Anordnungen kaum zu vermeiden sind.

Abb. 210 zeigt ein elektrostatisches Voltmeter von Trüb-Täuber, angeblich für 1000 kV.

Verschiedene andere elektrostatische Hochspannungs-Meßeinrichtungen wurden im Laufe der Zeit vorgeschlagen, die aber bis jetzt noch kaum praktisch für Höchstspannungsmessungen verwendet wurden. Eine Ausnahme ist noch das elektrostatische Voltmeter

Abb. 209. Elektrostatisches Hochspannungsvoltmeter nach STARKE und SCHRÖDER aus dem Laboratorium Felten & Guilleaume Carlswerk, Koln.

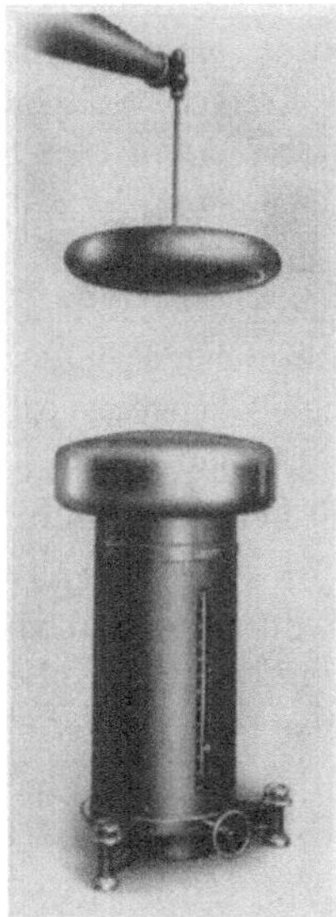

Abb. 210. Elektrostatisches Voltmeter fur 1000 kV mit Fernanzeige (Trub-Tauber) aus ROTH[4].

nach KIRKPATRICK[234,235], das wiederholt, wenn auch nicht immer mit Erfolg, für Höchstspannungsmessungen in der Kernphysik angewandt wurde[49].

Ein zylindrischer Leiter ist in der Längsrichtung in zwei elektrisch isolierte Hälften aufgeteilt. Dieser Zylinder rotiert um seine Achse in dem elektrostatischen Feld. Eine leitende Verbindung zwischen beiden Hälften geht über einen Kommutator und durch ein Galvanometer.

Bei der Drehungsgeschwindigkeit n Umdrehungen je s wird durch das Galvanometer ein Gleichstrom fließen mit der Stärke

$$i = k E n, \tag{23}$$

wobei E die Feldstärke und k eine Konstante ist. Rotiert der Zylinder zwischen zwei Scheiben mit der Spannung U, deren Kapazität in bezug auf den Rotor C ist, dann wird bei jeder Umdrehung zweimal der Ladungsbetrag $\varphi = C U$ durch den Rotor fließen, also die Stromstärke:

$$i = 2 C U n \tag{24}$$

sein. Obwohl z. B. BOTHE und GENTNER[236] offenbar mit einem derartigen Voltmeter bei Spannungen bis über 500 kV gute Ergebnisse erzielt haben, dürfte doch bei sehr hohen Spannungen die Meßgenauigkeit durch Sprüh- und Raumladungseffekte leicht gestört werden. Die kapazitiven Ladungen sind nämlich klein gegenüber noch sehr geringen Ladungsverlusten durch Korona an den Elektroden des Instrumentes, während die durch Sprühen an den unter Hochspannung stehenden Leitern verursachten Raumladungen die Feldstärke am Meßapparat ändern. Derartige Schwierigkeiten begegneten in der Tat auch TUVE u. a.[19].

Von ROGOWSKI, FISCHER und von WINGEN[237] wurde ein nach dem Prinzip des Blättchen-Elektrometers gebautes Elektrometer für Hochspannungsmessungen vorgeschlagen. Auch hier werden ähnliche praktische Grenzen vorliegen.

Schließlich sind noch eine Anzahl besonderer Effekte zur Messung von hohen Spannungen vorgeschlagen worden:

In § 31 haben wir die kritische Spannung kennengelernt, bei der bei dünnen Leitern Korona aufzutreten beginnt. Diese Koronaentladung setzt ziemlich plötzlich ein und kann zu Spannungsmessungen dienen[238].

PALM verwendete mit Erfolg die Konstanz der Glimmspannungsgrenze in Edelgas[239].

Von THORNTON[240] wurde die Kühlung eines Hitzdrahtes durch den von der nahen Hochspannung bewirkten Ionenwind zur Messung von Spannungen vorgeschlagen. Diese Kühlung wurde dann durch Messung des Drahtwiderstandes mit einer Brückenmethode ausgeführt. Die Methode von THORNTON scheint bis 300 kV sehr genaue Messungen zu gestatten. Sie wird von JACOB in seiner kurzen Monographie „High voltage physics"[241] empfohlen unter Hinweis auf den Vorteil, daß der Heizdraht in großem Abstand von der Spannungsquelle aufgestellt werden kann.

Grundsätzlich ist auch die Kerrzelle zur Messung von Spannungen verwendbar, weil die Drehung der Polarisationsebene (Kerreffekt) von der Feldstärke abhängt.

§ 53. Indirekte Spannungsmessung durch Messung von Teilchengeschwindigkeiten.

Bei Anwendung von Hochspannung in der Physik gibt es verschiedene Möglichkeiten, um auf indirekte Weise Spannungen zu messen oder abzuschätzen. Der Zweck der Höchstspannungen in der Kernphysik ist die Beschleunigung geladener Teilchen, und die Geschwindigkeit solcher Teilchen kann als Maß für die erzeugende Spannung dienen.

Bahnkrümmung im Magnetfeld. Elektronengeschwindigkeiten können durch die Bahnkrümmung in einem Magnetfelde gemessen werden. Die Messung geschieht dann in einem Elektronenspektrographen oder mit Hilfe der WILSONschen Nebelkammer. Für kleine Elektronengeschwindigkeiten ist der Bahnhalbmesser gegeben durch die Beziehung:

$$\frac{m v^2}{r} = \frac{e H v}{c}\,. \tag{25}$$

Sie besagt, daß die Zentrifugalkraft der Lorentzkraft gleichkommt. Aus (25) geht hervor, daß — für kleine Geschwindigkeiten — das Produkt

$$H r = c\,\frac{m v}{e} \tag{26}$$

ein Maß für die Elektronengeschwindigkeit ist. Für größere Geschwindigkeiten muß man mit der relativistischen Massenänderung rechnen.

In der Tabelle XIV sind für Geschwindigkeiten bis zu $v = 0{,}999c$ ($\beta = 0{,}999$) die Werte von Hr und die dazugehörigen Spannungen angegeben. In der vierten Spalte der Tabelle stehen die Werte m/m_0, das Verhältnis der Masse des bewegenden Elektrons zu seiner Ruhemasse. Dieses Verhältnis beträgt:

$$m/m_0 = (1 - \beta^2)^{-\frac{1}{2}}\,. \tag{27}$$

Berücksichtigen wir dies, so finden wir

$$H r = m_0\, c^2/e \cdot \beta\, (1 - \beta^2)^{-\frac{1}{2}} \tag{28}$$

oder nach Einsetzen der Zahlenwerte:

$$H r = 1703\, \beta\, (1 - \beta^2)^{-\frac{1}{2}} \text{ Gauß cm}. \tag{29}$$

Die Beziehung zwischen der Erzeugungsspannung U und v lautet für kleine Geschwindigkeiten

$$e U = \tfrac{1}{2} m v^2. \tag{30}$$

Auch hier müssen wir bei größeren Geschwindigkeiten wieder mit der relativistischen Abweichung der Masse rechnen und finden dann:

$$U = m_0\, c^2/e \left\{(1 - \beta^2)^{-\frac{1}{2}} - 1\right\} \tag{31}$$

oder

$$U = 510 \left\{(1 - \beta^2)^{-\frac{1}{2}} - 1\right\} \text{ ekV}. \tag{32}$$

Für $\beta \ll 1$ wird

$$(1 - \beta^2)^{-\frac{1}{2}} = 1 + \beta^2/2,$$

wodurch (31) in (30) übergeht. Eine Anzahl Werte für β, U, Hr und m/m_0 ist in Tabelle XIV angegeben.

Tabelle XIV. Voltgeschwindigkeit, Bahnradius im Magnetfeld und Massenänderung von Elektronen in Abhängigkeit von der relativen Geschwindigkeit *.

β	kV	Hr Gauß cm	m/m_0	β	kV	Hr Gauß cm	m/m_0
0,005	0,0064	8,5		0,55	100,8	1122	1,197
0,01	0,0255	17,0		0,60	127,7	1278	1,250
0,02	0,102	34,1	1,0002	0,65	161,3	1458	1,316
0,04	0,409	68,3	1,0008	0,70	204,4	1670	1,400
0,06	0,920	102,3	1,0018	0,75	261,4	1931	1,512
0,08	1,640	136,9	1,0032	0,80	340,4	2271	1,667
0,10	2,573	171,1	1,0050	0,85	458,7	2749	1,898
0,12	3,718	205,9	1,0073	0,90	660,9	3517	2,294
0,14	5,080	240,8	1,0100	0,95	1125	5182	3,203
0,16	6,664	276,1	1,0131	0,96	1313	5840	3,571
0,18	8,447	311,7	1,0166	0,97	1590	6797	4,113
0,20	10,53	347,7	1,0206	0,98	2056	8389	5,025
0,25	16,75	439,8	1,0326	0,99	3109	11950	7,089
0,30	24,66	535,7	1,0483	0,995	4602	16970	10,01
0,35	34,48	636,4	1,0675	0,996	5204	19060	11,19
0,40	46,52	743,4	1,0910	0,997	6087	21940	12,92
0,45	61,17	858,3	1,120	0,998	7568	26890	15,82
0,50	79,00	983,4	1,155	0,999	10911	38060	22,37

Grundsätzlich ist eine Spannungsmessung auch möglich durch Messung der Brennweite bei Konvergenz eines Elektronenbündels durch eine magnetische Spule[242] oder durch elektrostatische „Elektronenlinsen“[243]. Für Höchstspannungen wurden diese Methoden aber bis jetzt nicht verwendet.

Reichweite von Elektronen. Die Elektronengeschwindigkeit, und damit die erzeugende Spannung, kann auch aus der Durchdringungsfähigkeit der Elektronen bestimmt werden. Die Reichweiten von Elektronen verschiedener Geschwindigkeiten in verschiedenen Metallen wurden schon von LENARD[244] genau gemessen.

Die Grenzdicke ist nach LENARD diejenige Schichtdicke, welche die gegebene Strahlgeschwindigkeit zu Null reduziert. Dabei wird „Normalfall“ vorausgesetzt, der Zustand vollständig diffuser Strahlen. In Gegensatz hierzu steht „Parallelfall“, wobei alle Elektronen ungefähr dieselbe Richtung haben. Auf Grund des ausgiebigen Materials[244] findet LENARD bei großen Elektronengeschwindigkeiten für die Grenzdicke eine Formel, welche wir im Anschluß an BOTHE[245] unter Berücksichtigung einer geringen Korrektion, die von BOTHE selbst inzwischen angebracht wurde, folgendermaßen schreiben können:

$$\varrho X = (0{,}59\, U - 0{,}04)\ \mathrm{g/cm^2}. \qquad (33)$$

* Die entsprechende Tabelle für schwerere Teilchen auf S. 67 (Tabelle I).

ϱ ist die Materialdicke und X ist die Reichweite in cm; U ist die erzeugende Spannung in MV. Die Gleichung ist nur gültig für leichtatomige Substanzen, für die also Massenproportionalität der Absorption besteht.

Tabelle XV gibt die Grenzdicken nach LENARD in Aluminium für Spannungen bis über 3 MV an.

Tabelle XV.
Grenzdicken x in Al nach LENARD.

β	U in kV	$x \cdot 10^4$ cm
0,80	340,4	600
0,85	458,7	860
0,90	660,9	1300
0,95	1125	2330
0,96	1313	2740
0,97	1590	3320
0,98	2056	4350
0,99	3109	6680

Neben der *Grenzdicke* wurde der Begriff der *praktischen Reichweite* eingeführt, der auf Extrapolierung der Absorptionskurve bis auf die Intensität Null beruht und kleiner ist als diese Grenzdicke. Die praktische Reichweite — z. B. nach WILSON, EDDY, VARDER, SCHONLAND — ist diejenige Materialdicke, für die nach Extrapolierung des ersten Teiles der Absorptionskurve die Intensität Null wird. Die Form der Absorptionskurve und damit auch der praktischen Reichweite hängt von den Versuchsbedingungen ab. Nach SCHONLAND ergibt sich für große Geschwindigkeiten aus seinen Resultaten, gemeinsam mit denen von VARDER, für die praktische Reichweite R eine Formel, welche wir — wieder in Anschluß an BOTHE — schreiben:

$$\varrho R = (0{,}51\,U - 0{,}26)\ \mathrm{g/cm^2}. \qquad (34)$$

Neuere Untersuchungen von FEATHER[246] und GUÉBEN[247] lieferten

$$\varrho R = (0{,}511\,U - 0{,}091)\ \mathrm{g/cm^2}. \qquad (34\mathrm{a})$$

Der Vergleich mit (33) zeigt, daß die praktische Reichweite erheblich kleiner als die Grenzdicke ist; dies ist nach den Definitionen eine Selbstverständlichkeit.

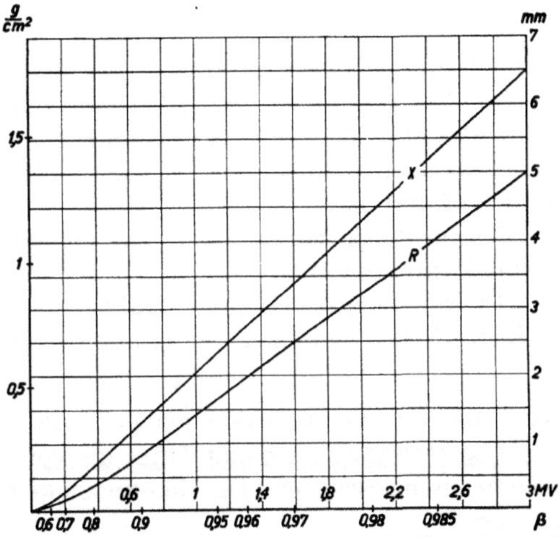

Abb. 211. Reichweiten von Elektronen in Aluminium nach LENARD (X) und praktische Reichweiten nach VARDER und SCHONLAND (R).

Abb. 211 zeigt Grenzdicken X nach LENARD und praktische Reichweiten R nach VARDER und SCHONLAND in Aluminium für Erzeugungsspannungen bis 3000 kV.

In der Kernphysik wird zur Bestimmung größerer Elektronenenergien oft nur die *Halbwertdicke* d_h gemessen. Besonders, wenn es die von einer γ-Strahlung ausgesandten sekundären Elektronen betrifft, aus deren

Geschwindigkeit man also auf die Quantenenergie der Strahlung schließt. Diese Energie ist annähernd der Halbwertdicke proportional, und zwar gilt für Aluminium als Absorber ziemlich genau:

$$U = 2{,}5\, d_h, \tag{35}$$

wobei U die Elektronenenergie in eMV ist und d_h in mm gemessen wird. Für die γ-Strahlung des Lithiums (vgl. weiter unten) ist z. B. $d_h = 7$ mm, $U = 17{,}2$ eMV; für die ThC″-Strahlung: $d_h = 1$ mm; $U = 2{,}65$ eMV.

Die Messung geschieht mit Zählröhren, vorzugsweise mit der Koinzidenzmethode[246], wobei nur solche Elektronen zur Geltung kommen, die zwei Zählröhren durchsetzen, zwischen denen sich der Absorber befindet.

Kurzwellige Grenze des Röntgenspektrums. Die auf der Hand liegende Methode der Absorptionsmessung von Röntgenstrahlen liefert für sehr hohe Spannungen nur ungenaue Ergebnisse wegen der geringen Änderung der Absorption mit der Erzeugungsspannung (vgl. § 56). Die kurzwellige Grenze des Röntgenspektrums kann aber als Maß für die Erzeugungsspannung dienen. Es besteht die Beziehung:

$$\mathrm{eV} = h\nu = \frac{hc}{\lambda},$$

wo λ die minimale Wellenlänge bedeutet und h die PLANCKsche Konstante. Nach Einsetzung der Werte für e/m und h lautet die Beziehung

$$\lambda U = 12{,}34, \tag{36}$$

wobei λ in Å-Einheiten (1 Å $= 10^{-8}$ cm), U in kV gemessen wird.

Die Messung der Grenzwellenlänge kann geschehen durch Messung der Halbwertschicht der sekundären Elektronen (35) — vorzugsweise mit der Koinzidenzmethode —, nachdem die Röntgenstrahlung möglichst stark gefiltert ist.

Bei nicht zu hoher Spannung kommt auch die spektrographische Methode in Betracht:

Bei Reflexion der Röntgenstrahlen in einem Kristallgitter wird der kleinste Reflexionswinkel φ (Reflexion erster Ordnung) bestimmt durch:

$$\lambda = 2\, d \sin\varphi, \tag{37}$$

wo d die für die Reflexion maßgebende Gitterkonstante des Kristalls ist. Die Messung von λ und damit die von U kann photographisch oder ionometrisch geschehen. Die Meßgenauigkeit für Spannungen über 400 kV ist gering.

Elektronenbeugung. Letzteres gilt noch in stärkerem Maße für die Methode der Elektronenbeugung, obwohl sie im Prinzip auch für Spannungsmessung in Betracht kommt.

Wenn ein enges Elektronenbündel senkrecht auf einer Folie, im Abstand a von dieser, einen Beugungsring mit dem Durchmesser d verursacht, dann ist die der Elektronengeschwindigkeit entsprechende Spannung in V bestimmt durch:

$$k\,\frac{d}{a} = \sqrt{\frac{150}{U}}, \tag{38}$$

wo k eine von dem Folienmaterial abhängige Konstante (die Gitterkonstante) ist.

Reichweite schwerer Teilchen. Genauer als die durch die Reichweite von Elektronen ermittelten, sind Spannungsmessungen, die auf der Bestimmung der Reichweite von schweren Teilchen (Protonen, Deutonen, α-Teilchen) beruhen. Ihre Reichweiten sind nämlich mit größerer Sicherheit bekannt, als das für Elektronen der Fall ist.

Für den Energieverlust je cm Weglänge — dE/dx — wurde auf klassischer Basis (J. J. THOMSON, BOHR, HENDERSON) eine Formel abgeleitet, welche dann später von BETHE[249, 250] auf wellenmechanischem Weg unter gewissen Bedingungen hergeleitet und bestätigt wurde. Die Formel nach BETHE lautet, bis auf eine kleine relativistische Korrektion:

$$-\frac{dE}{dx} = \frac{4\pi z^2 e^4}{m v^2} \times N Z \ln \frac{2 m v^2}{E^*}. \quad (39)$$

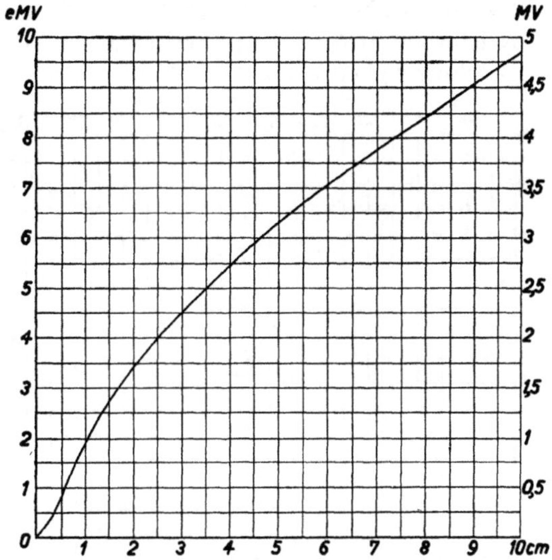

Abb. 212. Reichweiten für α-Teilchen in Luft nach LIVINGSTONE und BETHE in Abhängigkeit von der Energie (eMV) und Beschleunigungsspannung (MV).

Hierin ist N die Anzahl Atome je cm^3, Z die Anzahl Elektronen je Atom der absorbierenden Substanz, z die Atomnummer des Teilchens ($z = 1$ für Protonen und Deutonen, $z = 2$ für α-Teilchen) und v die Teilchengeschwindigkeit. e und m sind die Ladung und Masse des Elektrons. Die Formel gilt nur für große Geschwindigkeiten v, bei α-Teilchen z. B. nur, wenn $\frac{1}{2} m v^2 > 1$ eMV ist. Eine andere Einschränkung besteht darin, daß am Ende der Bahn das Aufnehmen und Abgeben von Elektronen den Mechanismus entschieden ändert, und zwar für α-Teilchen und Protonen in verschiedener Weise. Die Größe E^* hängt von Z ab, und zwar ist sie nach Untersuchungen von MANO[250] für schwere Elemente ungefähr mit Z proportional; E^* ist in eV-Einheiten ungefähr gleich $10\,Z$. Der genaue Wert muß aber den Experimenten entnommen werden.

Das Produkt $Z \ln 2\, m v^2/E^*$ ist eine dimensionslose Zahl, Bremszahl genannt. Integriert man die Formel (39) nach der Substitution $dE = M v\, dv$, so bekommt man die Reichweite des Teilchens, wenn man die Integrationsgrenzen $v = 0$ und $v =$ Anfangsgeschwindigkeit einsetzt.

Der Einfluß der Einschränkungen der Formel (39) kann nur experimentell ermittelt werden und die Integration von (39) ist nur nach

Berücksichtigung der gefundenen Daten für den Geschwindigkeitsverlust am Bahnende möglich, da, wie erwähnt, die Formel am Bahnende nicht gilt.

Abb. 212 gibt die Reichweiten für α-Teilchen nach LIVINGSTONE und BETHE.

Aus (39) geht hervor, daß bei gegebener Teilchengeschwindigkeit die Energieabgabe je Längeneinheit und annähernd also die reziproke Reichweite $1/R$ mit z^2 proportional ist. Da bei gegebener Ladung und Geschwindigkeit auch R mit M proportional ist, wie aus der Substitution $dE = Mv\,dv$ in (39) hervorgeht, so ergibt sich, daß bei fester Geschwindigkeit die Größe Rz^2/M für verschiedene Teilchen annähernd konstant ist. Da z^2/M für Protonen, Deutonen und α-Teilchen die Werte 1, $\frac{1}{2}$ bzw. 1 hat, findet man also bei gleicher Teilchengeschwindigkeit ungefähr gleiche Reichweite bei Protonen und α-Teilchen und doppelte Reichweite bei Deutonen. Die Teilchenenergien E in Elektronenvolt sind bei derselben Teilchengeschwindigkeit proportional mit M, also für Deutonen das Doppelte wie für Protonen und für α-Teilchen das Vierfache. Die Erzeugungsspannung ist für α-Teilchen einer bestimmten Energie nur halb so groß wie bei Protonen oder Deutonen derselben Energie wegen der doppelten Ladung.

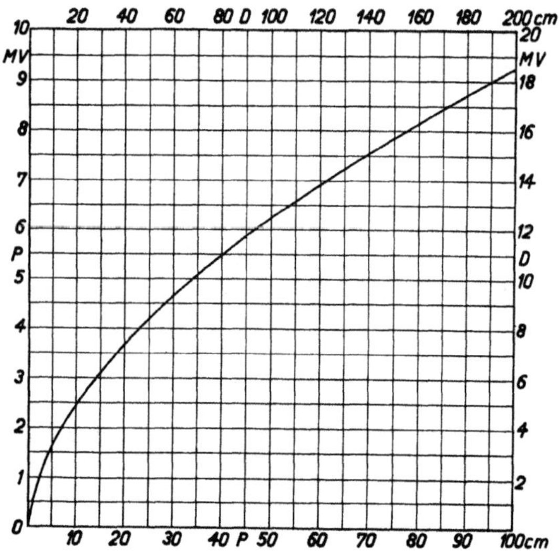

Abb. 213. Reichweiten für Protonen und Deutonen in Luft.

In Abb. 213 sind die Reichweiten für Protonen und Deutonen in Luft für Spannungen bis über 9 MV aufgetragen nach LIVINGSTONE und BETHE. Die Werte sind etwa bis auf 30 kV genau.

Der Vergleich mit den Werten für α-Teilchen (Abb. 212) zeigt, daß gleiche Reichweiten in der Tat bei α-Teilchen und Protonen ungefähr auftreten, wenn die Teilchenenergie der α-Teilchen das Vierfache der Teilchenenergie der Protonen ist. Die Erzeugungsspannung ist dann für α-Teilchen nur doppelt so hoch wie bei Protonen.

Die zugehörige experimentelle Formel nach BLACKETT[251] lautet:

$$R_{pd}(E) = 1{,}0072\, R_\alpha\ (3{,}97\, E) - 0{,}20\ \text{cm}, \tag{41}$$

wobei $R(E)$ die Reichweite für die Teilchenenergie E bedeutet.

Nach (39) ist bei gleichem Energieverlust dE:

$$\frac{d x_L}{d x} = \frac{N Z \ln \frac{2 m v^2}{E^*}}{N_L Z_L \ln \frac{2 m v^2}{E_L^*}}, \tag{42}$$

wo die Indizes L sich auf Luft beziehen. Man führt hier die Bremskraft (stopping power) in bezug auf Luft ein, und zwar die Bremskraft je Atom (atomare Bremskraft) gemäß:

$$S = \frac{Z}{Z_L} \frac{\ln \frac{2 m v^2}{E^*}}{\ln \frac{2 m v^2}{E_L^*}}. \tag{43}$$

Nach (42) und (43) wird also:

$$\frac{d x_L}{d x} = \frac{N}{N_L} S. \tag{44}$$

Durch Integration, unter Vernachlässigung der obengenannten Einschränkungen, die sich auf die Bahnenden beziehen, ergibt sich:

$$\frac{R_L}{R} = \frac{N}{N_L} S. \tag{45}$$

S wird für große Geschwindigkeiten ($2 m v^2 \gg 1$) durch Z allein bestimmt. Die Reichweite ist für große Geschwindigkeiten also annähernd proportional der Materialdichte:

$$\frac{R_L}{R} = \frac{N Z}{N_L Z_L} \approx \frac{\varrho}{\varrho_L}. \tag{46}$$

Wenn aber $2 m v^2$ die Größenordnung von E^* hat, spielt die Größe E^* in (43) eine Rolle. Demzufolge steigt für weniger große Reichweiten die reziproke Reichweite weniger schnell als die Dichte. Für Geschwindigkeiten $3 \cdot 10^8 < v < 10^9$ cm/s gilt die schon von BRAGG gegebene Annäherungsformel:

$$S = 0{,}36 \sqrt{Z}. \tag{47}$$

Tabelle XVI. Relative atomare Bremskraft in bezug auf Luft.

Substanz	GEIGER [252]	MANO [250]	Substanz	GEIGER [252]	MANO [250]
$^1/_2 H_2$	0,22	0,20	Cu	2,29	2,57
He	0,42	0,35	Kr	2,89	2,92
Li	0,53	0,50	Mo	2,75	3,20
$^1/_2 N_2$	0,98	0,99	Ag	3,04	3,36
$^1/_2 O_2$	1,10	1,07	Sn	3,19	3,59
Ne	1,24	1,23	Xe	3,94	3,76
Al	1,40	1,50	Au	4,02	4,50
A	1,92	1,94	Pb	4,25	4,43

Tabelle XVI enthält für eine Anzahl Stoffe die atomare Bremskraft nach (43) bei der Geschwindigkeit $1{,}75 \cdot 10^9$ cm/s. Aus der Tabelle sind mit Hilfe von Abb. 212 oder 213 sowie (45) die Reichweiten in den aufgeführten Stoffen leicht zu bestimmen. Die so gefundenen angenäherten Reichweiten von Protonen in Aluminium und Gold sind in Abb. 214 aufgetragen.

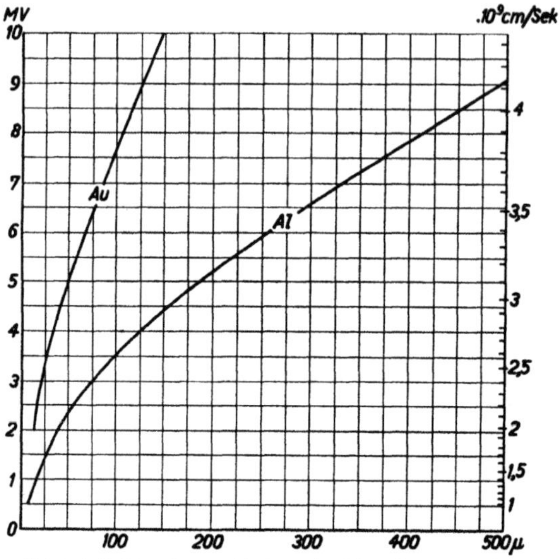

Abb. 214. Reichweite von Protonen in Abhängigkeit von der Geschwindigkeit in Gold und Aluminium. α-Strahlen gleicher Geschwindigkeit haben ungefähr dieselbe Reichweite, Deutonen gleicher Geschwindigkeit eine doppelt so lange Reichweite.

Kritische Spannungen. Schließlich hat die Natur dadurch Eichungsmittel für hohe Spannungen zur Verfügung gestellt, daß entweder bestimmte Erscheinungen erst von einer bestimmten Spannung an auftreten oder bei ganz bestimmten Spannungen in ihrer Intensität stark zunehmen (vgl. § 57, Abschnitt VI).

Beispiele sind: Die Grenze 420 kV, oberhalb welcher beim Bombardement auf Lithium mit Protonen γ-Strahlen mit größerer Intensität bemerkbar werden; ferner die Paarbildung, d. h. das Entstehen eines Positrons und eines Elektrons aus einem Strahlungsquantum bei Spannungen oberhalb 1 MV.

VI. Anwendungen von Höchstspannungen.

§ 54. Elektrische Kraftübertragung.

Die elektrische Kraftübertragung war der Hauptgrund für die starke Entwicklung der Hochspannungstechnik in den letzten Jahrzehnten.

Die große Bedeutung der elektrischen Kraftübertragung liegt in dem wirtschaftlichen Vorteil. Der Transport elektrischer Energie über große Entfernungen ist billiger als der Brennstofftransport. Hinzu kommt, daß Wasserkräfte überhaupt nur auf elektrischem Wege übertragen werden können.

Die Anwendung der Hochspannung bei der elektrischen Kraftübertragung hat ebenfalls einen wirtschaftlichen Grund. Die „Ohmschen" Leistungsverluste steigen quadratisch mit der Stromstärke; Erhöhung der Übertragungsspannung, also Verminderung der Stromstärke bei gegebener Leistung, führt zu Verminderung der Wärmeverluste in den Leitern. Der Vorteil hoher Übertragungsspannungen wird um so bedeutender, je größer die zu übertragende Leistung und je länger die Übertragungsstrecke ist.

Schon während der „Zweiten Weltkraftkonferenz“ in Berlin 1930 wurde z. B. von OLIVEN ein „Vorschlag eines europäischen Großkraftnetzes“ vorgetragen[253], in dem die wirtschaftlichen Vorteile eines solchen Kraftnetzes auseinandergesetzt wurden. Dabei wurde ein Luftnetz mit Übertragungsspannungen von 400 kV Wechselspannung zugrunde gelegt, weil der Verfasser meinte, daß diese Spannung mit den damaligen Materialien bald praktisch erreichbar wäre. Große Vorteile würde die bessere Ausgleichung der Leistung über Tag und Nacht bringen, die ja bei einem genügend ausgedehnten Netz durch den Zeitunterschied Ost—West von selbst zustande käme. Der Preis für den Transport der elektrischen Energie würde bei einem solchen Netze etwa 1 Pfg. (1930) je kWh betragen. Die Herstellungskosten wären, auch wegen des besseren Ausgleiches der Leistung, außerordentlich niedrig, so daß der Gesamtpreis auf der Niederspannungsseite auf etwa 1,5 Pfg. (1930) je kWh käme.

Wir werden aus dem nachfolgenden sehen, daß nicht nur für Übertragungsstrecken auf Tausenden von Kilometern, sondern auch für sehr viel kürzere Strecken Spannungen von der Größenordnung 200 kV wirtschaftlich sind.

Die wirtschaftliche Spannung. Wenn auch bei Erhöhung der Übertragungsspannung die Widerstandsverluste geringer werden oder, bei gegebenen Verlusten, die Leiter dünner gewählt werden können, so liegen doch verschiedene Ursachen vor, die der Spannungserhöhung eine Grenze setzen. Hierzu gehören bei Freileitungen die Koronaverluste, die von einer bestimmten kritischen Spannung an (§ 31, § 39) aufzutreten beginnen und dann rasch mit der Spannung steigen. Man kann zwar grundsätzlich diese Verluste dadurch verringern, daß man die Leiter als Hohlleiter ausbildet mit so großem Durchmesser, daß Korona nicht auftritt, aber die damit verbundenen Ausgaben übertreffen, von einer bestimmten Spannung an, den Gewinn. In den Baukosten liegt der Hauptgrund für die Begrenzung der Spannung oberhalb einer gewissen Grenze, die man annähernd berechnen kann und die *wirtschaftliche Spannung* genannt wird.

Wir wollen die Berechnung für den einfachsten Fall, Leitung allein — ohne Rücksicht auf Endstationen und weitere hinzukommende Komplikationen — kurz skizzieren und folgen dabei im wesentlichen BÜRGER[254].

Die aufzuwendenden Kapitalkosten für die Anlage bestehen aus drei Summanden, die alle mit der Leitungslänge proportional sind:

$$B = (a + b\,U^2 + c\,q)\,l. \tag{1}$$

Hierin ist a ein fester Betrag, der nur von der Leitungslänge und nicht von der Spannung abhängt; b ist der Faktor, der durch die Baukosten der Anlage bestimmt wird, die mit dem Quadrat der Spannung U proportional gesetzt worden sind. Ein Hauptteil der Baukosten steigt nach der Erfahrung ungefähr quadratisch mit der Spannung an. Der dritte Summand besagt, daß der betreffende Kostenteil proportional mit dem Leiterquerschnitt q ist. Dieser Teil betrifft den Aufwand an Kupfer für die Leitung.

Neben den Kapitalkosten berücksichtigen wir die Verluste. Es sei die Spannung des Leiters gegen Erde U, die zu übertragende Leistung W kW, die Übertragungsstrecke l km, der Leiterquerschnitt q mm² und der spezifische Leiterwiderstand R kΩ/km. Dann sind die Verluste bei einem symmetrischen einfachen Wechselstromnetz:

$$V_w = \frac{1}{2}\left(\frac{W}{U}\right)^2 R\frac{l}{q}\,. \tag{2}$$

Für ein symmetrisches Drehstromnetz:

$$V_d = \frac{1}{3}\left(\frac{W}{U}\right)^2 R\frac{l}{q}\,. \tag{3}$$

Für eine symmetrische Gleichstromanlage:

$$V_g = \frac{1}{2}\left(\frac{W}{U}\right)^2 R\frac{l}{q}\,. \tag{4}$$

Bei Dreiphasenspannung ist die verkettete Spannung um den Faktor $2/\sqrt{3}$ niedriger als bei den beiden anderen Spannungsarten; bei Gleichspannung ist U zu gleicher Zeit der Maximalwert der Spannung gegen Erde.

Die Gesamtkosten bestehen nun einerseits in Verzinsung und Amortisation und andererseits in Verlustkosten. Wenn p der Prozentsatz der Verzinsung und Amortisation ist und k der Preis je kWh der Verluste, dann sind die Gesamtkosten:

$$K = p\,B + k\,V\,h, \tag{5}$$

wobei h die Verlustdauer in Stunden ist. Also nach (1), (2), (3) und (4):

$$K = p\,l\,(a + b\,U^2 + c\,q) + \alpha\,k\,h\left(\frac{W}{U}\right)^2 R\frac{l}{q}\,, \tag{6}$$

wobei

$$\left.\begin{aligned} \alpha &= \tfrac{1}{2} \text{ für Wechsel- oder Gleichstrom} \\ \alpha &= \tfrac{1}{3} \text{ für Drehstrom.} \end{aligned}\right\} \tag{7}$$

Die wirtschaftliche Spannung finden wir nun, indem wir diesen Ausdruck nach U differenzieren und den Differentialquotienten $\partial K/\partial U = 0$ setzen:

$$\frac{\partial K}{\partial U} = 2\,b\,U\,l\,p - 2\,k\alpha\frac{W^2}{U^3}R\frac{l}{q}\,h = 0. \tag{8}$$

Hieraus ergibt sich für die wirtschaftliche Spannung U_w:

$$U_w = \sqrt[4]{\frac{k\,\alpha\,h\,W^2 R}{b\,p\,q_w}}$$

Hierin ist q_w der *wirtschaftliche Querschnitt*, den man findet aus:

$$\frac{\partial K}{\partial q} = 0\,.$$

Es ergibt sich

$$q_w = \frac{W}{U}\sqrt{\frac{k\alpha h R}{p c}}$$

und schließlich:

$$U_w = \sqrt[3]{W}\,\sqrt[6]{\alpha \frac{k}{p} R h \frac{c}{b^2}}\ \text{kV}\,. \tag{9}$$

Diese Formel genügt uns, um einige Schlußfolgerungen allgemeiner Art zu ziehen. Es sei noch vorausgeschickt, daß die Ausrechnung mit ungezwungenen Annahmen für die Konstanten der Formel, z. B. für ein Netz mit der Leistung $W = 200000$ kW und $h = 3000$ Stunden, etwa eine wirtschaftliche Spannung U_w gegen Erde von 200 kV liefert[254]. Eine genaue Berechnung kann nur auf Grund vorliegender Angebote gemacht werden.

Die Formel (9) zeigt, daß die Spannung von keiner der bestimmenden Größen sehr stark abhängt, weil diese Größen alle unter den Zeichen: $\sqrt[3]{\ }$ bzw. $\sqrt[6]{\ }$ vorkommen. So hätte die Halbierung oder Verdopplung der Leistung nur eine Verringerung oder Vergrößerung von U_w um einen Faktor $\sqrt[3]{2}$ zur Folge, und eine Halbierung oder Verdopplung der Verlustzeit nur eine Verkleinerung oder Vergrößerung um einen Faktor $\sqrt[6]{2}$.

Die wirtschaftliche Spannung dürfte also bei allen praktisch für Hochspannungsübertragung in Betracht kommenden Netzen von der Größenordnung 200 kV sein: für Netze mit sehr großen Leistungen eine höhere, für Netze mit kleinen Leistungen eine niedrigere wirtschaftliche Spannung.

Es ist bemerkenswert, daß in unseren Formeln die Leitungslänge nicht vorkommt. Das liegt daran, daß bei Vernachlässigung der Endstationen die Kosten von Kapital und Verlusten beide proportional mit l sind. Bei Berücksichtigung der Endstationen wird das anders.

Schließlich bemerken wir noch, daß bei Übertragung mit Kabeln der Leiterquerschnitt nicht den Preis der Leitung bestimmt, weil ja die weiteren, für die Isolation aufzuwendenden Kosten bedeutend höher sind. Deshalb hängt bei Kabeln die wirtschaftliche Spannung in geringerem Maß als bei Freileitungen von der Leistung ab. Aus demselben Grunde wird auch bei Kabeln der Leiterquerschnitt gern etwas größer gewählt als unbedingt nötig wäre.

Die Werte von U_w sind nicht dieselben für Gleichspannung, Wechselspannung und Dreiphasenspannung, weil α und auch die Größe c/b^2 in der Formel (9) bei den verschiedenen Systemen verschieden groß ist. Wegen der 6-ten Wurzel ist aber der Einfluß nur verhältnismäßig gering.

Kraftnetze mit Hunderten von Kilometern Länge bei Übertragungsspannungen von 220 kV verketteter Spannung und höher sind jetzt in Betrieb in den Vereinigten Staaten, Deutschland, Frankreich, Italien und Rußland. Das Boulder Dam-Los Angelos-Netz in den Vereinigten Staaten überträgt die Energie bei einer Spannung von 287 kV_{eff} und ist 480 km lang[186, 255].

Abb. 215 zeigt einen Tragmast dieses Netzes. Die Abmessungen sind in der Figur angegeben. Abb. 216 zeigt einen der Hängeisolatoren.

Das deutsche 220-kV-Kraftnetz zwischen Voralberg und Paderborn ist teilweise schon für 380 kV geeignet, jedoch noch mit 220 kV in Betrieb.

In den Vereinigten Staaten und in letzter Zeit auch in Europa[216] wurden für Übertragungsspannungen bis 220 kV verketteter Dreiphasenspannung teilweise Kabel anstatt Luftleitungen verwendet.

Wechselspannung oder Gleichspannung? Großes Interesse findet in den letzten Jahren

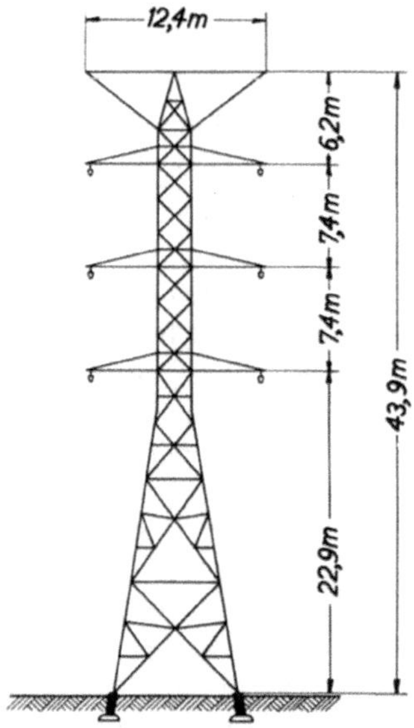

Abb. 215. Tragmast des Boulder Dam-Netzes, Los Angelos. Die Leiterabstände und die weiteren Abstände sind in der Figur angegeben. Übertragungsspannung 287,5 kV_{eff}.

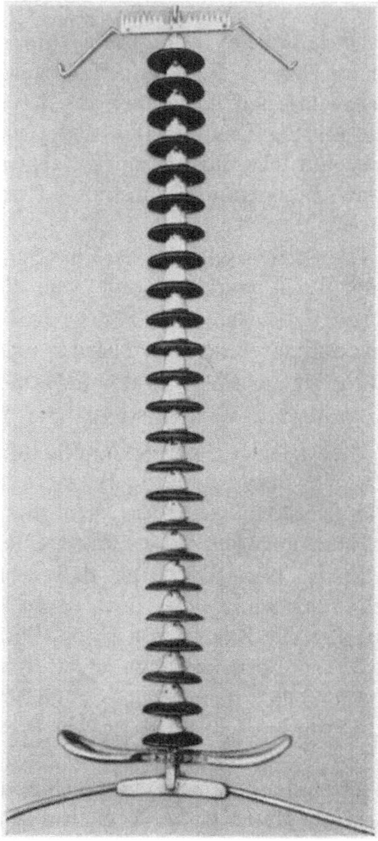

Abb. 216. 16-gliedriger Hängeisolator für 220 kV.

die Frage: Wechselspannung oder Gleichspannung? Obwohl Wechselspannung, besonders das Dreiphasensystem, fast allgemein für die Kraftübertragung verwendet wird, so ist sie doch nicht in jeder Hinsicht ideal.

So treten z. B. bei Wechselspannung kapazitive „Blindströme“ zwischen den Leitungen und besonders zwischen Leiter und Kabelmantel auf, die zusätzliche Verluste verursachen und durch Parallel-Spulen oder auf andere Weise[256] kompensiert werden müssen. In

Kabelnetzen werden diese Blindströme außerordentlich hoch. Für die Kabellänge l km mit der Kapazität C je km wird die Stromstärke $i = U \omega l C$. Die gemessene Blindstromleistung eines Hochspannungskabels von 22 km Länge für 150 kV betrug rd. 33000 kVA.

Die Induktion der Leitung verursacht einen Phasenunterschied zwischen Anfang und Ende des Netzes und kann in Verbindung mit der Kapazität eine Spannungserhöhung am Leiterende hervorrufen, welche sich außerdem mit der Belastung ändert.

Diese und noch eine Anzahl anderer Nachteile[254] treten bei Gleichstrom nicht auf. Vor allem aber kann die Betriebsspannung einer bestimmten Leitung bei Gleichstrom erheblich erhöht oder bei gleichbleibender Spannung das Netz verbilligt werden. Schon wenn die Spannungserhöhung für gleichbleibende Leistung nur den Faktor $\sqrt{2} = 1{,}41$, entsprechend der Erhöhung auf den Maximalwert der Wechselspannung, betragen würde, so wäre nach (2), (3) und (4) eine Halbierung der Verluste erreicht. Die Spannungserhöhung kann aber mehr betragen, sowohl hinsichtlich der Überschlaggefahr von Isolatoren als was die Koronaverluste (§ 31) betrifft.

Einer der wichtigsten Gründe für die Einführung von Gleichspannung wäre wohl die Tatsache, daß sie die Verwendung von Kabeln anstatt Freileitern auch für die höchsten Spannungen ermöglichen würde. Die Vorteile von Gleichspannung wurden nach der Literatur allgemein erkannt unter der Voraussetzung einer Freileiterübertragung. Ganz erheblich nehmen die Vorteile zu, wenn es sich um Kabelübertragung handelt, die gerade in allerletzter Zeit — z. B. mit Rücksicht auf den Luftkrieg — steigendes Interesse findet. Bei Kabeln ist die Durchschlagspannung für Gleichspannung ungefähr 2,5mal so hoch wie bei Wechselspannung[212]. Nach (2) bis (4) ergäbe sich also eine Verringerung der Verluste bei gleichbleibendem Leiterquerschnitt etwa um den Faktor 6. Gleichspannungen von mindestens 300 kV wären bei den neuesten Kabeln möglich, weil für Drehstrom verkettete Spannungen bis 220 kV, also 130 kV zwischen Leiter und Mantel, bis jetzt mit Erfolg verwendet wurden.

Die Maßnahmen zur Kompensation der außerordentlich hohen Blindströme bei Wechselspannung in Kabelnetzen könnten bei Verwendung von Gleichstrom erspart werden.

Für Netze mit Gleichspannungsübertragungen von etwa 150 kV könnten anstatt der teuren Öldruckkabel vielleicht die viel einfacheren Massenkabel verwendet werden.

Die Verluste in den Kabeln für 220 kV verkettete Dreiphasenspannung des Netzes Inter-Paris sind nach Josse und Laborde[257] bei normaler Spannung und normalem Strom von 420 A:

Kupferverluste: 10 kW je km, Bleiverluste: 6 kW je km, Dielektrische Verluste: 3,4 kW je km. Also rd. 20 kW Verluste je km. Blindstrom 8 A je km.

Übergang auf 350 kV Gleichspannung würde:

1. diese Kabelverluste auf etwa 2 kW/km zurückbringen;
2. Blindstromkompensationen überflüssig machen und
3. eines der vier Kabel ersparen.

Die Technik der Gleichspannungsübertragung. Über die Vorteile der Gleichspannung ist man im allgemeinen wohl einig, wie aus mehreren Berichten der letzten Jahre hervorgeht. Man vergleiche z. B. die Berichte über diesen Gegenstand der Conférence Internationale des Grands Réseaux Electriques (CIGRÉ) 1935 und die Diskussionen über diese Berichte[258].

In einem von SCHJÖLDBERG-HENRIKSEN[259] gebrachten Bericht werden besonders eine Anzahl der bei der Kraftübertragung mit hoher Gleichspannung auftauchenden Probleme angeschnitten.

Von THURY wurden schon seit 1906 Gleichspannungsanlagen gebaut. Eine Anlage ist zwischen Moutiers (Frankreich) und Lyon in Betrieb, die mit Gleichspannungen bis 125 kV arbeitet, welche von in Reihe geschalteten Gleichstrommaschinen erzeugt werden. Die Maschinen werden von Wasserkraftturbinen getrieben. Diese von THURY gebauten Anlagen haben sich ausgezeichnet bewährt[260].

Von WILLIS, BEDFORD und ELDER[261] und von HULL[262] wurde über Versuche mit Gleichspannung bis 15000 V an einer Versuchsleitung der G.E. berichtet. Es wurde Wechselstrom konstanter Spannung in Gleichspannung konstanten Stromes umgeformt unter Verwendung der von STEINMETZ angegebenen „monocyclic networks" und von gasgefüllten Gleichrichtern. Ebenso wurde dieser konstante Gleichstrom wieder in Wechselstrom konstanter Spannung transformiert mit Hilfe von gesteuerten Thyratrons als Wechselrichter. Der große Vorteil dieses Systems mit konstantem Strom ist, daß z. B. die Hochspannungsleitung ohne Schaden kurzgeschlossen werden kann. Der Kurzschluß ist sonst bei Verwendung hoher Gleichspannung bedeutend gefährlicher als bei Wechselspannung, weil das Ausschalten erheblich schwieriger ist (§ 46).

Abb. 217 gibt das Prinzip der Anordnung der G.E.C. Die Gleichrichtung geschieht durch Thyratrons und der umgekehrte Prozeß, die Umwandlung der Gleichspannung in Wechselspannung, ebenfalls durch Thyratrons, dann aber unter Verwendung von Gittersteuerung. Für sehr hohe Übertragungsspannungen von z. B. 300 kV gibt das Schema der Abb. 217 noch nicht die Lösung. Dazu wäre die Reihenschaltung vieler Systeme erforderlich, die erhebliche Isolationsschwierigkeiten bringen dürfte.

Von BALTZAR V. PLATEN wurde eine Maschine mit Kollektoren unter erhöhtem Druck vorgeschlagen, welche versuchsweise von ALM[263] ausgeführt wurde und Gleichspannungen bis 75 kV lieferte. Für die

Beschreibung verweisen wir auf die zitierte Veröffentlichung. Nach ALM könnte diese Maschine auch erheblich höhere Spannungen erzeugen, wenn bestimmte Fehler vermieden wären.

Wenn auch die Erfolge mit dem THURY-System bei Gleichspannungen für über 100 kV sehr günstig sind und sogar Erhöhung der Spannung bis 200 kV noch wohl möglich scheint, so dürften für Spannungen der Größenordnung 400000 V rotierende Maschinen doch wohl kaum in Frage kommen. Eher käme vielleicht der Kaskadengenerator in Betracht (§ 9). Wir gehen z. B. von der Wechselspannung 70 kV_{eff} bei einer Leistung von 20000 kW aus. Zwei Kaskadengeneratoren mit vier Ventilen und vier Kondensatoren würden genügen, um eine Spannung von 800 kV (400 kV positiv und negativ gegen Erde) zu erzeugen. Die Stromstärke würde bei der Leistung 20000 kW 25 A betragen. Diese Stromstärke müßte von jedem Ventil geleistet werden bei der Gegenspannung 200 kV, eine Aufgabe, die praktisch lösbar erscheint. Unter Verwendung von drei Generatoren in einem Drehstromsystem hätte man also $3 \cdot 20000 = 60000$ kW. Die Welligkeit würde nach (109) (Abschn. I) betragen:

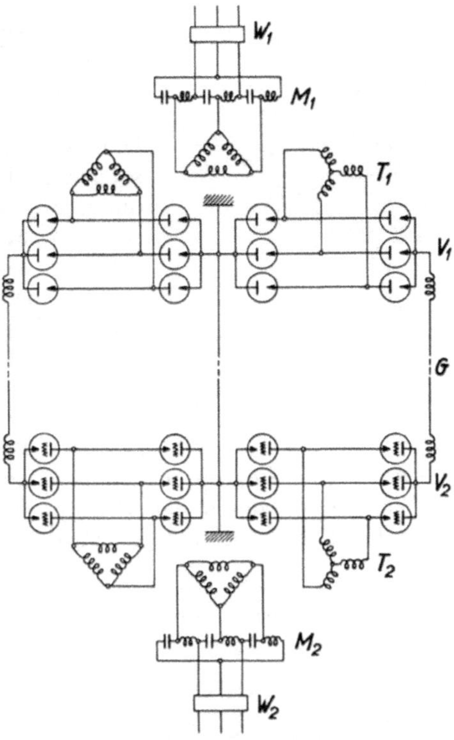

Abb. 217. Schema für elektrische Kraftübertragung mit Gleichspannung für konstanten Strom nach WILLIS, BEDFORD und ELDER. W_1 und W_2 konstante Wechselspannung; M_1 und M_2 „monocyclic network" nach STEINMETZ; T_1 und T_2 Transformatoren; V_1 zwei Systeme von je 6 Gleichrichtern; V_2 zwei Systeme von je 6 gesteuerten Thyratrons; G Gleichspannung 15000 V, konstanter Strom.

$$\delta U = \frac{i}{fC}\,\frac{2\cdot 3}{2} = \frac{1{,}5}{C}\,\mathrm{kV}, \quad (10)$$

bei der Frequenz $f = 50$. Bei dieser Frequenz und einer zugelassenen Welligkeit von 10% = 40 kV, wäre also nach (10) die benötigte Kapazität jedes Kondensators $C = 37{,}5\ \mu$F, bei einer Kondensatorspannung von 200 kV. Der Energieinhalt wäre $75 \cdot 10^4$ J. Diese Werte sind zwar hoch, aber solche Kondensatoren sind nach § 43 realisierbar, und zwar wäre das Volumen eines jeden der Kondensatoren nach Tabelle XI 3750 dm³ = 3,75 m³. Staffelung der Kondensatoren würde noch insoweit etwas günstiger sein, als bei gleicher Welligkeit der obere Kondensator erheblich kleiner und der untere nur wenig größer sein müßte. Der

Spannungsabfall ΔU (§ 10) wurde in der Rechnung vernachlässigt, weil er ja immer zu kompensieren ist. Frequenzerhöhung wäre günstig, da sich ja die Kapazität der Kondensatoren proportional mit $1/f$ verkleinert. Die Verwendung bestehender Zentralen würde Frequenzerhöhung aber ausschließen.

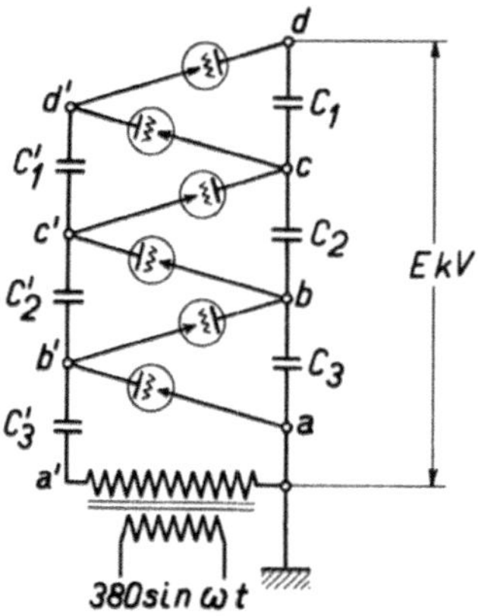

Abb. 218. Umformung einer hohen Gleichspannung in niedrigere Wechselspannung. Beide Gruppen von parallelen Ventilen werden alternativ leitend gemacht durch Gittersteuerung.

Eine große Schwierigkeit bei der Verwendung von Gleichspannung war immer die Umwandlung oder Transformation der Spannung, die bei Wechselspannung gerade so einfach ist. Die Kaskadenschaltung (§ 9, Abschn. I) gestattet nur die Erzeugung hoher Gleichspannung aus niedriger Wechselspannung. Es hat sich jedoch gezeigt[258], daß durch eine Art Umkehrung der Kaskadenschaltung auch ein Gleichstrom hoher Spannung in Wechselstrom niedriger Spannung umgewandelt werden kann, und zwar mit geringen Verlusten. Abb. 218 zeigt das Prinzip. Die Ventile sind durch gesteuerte Gleichrichter ersetzt. Die beiden Gruppen Ventile: *d'd*, *c'c*, *b'b* und *cd'*, *bd'*, *ab'* in Abb. 218 werden durch Gittersteuerung mit der verlangten Frequenz alternativ leitend gemacht. Dabei fließt in jeder halben Periode durch den Belastungswiderstand (die Primärwicklung eines Transformators) *a'a* ein Strom i_b, dessen Betrag der Summe der

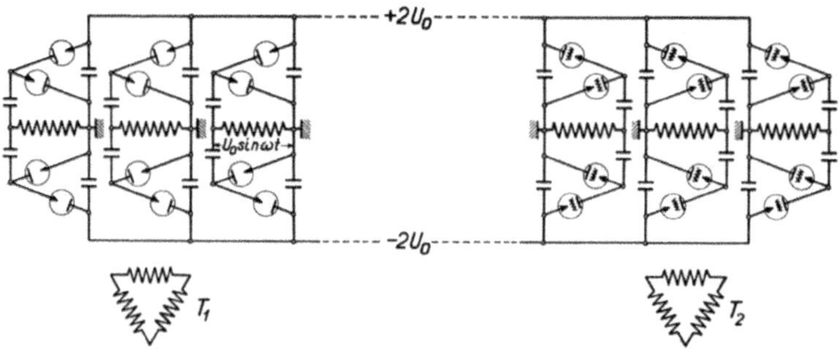

Abb. 219. Schema einer Kraftübertragung mit hoher Gleichspannung nach dem Kaskadenprinzip.

Einzelströme durch die Gesamtgruppe gleichgerichteter Ventile gleichkommt. Es wird also $i_b = n i$, wenn n die Anzahl Ventilpaare und i der Strom durch jedes Ventil ist. Die Stromstärke hat für jedes Ventil denselben Wert, weil die Ladung nur über die Ventile abfließen kann. Durch die Kondensatoren kann ja nur Ladung hin und her gehen.

Mit einem derartigen System wurden versuchsweise Leistungen von etwa 10 kW Gleichspannung 50 kV in eine z. B. 50periodige Wechselspannung von 220 V_{eff} umgewandelt. Die verwendeten Ventile waren dabei mehrstufige gesteuerte Quecksilberdampfgleichrichter nach § 45. Die Verluste betrugen bei diesen Versuchen rd. 2%. Der Strom i_b enthält an sich mehrere Harmonische. Durch Verwendung eines Parallelkondensators am Transformator oder einer Drosselspule in Reihe wurde aber ein ziemlich regelmäßiger 50periodischer Wechselstrom erhalten. Kapazitäten und Spannungen der Kondensatoren und Leistungen der Ventile haben dieselbe Größenordnung wie sie für den Generator berechnet worden ist.

Abb. 219 zeigt in großen Zügen das Schema einer möglichen Kraftübertragung mit der Kaskadenschaltung für Dreiphasenbetrieb.

Die Schaltungsfrage ist bei Gleichspannung erheblich schwieriger als bei Wechselspannung, wo sie praktisch bis zu Spannungen von etwa 500 kV gelöst zu sein scheint.

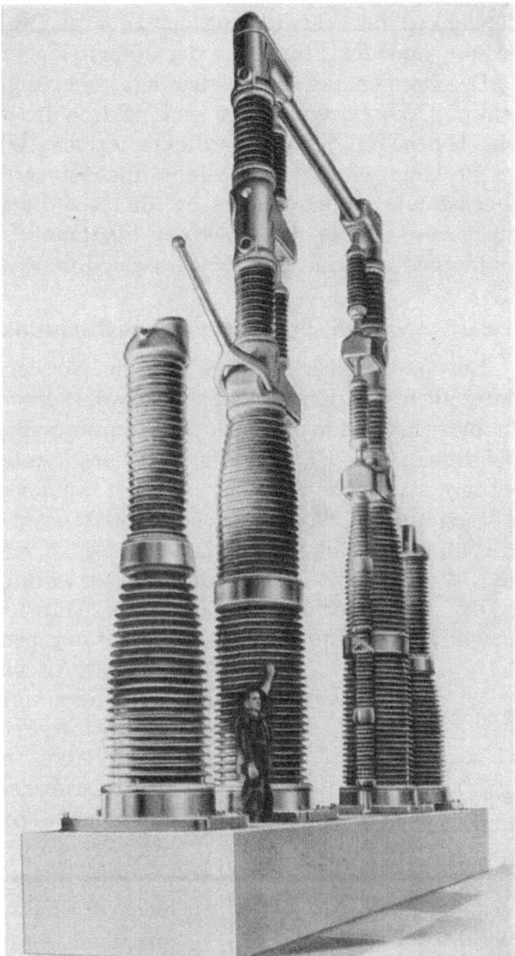

Abb. 220. Hochspannungsschalter fur 500 kV_{eff} Wechselspannung (Delle), ausgestellt während der Pariser Weltausstellung 1937.

Abb. 220 zeigt einen Freiluftschalter für 500 kV effektive Wechselspannung (Delle), der während der Pariser Weltausstellung 1937 gezeigt wurde. Obwohl damit die Schaltung gleich hoher Gleichspannung noch keineswegs gelöst ist, zeigt die Entwicklung der Hochspannungsschalter in den letzten Jahrzehnten doch so rasche Fortschritte, daß auch die Gleichspannungsschaltung nicht mehr unlösbar erscheint.

Die Möglichkeiten mit Vakuumschaltern und als Schalter verwendeten Gleichrichtern sind ebenfalls noch nicht weitgehend genug untersucht worden.

Zu den weiteren, bei Gleichspannungs-Kraftübertragung auftretenden Problemen gehören z. B. die Elektrolyse, sowie die Fragen nach der Möglichkeit der Verwendung der Erde als Nulleiter, der zweckmäßigen Erdung und der Störungen der Kabeltelephonie[258].

Das Problem der elektrischen Kraftübertragung mit seinen Isolations-, Schutz-, Energieerzeugungs- und Wirtschaftlichkeitsfragen umfaßt einen erheblichen Teil der ganzen Elektrotechnik. Wir sind nur auf die Seiten des Problems eingegangen, die in irgendeiner Weise mit dem besonderen Gegenstande dieses Buches in direkter Beziehung stehen, besonders auf solche, welche die Höhe der Spannung begründen, und verweisen im übrigen auf die elektrotechnische Literatur.

§ 55. Prüfung von Hochspannungsmaterial.

Bis vor wenigen Jahren war die Notwendigkeit der Prüfung von Materialien für Kraftübertragung wohl der einzige praktische Grund für die Entwicklung von Höchstspannungsapparaten. Die Prüfung von Isolatoren und Geräten für eine bestimmte Betriebsspannung muß selbstverständlich mit einer höheren Spannung geschehen. Daher ist es verständlich, daß sämtliche Fabriken von Hochspannungsisolatoren zu Prüfanlagen mit Spannungen von der Größenordnung 1 MV gekommen sind. Von diesem Gesichtspunkt aus ist es interessant zu bemerken, daß in der elektrotechnischen Literatur Transformatoren für sehr hohe Spannungen meistens Prüftransformatoren genannt werden. Wir haben schon in Abschnitt I erwähnt, daß Transformatoren für 1 MV und mehr gegen Erde für Prüfzwecke gebaut worden sind. Auch andere Höchstspannungsgeräte wurden für Prüfungszwecke, insbesondere für Isolatorenfabriken, entwickelt.

Tabelle XVII. Prüfspannung für Geräte nicht geerdeter Anlagen.

Nennspannung kV	Prüfspannung kV	Überschlagspannung kV
100	240	264
150	350	385
200	460	506
300	680	748
400	900	990

Für die Prüfspannungen bei gegebener Betriebsspannung bestehen in den meisten Ländern Normen, welche für Starkstromanlagen anders sind als für Laboratoriumsanlagen. Den Leitsätzen für den elektrischen Sicherheitsgrad über 1000 V des Verbandes Deutscher Elektrotechniker (VDE) entnehmen wir die Tabelle XVII.

Aus der Tabelle geht hervor, was übrigens auch in den Leitsätzen explizite ausgedrückt wird, daß die Prüfspannung

$$U_p = 2{,}2\,U + 20\,\text{kV} \tag{12}$$

sein soll, wenn U die Nennspannung ist.

Diese Tabelle und Formel (12) zeigen klar, welche große Vorsicht bei der Prüfung waltet. Für die Anwendung von Hochspannungsmaterialien im Laboratorium sind die Daten äußerst lehrreich. Besonders interessant ist, daß die Prüfspannung noch 10% unter der Überschlagsspannung liegt, d. h., daß für den Gebrauch in der Physik die technischen Hochspannungsmaterialien bei geeigneten Sicherheitsmaßnahmen und unter günstigen Bedingungen erheblich höhere Spannungen als die technische Nennspannung aushalten. Die geringe Leistung ist dabei entscheidend.

Als praktische Faustregel für die Anwendung im Laboratorium dürfte ungefähr angenommen werden, daß die zulässige Spannung das 2,5fache der Nennspannung beträgt. Auch die Apparate im Prüfraum werden mit geringeren Sicherheitsfaktoren gebaut als in den Kraftübertragungsanlagen. Die Minutenfestigkeit der Transformatorwicklungen liegt meist nur etwa 25% höher als die höchste Eigenspannung. Die Durchführungen werden oft so bemessen, daß ihre Überschlagspannung einen Schutz für die Transformatorwicklung bildet. Ähnliches gilt von Transformatoren für Röntgenanlagen und physikalische Versuche. Die Leistung der Prüftransformatoren darf nicht allzu klein sein, weil sonst die dem Durchschlag oft vorausgehenden Erscheinungen, wie Glimmströme, die Transformatorspannung zu stark herabsetzen. Übliche Werte sind z. B. 1000 kVA bei 1000 kV und 100 kVA bei 300 kV. Für viele elektrotechnische Prüfungen, besonders für Kabelprüfungen, sind erheblich größere Leistungen unentbehrlich. Dagegen sind die benötigten Leistungen für Transformatoren in Röntgenanlagen und für physikalische Versuche oft noch erheblich kleiner, z. B. 10 kVA bei 200 kV.

Einer der Hauptgründe für große Vorsicht ist wohl die Berücksichtigung ungünstiger Wetterverhältnisse bei Freileitungsmaterialien. Besondere Leitsätze für Regenprüfung sind z. B. ausgearbeitet, und in den Prüfräumen mehrerer Fabriken verfügt man über Einrichtungen zur künstlichen Herstellung ungünstiger Bedingungen, wie Regenanlagen und Staubkammern.

Störungen in Hochspannungsanlagen werden oft verursacht durch Überspannungen kurzer Dauer. Der gefährlichste Erzeuger von Spannungsstößen ist wohl der Blitz. Die vom Blitz verursachten Stoßwellen werden im Prüflaboratorium durch die Stoßspannungsgeneratoren nachgeahmt. Die Form der Stoßwellen ist in der im § 7 angegebenen Weise genormt. Eine bei Stoßprüfung übliche Wellenform ist charakterisiert durch die Zahlen 0,5/50. Sie besagen, daß die Stirnlänge 0,5 μs beträgt und die Halbwertdauer 50 μs (vgl. § 7).

Neben dem Blitz kommen als Ursachen für Spannungsstöße in Geräten und Leitungen auch vor: plötzliche Stromänderungen bei Überschlägen oder Schaltungsvorgängen. Diese geben z. B. Veranlassung zu den Thomsonschen Schwingungen (§ 8). Auch können die zufälligen Verhältnisse von Induktivitäten und Kapazitäten bei Geräten und

Leitern zu Resonanzschwingungen Veranlassung geben. Eigenschwingungen in Transformatorwicklungen, durch Wanderwellen angeregt, sind bekannte Störungsquellen. Hierauf näher einzugehen, würde uns zu weit von unserem Ziel entfernen. Man vergleiche hierüber z. B. ROTH[4]. Neben der Stoßspannungsprüfung wird auch die Prüfung mit Wechselstrom höherer Frequenz vorgenommen, wobei die hochfrequente Spannung meistens mit Hilfe von TESLA-Transformatoren, in Ausnahmefällen auch mit Röhrensendern, erzeugt wird.

Schon in Abschnitt I, § 17, wurde bemerkt, daß die Stoßspannung, welche von Apparaten und Geräten, insbesondere auch von Entladungsröhren ausgehalten wird, erheblich höher liegt als die für Gleichspannung oder 50 periodige Wechselspannung zulässigen Werte. Für eine ausgeführte Hochspannungsleitung für 150 kV_{eff} werden z. B. die nachfolgenden Daten gegeben: Isolatoren: 12gliedrige Kette; Überschlag bei Stoß:

a) Stoßwelle 5/15 µs: 900 kV.

b) Stoßwelle 0,5/5 µs: 1600 kV.

Eine Röntgenröhre, welche bei 400 kV Gleichspannung geprüft wurde und 500 kV Gleichspannung nicht vertrug, vertrug ohne Störung die höchste in diesem Falle zur Verfügung stehende Stoßspannung von etwa 900 kV bei einer Wellenform von ungefähr 5/50 µs.

Auf den Boden gestellte Stützisolatoren haben bei einer Länge von 1 m eine Mindeststoßüberschlagspannung von etwa 900 kV bei negativer Spannung gegen Erde und etwa 600 kV bei positiver Spannung[263A]. Der Polaritätseffekt und die Spannungswerte sind angenähert so wie bei der Anordnung Spitze—Platte.

Die Prüfung von Hochspannungskabeln enthält neben der Hochspannungsprüfung in den letzten Jahren auch die Messung der dielektrischen Verluste mit der SCHERING-Brücke (§ 47), und zwar bei vorgeschriebener erhöhter Temperatur. Auch wird im Dauerversuch bei Ölkabeln der Einfluß periodischer Temperaturänderungen studiert, weil es sich gezeigt hat, daß Öltransport durch Temperatureinflüsse in dem Kabel zu ölarmen Stellen und demzufolge zu Durchschlägen Veranlassung geben kann.

Die SCHERING-Brücke zur Messung von $\operatorname{tg}\delta$ bei Kabeln und Isolatoren wurde vor allem von KEINATH[264] so weit entwickelt, daß es möglich ist, während der Hochspannungsprüfung den Verlauf von $\operatorname{tg}\delta$ auf einem Registrierapparat festzulegen. Messungen mit isoliert aufgestellter SCHERING-Brücke werden bei der technischen Kabelprüfung vorgenommen. Der Beobachter befindet sich dabei in einem FARADAY-Käfig auf Hochspannung (Abb. 221).

Bei der Prüfung macht man einen Unterschied zwischen Typenprüfung und Stückprüfung. Bei der letzteren ist von Bedeutung, daß durch die Prüfung selbst keine Schwächung des Prüfstückes verursacht wird. So kommt es z. B. vor, daß durch Prüfung mit hoher Stoßspannung bleibende Oberflächenänderungen hervorgerufen werden, bevor noch ein wirklicher Überschlag auftritt, oder durch den Überschlag selbst. Die Vorschriften des VDE empfehlen deshalb die Prüfung mit 50periodigem Wechselstrom nach der Stoßprüfung, und nicht umgekehrt.

Eine dritte Kategorie Prüfungen gehört zum Gebiete der Forschung; es sind prinzipielle Prüfungen, welche sowohl die Prüfmethode als das Prüfstück betreffen können. Zu der ersten Gruppe gehört die Prüfung

Abb. 221. Prufraum im Hochspannungsgebaude der KEMA, Arnhem. Rechts Transformatoren in Reihenschaltung; links oben der isoliert aufgehangte Kafig mit SCHERING-Brucke.

von Schaltern, Transformatoren und anderen Geräten mit verschiedenartigen Wanderwellen, zu der zweiten Gruppe die Prüfung neu entwickelter Isoliermaterialien und Untersuchungen des Durchschlagvorganges an sich.

§ 56. Die Erzeugung von Röntgenstrahlen und Kathodenstrahlen.

Der Sinn extrem hoher Spannungen zur Erzeugung von Röntgenstrahlen ist dreifach. Erstens wird bei Erhöhung der Spannung das Durchdringungsvermögen erhöht, d. h. die Absorption verringert. Zweitens nimmt die Ausbeute der Strahlenerzeugung mit der Röhrenspannung zu, und zwar bei schwacher Filterung und bei konstanter Stromstärke etwa proportional mit dem Quadrat der Spannung; bei stärkerer Filterung in höherem Maße. Schließlich treten bestimmte physikalische Effekte, wie z. B. die Paarbildung [das Entstehen eines

Elektrons und eines Positrons aus einem Strahlungsquantum (s. weiter unten)] erst von einer bestimmten Spannung an auf.

Das kontinuierliche und das charakteristische Spektrum. Bei Bremsung schneller Elektronen infolge einer Spannung U entsteht ein kontinuierliches Röntgenspektrum, das an der kurzwelligen Seite eine wohl definierte Grenze λ_0 aufweist:

$$\lambda_0 = \frac{12{,}34}{U}\,\text{Å}\ (1\,\text{Å} = 10^{-8}\,\text{cm}), \tag{13}$$

wenn U die Erzeugungsspannung in kV bedeutet. Das Spektrum verläuft weiter so, daß die maximale Intensität etwa bei der Wellenlänge $\lambda_{max} = 20/U$ Å erreicht wird[265].

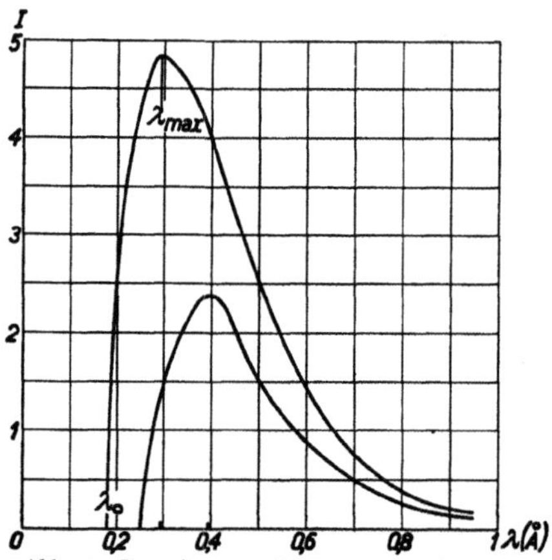

Abb. 222. Intensitätsverteilung des kontinuierlichen Röntgenspektrums.

Abb. 222 zeigt die Intensitätsverteilung im kontinuierlichen Röntgenspektrum bei den Erzeugungsspannungen 70 und 50 kV_{max}[265]. In Frequenzmaß ausgedrückt läßt sich die Intensitätsverteilung $I_\nu\,d\nu$ im kontinuierlichen Röntgenspektrum für nicht zu hohe Spannungen annähernd durch die sehr einfache Formel:

$$I_\nu = C\,Z\,i\,(\nu_0 - \nu) \tag{14}$$

darstellen[266, 267]. C ist eine von Spannung und Ordnungszahl unabhängige Konstante, Z ist die Atomnummer des Anodenmaterials, i die Stromstärke; ν_0 bedeutet die durch die Röhrenspannung bestimmte Grenzfrequenz $\nu_0 = c/\lambda_0$ (c = Lichtgeschwindigkeit).

Dem kontinuierlichen Röntgenspektrum überlagert sich bekanntlich das Linienspektrum der charakteristischen Strahlung der Antikathode, das in die Abbildung nicht eingezeichnet ist; seine Bedeutung für Höchstspannungen ist klein. Die K-Strahlen von Uran haben etwa 0,13 Å Wellenlänge, die Anregungsspannung beträgt 115 kV. Die Anregungsspannungen der K-Strahlung der Transurane sind nur um einige Prozent höher; bei einer Spannung von rd. 120 kV ist es möglich, auch die am stärksten gebundenen Elektronen der Elektronenwolke auf dem K-Niveau des schwersten Elementes zu entfernen.

Absorption und Wellenlänge. Die Absorption von Röntgenstrahlen ist von der Wellenlänge und von der Art der absorbierenden Substanz stark abhängig. Der lineare Absorptionskoeffizient μ ist definiert durch die Beziehung:

$$\frac{I_x}{I_0} = e^{-\mu x}, \tag{15}$$

wo I_0 und I_x die Intensitäten der Strahlung vor und nach dem Durchgange durch eine Schicht der Dicke x sind. Der Gesamtschwächungskoeffizient μ ist aus drei Komponenten zusammengesetzt:

$$\mu = \tau + \sigma + \pi. \tag{16}$$

τ ist die eigentliche photoelektrische Absorption, die, bezogen auf 1 Atom (τ_a), annähernd mit der dritten Potenz der Wellenlänge λ und mit

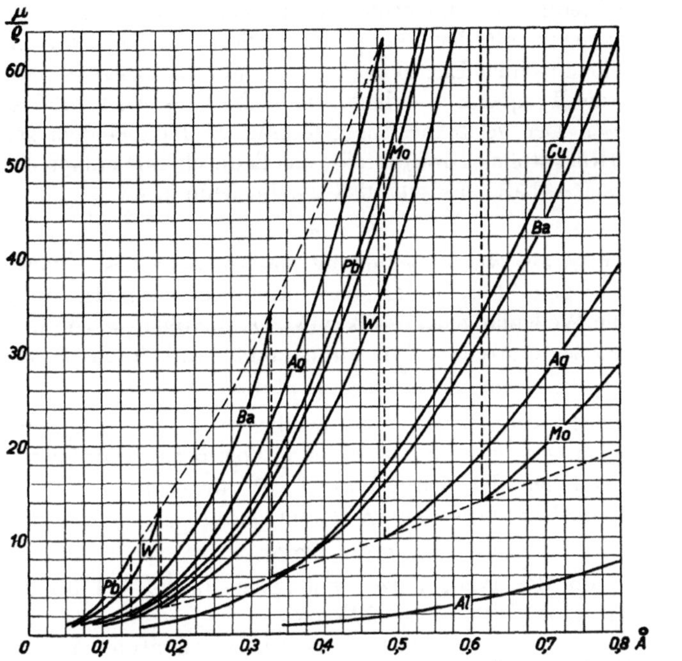

Abb. 223. Gesamtschwachungskoeffizient von Röntgenstrahlen (0,1 bis 0,8 Å) in verschiedenen Elementen.

der vierten Potenz der Kernladung Z zunimmt[268]:

$$\tau_a = k Z^4 \lambda^3, \tag{18}$$

wo k eine Konstante ist, die noch vom Wellenlängengebiet abhängt[266, 267] (Diskontinuitäten bei verschiedenen kritischen Spannungen, entsprechend den verschiedenen Höhenlagen der Energie in der Elektronenwolke). Für $\lambda < \lambda_k$ (K-Grenze) ist k etwa 0,023, wenn λ in cm gemessen wird.

In Abb. 223 ist für das Wellenlängengebiet zwischen 0,1 und 0,8 Å, wo in erster Linie die photoelektrische Absorption maßgebend ist, der Massenschwächungskoeffizient μ/ϱ (ϱ ist die Dichte der absorbierenden Substanz) graphisch dargestellt*.

Der Streuungskoeffizient besteht noch aus zwei wesentlich verschiedenen Teilen. Bei niedrigen Spannungen tritt hauptsächlich nur

* Berechnet nach Meßresultaten von E. Jönsson[269].

Streuung auf ohne Änderung der Wellenlänge; für diese sog. klassische Streuung gilt nach J. J. THOMSON:

$$\frac{\sigma_0}{\varrho} = 0{,}4\,\frac{Z}{A}\,, \tag{19}$$

wenn σ_0/ϱ der Massenstreuungskoeffizient, Z die Atomnummer und A das Atomgewicht bedeuten. Bei höheren Frequenzen tritt die COMPTON-Streuung[270] in den Vordergrund, bei der eine Wellenlängenvergrößerung, d. h. eine Frequenzverminderung der primären Strahlung auftritt. Ein Strahlungsquant mit der Energie $h\nu$ verliert beim Zusammenstoß mit einem Elektron einen Energiebetrag, so daß das gestreute Strahlungsquantum die Frequenz ν' erhält, die kleiner als ν ist, und somit die Energie $h\nu'$. Der verlorene Energiebetrag wird dabei dem getroffenen Elektron (Rückstoßelektron) erteilt, das dadurch eine entsprechende Geschwindigkeit erhält. Es gilt also die Beziehung:

$$\tfrac{1}{2}\,m\,v^2 = h(\nu - \nu')\,. \tag{20}$$

Wenn man als zweite Bedingung die Konstanz des Gesamtimpulses vor und nach dem Stoße fordert, dann ergibt sich das merkwürdige Resultat, daß die Wellenlängenvergrößerung $\Delta\lambda$, unabhängig von der Primärwellenlänge des gestreuten Quantums, annähernd durch die Gleichung:

$$\Delta\lambda = 0{,}024\;(1 - \cos\varphi)\;\text{Å} \tag{21}$$

gegeben wird, wenn φ den Streuwinkel bedeutet. Experiment und Theorie haben gezeigt, daß der Streuungskoeffizient σ für harte Strahlen erheblich von der klassischen Formel (19) abweicht.

Es gilt nach KLEIN-NISHINA[271] annähernd:

$$\sigma/\varrho = p\,\sigma_0/\varrho\,, \tag{22}$$

wo p ein von der Wellenlänge abhängiger Faktor <1 bedeutet. Tabelle XVIII gibt p für einige λ-Werte.

Tabelle XVIII.

λ in Å	kV	p
0,123	100	0,74
0,061	200	0,61
0,031	400	0,48
0,015	800	0,35

Wenn das Energiequantum $h\nu$ größer als $2\,mc^2$ wird (m ist die Ruhemasse des Elektrons, c die Lichtgeschwindigkeit), d. h. sobald $h\nu$ zu mehr als $1{,}02\cdot 10^6$ eV gehört, kommt noch ein dritter Schwächungsfaktor hinzu, der um so größer ist, je höher die Atomnummer des betreffenden Elements ist und je größer $h\nu$ wird. Diese Zunahme des Schwächungskoeffizienten wird durch die sog. Paarbildung verursacht; das Strahlungsquantum $h\nu$ verschwindet beim Zusammenstoß mit dem Atomkern und es entstehen ein positives und ein negatives Elektron. Dieser zusätzliche Anteil der Gesamtschwächung durch Paarbildung für $h\nu > 1{,}02$ MV wird mit π bezeichnet; nach der Theorie ist für $h\nu/mc^2 \gg 1$ die Absorption je Atom durch Paarbildung annähernd[272]:

$$\pi_a = \frac{r_0^2}{137}\,Z^2\left(3{,}1\,\ln\frac{2h\nu}{mc^2} - 8{,}1\right), \tag{23}$$

wo r_0 der Halbmesser des Elektrons ist.

In Abb. 224 ist der Gesamtschwächungskoeffizient μ des Bleies neben den drei einzelnen Komponenten τ, σ und π für verschiedene Spannungen bzw. Frequenzen aufgetragen; die τ-Werte wurden berechnet nach der Theorie von HULME, MCDOUGALL, BUCKINGHAM und FOWLER[273], die σ-Werte nach KLEIN-NISHINA[271] und die π-Werte nach BETHE und HEITLER[272]. Die von CUYCKENDALL[274] und JONES[275] gemessenen τ-Werte für die photoelektrische Absorption stimmen nahezu mit den theoretischen Zahlen von HULME u. a. überein. Die Figur zeigt deutlich, wie für niedrigere Spannungen (langwelligere Strahlen) die photoelektrische Absorption τ hauptsächlich bestimmend ist und daß erst für sehr hohe Spannungen die Paarbildung π zur Geltung kommt. Im Spannungsgebiet zwischen 0,5 und 5 MV ist die Streuung σ die Hauptursache der Schwächung. In der Abbildung ist auch der Gesamtschwächungskoeffizient für Kupfer und Aluminium aufgezeichnet, die relativ anders verlaufen, da τ/σ und π/σ kleiner sind als bei Pb.

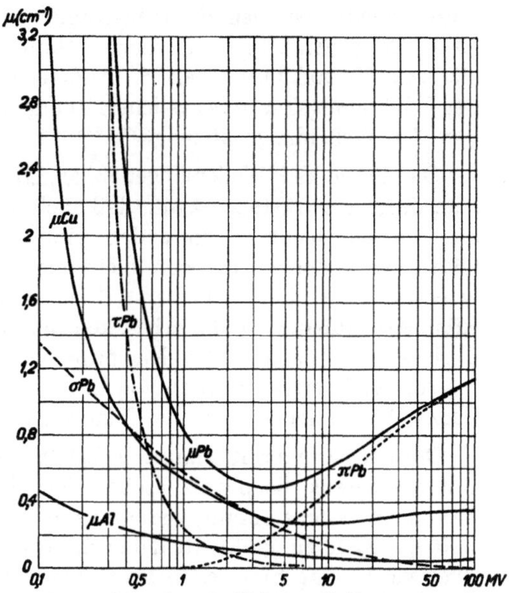

Abb. 224. Schwächungskoeffizienten für Frequenzen entsprechend Spannungen zwischen 100 kV und 100000 kV. τPb: Photoelektrische Absorption; σPb: Schwächung durch Streuung; πPb: Schwächung durch Paarbildung; μPb, μCu und μAl: Gesamtschwächung in Pb, Cu und Al.

Die Tiefendosis. Große Eindringungstiefe ist für die medizinische Anwendung bedeutsam, weil die zu bestrahlenden Tumoren oft in der Tiefe des Körpers liegen. Es wurde der Begriff „prozentuale Tiefendosis" eingeführt: das Verhältnis der Dosis in 10 cm Tiefe zur Oberflächendosis. Diese prozentuale Tiefendosis nimmt mit der Strahlenhärte (Spannung) zu. Sie ist, wegen der quadratischen Intensitätsabnahme mit dem Abstand, überdies um so günstiger, je größer der Fokus-Hautabstand gewählt wird und wegen der Streuung um so größer, je größer das Bestrahlungsfeld ist. Sie beträgt im Wasser und auch im menschlichen Körper für 150 cm² Feldgröße und 1 m Fokus-Hautabstand rd. 40% bei 200 kV Strahlung, fast 50% bei 800 kV Strahlung und etwa 60% für *Ra*-γ-Strahlen*.

* Für vergleichende Tiefenquotientenmessungen *im Spannungsgebiet 200 bis 400 kV* siehe MAYNEORD und ROBERTS[276] und L. und J. GRAF[277]; *im Spannungsgebiet 200 bis 1000 kV*: STONE und AEBERSOLD[278] und VAN DER TUUK[279]; für *Ra-γ-Strahlen:* MAYNEORD[280].

Spezifisch-biologische Wirkung? Abgesehen von der Vergrößerung der Tiefendosis, ist für kurzwellige Strahlen nicht a priori der biologische Effekt derselbe wie für langwellige Strahlen. Im vergangenen Jahrzehnt hat man versucht, diese schwierige Frage zu klären. Prinzipielle Untersuchungen auf diesem Gebiete wurden z. B. von HOLTHUSEN und seinen Mitarbeitern[281] durchgeführt. Diese Forscher konnten an verschiedenen biologischen Prüfobjekten weder qualitative noch quantitative Unterschiede zwischen Röntgenstrahlen verschiedener Wellenlänge oder sogar *Ra*-γ-Strahlen feststellen. Ähnliche Resultate erhielten z. B. PACKARD[282] und DEN HOED[283]. Andererseits ist bekannt, daß die Form der Schädigungskurve bei weichen Röntgenstrahlen in bestimmten Fällen von der Wellenlänge abhängt[284, 285, 286].

Die Frage der Wellenlängenabhängigkeit ist derart verwickelt, daß man durchaus verstehen kann, daß auch heute die praktischen Resultate aus den verschiedenen führenden Kliniken in bezug auf Bestrahlungen bösartiger Geschwülste noch nicht eindeutig sind. So sind z. B. die amerikanischen Forscher STONE[287] und MUDD[288], die mit sehr harten Röntgenstrahlen bis 1 MV arbeiteten, mit HOLTHUSEN der Meinung, daß diese extrem harten Strahlen prinzipiell keine wesentlichen Vorteile liefern. Andererseits werden von LEUCUTIA[289], GUNSETT[290], MAISIN und ESTAS[291] günstigere klinische Erfahrungen gemeldet.

Dosiszunahme mit Spannungserhöhung. Zumindest darf man sagen, daß wenigstens die physikalischen Vorteile der härteren Strahlen reell sind, denn erstens nimmt, wie oben erwähnt, die prozentuale Tiefendosis in 10 cm Tiefe zu und wird daher die Haut relativ mehr geschont[276, 292]. Zweitens ist die Strahlenausbeute bei höheren Spannungen wesentlich günstiger. Nach KRAMERS ist eine Zunahme der Ausbeute der ungefilterten Strahlung mit dem Quadrat der Spannung zu erwarten bei gleichbleibender Stromstärke, denn die relative Ausbeute ϱ ist:

$$\varrho = K Z U, \tag{24}$$

wo Z die Ordnungszahl des Anodenmaterials und U die Spannung ist. Bei starker Filterung steigt ϱ stärker als U, weil die weichen Strahlen stärker als die härteren absorbiert werden. Die Formel (24) bezieht sich auf die Energie der Strahlung. Für die in den therapeutischen Anwendungen gemessene Dosis gilt nicht genau dasselbe Gesetz. Die Dosis wird in r gemessen. Ein r (Röntgen) ist nach der Definition des Internationalen Komitees für radiologische Einheiten (Chicago 1937) eine solche Menge Röntgen- oder γ-Strahlung, daß die je 0,001293 g Luft (1 cm^3 unter normalen Bedingungen) verursachte korpuskulare Strahlung in Luft die Menge Ionen erzeugt, die 1 E.S.E. elektrischer Ladung jedes Vorzeichens trägt. Tabelle XIX gibt die Dosiswerte nach VAN DER TUUK[279] für konstante Gleichspannung bei Filterung mit 2,5 mm Kupfer, gemessen senkrecht zur Elektroneneinfallrichtung.

Die Dosis ist also bei 1 MV 45mal so groß wie bei 200 kV; bezogen auf die gleiche Wattzahl ist also die Dosis unter diesen Umständen bei 1000 kV 9mal so groß wie bei 200 kV. Diese recht beträchtliche Ausbeutevergrößerung könnte natürlich an sich schon ein Grund für die Anwendung immer höherer Spannungen sein. Aber auch der Preis der Apparatur steigt mit der Spannung, und von diesem Gesichtspunkt aus wäre die Kostenfrage für die Wahl der Spannungshöhe entscheidend.

Tabelle XIX. Dosis je mA in 1 m Fokusabstand bei konstanter Gleichspannung und Filter von 2,5 mm Cu.

r/min	kV
0,45	200
3,5	400
8,1	600
14,0	800
20,0	1000

Technische Anwendungen. Bei der Verwendung von Röntgenstrahlen in der Technik zur Feststellung von Fehlern in dicken Stahlkonstruktionsteilen ist oft auch große Durchdringungstiefe und damit hohe Spannung wesentlich. Hierbei muß man aber bedenken, daß immer die in bezug auf die zur Verfügung stehende Aufnahmezeit möglichst niedrige Spannung die günstigste ist, weil sie zu größerem Bildkontrast führt.

Die Zeit der Aufnahme bedingt den Mindestwert der Spannung. Tabelle XX zeigt die Maximalwerte der Spannungen, mit denen man in 1 min eine gute Aufnahme eines Eisenkörpers machen kann bei gegebener Spannungsform, Stromstärke und Abstand. Die angegebenen Drahtdurchmesser beziehen sich auf Eisendrähte, die zwischen Eisenkörper und Film gebracht werden.

Tabelle XX. Spannungen und Durchmesser der dabei eben erkennbaren Drähte. Villard-Spannung (§ 4); 4 mA; 40 cm Fokus-Film-Abstand; Belichtungszeit 1 min.

kV	Eisendicke mm	Eben erkennbare Drahtdurchmesser mm
85	10	etwa 0,17
105	20	0,23
145	40	0,4
240	80	0,8
305	100	1,20

Da die Paarbildung nicht unter 1 MV auftritt, so ist selbstverständlich diese Mindestspannung erforderlich, wenn man Positronen durch Röntgenstrahlen erzeugen will. Auch andere Kernreaktionen sind mit Röntgenstrahlen möglich, aber nur mit Strahlen bestimmter Minimalfrequenz, die mit den in den Kernen vorkommenden Energiehöhen zusammenhängt (§ 57).

Kathodenstrahlen. Wird die Antikathode einer Röntgenröhre durch eine dünne Metallfolie ersetzt, so treten durch die Folie die Elektronen heraus. Dabei entsteht ein Geschwindigkeitsverlust, der um so größer ist, je dicker die Folie ist und je langsamer die Elektronen sind. Bei Elektronengeschwindigkeiten, die der Spannung 700 kV entsprechen, ist der Geschwindigkeitsverlust unerheblich, und zwar etwa 2% bei einer 0,1 mm starken Aluminiumfolie.

Die theoretische Erklärung und Berechnung der Geschwindigkeitsverluste kann man auf die in § 53 für schwerere Teilchen gegebenen

Betrachtungen und Formeln stützen. Gewisse Änderungen treten auf infolge der geringen Masse, wodurch die abgegebene Energie beim Zusammenstoß höchstens $\frac{1}{2}mv^2$ betragen kann, während beim Zusammenstoß schwerer Teilchen mit einem Elektron nach der Theorie maximal der Energiebetrag $2mv^2$ verloren wird[293].

Neben dem Geschwindigkeitsverlust tritt Streuung auf und dadurch eine Intensitätsverminderung im Zentrum des Bündels, die oft für Absorption gehalten wurde. Der Streuungswinkel nimmt ebenfalls bis zu einer gewissen Grenze mit der Dicke der Folie zu und ist um so kleiner,

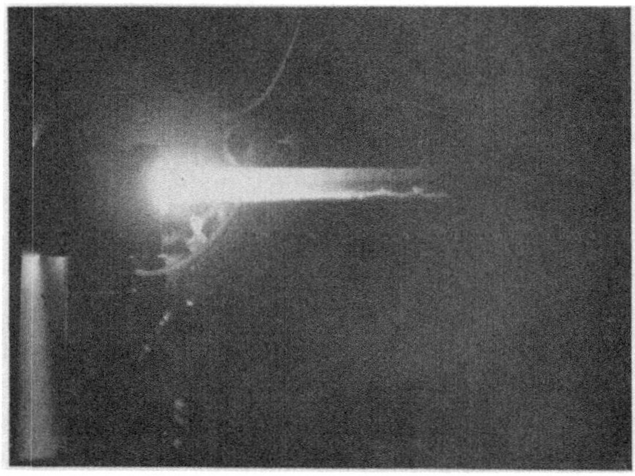

Abb. 225. Ein Glasrohr von 1,5 m Länge, in dem sich Kochsalz befindet, vor der Austrittsfolie einer Kathodenstrahlröhre bei 600 kV Erzeugungsspannung. Am Anfange des Bündels leuchtet das Glas, am Ende (rechts) nur das Kochsalz.

je größer die Elektronengeschwindigkeit ist. BOTHE[245] hat diese Streuung theoretisch zu berechnen versucht und in der Hauptsache gute Bestätigung seiner Theorie durch die Experimente gefunden.

Schon bei der Erzeugungsspannung 600 kV ist die Reichweite in Luft mehrere Meter lang. Über Reichweiten, Grenzdicken und praktische Reichweiten für verschiedene Geschwindigkeiten haben wir schon in § 53, Abschnitt V berichtet.

BRASCH und LANGE[294] und in letzter Zeit auch JOLIOT und Mitarbeiter erzeugten in einer vielfach unterteilten Röhre (§ 59) unter Benutzung eines Stoßgenerators Kathodenstrahlen von mehr als 2000 kV.

COOLIDGE erzeugte Kathodenstrahlen bis zu 900 kV Spannung[22, 295].

Vom Verfasser wurden neuerdings kalorimetrische Absorptionsmessungen ausgeführt an intensiven Elektronenstrahlen bis zu Geschwindigkeiten von 700 kV. Dabei wurde eine gute Übereinstimmung gefunden mit den LENARDschen Daten[244] für die Schwächung bei diesen Geschwindigkeiten.

Abb. 225 zeigt das Aufleuchten von Kochsalz in einem 1,5 m langen Glasrohr, in das 600-kV-Elektronen hineingeschossen wurden. Ein

Elektronenbündel von 600 kV, 1 mA brennt in eine Bleiplatte von 3 mm Dicke in wenigen Sekunden ein Loch; interessant dabei war, daß an der Hinterseite der 3 mm starken Bleiplatte eine sehr dünne Bleifolie stehen blieb. Diese Restfolie war offenbar so dünn, daß die schnellen Elektronen in dieser zurückbleibenden dünnen Bleischicht nicht genügend Energie verloren, um sie wegzuschmelzen.

Biologische Wirkungen von Kathodenstrahlen wurden wiederholt festgestellt[296, 297].

Große Erwartungen für die Therapie wurden schon ausgesprochen[298, 299]. Man muß aber bedenken, daß die Erzeugungsspannungen einige 10 MV betragen müssen, um im menschlichen Körper bis in 10 cm Tiefe durchzudringen. Nach der Formel (33, V) wäre die Spannung, bei der im Gewebe die Grenzdicke X von 10 cm erreicht würde:

$$U = \frac{10 + 0{,}04}{0{,}59} = \text{rd. } 17\ \text{MV}.$$

Nach (34, V) wäre die praktische Reichweite R erreicht bei der Erzeugungsspannung:

$$U = \frac{10 + 0{,}26}{0{,}51} = \text{rd. } 20\ \text{MV}.$$

Für geringere Tiefen, z. B. 0,5 cm, ist die Anwendung sehr gut möglich. Der Vorteil gegenüber Röntgenstrahlen würde dann in der endlichen Reichweite liegen, wodurch Gewebeteile, die tiefer liegen als der kranke Körperteil, geschont würden.

Auch chemische Reaktionen von Kathodenstrahlen wurden festgestellt[297]. Zu praktischen Anwendungen ist es aber auch auf diesem Gebiete bis jetzt nicht gekommen.

§ 57. Anwendungen in der Kernphysik.

Die außerordentlich schnelle Entwicklung der Hochspannungstechnik in den letzten Jahren, einerseits von der Kernphysik angeregt, hat andererseits für die Kernphysik großen Nutzen gehabt, indem sie ihr ein neues kräftiges Hilfsmittel zur Verfügung gestellt hat. Es handelt sich auf diesem Gebiete der Physik fast immer um die Zertrümmerung von Atomkernen mittels schneller Teilchen. Aus den dabei auftretenden Strahlungen und aus der Höhe der für die Reaktion benötigten Spannung kann man auf die Eigenschaften der Kerne schließen. Es gelang RUTHERFORD zum ersten Male (1919), mit natürlichen α-Teilchen Stickstoff zu zertrümmern und späterhin auch mehrere andere Elemente umzuwandeln. Die Zahl dieser Art Geschosse ist aber verhältnismäßig niedrig, und ihre Energie übersteigt 8 MeV nicht; daher blieben die Transmutationen auf einige wenige leichte Elemente beschränkt. Es lag deshalb der Gedanke nahe, zu versuchen, künstlich beschleunigte Teilchen zu erzeugen, die man in beliebig großer Zahl herstellen könnte. Nachdem es COCKCROFT und WALTON 1932 gelungen war, mit durch Hochspannung beschleunigten geladenen Teilchen (Protonen) eine Zertrümmerung des Lithiums auszuführen, sind auf diesem Forschungsgebiet außerordentliche Fortschritte erzielt worden. In diesem Paragraphen wollen wir einiges mitteilen über die Rolle, welche die Spannung in der Kernphysik spielt, und insbesondere über die erreichbaren Intensitäten von Hochspannungsneutronenquellen und von künstlich hergestellten radioaktiven Präparaten.

Atomkerne und schnelle Teilchen. Nach unseren heutigen Ansichten sind alle Atomkerne aus Neutronen und Protonen aufgebaut. Das Neutron ist ein ungeladenes Teilchen mit der Masse des Protons. Die Ladung der letzteren bewirkt, daß positiv geladene Teilchen, die in den Kern eindringen wollen, eine abstoßende Kraft erfahren, die COULOMBsche Abstoßung. In sehr kleiner Entfernung wird diese Abstoßung durch eine Anziehung ersetzt, die von den Kräften herrührt, die den Kern zusammenhalten, und über deren Natur leider noch nicht viel bekannt ist. Das diesen Kräften entsprechende Potentialfeld ist in der Abb. 226 schematisch abgebildet. Nach der klassischen Mechanik könnten nur Teilchen in den Kern eindringen mit einer kinetischen Energie, die größer als die Höhe der Potentialschwelle ist, also die Teilchen der Gattung 1 in der Figur. Die Höhe der Linie 1 entspricht der kinetischen Energie der Teilchen 1.

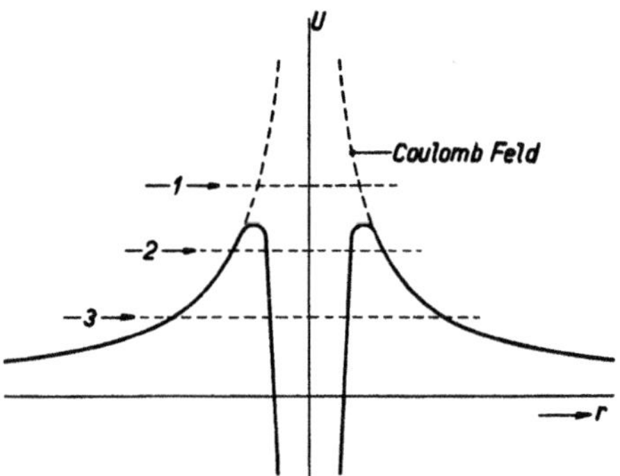

Abb. 226. Potentialschwelle eines Kernes. r = Entfernung aus dem Zentrum. 1, 2 und 3 Energie der Teilchen der Gattung 1 bzw. 2 und 3.

Die Wellenmechanik hat aber gelehrt, daß auch Teilchen mit kleinerer Energie (Gattung 2 in der Figur) noch in den Kern eindringen können (Tunneleffekt), dies aber um so schwerer, je niedriger ihre Energie ist. Nun hat die Höhe der Potentialschwelle der leichtesten Kerne die Größenordnung einiger MV und steigt für schwere Kerne regelmäßig an. Wenn man also leichte Kerne mit geladenen Teilchen von einigen hunderttausend Volt bombardiert, wird es sich immer um ein Eindringen der Gattung 2 handeln, und die Eindringwahrscheinlichkeit wird klein sein. Erhöhen wir jetzt die Spannung, so steigt allmählich die Eindringwahrscheinlichkeit. Überschreitet endlich die kinetische Energie der Teilchen die Höhe der Potentialschwelle, so ist für das Eindringen kein Schwellendurchgang mehr erforderlich. Aus dem recht plötzlichen Aufhören des unterhalb der Wallhöhe stattfindenden schnellen Anwachsens der Eindringwahrscheinlichkeit mit zunehmender kinetischer Energie hat man in einigen Fällen sogar unmittelbar die Höhe des Potentialwalls erkennen können. Parallel mit der Eindringwahrscheinlichkeit geht die Reaktionswahrscheinlichkeit mit den auftreffenden Teilchen, also die

Wahrscheinlichkeit einer Umwandlung. Es ist deswegen wichtig, mit der Energie der Geschosse möglichst nahe an die Höhe der Potentialschwelle heranzugehen, obgleich man auch mit niedrigeren Energien auskommen kann, und zwar mit um so niedrigeren, je größer die Zahl der Geschosse ist. Die Anzahl der von 1 g Radium ausgesandten α-Teilchen beträgt $3{,}7 \cdot 10^{10}$ je s. Dagegen ist die Anzahl beschleunigter Teilchen bei der Stromstärke $i = 1$ mA in einer Entladungsröhre schon $6{,}3 \cdot 10^{15}$ je s und die Anzahl Protonen oder Deutonen bei 1 mA also etwa $2 \cdot 10^5$-mal so groß als die Anzahl der von 1 g Radium ausgesandten Teilchen. Um eine bestimmte Umwandlung feststellen und bequem untersuchen zu können, braucht man im allgemeinen eine gewisse Mindestzahl dieser Art Umwandlungen je s. Wenn man z. B. eine gewisse Aktivierung feststellen und die zugehörige Halbwertzeit messen will, so braucht man ungefähr 50 Impulse je min in einem Geigerzähler, also mindestens 50 zerfallende Atomkerne je min. Dies kann man nach den obigen Ausführungen erzielen, indem man entweder mit einer kleinen Zahl sehr schneller Teilchen bombardiert oder aber mit einer großen Zahl weniger schneller Teilchen (Gattung 2, bzw. Gattung 3 der Abb. 226).

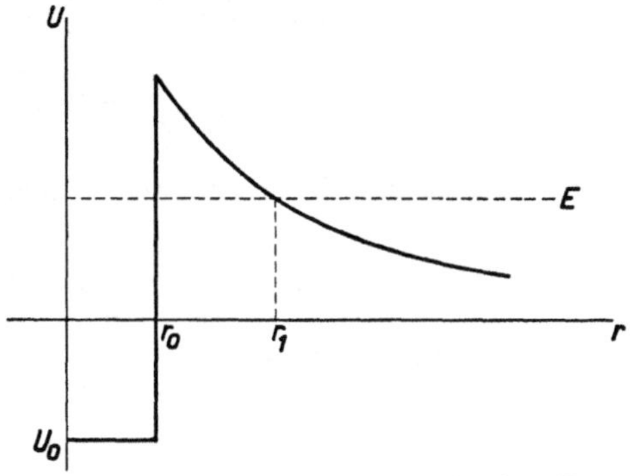

Abb. 227. Vereinfachte Potentialschwelle eines Kernes. Fur $r > r_0$ Coulomb-Feld; für $r < r_0$ konstanter Wert U_0. E Energie des Teilchens.

Theorie der Eindringung von Teilchen in den Kern. Wir wollen die Formel entwickeln für die Wahrscheinlichkeit des Eindringens geladener Teilchen in die Atomkerne. Dabei beschränken wir uns auf den einfachsten Fall kugelsymmetrischer Lösungen. Wir greifen zurück auf die Gleichung (3), Abschn. III und folgen weiter im wesentlichen GAMOW[301]. Die Gleichung lautet in diesem Fall in Polarkoordinaten:

$$\frac{d^2\Phi}{dr^2} + \frac{2}{r}\frac{d\Phi}{dr} + \frac{8\pi^2 m}{h^2}(E - U)\,\Phi = 0, \tag{25}$$

wobei jetzt das Potential U eine Funktion von r ist und die kinetische Energie des Teilchens $E = \frac{1}{2} m v^2$ konstant vorausgesetzt ist. Wir nehmen weiter an, daß der Kern von einer Potentialschwelle folgender Form umgeben ist: Für $r > r_0$ ist das Potential durch das COULOMBsche Gesetz gegeben; bei $r = r_0$ sinkt es plötzlich von dem Werte $Z_1 Z_2 e^2/r_0$ auf U_0 und bleibt für $r < r_0$ konstant.

Abb. 227 stellt diese vereinfachte Potentialschwelle dar, ersetzt also den entsprechenden Teil der Abb. 226. Diese Annäherung an die wirkliche Form der Schwelle beeinflußt das Ergebnis der Rechnung kaum.

Die Gleichung (25) läßt sich durch den Ansatz $\Phi = \frac{1}{r}\chi$ zurückführen auf:

$$\frac{d^2\chi}{dr^2} + \frac{8\pi^2 m}{h^2}(E - U)\chi = 0.$$

Zur Lösung dieser Gleichung nehmen wir die Substitution $\chi = e^{\int v\,dr}$ vor, dann ergibt sich:

$$v^2 + \frac{dv}{dr} + \frac{8\pi^2 m}{h^2}(E - U) = 0.$$

Mittels sukzessiver Approximation[301] unter der Bedingung $v^2 \gg dv/dr$, die immer erfüllt ist, ergibt sich für v:

$$v = \pm \frac{2\pi i}{h}\sqrt{2m(E - U)} - \frac{1}{2}\frac{d}{dr}\ln\frac{2\pi i}{h}\sqrt{2m(E - U)}\,.$$

$$\chi = \frac{C}{(E - U)^{\frac{1}{4}}}\, e^{\pm \frac{2\pi i\sqrt{2m}}{h}\int (E-U)^{1/2} dr}. \tag{26}$$

Für $r < r_0$ ist $E - U$ positiv und reduziert (26) zu:

$$\chi_{r<r_0} = \frac{C}{(E - U_0)^{\frac{1}{4}}}\, e^{\frac{2\pi i\sqrt{2m}}{h}\sqrt{(E-U_0)}\,r}. \tag{27}$$

Diese Gleichung hat die Form $a\,e^{bi}$ und stellt eine Welle dar.

Für $r_0 < r < r_1$ ist $E - U$ negativ, (26) bekommt die Gestalt:

$$\chi = a\,e^{\pm b(r)}$$

und stellt zwei Exponentialfunktionen dar, die sich beide sehr schnell mit r ändern.

Für $r > r_1$ wird der Exponent in (26) wieder imaginär, und (26) stellt wieder eine Welle dar.

Unter Berücksichtigung der Grenzbedingungen, nämlich Stetigkeit von χ und $d\chi/dr$ an den Grenzen r_0 und r_1, kann man jetzt die Amplituden der Wellen zur linken und rechten Seite der Potentialschwelle ermitteln. Die Durchlässigkeit D ist dann wieder, wie wir das bei der Theorie der kalten Emission (§ 28) gesehen haben, durch das Verhältnis der Amplitudenquadrate der durchgelassenen zur einfallenden Welle gegeben. Das Ergebnis ist:

$$D = 4\left(\frac{E - U}{E - U_0}\right)^{\frac{1}{2}} e^{-\frac{4\pi\sqrt{(2m)}}{h}\int_{r_0}^{r_1}(U-E)^{1/2} dr}.$$

Unter den oben gemachten Voraussetzungen über die Potentialschwelle wird:

$$U = \frac{Z_1 Z_2 e^2}{r}, \quad \text{also} \quad r_1 = \frac{Z_1 Z_2 e^2}{E}$$

und:

$$D = C\,e^{-\frac{4\pi\sqrt{2m}}{h}\int_{r_0}^{\frac{Z_1 Z_2 e^2}{E}}\left(\frac{Z_1 Z_2 e^2}{r} - E\right)^{\frac{1}{2}} dr}, \tag{28}$$

wo C eine Integrationskonstante ist. Das Integral läßt sich mit Hilfe der Substitution $\cos^2 x = rE/Z_1 Z_2 e^2$ und einer Reihenentwicklung leicht auswerten, und wir erhalten schließlich:

$$D = C' e^{-\frac{2\pi^2 \sqrt{m} Z_1 Z_2 e^2}{h\sqrt{E}}}. \tag{29}$$

Die Durchlässigkeit hängt also exponentiell von der Wurzel der Energie des einfallenden Teilchens ab.

Neben dem hier beschriebenen Eindringungsmechanismus müssen wir die sog. Resonanzeindringung betrachten. Während man nach dem hier beschriebenen Mechanismus einen Anstieg der Umwandlungswahrscheinlichkeit, also der Ausbeute gemäß Kurve I der Abb. 228, erwarten muß (Exponentialkurve), treten auch Ausbeutekurven der Gestalt II auf. Diese besagen, daß bei einer genau bestimmten Spannung die Ausbeute der Reaktion plötzlich stark ansteigt, bei weiterer Spannungssteigerung aber wieder den ursprünglichen Verlauf zeigt. Diese Erscheinung wird Resonanz genannt und tritt auf, wenn die Energie des einfallenden Teilchens so gewählt wird, daß die Energie des neuen Kernes (Zwischenkern), der nach dem Eindringen des Teilchens entsteht, einem seiner stationären Energiezustände entspricht.

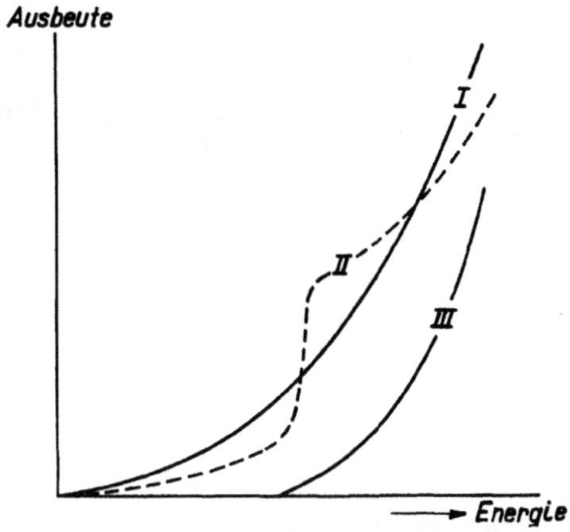

Abb. 228. Ausbeutekurven für Kernreaktionen. I Normal; II Resonanz; III Reaktionseintritt erst oberhalb einer Mindestenergie der Teilchen.

Eine dritte Art Ausbeutekurven, wie sie auch in Abb. 228 eingezeichnet worden ist (III), ist noch zu berücksichtigen. Diese gehört offenbar zu einer Umwandlung, die überhaupt erst bei einer bestimmten Spannung anfängt. Das Auftreten einer solchen Ausbeutekurve kann man mittels des Satzes der Energieerhaltung erklären. Es heiße die Masse des ursprünglich ruhenden Kerns m_{K1}, die des Geschosses m_G, die des neuen Kerns m_{K2} und die des emittierten Teilchens m_E; weiter sei die kinetische Energie des Geschosses vor dem Stoß E_G und die des neuen Kerns und des emittierten Teilchens E_{K2} bzw. E_E; dann fordert der Energiesatz:

$$(m_{K1} + m_G)\, c^2 + E_G = (m_{K2} + m_E)\, c^2 + E_{K2} + E_E\,,$$

oder

$$(m_{K2} + m_E - m_{K1} - m_G) c^2 = E_G - E_{K2} - E_E \tag{30}$$

(c = Lichtgeschwindigkeit).

In den Fällen, wo die linke Seite dieser Gleichung positiv ist, tritt für E_G ein Mindestwert auf. Diese Anfangsenergie oder Anregungsenergie kann oft erhebliche Werte annehmen und beträgt bei vielen Kernen mehrere Millionen eV.

Ausbeute von Kernreaktionen bei sehr großen Teilchengeschwindigkeiten. Schließlich wollen wir noch einmal auf den Verlauf der Ausbeutekurven bei sehr hohen Energien des Geschosses zurückkommen. Dazu bemerken wir zuerst, daß die Zahl der Umwandlungen nicht nur von der Umwandlungswahrscheinlichkeit abhängt, sondern auch von der Eindringtiefe der Geschosse in das „Ziel", d.h. in die Schicht der bombardierten Substanz, denn die Zahl der Zusammenstöße mit den bombardierten Kernen nimmt ungefähr linear mit der Eindringtiefe der Geschosse zu (§ 53, Abschnitt V). Die oben erwähnten Überlegungen gelten deshalb nur für ein dünnes „Ziel". Benutzt man hingegen ein dickes „Ziel", so überlagert sich auf die Ausbeutekurven noch eine linear mit der Spannung zunehmende Ausbeute. Für Geschosse großer Energie, die über den Gipfel des Potentialwalles hinüber in den Kern eindringen, nimmt die Ausbeute für ein dünnes Ziel nicht mehr wesentlich mit der Spannung zu; für ein dickes Ziel aber bekommt man in diesem Falle noch eine nahezu lineare Zunahme, die der zunehmenden Eindringtiefe der Geschosse entspricht. In einigen Fällen hat man sogar festgestellt, daß die Ausbeute für ein dünnes Ziel bei Energien oberhalb des Potentialwalles abnimmt. So sind in Abb. 229 die von NEWSON[303] erhaltenen Ausbeutekurven von Kohlenstoff, Stickstoff und Sauerstoff, bombardiert mit den Kernen des schweren Wasserstoffs, reproduziert worden. Besonders bei Kohlenstoff ist die Abnahme sehr ausgeprägt.

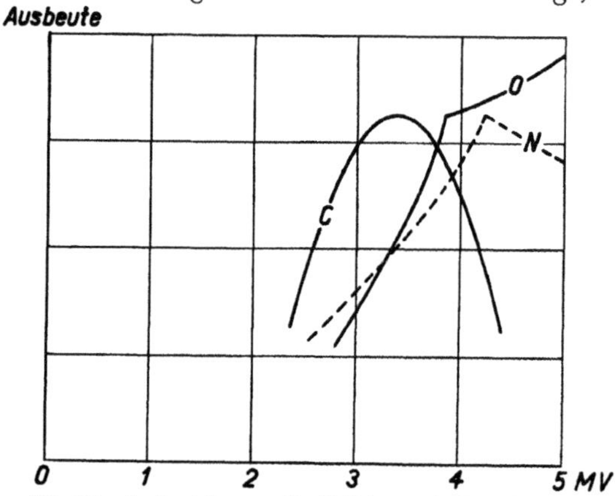

Abb. 229. Ausbeutekurven für Teilchen mit Energien bis oberhalb der Potentialschwelle nach NEWSON. C Kohlenstoff, O Sauerstoff, N Stickstoff.

Zusammenfassend kann man sagen: die benötigten Spannungen wechseln innerhalb weiter Grenzen gemäß den zu untersuchenden Erscheinungen; im allgemeinen steigt die Ausbeute der Reaktionen mit der Spannung bis zu gewissen Grenzen; für einige Reaktionen ist eine Mindestspannung notwendig, für andere besteht eine Spannung, bei der die Ausbeute anfängt, stärker als zuvor mit der Spannung zu steigen.

§ 58. Die Erzeugung von Neutronen und künstliche Radioaktivität.

Wo Aussicht auf eine praktische Verwertung besteht, ist es von Interesse, einmal die erreichbaren Intensitäten künstlich erzeugter Kernstrahlungen abzuschätzen. Dies ist z. B. der Fall mit Neutronen und künstlich radioaktiven Substanzen, die für medizinische, aber auch für andere Zwecke benutzt werden können. Wir fragen uns zuerst, welches die Zahl der Neutronen ist, die man jetzt auf verschiedenen Wegen herstellen kann. Die älteste und bequemste Methode ist die Beschießung des Berylliums mit den α-Teilchen des Radons [weiter bezeichnet als („Rn + Be)-Prozeß"]. Von verschiedenen Forschern ist festgestellt worden, daß man nach dieser Methode $2 \cdot 10^4$ Neutronen je Sekunde und je mC erzeugen kann[304, 305, 306, 307].

Da im allgemeinen wohl nicht mehr als einige Gramm Radium zur Verfügung stehen werden, hat die in dieser Weise zu erreichende Intensität also die Größenordnung $5 \cdot 10^7$ Neutronen je s. Mit dieser relativ hohen Ausbeute läßt diese Reaktion schon alle anderen Umwandlungen mit α-Teilchen weit hinter sich zurück. Nur mit künstlich beschleunigten Geschossen kann man noch erheblich größere Intensitäten bekommen. Nachfolgende Reaktionen kommen dafür in Betracht:

$$\mathrm{D} + \mathrm{D} = \mathrm{He} + \mathrm{n} \text{ (Neutronengeschwindigkeit 2,4 MeV).} \qquad \text{(a)}$$

$$\mathrm{Be} + \mathrm{D} = \mathrm{B} + \mathrm{n} \text{ (Maximale Neutronengeschwindigkeit 4 MeV).} \qquad \text{(b)}$$

$$\mathrm{Li} + \mathrm{D} = 2\,\mathrm{He} + \mathrm{n} \text{ (Maximale Neutronengeschwindigkeit 14 MeV).} \qquad \text{(c)}$$

D bedeutet hier den schweren Wasserstoff, und n bedeutet Neutron. Die Ausbeuten dieser Reaktionen sind genau gemessen worden.

Die Ausbeute der verschiedenen Reaktionen. Durch die in der ersten Gleichung ausgedrückte Reaktion kann man schon bei sehr niedrigen Spannungen der Größenordnung 10 kV und mit Strömen der Größenordnung 1 mA (die ohne besondere Schwierigkeiten zu erreichen sind) Neutronen in wahrnehmbaren Mengen erzeugen[308]. Allerdings ist die Zahl der Neutronen bei dieser Spannung noch gering. Oberhalb ungefähr 150 kV nimmt die Intensität nur noch ungefähr linear mit der Spannung zu. Die Ausbeute der zweiten Reaktion ist bei niedrigen Spannungen viel geringer. Sie steigt aber sehr stark an, und bei Spannungen über 400 kV ist sie größer als die der (D + D)-Reaktion. Die Ausbeute der dritten Reaktion verläuft ungefähr so wie die der zweiten. Nach den Messungen von Amaldi, Hafstad und Tuve[306] ist die Zahl der Neutronen, die man mit 1 mA und 1 MV mit einem dicken Ziel erzeugen kann, für die drei Reaktionen bzw. $2 \cdot 10^{10}$, $1{,}7 \cdot 10^{11}$ und $3 \cdot 10^{11}$ (der letzte Wert wird nicht genau angegeben). Dies entspricht bzw. 1, 8 und 15 kg Radium mit Beryllium. Diese Intensitäten hat man zwar noch nicht in praktisch verwertbarer Weise realisiert, sie sind aber durchaus erreichbar. In dem Laboratorium des Verfassers wurde z. B. mit 600 kV und 0,5 mA eine Intensität erreicht [(Li + D)-Reaktion], die mit 300 g Radium + Beryllium gleichwertig ist[309, 310], d. h. also $6 \cdot 10^9$ Neutronen je Sekunde. Einige weitere von HEYN in diesem Laboratorium gemessene Daten gibt die Tabelle XXI.

Tabelle XXI. Zahl der Neutronen von Li + D (dritte Reaktion).

Strom (mA)	Spannung (kV)	Gramm (Rn + Be) Äquivalenz	Zahl der Neutronen je s		Werte von AMALDI, HAFSTAD und TUVE. Neutronen je s je mA
			Total	je mA	
1	200	2,5	$5 \cdot 10^7$	$5 \cdot 10^7$	
1	250	10	$2 \cdot 10^8$	$2 \cdot 10^8$	
0,3	450	70	$1{,}4 \cdot 10^9$	$4{,}7 \cdot 10^9$	$8 \cdot 10^9$
0,5	600	300	$6 \cdot 10^9$	$1{,}2 \cdot 10^{10}$	$2 \cdot 10^{10}$
0,5	1000 *	5000	$5 \cdot 10^{10}$	10^{11}	
0,5	1500 *	50000	$5 \cdot 10^{11}$	10^{12}	

Die Übereinstimmung mit AMALDI, HAFSTAD und TUVE ist sehr gut, besonders wenn man beachtet, daß von HEYN keine magnetische Ablenkung des Kanalstrahles angewendet wurde; wohl aber ist das von AMALDI, HAFSTAD und TUVE geschehen.

Die Neutronenintensitäten, die man mittels eines Cyclotrons erreichen kann, werden sehr verschieden angegeben. Bei LAWRENCE und COOKSEY[311] finden wir, daß eine Intensität gemessen wurde, die mit 10^5 Curie (Rn + Be) äquivalent ist, d. h. $2 \cdot 10^{12}$ Neutronen je s. Die neuesten Zahlen von LAWRENCE (berichtet von LIVINGSTONE und BETHE[312]) sind aber viel kleiner, nämlich 10^9 bis 10^{10} Neutronen je s. Ein Vergleich mit AMALDI, HAFSTADT und TUVE hat keinen Sinn, denn es wird beim Cyclotron mit viel höheren Teilchengeschwindigkeiten gearbeitet (Größenordnung 7 MV).

Man kann mittels künstlich beschleunigter Geschosse nicht nur sehr große Neutronen-Intensitäten erhalten, sondern die Qualität dieser Neutronen ist auch anders als die Qualität derjenigen, die mittels natürlicher α-Teilchen erzeugt worden sind, und zwar in der Hinsicht, daß die Energie der ersten Art Neutronen im Mittel viel höher ist. Die maximale Energie der Neutronen ist neben den Reaktionsgleichungen hingeschrieben worden. Die mittlere Energie ist für die Reaktionen (a), (b) und (c) angenähert bzw. 2,4, 2 und 3 MeV. Für direkte Bestrahlungszwecke mit Neutronen ist dies besonders wichtig, weil die im Gewebe hervorgerufene Gesamtionisation der Energie der Neutronen proportional ist.

Künstliche Radioaktivität. Die Intensität der radioaktiven Substanzen, die man mit diesen Neutronen herstellen kann, ist erst in einigen wenigen Fällen untersucht worden[313]. Der zweckmäßigste Vorgang ist folgender: Der zu aktivierende Stoff wird in etwa 2 bis 4 cm Entfernung von der Neutronenquelle aufgestellt, und zwar umgeben von Paraffin oder Wasser. In diesen Stoff werden die Neutronen gestreut und verlieren durch Stöße mit den leichten Wasserstoffkernen allmählich ihre

* Extrapoliert.

Energie. Langsame Neutronen werden dann durch die zu aktivierenden Kerne „eingefangen"[248]. Noch günstiger ist es, wenn möglich, den zu aktivierenden Stoff in dem Streuungsmittel aufzulösen. Den höchsten Wert findet man für Brom (Halbwertzeit 18 min). Bei Bestrahlung einer wässerigen Bromlösung stellte es sich heraus, daß 16% der Neutronen radioaktive Bromkerne erzeugten. Daraus schließt man, daß mit einer Neutronenquelle, die mit 10 g Radium (Rn + Be) gleichwertig ist, ungefähr 1 mC radioaktives Brom hergestellt werden kann. Die Tabelle XXII gibt die Ausbeute für einige andere Elemente. Die Intensität in Millicurie multipliziert mit der Halbwertzeit in Stunden, gibt die Anzahl Millicurie-Stunden. Über die Intensitäten radioaktiver Stoffe, die mittels anderer Methoden (Beschießung mit geladenen Teilchen) hergestellt wurden, lassen sich noch keine Angaben machen*.

Tabelle XXII. Maximale Menge künstlich hergestellter radioaktiver Substanz in mC*.

Spannung kV				400	600	800	1000
Gleichwertige Rn+Be Menge in kg gemessen je mA				0,15	1	3	8
Element	Halbwertzeit	Maximale Energie (MeV) der Elektronen	Ausbeute der Neutronen %	mC			
Cl	35 m	1,5	1	0,8	5,4	16	46
Br	18 m	2,0	16	13	86	258	735
Br	4 h	2,0	7	5,7	38	106	322
I	15 m	2,1	3	2,4	16	48	138
Mn	2,5 h	3,2	6	4,9	32	97	276

* Neutronen des zweiten Prozesses. Lange Bestrahlungszeit (im Vergleich zur Halbwertzeit).

Alle oben erwähnten Zahlen haben nur den Zweck einer Orientierung und sind nicht als endgültig zu betrachten.

§ 59. Entladungsröhren für Höchstspannungen.

Sowohl die Erzeugung von Röntgenstrahlen größter Härte (Durchdringungsfähigkeit) wie Kathodenstrahlen, als auch die Beschleunigung schneller positiver Teilchen zwecks Kernreaktionen, geschieht in Entladungsröhren. Die Technik der Entladungsröhren für extrem hohe Spannungen hat begreiflicherweise auch gerade in den letzten Jahren bedeutende Fortschritte gemacht. Diese Fortschritte liegen sowohl auf dem Gebiete der Erzeugung und der Aufrechterhaltung äußerst niedriger Gasdrucke (Hochvakuumtechnik) als auch auf der Hochspannungsseite.

Fragen der Vakuumtechnik gehören nicht in den Rahmen dieses Buches. Wir erwähnen nur kurz die vorzüglichen Ölpumpen mit dem Apiezonöl, mit denen Pumpgeschwindigkeiten bis über 100 L/s erreichbar

* Neuerdings wurde durch die Aufspaltung von Uran und Thor mit Neutronen eine neue Methode zur Herstellung künstlich radioaktiver Elemente geschaffen [313*, 313**].

sind und Vakua bis unter $\cdot 10^{-7}$ mm Hg. Sie haben den weiteren Vorteil, daß keine Kühler mit flüssiger Luft zwischen Pumpe und Entladungsröhre mehr nötig sind; bei Quecksilberpumpen sind diese unentbehrlich und machen daher einen beträchtlichen Widerstand unvermeidlich.

Ferner wollen wir eine Methode für die Messung des Vakuums nicht unerwähnt lassen, weil sie uns eine äußerst wichtige Verbesserung scheint für diejenige Fälle, wo die Beobachtung des Vakuums während des Arbeitens von Bedeutung ist. Es ist die von PENNING[314] angegebene Methode zur Messung von Drucken zwischen etwa 10^{-5} und 10^{-3} mm Hg. Bei geeigneter Elektrodenanordnung wird in einer Hilfsentladungsröhre in einem Magnetfeld eine Glimmentladung bei äußerst niedrigen Drucken aufrecht erhalten. Das Magnetfeld wirkt wie eine Vergrößerung des Gasdruckes, indem es die Elektronenbahnen viele Male verlängert. Ein derartiges Hilfsentladungsröhrchen mit Magnet wird an die Versuchsröhre angeschlossen und der Glimmstrom gemessen. Besonders wichtig ist, daß die Stromstärke auf einer in Reihe mit der Hilfsentladungsröhre geschalteten Glimmröhre unmittelbar abgelesen werden kann. Die Länge des Kathodenglimmlichtes ist ein direktes Maß für das erreichte Vakuum, das also fortwährend beobachtet wird. Weitere praktische Vorteile sind, daß die Beobachtung in größeren Abständen möglich ist und auch kondensierbare Dämpfe, die in dem MACLEOD-Manometer nicht angezeigt werden, sich bei diesem neuen Manometer zeigen. Insbesondere eignet sich dieses Manometer für direkte Anwendung bei Ölhochvakuumpumpen, wo Verunreinigung des Öls durch Quecksilberdampf eines MAC LEOD-Manometers vermieden werden soll.

Bei Röhren zur Beschleunigung positiver Teilchen, wo bis jetzt die kontinuierliche Evakuierung noch nicht zu vermeiden war, hat eine fortwährende Kontrolle des Vakuums Bedeutung. Und bei dem Betrieb an der Pumpe von Röntgenröhren mit Heizspirale ist es wichtig, unmittelbar zu sehen, ob während des Ausheizens der Gasdruck zunimmt, weil auch nur kurzzeitige Druckerhöhung für den Wolframglühdraht häufig verhängnisvoll ist, besonders beim Betrieb unter Hochspannung, wobei oft atomarer Wasserstoff gebildet wird.

Die Maßnahmen, die dazu dienen müssen, die Durchschlags- (und Überschlags-) Festigkeit von Entladungsröhren zu erhöhen, können in zwei Gruppen geteilt werden, und zwar:

a) Maßnahmen zur Vermeidung der Wanddurchschlagung und des äußeren Überschlages und

b) Maßnahmen zur Erhöhung der inneren Durchschlagsfestigkeit.

Nach den Ausführungen von § 28, Abschnitt III, kann durch die nachfolgenden Maßnahmen der elektrische Widerstand des Vakuums erhöht und die Durchschlagsgefahr vermindert werden:

1. Vermeidung von äußeren Überschlägen durch genügende Länge und geeignete Form des isolierenden Teiles der Gefäßwand.

2. Vermeidung von Kaltentladungen durch Herabsetzung der Feldstärke an negativen Elektroden: genügender Abstand, Abrundung.

3. Die Wahl solcher Elektrodenmetalle, die bezüglich kalter Emission und deren Folgen günstig sind: z. B. keine Metalle mit niedriger Austrittsarbeit, Verchromen von Kupfer, Sauberkeit der Oberfläche.

4. Aufarbeiten der Kathodenfläche durch begrenzte Kaltentladungen (§ 28).

5. Vor allem gute Entgasung der Metallteile durch Temperaturbehandlung im Vakuum und entsprechende Behandlung der Gefäßwand und der im Vakuum anwesenden Isolatoren.

6. Zur Aufrechterhaltung des Vakuums das Anbringen von gasabsorbierenden Substanzen: Gettern.

Wir fügen hinzu:

7. Vermeidung sekundärer Elektronen durch Abschirmung.

8. Unterteilung der Spannung.

Abb. 230. Röntgenröhre für 300 kV in hochspannungsgeschützter Ausfuhrung (PHILIPS).

Über die Abschirmung sekundärer Elektronen wurde von BOUWERS und VAN DER TUUK[315] ausführlich berichtet.

Die Unterteilung einer Höchstspannung in viele Zwischenstücke von entsprechend niedriger Spannung ist aus verschiedenen Gründen vorteilhaft. Sie ändert das Problem: Entladungsröhre für Höchstspannungen, grundsätzlich, indem sie es auf die Frage: mehrere Röhren für mäßige Hochspannungen in Reihe, zurückführt. Das elektrische Feld wird durch die Unterteilung homogen gemacht in dem Sinne, daß besonders große Spannungsgradienten vermieden werden.

Röntgenröhren mit metallischem Mittelteil für Spannungen bis 300 kV und höher in hochspannungsgeschützter Ausführung — mit geerdetem Außenmantel und Spannungszuleitung durch Kabel — wurden schon gebaut. Eine solche Röhre zeigt Abb. 230. Die Einführung der Kabel und die Konstruktion des Röhrenendes sind aus Abb. 145 Abschnitt III ersichtlich. Die Anodenenergie wird bei dieser Konstruktion durch Strahlung der Anode an die wassergekühlte Außenwand abgegeben.

Abb. 231 zeigt schematisch den Potentialverlauf in einer zylindrischen Röhre, wenn die Spannung nicht unterteilt ist (*a*), und bei Spannungsunterteilung durch vier Zwischenelektroden (*b*).

Abgesehen von dieser Art, das elektrische Feld homogen zu machen, sind bei Spannungsunterteilung die Folgen der Wandladungen und wegen der kleineren Geschwindigkeit auch die Folgen eines etwaigen Elektronen- oder Ionenaufpralls weniger verhängnisvoll, besonders, wenn es gelingt, die Spannung auf den Zwischenelektroden festzulegen. Solche Mittel gibt es verschiedene, wie: Parallelschaltung eines Widerstandes (Potentiometer) bei konstanter Gleichspannung oder das Anbringen gleicher Kapazitäten zwischen den Elektroden bei Wechselspannung. Spannungsunterteilung wurde in allen Metalix-Röhren immer möglichst beharrlich durchgeführt[316, 317]. Besonders in den gasgefüllten Gleichrichtern (§ 45) wurde kapazitive Spannungsunterteilung durch Parallelschaltung von Kondensatoren verwendet.

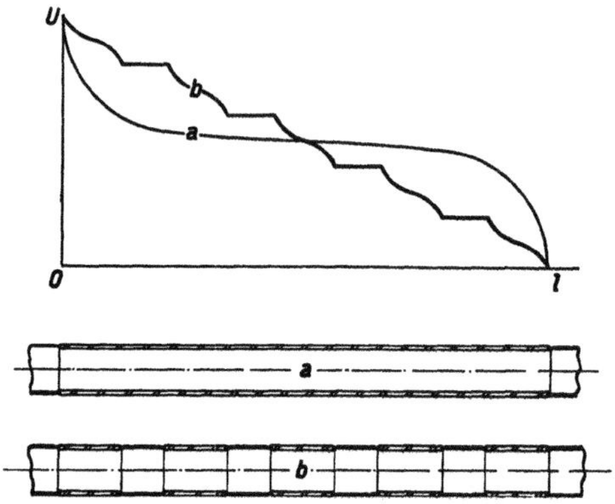

Abb. 231. Potentialverlauf an einer zylindrischen Röhre bei nicht unterteilter Spannung (*a*) und bei Spannungsunterteilung durch vier Zwischenelektroden (*b*).

Brasch und Lange[294], Coolidge[318], Lauritsen[319] u. a. wiesen auf die Bedeutung der Spannungsunterteilung hin.

Um die gleichmäßige Verteilung der Spannung auf die Röhrenteile zu gewährleisten, wurde oft die Koronaerscheinung benutzt[48]. Sprühen nach einer Elektrode hat Verkleinerung des Spannungsunterschiedes bezüglich dieser Elektrode zur Folge. Dadurch wird der Spannungsunterschied in der auf der anderen Seite liegenden Stufe vergrößert, was einen zunehmenden Koronastrom über diese Stufe verursacht. So erklärt sich der Spannungsausgleich durch Korona.

Wo als Hochspannungsquelle der Kaskadengenerator verwendet wird, können die Teilspannungen von den entsprechenden Spannungsstufen des Generators abgezweigt werden. Eben durch diese Möglichkeit unterscheidet sich der Kaskadengenerator als besonders günstig zum Betrieb von Hochspannungsentladungsröhren. Die Zwischenschaltung von Dämpfungswiderständen ist zu empfehlen.

Die äußere Überschlagspannung wird wie bei Isolatoren oft durch Rippen und Wülste erhöht, und der Durchschlag der Röhrenwand durch Benutzung hochwertiger Isolationsmaterialien mit großer Wandstärke vermieden. Brasch und Lange[294] weisen besonders darauf hin, daß die metallischen Zwischenelektroden einen kleineren Innendurchmesser als die isolierenden Zwischenringe haben sollen. In dieser Richtung geht man meistens noch viel weiter, indem man im Inneren der Röhre mehrere Ringe anbringt, so daß die Wand nicht von Ladungen getroffen werden kann und die Feldstärke auf der Röhrenwand verkleinert wird. Beispiele solcher Konstruktionen gibt Abb. 232.

a) Röntgenröhre nach Lauritsen.

b) Röhre für Beschleunigung von Deutonen (Neutronenröhre) nach Hafstadt, Tuve und Dahl.

c) Neutronenröhre nach Bouwers und Heyn.

Die Unterteilung der Spannung hat auch einen entscheidenden Einfluß auf die innere Durchschlagsicherheit. Wir haben in § 28 gesehen, daß eine bestimmte Feldstärke nicht überschritten werden darf, weil sonst Kaltentladungen an der Kathode auftreten. Bei Spannungen der Größenordnung 10^6 V können an der Kathode Feldstärken von etwa 10^6 V/cm auftreten in „Zweielektroden"-Anordnungen, besonders, wenn die Kathode

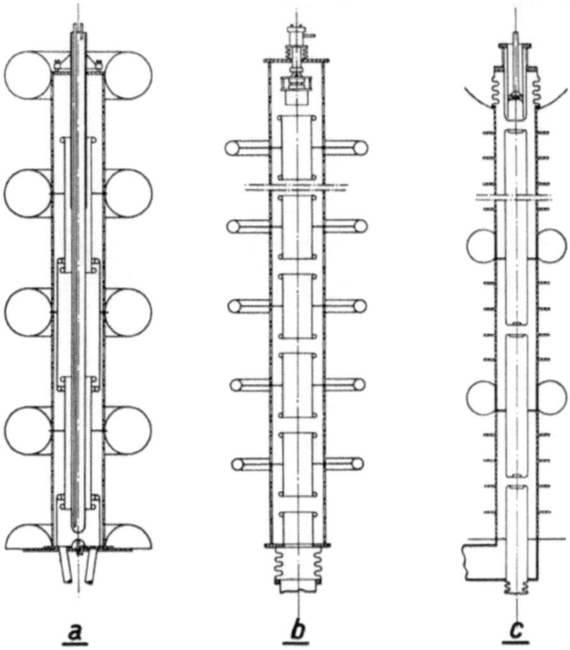

Abb. 232. Beispiel von Röhrenkonstruktionen: *a* Nach LAURITSEN; *b* nach HAFSTADT, TUVE und DAHL; *c* nach BOUWERS und HEYN.

nicht sehr gut abgerundet und der Elektrodenabstand klein ist. Unterteilung macht die Teilspannung zwischen zwei aufeinander folgenden Elektroden und dadurch die Feldstärke an den Elektroden entsprechend kleiner.

Abb. 233. Abgeschmolzene Röntgenröhre für 1 MV. Gesamtlänge 2,4 m.

Die bis jetzt gegebenen Beispiele von Entladungsröhren für Höchstspannungen, Röntgenröhren und Röhren zur Beschleunigung von positiven Teilchen (Neutronenröhre) arbeiten alle an der Pumpe. Bei Röntgenröhren ist es jedoch auch gelungen, die beständige Evakuierung zu vermeiden[316, 320]. Eine abgeschmolzene 3stufige Kaskadenröhre für 1 MV nach BOUWERS und VAN DER TUUK ist in Abb. 233 abgebildet.

Hier ist auch das Prinzip der Spannungsunterteilung folgerichtig durchgeführt. Dieser Kaskadenaufbau unterscheidet sich von den früher beschriebenen (Abb. 232) dadurch, daß jede Teilröhre doppelt nach innen zurückgehende Glasteile hat, wodurch die Gesamtlänge erheblich geringer werden konnte. Jede Teilröhre wird gesondert evakuiert; eine Herstellung

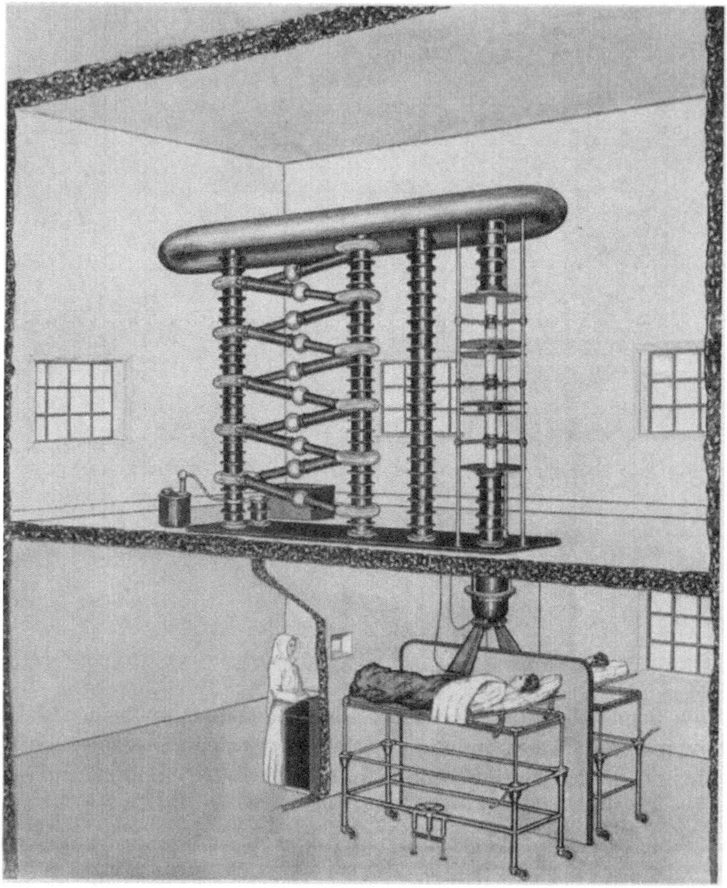

Abb. 234. Röntgenanlage für 1 MV Gleichspannung mit abgeschmolzener Röhre; Kaskadengenerator mit Hochfrequenzheizung der Ventile; geerdete Anode der Röhre außerhalb des Hochspannungsraumes.

der ganzen Röhre aus einem Stück wäre auch für einen Glasbläser fast eine Unmöglichkeit. Auch die Spannungsprüfung jeder Teilröhre geschieht gesondert; dabei sind die Enden mit dünnen Konstantanfolien geschlossen, welche später, nach dem Aneinanderlöten der Teilröhren, durch das Elektronenbündel durchbohrt werden. Die dabei und später während des Betriebes etwa noch frei kommenden Gasmengen werden von den in der Röhre angebrachten chemischen Fangstoffen (Gettern) aufgenommen[316].

Die Teilröhren sind so kurz (40 cm), daß Überschlag durch die Luft durch Scheiben aus Isoliermaterial vermieden werden muß.

Abb. 234 zeigt die Röhre mit geerdeter Anode mit dem Kaskadengenerator in betriebsfertiger Aufstellung, entworfen für ein Krankenhaus. Die Höhe des Generatorraumes (obiger Teil) beträgt 5,5 m. Bei symmetrischer Anordnung mit der Anode auf 500 kV (Abb. 235) ist der Raumbedarf noch etwas geringer. Eine mit Abb. 235 ähnliche Anlage mit

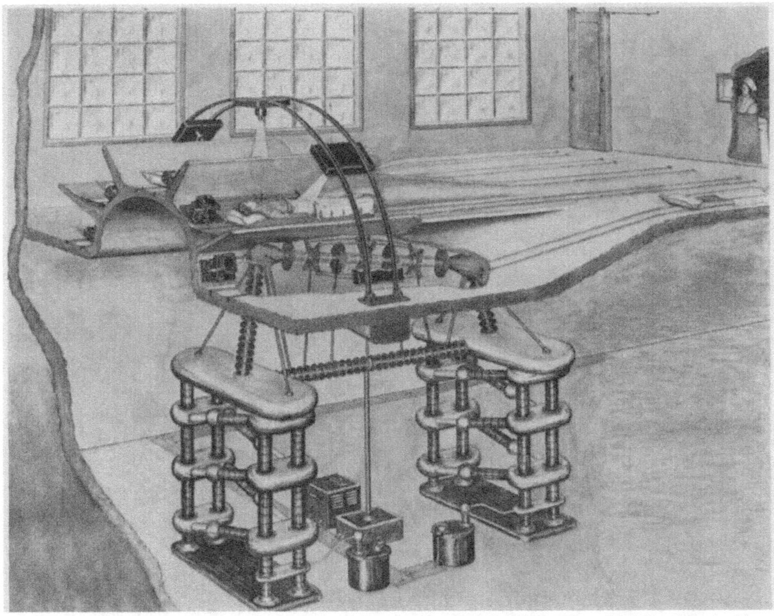

Abb. 235. Symmetrische Aufstellung des Kaskadengenerators und der Rohre fur 1 MV. Funf Bestrahlungsplätze mit optischen Vorrichtungen zur Bestimmung des Strahlenfeldes.

abgeschmolzener Röhre (Philips) ist in dem Antoni van Leeuwenhoek-huis in Amsterdam in Betrieb und eine symmetrische Anlage mit an der Pumpe arbeitender Röhre (Metropolitan Vickers) in dem Bartholomew's Hospital, London[321].

Eine Schwierigkeit bei sehr langen Röhren ist die Fokusierung des Bündels, bestehend aus Elektronen bei Röntgenröhren, aus schwereren positiv geladenen Teilchen bei Neutronenröhren. Bei Elektronen sind elektrische und magnetische Fokusierung beide möglich. Bei den schweren Teilchen, Protonen, Deutonen, α-Teilchen ist die magnetische Fokusierung wegen der großen Masse der Teilchen schwierig. Eine Magnetspule mit der magnetischen Feldstärke Hx in der Spulenachse wirkt wie eine Linse mit dem Brennpunktabstand (E.M.E.):

$$f = \frac{4 m^2 v}{e^2 \int\limits_{-\infty}^{\infty} H x^2 d x} \quad {}^{242}. \tag{31}$$

Hieraus geht sofort hervor, daß bei gleicher Ladung die fokusierende Wirkung dem Quadrat der Masse umgekehrt proportional ist. Die Fokusierung muß deswegen bei schweren Teilchen auf elektrischem Wege, d. h. durch günstige Formgebung der Elektroden, zustande kommen. Es gelang, bei Elektronen gut konzentrierte Bündel von mehreren Metern Länge zu erhalten.

Abb. 236. Neutronengenerator für 1 MV mit Ionenquelle und Potentiometer nach BOUWERS und HEYN. *a* Neutronenröhre, *b* Potentiometer, *c* und *d* Kondensatoren, durch die der hochfrequente Strom fließt zur Speisung der Ionenquelle, der in der oberen metallischen Elektrode angeordnet ist.

Die günstige Wirkung besonderer Gase, wie CCl_4, CCl_2F_2 usw. auf Durchschlag und Überschlag wurden schon in Abschnitt III (§ 32) besprochen.

Abb. 236 zeigt einen Neutronengenerator für 1 MV nach BOUWERS und HEYN.

§ 60. Schutzmaßnahmen.

Bei dem Arbeiten mit Höchstspannungen ist der Experimentator manchen Gefahren ausgesetzt, und zwar der direkten Hochspannungsgefahr und, wenn es sich um physikalische Anwendungen handelt, der Gefahr der Schädigung durch Strahlen.

Wir unterscheiden:

a) Schutzmaßnahmen gegen Hochspannungsgefahr;
b) Schutzmaßnahmen gegen Röntgen- und γ-Strahlen;
c) Schutzmaßnahmen gegen korpuskulare Strahlungen.

a) Hochspannungsschutz. Die Maßnahmen zum Schutze des Personals in technischen Hochspannungsanlagen sind in den verschiedenen Ländern durch Vorschriften und Leitsätze festgelegt worden. Eine wirkliche Gefahrenquelle bietet noch das Arbeiten im Hochspannungslaboratorium, weniger in den schon lange bestehenden Prüflaboratorien als in den sich schnell entwickelnden Hochspannungslaboratorien für physikalische Forschung.

Für Spannungen von einigen hundert kV, welche in den Anlagen für Röntgentherapie verwendet werden, wurden von dem „Internationalen Ausschuß für Röntgen- und Radiumstrahlenschutz“ [322] die nachfolgenden elektrischen Schutzmaßnahmen in Röntgenräumen empfohlen:

1. Der Bodenbelag des Röntgenraumes soll aus isolierendem Material wie Holz, Gummi oder Linoleum bestehen.

2. Fest verlegte Deckenleitungen sollen sich in 3 m (9 Fuß) Mindesthöhe über dem Fußboden befinden. Sie sollen aus kräftigem Metallrohr oder einem anderen sprühfreien Leitertyp bestehen. Die anschließenden Verbindungsleitungen sollen durch geeignete Kabelrollen straff gespannt erhalten werden und ebenfalls sprühfrei sein.

3. Wenn irgend möglich, sollen geerdete Schutzschirme vorgesehen werden, um die näher gelegenen Teile des Hochspannungssystems der Berührung zu entziehen. Ungeschützte Röhrenzuleitungen sollen möglichst weit vom Bedienenden und vom Patienten entfernt geführt sein. Der Gebrauch spannungssicherer Röntgenapparate, bei denen der Hochspannungskreis vollkommen von einem geerdeten Leiter umgeben ist, wird empfohlen. Unter allen Umständen aber sollte irgendein Manipulieren an der Röhre während des Betriebes verboten sein. Metallteile an den Apparaten und im Raume sollen, wenn nichts dagegen spricht, wirksam geerdet sein.

4. Haupt- und Teilschalter sollen leicht zugänglich und unterschiedlich bezeichnet sein. Sie sollen sich nicht in der Nähe hochspannungführender Teile befinden. Ein zufälliges, ungewolltes Einschalten soll ausgeschlossen sein. Der Gebrauch von doppelpoligen Momentschaltern wird empfohlen. Überdimensionierte Sicherungen sollen nicht verwendet werden. Wenn mehr als ein Apparat von einem gemeinsamen Hochspannungserzeuger aus betrieben wird, sollen geeignete mehrpolige Hochspannungsumschalter angebracht werden. Bei manchen Apparaten für Gleichstromhochspannung behalten die Kondensatoren nach dem Ausschalten eine Restladung. Hiergegen soll eine Entladungseinrichtung

vorhanden sein. Transparente Warnungsschilder, die aufleuchten, solange der Apparat eingeschaltet ist, sind sehr nützlich. Das Personal sollte im Gebrauch der Anweisungen für erste Hilfeleistung bei elektrischen Unfällen geübt sein. Fußschalter sollten nur mit gewöhnlichen Schaltern in Reihe gelegt werden und so eingerichtet sein, daß sie weder bei Einschaltstellung arretiert, noch durch Zufall geschlossen werden können.

Wir bemerken hierzu folgendes: Die Mindesthöhe 3 m der Hochspannungsleitungen (Punkt 2) über dem Boden ist natürlich für Spannungen von der Größenordnung 1 MV ungenügend. Sie wird entsprechend der Höhe der Spannung größer gewählt werden müssen. Auch im übrigen zeigen diese Maßnahmen Merkmale dafür, daß sie sich auf solche Spannungen beziehen, welche einige hundert kV nicht übersteigen. So besteht z. B. auch ohne „Berührung der näher gelegenen Teile des Hochspannungssystems“ (Punkt 3) bei Höchstspannungen Gefahr. Auch ist die empfohlene Einschließung des Hochspannungskreises in einen geerdeten Leiter bei Höchstspannungen wohl kaum möglich. Trotzdem enthalten aber die Maßnahmen doch das Wesentlichste, worauf beim Hochspannungsschutz zu achten ist.

Auf einen Punkt machen wir noch besonders aufmerksam, und zwar auf die festgestellten Durchschläge in Luft über unerwartet lange Entladungsstrecken (§ 48). Wenn man sich durch genügenden Abstand von den Hochspannungsteilen schützen will, dann ist wohl der Mindestabstand 40 cm je 100 kV zu empfehlen.

Tabelle XXIII.

Scheitelwerte der Röhrenspannung kV	Minimale gleichwertige Bleidicke mm
Bis 75	1
„ 100	1,5
„ 125	2
„ 150	2,5
„ 175	3
„ 200	4
„ 250	6
„ 300	9
„ 350	12
„ 400	15
(„ 600	35)

b) Röntgen- und γ-Strahlen. Das schon erwähnte Komitee für Röntgen- und Radiumstrahlenschutz hat ausführliche Schutzmaßnahmen gegen Röntgen- und γ-Strahlen ausgearbeitet in den internationalen Richtlinien [322], denen wir folgendes entnehmen:

1. In Röntgenbetrieben beschäftigte Personen sollen sich keinesfalls der direkten Röntgenstrahlung aussetzen.

2. In Röntgenbetrieben beschäftigte Personen sollen sich so weit wie möglich von der Röntgenröhre entfernt halten. Es ist daran zu denken, daß auch Ventilröhren Röntgenstrahlen hervorbringen können.

3. Die Röntgenröhre soll eine Selbstschutzröhre sein oder sonst möglichst allseitig mit Schutzmaterial von ausreichender gleichwertiger Bleidicke umgeben sein.

(Die einer gegebenen Schutzschicht entsprechende minimale Bleidicke ist diejenige Bleidicke, die für Röntgenstrahlen einer bestimmten Scheitelspannung in gleichem Maße undurchlässig ist.)

4. Die minimalen Bleidicken, welche auf normale Arbeitsbedingungen abgestellt sind (s. Tabelle XXIII), können für Hochleistungsröhren oder erhebliche Abstände Abänderungen erfordern.

5. Der Radiumschutz soll den Werten der nebenstehenden Tabelle (XXIV) entsprechen. Diese Werte, welche auf ein Arbeiten in großer Nähe des Radiums abgestellt sind, können für größere Entfernungen verringert werden.

Tabelle XXIV.

Größte Menge des Radiumelements g	Bleidicke cm
0,05	5
0,2	8,5
0,5	10
1,0	11,5
2,0	13
5,0	15
10,0	18

6. Die auf die Dauer zulässige Strahlendosis, die „Toleranzdosis", wird meist zu 10^{-5} r/s angenommen[323]. Damit diese Dosen nicht überschritten werden, sind für verschiedene Abstände und verschieden große Radiummengen die in Tabelle XXV angegebenen Mindestbleidicken erforderlich. Die der Toleranzdosisleistung entsprechenden Abstände bei fehlendem Bleischutz sind ebenfalls angegeben.

Tabelle XXV.

Menge Radiumelement (0,5 mm Pt-Filter)	Bleidicke zur Erzielung der Toleranzdosisleistung bei folgenden Entfernungen von der Strahlenquelle				Toleranzabstand ohne Blei
g	50 cm cm	1 m cm	2 m cm	5 m cm	m
1	9,0	6,0	3,0	—	4,5
2	10,5	7,5	4,5	1,0	6,5
5	12,5	9,5	6,5	2,5	10,5
10	14,0	11,0	8,0	4,0	14,5

Eine Erweiterung der Tabelle XXIII für erforderliche Bleidicken müßte nach Messungen von van der Tuuk[279] etwa folgendermaßen lauten (Tabelle XXVI):

Tabelle XXVI.

Scheitelwerte der Röhrenspannung kV	Minimale gleichwertige Bleidicke mm
Bis 600	35
„ 800	60
„ 1000	85
„ 1200	110*
„ 1400	140*

* Extrapoliert.

Anstatt Blei können für durchdringende Strahlen auch sehr gut andere Materialien benutzt werden, weil ja bei kurzwelliger Strahlung entsprechend etwa 1 MV nicht mehr die Atomnummer die allein ausschlaggebende Rolle spielt, sondern viel mehr die Anzahl der in der Materie vorkommenden Elektronen (§ 56).

c) **Korpuskulare Strahlen.** Von den im Laboratorium hergestellten korpuskularen Strahlen haben α-Strahlen, Protonen und Deutonen so kleine Reichweiten (§ 53), daß man sie leicht abschirmt. Anders ist das für β-Strahlen und vor allem für Neutronen.

Die Reichweiten von β-Strahlen in Al sind aus Abb. 211 abzulesen und die Berechnung von Reichweiten in anderen Materialien kann nach den Angaben der § 53 (33, 34) geschehen. Wie aus den dort gegebenen Daten hervorgeht, kann man sich mit geringen Mitteln gegen β-Strahlen schützen und immer durch genügenden Abstand von der Quelle Schädigung vermeiden. Wenn es unumgänglich ist, mit den Händen in der

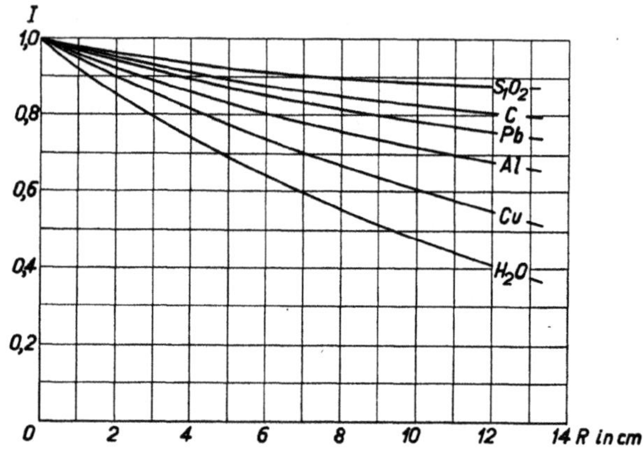

Abb. 237. Absorption schnellerer Neutronen in verschiedenen Materialien nach DUNNING und Mitarbeitern.

Nähe einer β-Strahlungsquelle zu arbeiten, dann sind Bleihandschuhe zu empfehlen, wie sie zum Schutz gegen Röntgenstrahlen üblich sind.

Neutronenschutz. Neutronenschutz ist weniger einfach. Es handelt sich darum, die Anzahl der schnellen Neutronen zu verringern, denn

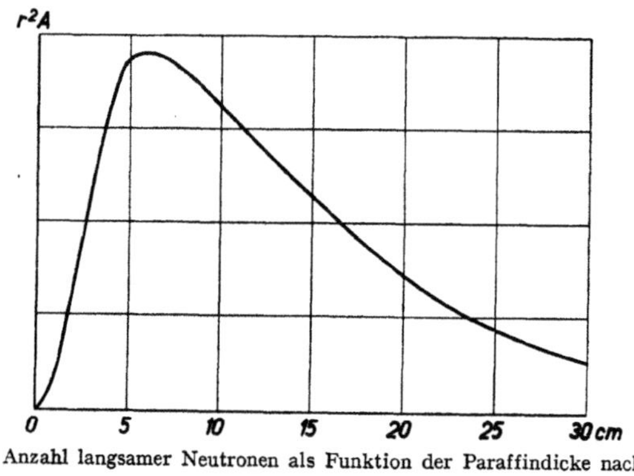

Abb. 238. Anzahl langsamer Neutronen als Funktion der Paraffindicke nach BAKKER.

besonders diese sind gefährlich, weil nur diese eine große Ionisation im Gewebe verursachen können. Man macht dabei Gebrauch von der, vor allem durch FERMI und seine Mitarbeiter gewonnenen, Kenntnis des Energieverlustes von Neutronen in der Materie. In erster Linie kommt die Streuung mit Geschwindigkeitsverlusten[304] in Paraffin, Wasser und ähnlichen wasserstoffhaltigen Substanzen in Betracht. Die Abnahme der Anzahl schneller Neutronen durch verschiedene Schichtdicken in Wasser und einigen anderen Stoffen ist in Abb. 237 nach DUNNING und Mitarbeitern[70] aufgetragen.

Es zeigt sich, daß die Anzahl durch 14 cm Wasser bis auf $^1/_3$ verringert wird. Die Energie nimmt jedoch rascher mit der Schichtdicke ab, weil die relative Anzahl langsamer Neutronen mit der Schichtdicke zunimmt.

Abb. 238 bezieht sich auf eine Messung der aus schnellen Neutronen durch Streuung in Wasser entstandenen langsamen Neutronen nach BAKKER[307]. Die Neutronenquelle war ein (Ra + Be)-Präparat. Die Intensität A der langsamen Neutronen wurde mittels der in Rhodium erzeugten künstlichen Radioaktivität gemessen, und zwar als Funktion der Dicke der Wasserschicht zwischen dem Rhodium und der Quelle.

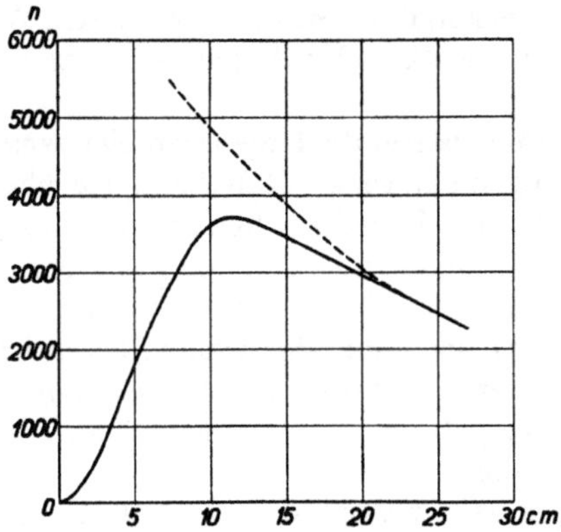

Abb. 239. Die 2,4-MV-γ-Strahlen, die von Paraffin ausgesandt werden, in Abhängigkeit von der Paraffindicke nach FLEISCHMANN.

Die Anzahl der langsamen Neutronen ist zuerst Null, erreicht ein Maximum und nimmt dann wieder ab. Dieser Abfall wird durch die Abnahme der Anzahl schneller Neutronen hervorgerufen und kann angenähert durch eine Exponentialfunktion mit dem Koeffizienten 0,09 cm^{-1} dargestellt werden. Für eine Quelle schnellerer Neutronen ändert sich dieser Koeffizient ein wenig, und es wird das Maximum auch erst bei größerer Schichtdicke erreicht.

Es geht aus diesen Messungen, wie auch aus den Messungen von DUNNING und seinen Mitarbeitern hervor, daß für schnelle Neutronen die Halbwertschicht in Wasser ungefähr 10 cm beträgt. Für Neutronen größerer Geschwindigkeit wird dieser Wert selbstverständlich etwas größer.

In Paraffin lösen Neutronen durch Kernprozesse auch γ-Strahlen aus. Dabei entstehen zuerst langsame Neutronen, und diese erzeugen die γ-Strahlung. Die auftretende Reaktion ist:

$$H + n = D + \gamma .$$

Abb. 239 nach FLEISCHMANN[324] zeigt die von einer Paraffinschicht ausgesandten γ-Strahlen. Die Intensität ist maximal bei etwa 12 cm Dicke und nimmt dann mit zunehmender Dicke ab infolge der Absorption der γ-Strahlung in Paraffin. Es werden in Paraffin Neutronen also nicht nur verlangsamt und deswegen weniger gefährlich, sondern sie werden auch absorbiert, d. h. ein Teil wird abgefangen unter Emission von γ-Strahlen.

Bei der Verwendung von Paraffin als Schutzmaterial gegen Neutronen ist selbstverständlich auf diese γ-Strahlung zu achten. Die Anzahl γ-Quanten bei Absorption von allen Neutronen einer Li + D-Quelle, bei der die Beschleunigungsspannung 1 MV und die Stromstärke 1 mA ist, beträgt etwa 10^{11} je Sekunde. Diese γ-Strahlen haben die Energie 2,4 MV und entsprechen einer Dosis von vielen Grammen Radium. Wie aus Abb. 239 hervorgeht, wird ein beträchtlicher Teil jedoch im Paraffin selbst absorbiert. Sekundäre Strahlen größerer Wellenlänge werden durch eine zusätzliche Bleischicht jedoch relativ erheblich stärker abgeschwächt (§ 56).

Wie schon erwähnt, haben die langsamen Neutronen nur eine geringe ionisierende Wirkung im Gewebe. Man kann sie überdies leicht beseitigen, denn es gibt für langsame Neutronen einige spezifisch absorbierende Substanzen, wie z. B. Cadmium, von denen geringe Schichtdicken ausreichen, um diese Neutronen vollständig einzufangen, in derselben Weise, wie es oben für Wasserstoff beschrieben wurde. Auch Bor absorbiert langsame Neutronen besonders gut, und man hat dabei noch den Vorteil, daß vom Bor auch schnellere Neutronen ziemlich stark absorbiert werden.

Aus dem Obigen geht hervor, daß ein Schutz gegen Neutronen am besten erzielt wird durch Verwendung einer dicken Wasser- oder Paraffinschicht mit zusätzlicher Bleischicht. Die erforderliche Schichtdicke hängt von der Intensität der Quelle und von dem Abstande des Beobachters von der Quelle ab. Die Dosis im Gewebe kann aus der Anzahl und der mittleren Energie der von den Neutronen ausgelösten Protonen berechnet werden. Die von diesen Protonen in Luft erzeugten Ionenpaare ergeben dann die Dosis in r (vgl. S. 286). Ist N die Anzahl der Neutronen und E ihre mittlere Energie (in MeV), so beträgt die Dosis (in r, gemessen mit Gewebe-Wandkammer) auf den Abstand a (in cm) etwa:

$$D = \frac{N E}{4 \pi a^2} 10^{-9}. \tag{32}$$

Für die Li + D-Quelle ergeben sich bei der Spannung 1 MV und 0,5 mA Stromstärke (Tabelle XXI) etwa $5 \cdot 10^{10}$ Neutronen je Sekunde bei einer mittleren Energie von etwa 4 MeV. Die Sekundendosis beträgt also z. B. auf 3 m Abstand von der Quelle nach (32) etwa $2 \cdot 10^{-4}$ r. In diesem Falle gäbe eine Wasser- oder Paraffinschicht von etwa 50 cm mit einer zusätzlichen Bleischicht von 5 mm schon einen genügenden Schutz, wenn man auch für Neutronen, wie bei Röntgenstrahlen, eine Toleranzdosis von 10^{-5} r/s annimmt.

Literaturverzeichnis.

1. Arnold, E. u. J. L. La Cour: Wechselstromtechnik. II: Die Transformatoren. Berlin: Julius Springer 1936.
2. Feldmann, C.: Electrotechnische Constructie. III. Transformatoren. Delft: Waldman 1931.
3. Bouwers, A.: Modern X-ray development. Brit. J. Radiol. Bd. 7 (1934) S. 21.
4. Roth, A.: Hochspannungstechnik. 2. Aufl. Wien: Julius Springer 1938.
5. Rüdenberg, R.: Elektrische Schaltvorgänge. Berlin: Julius Springer 1933.
6. Nolen, H. G.: Windungsisolation von Großtransformatoren für sehr hohe Spannungen. Elektrotechn. u. Masch.-Bau Bd. 54 (1936) S. 61.
7. Hochspannungsgesellschaft-Köln: Hochspannungs- und Starkstrom-Prüfeinrichtungen. Druckschrift.
8. Allgemeine Elektricitäts-Gesellschaft: Prüftransformatoren für eine Million Volt Betriebsspannung. AEG-Mitt. Heft 3 (1938) S. 89.
9. General Electric Company: Transformer for X-ray tube. Gen. Electr. Rev. Bd. 35 (1932) S. 41.
10. Zimmerman, C. I.: Electric converter. U.S.A.-Patent 1099960, 1906.
11. Chantraine, H.: Die heutige Drehstrommaschine ist verbesserungsbedürftig. Fortschr. Röntgenstr. Bd. 53 (1936) S. 585.
12. Starke, H. u. R. Schroeder: Die Rechenschaltung von Gleichrichterventilen zur Erzeugung sehr hoher Gleichspannung. Arch. Elektrotechn. Bd. 26 (1932) S. 301.
13. Boekels, H.: Ein Vorschlag zur Erzeugung sehr hoher statischer Gleichspannung. Arch. Elektrotechn. Bd. 27 (1933) S. 128.
14. Pol, B. van der: De invloed van de dempingen op de frequenties van twee gekoppelde ketens. Physica, Haag Bd. 6 (1926) S. 56.
15. Taylor Jones, E.: Induction coil theory and applications. London: Pitman & Sons Ltd. 1932.
16. Hochhäusler, P.: Der Teslatransformator als Hochfrequenzprüfgenerator und seine Untersuchung mit dem Kathodenoszillographen. Arch. Elektrotechn. Bd. 26 (1932) S. 518.
17. Müller, H.: Der Anstoß quasistationärer und nichtstationärer Schwingungskreise durch aperiodisch gedämpfte Kondensatorkreise mit Selbstinduktion bei induktiver Kopplung. Z. techn. Phys. Bd. 11 (1930) S. 405.
18. Tuve, M. A., L. R. Hafstad u. O. Dahl: High-speed protons. Phys. Rev. Bd. 39 (1932) S. 384.
19. — — — High voltage technique for nuclear physics studies. Phys. Rev. Bd. 48 (1935) S. 315.
20. Sloan, D. H.: A radio frequency high voltage generator. Phys. Rev. Bd. 47 (1935) S. 62.
21. Holst, G. u. E. Oosterhuis: De invloed van de gasatmosfeer op de werking van een kwikstraal onderbreker. Physica, Haag Bd. 1 (1921) S. 56.
22. Coolidge, W. D.: The production of high-voltage cathode rays outside of the generating tube. J. Franklin Inst. Bd. 202 (1926) S. 693.

23. Hondius Boldingh, W.: Stoßspannungsanlagen. Philips techn. Rdsch. Bd. 3 (1938) S. 302.
24. Crämer, R.: Fahrbare Stoßanlagen für Spannungen bis 4 Millionen Volt. Hausmitt. AEG Heft 3 (1938) S. 85.
25. Thomason, J. L.: Impulse-Generator voltage charts for selecting circuit constants. Electr. Engng. Bd. 56 (1937) S. 183.
26. Greinacher, H.: Erzeugung einer Gleichspannung vom vielfachen Betrage einer Wechselspannung ohne Transformator. Bull. Schweiz. elektrotechn. Ver. Bd. 11 (1920) S. 59. — Über eine neue Methode Wechselstrom mittels elektrischer Ventile und Kondensatoren in hochgespannten Gleichstrom umzuwandeln. Z. Phys. Bd. 4 (1921) S. 195 (Abb. 4, S. 199).
27. Schenkel, M.: Eine neue Schaltung für die Erzeugung hoher Gleichspannungen. ETZ Bd. 40 (1919) S. 333.
28. Slepian, J.: High voltage direct current system. U.S.-Patent 1666473.
29. Cockcroft, J. D. u. E. T. S. Walton: Experiments with high velocity positive ions (I). Further developments in the method of obtaining high velocity positive ions. Proc. roy. Soc., Lond. A Bd. 136 (1932) S. 619.
30. Bouwers, A.: Some new principles in the design of X-ray apparatus Radiology Bd. 22 (1934) S. 163.
31. — u. Kuntke: Ein Generator für drei Millionen Volt Gleichspannung. Z. techn. Phys. Bd. 18 (1937) S. 209.
32. Villard, P.: Transformateur à haut voltage. J. Phys. Bd. 10 (1901) S. 28.
33. Burcham, W. E. u. C. L. Smith: Experiments on the transmutation of Fluorine by protons and deuterons. Proc. roy. Soc., Lond. A Bd. 168 (1938) S. 176.
34. Maisin, J.: Vortrag. Amer. Congress of Radiol. Chicago 1937.
35. Graaff, R. J. van de: A 1.500.000 volt electrostatic generator. Phys. Rev. Bd. 38 (1931) S. 1919.
36. Thomson, W.: Reprint of paper on electrostatics and magnetism, S. 321, 1872.
37. Burboa, J. G. H.: Static electric machine. U.S.-Patent 776997, 1904.
38. Swann, W. F. G.: A device for obtaining high potentials. J. Franklin Inst. Bd. 205 (1928) S. 820.
39. Müller, H.: Schaltungen zur Erzeugung hochgespannten Gleichstromes für Versuche (Teil I). Arch. techn. Messen Nr. 81 (1938) Z 43-1.
40. Pauthenier, M. u. M. Moreau-Hanot: Générateurs de haute tension à courants gazeux. J. Phys. Radium Bd. 8 (1937) S. 193.
41. Moreau-Hanot, M.: Transport d'ions par un courant gazeux. Expansion d'une colonne gazeuse ionisée. C. R. Acad. Sci., Paris Bd. 206 (1938) S. 1168.
42. Morand, M. u. A. Raskin: Premiers résultats relatifs à la réalisation d'une machine à haute tension du type Pauthenier. Bull. Soc. roy. Sci. de Liège (1938) S. 176.
43. Raskin, A.: Sur la réalisation d'un générateur à haute tension et à grand débit. C. R. Acad. Sci., Paris Bd. 206 (1938) S. 1884.
44. Graaff, R. J. v. d., K. T. Compton u. L. C. v. Atta: The electrostatic production of high voltage for nuclear investigations. Phys. Rev. Bd. 43 (1933) S. 149.
45. Atta, L. C. v., D. L. Northrup, C. M. v. Atta u. R. J. v. d. Graaff: The design, operation, and performance of the Round Hill electrostatic generator. Phys. Rev. Bd. 49 (1936) S. 761.

46. DRESSER, R., J. TRUMP u. R. J. VAN DE GRAAFF: The production of supervoltage roentgen rays by means of an electrostatic generator. Amer. J. Roentgenol. Bd. 38 (1937) S. 758.
47. BARTON, H. A., D. W. MUELLER u. L. C. v. ATTA: A compact high potential electrostatic generator. Phys. Rev. Bd. 42 (1932) S. 901.
48. HERB, R. G., D. B. PARKINSON u. D. W. KERST: The development and performance of an electrostatic generator operating under high air pressure. Phys. Rev. Bd. 51 (1937) S. 75.
49. TUVE, M. A., L. R. HAFSTAD u. O. DAHL: Die Gleichspannungstechnik für quantitative Untersuchungen zur Kernphysik. Naturwiss. Bd. 24 (1936) S. 625.
50. NORTHRUP, D. L., C. M. v. ATTA, R. J. v. D. GRAAFF u. L. C. v. ATTA: The design and performance of the Round Hill electrostatic generator. Phys. Rev. Bd. 49 (1936) S. 865.
52. BOTHE, W. u. W. GENTNER: Eine Anlage für schnelle Korpuskularstrahlen und einige damit ausgeführte Umwandlungsversuche. Z. Phys. Bd. 104 (1937) S. 685.
53. TRUMP, J. G. u. R. J. v. D. GRAAFF: Design of a million volt X-ray generator for cancer treatment and research. J. appl. Phys. Bd. 8 (1937) S. 602.
54. JOLIOT, F., M. FELDENKRAIS u. A. LAZARD: Emploi du tétrachlorure de carbone pour l'élévation de la tension des générateurs électrostatiques du type VAN DE GRAAFF. C. R. Acad. Sci., Paris Bd. 202 (1936) S. 291.
55. ISING, G.: Prinzip einer Methode zur Herstellung von Kanalstrahlen hoher Voltzahl. Ark. Math., Astronom. och Phys. Bd. 18 (1925) S. 45.
56. BEAMS, J. W. u. L. B. SNODDY: The production of high velocity ions and electrons. Phys. Rev. Bd. 44 (1933) S. 784.
57. — u. H. TROTTER: The acceleration of electrons to high energies. Phys. Rev. Bd. 45 (1934) S. 849.
58. WIDERÖE, R.: Über ein neues Prinzip zur Herstellung hoher Spannungen. Arch. Elektrotechn. Bd. 21 (1928) S. 387.
59. SLOAN, D. H. u. E. O. LAWRENCE: The production of heavy high speed ions without the use of high voltage. Phys. Rev. Bd. 38 (1931) S. 2021.
60. LAWRENCE, E. O. u. M. S. LIVINGSTON: The production of high speed light ions without the use of high voltages. Phys. Rev. Bd. 40 (1932) S. 19.
61. — u. D. COOKSEY: On the apparatus for the multiple acceleration of light ions to high speeds. Phys. Rev. Bd. 50 (1936) S. 1131.
62. STÄGER, A.: Das Cyclotron, das ideale Gerät für Atom-Umwandlungen. Bull. Oerlikon 1936, S. 984.
63. BETHE, H. A. u. M. E. ROSE: The maximum Energy obtainable from the cyclotron. Phys. Rev. Bd. 52 (1937) S. 1254.
64. ROSE, M. E.: Focusing and maximum energy in the cyclotron. Phys. Rev. Bd. 53 (1938) S. 392.
65. WILSON, R. R.: Magnetic and electrostatic focusing in the cyclotron. Phys. Rev. Bd. 53 (1938) S. 408.
66. THOMAS, L. H.: The paths of ions in the cyclotron. I. Orbits in the magnetic field. Phys. Rev. Bd. 54 (1938) S. 580.
67. — The paths of ions in the cyclotron. II. Paths in the combined electric and magnetic fields. Phys. Rev. Bd. 54 (1938) S. 588.
68. TATE, J. T. u. P. T. SMITH: The efficiencies of ionization and ionization potentials of various gases under electron impact. Phys. Rev. Bd. 39 (1932) S. 270.

69. Kolster, F. A.: Generation and utilization of ultra-short waves in radio communication. Proc. Inst. Radio Engrs., Bd. 22 (1934) S. 1335.
70. Dunning, J. R. u. H. L. Anderson: High frequency systems for the Cyclotron. Phys. Rev. Bd. 53 (1938) S. 334.
71. Slepian, J.: X-ray tube. U.S.-Patent 1645304, angemeldet 1922.
72. Walton, E. T. S.: The production of high speed electrons by indirect means. Proc. Cambridge philos. Soc. Bd. 25 (1929) S. 469.
73. Bachmann, A.: Verfahren zur Umformung von elektrischen Spannungen mit Hilfe eines einzigen Kondensators. D.R.P. 476149. Berlin 1929.
74. Brasch, A. u. F. Lange: Experimentell-technische Vorbereitungen zur Atomzertrümmerung mittels hoher elektrischer Spannungen. Z. Phys. Bd. 70 (1931) S. 10.
75. Hippel, A. von: Erdfeld, Gewitter und Blitz. Naturwiss. Bd. 22 (1934) S. 701.
76. Schonland, B. F. J.: The polarity of thunderclouds. Proc. roy. Soc., Lond. A Bd. 118 (1928) S. 233.
77. Zaduk, H.: Neuere Ergebnisse der Blitzstromstärkenmessungen an Hochspannungsleitungen. ETZ Bd. 56 (1935) S. 475.
78. Norinder, H.: Lightning currents and their variations. J. Franklin Inst. Bd. 220 (1935) S. 69.
79. McEachron, K. B. u. W. A. McMorris: Discharge currents in distribution arresters. Electr. Engng. Bd. 54 (1935) S. 1395.
80. Schonland, B. F. J. u. H. Collens: Progressive Lightning. Proc. roy. Soc., Lond. A Bd. 143 (1934) S. 654.
81. McEachron, K. B. u. W. A. McMorris: The lightning stroke: Mechanism of discharge. Gen. Electr. Rev. Bd. 39 (1936) S. 487.
82. — Multiple lightning strokes. II. Electr. Engng. Bd. 57 (1938) S. 510.
83. Simpson, G. C.: Lightning. Nature, Lond. Bd. 124 (1929) S. 801.
84. Toepler, M.: Blitzbildung und Blitzschläge. Verb. sächs. Elektr.-Werke, Dresden 1932.
85. Wilson, C. T. R.: Some thundercloud problems. J. Franklin Inst. Bd. 208 (1929) S. 1.
86. Lenard, P.: Über Wasserfallelektrizität und über die Oberflächenbeschaffenheit der Flüssigkeiten. Ann. Phys., Lpz. Bd. 47 (1915) S. 463.
87. Ross Gunn: The electricity of rain and thunderstorms. Terrestrial Magnetism Bd. 40 (1935) S. 79.
88. Crane, H. R.: High potential apparatus for nuclear disintegration experiments. Phys. Rev. Bd. 52 (1937) S. 11.
88*. Pontecorvo, B. u. A. Lazard: Physique Nucléaire. Isomérie nucléaire produite par les rayons X du spectre continu. C. R. Acad. Sci., Paris Bd. 208 (1939) S. 99.
88**. Joliot, F., A. Lazard u. P. Savel: Physique Nucléaire. Synthèse de radioéléments par des deutons accélérés au moyen d'un générateur d'impulsions. C. R. Acad. Sci., Paris Bd. 201 (1935) S. 826.
89. Holst, G.: Sparks in air of atmospheric pressure. Proc. kon. Akad. Wetensch., Amst. Bd. 36 (1933) S. 271.
90. Wells, W. H.: Production of high energy particles. J. appl. Phys. Bd. 9 (1938) S. 677.
91. Ollendorff, F.: Potentialfelder der Elektrotechnik. Berlin: Julius Springer 1932.
92. Schwaiger, A.: Elektrische Festigkeitslehre. Berlin: Julius Springer 1925.

93. LASKA, W.: Einleitung in die geometrische Funktionentheorie. Leipzig: Vangerow.
94. HURWITZ, A. u. R. COURANT: Funktionentheorie. Berlin: Julius Springer 1929.
95. THOMSON, J. J.: Notes on Recent Researches in electricity and magnetism. Clarendon Press Oxford 1893.
96. DREYFUS, L.: Über die Anwendung der Theorie der konformen Abbildung zur Berechnung der Durchschlags- und Überschlagsspannung zwischen kantigen Konstruktionsteilen unter Öl. Arch. Elektrotechn. Bd. 13 (1924) S. 123.
97. BOUWERS, A.: Röntgenapparaten. Ingenieur, Haag Bd. 51 (1936) E 27.
98. SEMENOFF, N. u. A. WALTHER: Die physikalischen Grundlagen der elektrischen Festigkeitslehre. Berlin: Julius Springer 1928.
99. KLEYNEN, P. H. J. A.: Ermittlung der Elektronenbewegung in zweidimensionalen elektrostatischen Feldern. Philips techn. Rdsch. Bd. 2 (1937) S. 338.
100. FOWLER, R. H. u. L. NORDHEIM: Electron emission in intense electric fields. Proc. roy. Soc., Lond. A Bd. 119 (1928) S. 173.
101. NORDHEIM, L.: Die Theorie der Elektronenemission der Metalle. Phys. Z. Bd. 30 (1929) S. 177.
102. SCHOTTKY, W.: Über kalte und warme Elektronenentladungen. Z. Phys. Bd. 14 (1923) S. 63.
103. FRANK, PH. u. R. v. MISES: Die Differential- und Integralgleichungen der Mechanik und Physik, S. 986. Braunschweig: Vieweg & Sohn 1935.
104. MILLIKAN, R. A. u. C. C. LAURITSEN: Relations of field-currents to thermionic-currents. Proc. nat. Acad. Sci., Wash. Bd. 14 (1928) S. 45.
105. MÜLLER, E. W.: Die Abhängigkeit der Feldelektronenemission von der Austrittsarbeit. Z. Phys. Bd. 102 (1936) S. 734.
106. BRUYNE, N. A. DE: Note on the effect of temperature on the autoelectronic discharge. Proc. Cambridge philos. Soc. Bd. 24 (1928) S. 518.
107. MÜLLER, E. W.: Versuche zur Theorie der Elektronenemission unter der Einwirkung hoher Feldstärken. Z. techn. Phys. Bd. 17 (1936) S. 412.
108. HULL, A. W. u. E. E. BURGER: Some characteristics of the discharge between cold electrodes in vacuum. Phys. Rev. Bd. 31 (1928) S. 1121.
109. GOSSLING, B. S.: The emission of electrons under the influence of intense electric fields. Phil. Mag. Bd. 1 (1926) S. 609.
110. ROTHER, F.: Über den Austritt von Elektronen aus kalten Metallen. Ann. Phys., Lpz., Bd. 81 (1926) S. 317.
111. ZWIKKER, C.: On the nature of the repulsive forces which keep the electrons from escaping out of a metal. Physica, Haag Bd. 11 (1931) S. 161.
112. PFORTE, W. S.: Über die Vergrößerung des Sättigungsstromes von Glühkathoden durch starke elektrische Felder. Z. Phys. Bd. 49 (1928) S. 46.
113. ENGEL, A. v. u. M. STEENBECK: Elektrische Gasentladungen, I—II. Berlin: Julius Springer 1932—1934.
114. FINKELMANN, E.: Der elektrische Durchschlag verschiedener Gase unter hohem Druck. Arch. Elektrotechn. Bd. 31 (1937) S. 282.
115. DRUYVESTEYN, M. J.: Calculation of TOWNSEND's α for Ne. Physica, Haag Bd. 3 (1936) S. 65.
116. EMELÉUS, K. G., R. W. LUNT u. C. A. MEEK: The TOWNSEND coefficient of ionization. Proc. roy. Soc., Lond. A Bd. 156 (1936) S. 394.
117. ROGOWSKI, W.: TOWNSENDs Theorie und der Durchschlag der Luft bei Stoßspannungen. Arch. Elektrotechn. Bd. 16 (1926) S. 496.

118. HIPPEL, A. v. u. J. FRANCK: Der elektrische Durchschlag und TOWNSENDs Theorie. Z. Phys. Bd. 57 (1929) S. 696.
119. LOEB, L. B.: The mechanism of spark discharge in air at atmospheric pressure. Science, New York Bd. 69 (1929) S. 509.
120. ROGOWSKI, W.: Über Durchschlag und Gasentladung. Z. Phys. Bd. 100 (1936) S. 1.
121. STRIGEL, R.: Über den Entladeverzug in homogenen elektrischen Feldern und in Luft von Atmosphärendruck. Wiss. Veröff. Siemens-Konz. Bd. 11 (1932) Heft 2, S. 52.
122. TOWNSEND, J. S. E.: Motion of electrons in gases. Clarendon Press London 1925.
123. DUNNINGTON, F. G.: An optical study of the formation stages of spark breakdown. Phys. Rev. Bd. 38 (1931) S. 1535.
124. FLEGLER, E. u. H. RAETHER: Der elektrische Durchschlag in Gasen nach Untersuchungen mit der Nebelkammer. Z. Phys. Bd. 99 (1936) S. 635.
125. OLLENDORFF, F.: Über die Kanalbreite von Elektronenlawinen. Arch. Elektrotechn. Bd. 26 (1932) S. 193.
126. SLEPIAN, J.: Breakdown of spark Gaps. Electr. Wld., Bd. 91 (1928) S. 761.
127. TOEPLER, M.: Über den inneren Aufbau von Gleitbüscheln und die Gesetze ihrer Leuchtfäden. Ann. Phys., Lpz. Bd. 53 (1917) S. 217.
128. HOLZER, W.: Optische Untersuchung der Funkenzündung in Luft von Atmosphärendruck mittels des unterdrückten Durchbruchs. Z. Phys. Bd. 77 (1932) S. 676.
129. STRIGEL, R.: Über den Entladeverzug im gleichförmigen Feld bei größeren Schlagweiten. Wiss. Veröff. Siemens-Werk Bd. 15 (1936) Heft 3, S. 1.
130. ALLIBONE, T. E.: The mechanism of the long spark. J. Inst. electr. Engrs. Bd. 82 (1938) S. 518.
131. RÜDENBERG, R.: Die Kopfgeschwindigkeit elektrischer Funken und Blitze. Wiss. Veröff. Siemens-Konz. Bd. 9 (I) (1930) S. 1.
132. SCHONLAND, B. F. J.: Progressive lightning. IV. The discharge mechanism. Proc. roy. Soc., Lond. A Bd. 164 (1938) S. 132.
133. WEICKER, W.: Zur Kenntnis der Funkenspannung bei technischem Wechselstrom. ETZ Bd. 32 (1911) S. 436.
134. PEEK, F. W. jr.: Dielectric phenomena in high voltage engineering. New York: McGraw-Hill Book Co. 1920.
135. KÜHN, E.: Korona- und Isolatorenverluste bei hoher Gleichspannung in Abhängigkeit von der Witterung. ETZ Bd. 56 (1935) S. 609.
136. TOWNSEND, J. S.: The potentials required to maintain currents between coaxial cylinders. Phil. Mag. Bd. 28 (1914) S. 83.
137. MARX, E. u. H. GÖSCHEL: Koronaverluste bei hoher Gleichspannung. ETZ Bd. 54 (1933) S. 1112.
138. STOCKMEYER, W.: Koronaverluste bei hoher Gleichspannung. Wiss. Veröff. Siemens-Konz. Bd. 13 (1934) Heft 2, S. 27.
139. NATTERER, K.: Einige Beobachtungen über den Durchgang der Electricität durch Gase und Dämpfe. Wiedemanns Ann. Bd. 38 (1889) S. 663.
140. ORGLER, A.: Zur Kenntnis des Funkenpotentiales in Gasen. Ann. Phys., Lpz. Bd. 1 (1900) S. 159.
141. RITTER, F.: Über das Funkenpotential in Chlor, Brom und Helium. Ann. Phys., Lpz. Bd. 14 (1904) S. 118.

142. RODINE, M. T. u. R. G. HERB: Effect of CCl_4 vapor on the dielectric strength of air. Phys. Rev. Bd. 51 (1937) S. 508.
143. KNOLL, M., F. OLLENDORFF u. R. ROMPE: Gasentladungstabellen. Berlin: Julius Springer 1935.
143*. SPONER, H.: Molekülspektren und ihre Anwendung auf chemische Probleme, Bd. I. Berlin: Julius Springer 1935.
144. CHARLTON, E. E. u. F. S. COOPER: Dielectric strength of insulating fluids. Gen. Electr. Rev. Bd. 40 (1937) S. 438.
145. GROOT, W. DE u. F. M. PENNING: Anregung von Quantensprüngen durch Stoß. Handbuch der Physik, Bd. 23/I, S. 142. Berlin: Julius Springer 1933.
146. NAKAYA, U. u. F. YAMASAKI: Investigations on the preliminary stages of spark formation in various gases by the use of the WILSON chamber. Proc. roy. Soc., Lond. A Bd. 153 (1936) S. 542.
146*. STRIGEL, R.: Elektrische Stoßfestigkeit. Berlin: Julius Springer 1939.
147. WILSON, R. R.: Very short time lag of sparking. Phys. Rev. Bd. 50 (1936) S. 1082.
148. VIEHMANN, H.: Der Stoßdurchschlag der Luft nach Untersuchungen mit dem Kathodenstrahloszillographen. Arch. Elektrotechn. Bd. 25 (1931) S. 253.
149. VON LAUE, M.: Bemerkung zu K. ZUBERS Messung der Verzögerungszeiten bei der Funkenentladung. Ann. Phys., Lpz. Bd. 76 (1925) S. 261.
150. BUSS, K.: Der Stufendurchschlag. Arch. Elektrotechn. Bd. 26 (1932) S. 266.
151. HERTZ, G.: Zur Frage der Spannungsabhängigkeit des Zündverzuges. Z. Phys. Bd. 106 (1937) S. 102.
152. SCHADE, RUDOLF: Über die Aufbauzeit einer Glimmentladung. Z. Phys. Bd. 104 (1937) S. 487.
153. PEEK, F. W.: The spheregap as a means of measuring high voltage. Proc. Amer. Inst. electr. Engrs. Bd. 33 (1914) S. 889.
154. ROGOWSKI, W. u. A. WALLRAFF: Bestrahlung und Durchschlag. Z. Phys. Bd. 102 (1936) S. 183.
155. REUKEMA, L. E.: The relation between frequency and spark-over. Voltage in spheregap voltmeter. J. Amer. Inst. electr. Engng. Bd. 46 (1927) S. 1314.
156. LASSEN, H.: Frequenzabhängigkeit der Funkenspannung in Luft. Arch. Elektrotechn. Bd. 25 (1931) S. 322.
157. MISERÉ, F.: Luftdurchschlag bei Niederfrequenz und Hochfrequenz an verschiedenen Elektroden. Arch. Elektrotechn. Bd. 26 (1932) S. 123.
158. VIEWEG, R., herausgeg. von: Elektrotechnische Isolierstoffe. Berlin: Julius Springer 1937.
159. DEBYE, P.: Polare Molekeln. Leipzig: S. Hirzel 1929.
160. WAGNER, K. W.: Erklärung der dielektrischen Nachwirkungsvorgänge auf Grund MAXWELLscher Vorstellungen. Arch. Elektrotechn. Bd. 2 (1914) S. 371.
161. BÖNING, P.: Elektrische Isolierstoffe. Braunschweig: F. Vieweg & Sohn 1938.
161*. MURPHY, E. J. u. H. H. LOWRY: The complex nature of dielectric absorption and dielectric loss. J. phys. Chem. Bd. 34 (1930) S. 598.
162. STRUTT, M. J. O.: Dielektrische Eigenschaften verschiedener Gläser in Abhängigkeit der Frequenz und der Temperatur. Arch. Elektrotechn. Bd. 25 (1931) S. 715.

163. Scott, A. H., A. T. McPherson u. H. L. Curtis: Effect of temperature and frequency on the dielectric constant, power factor, and conductivity of compounds of purified rubber and sulphur. Bur. Stand. J. Res., Wash. Bd. 11 (1933) S. 173.
164. Zwikker, C.: Dielectrische verliezen. Nederl. Tijdschr. Natuurkde. Bd. V (1938) S. 185.
165. Smekal, A.: Strukturempfindliche Eigenschaften der Kristalle. Handbuch der Physik, 2. Aufl., Bd. 24, Teil 2, S. 795. Berlin: Julius Springer 1933.
166. Inge, L., N. Semenoff u. A. Walther: Über den Durchschlag fester Isolatoren. Arch. Elektrotechn. Bd. 17 (1926) S. 433.
167. Fock, V.: Die Wärmetheorie des elektrischen Durchschlages. Arch. Elektrotechn. Bd. 19 (1927) S. 71.
168. Hippel, A. v.: Der elektrische Durchschlag in Gasen und festen Isolatoren. Ergebn. exakt. Naturw. Bd. 14 (1935) S. 79.
169. Joffé, A. F.: The physics of crystals. New York: McGraw-Hill Book Co. 1928.
170. Zeier, O.: Durchschlaguntersuchungen in komprimierten Gasen und in flüssiger Kohlensäure. Ann. Phys., Lpz. Bd. 14 (1932) S. 415.
171. Gemant, A.: Elektrophysik der Isolierstoffe. Berlin: Julius Springer 1930.
172. Koppelmann, F.: Bemerkungen zum Durchschlag flüssiger Isolierstoffe. Arch. Elektrotechn. Bd. 28 (1934) S. 519.
173. Inge, L. u. A. Walther: Durchschlag von flüssigen Isolatoren. Arch. Elektrotechn. Bd. 23 (1929) S. 279.
174. Koppelmann, F.: Der elektrische Durchschlag in isolierenden Flüssigkeiten. Z. techn. Phys. Bd. 16 (1935) S. 125.
175. Beck, H.: Über die dielektrischen Verluste von Isolierölen bei sehr hohen Frequenzen. Phys. Z. Bd. 34 (1933) S. 721.
176. Ferrant, W.: Über den Flüssigkeitsdurchschlag von negativen bis zu hohen positiven Drucken. Z. Phys. Bd. 89 (1934) S. 317.
177. Ornstein, L. S., C. Janssen u. C. Krygsman: Über die Oxydation der Transformatoröle. II. Arch. Elektrotechn. Bd. 27 (1933) S. 489.
178. Bellaschi, P. L. u. W. L. Teague: Dielectric strength of transformer insulation. Electr. Engng. Bd. 56 (1937) S. 164.
179. Weicker, W.: Keramische Isolierstoffe. Elektrotechnische Isolierstoffe, S. 121. Herausgeg. von Vieweg. Berlin: Julius Springer 1937.
180. Houwink, R.: Physikalische Eigenschaften und Feinbau von Natur- und Kunstharzen. Leipzig: Akad. Verlagsges. 1934.
181. Morrell, R. S.: Synthetic resins and their plastics. Oxford University Press. London: Humphrey Milford 1937.
182. Schupp, P. O.: Zur Physik der dielektrischen Verluste. Wiss. Veröff. Siemens-Werk Bd. 17 (1938) Heft 1, S. 1.
183. Pabst, F.: Kunststofftaschenbuch. Berlin-Dahlem: Verlag Physik. Ges. 1936.
184. Brandenburger, K. W.: Herstellung und Verarbeitung von Kunstharzpreßmassen. München: J. F. Lehmann 1938.
185. Lulofs, W. u. J. C. v. Staveren: Propriétés du matériel isolant en papier comprimé et impregné à la bakélite. Cigré 1933, R. 119.
186. Whitehead, J. B.: Limitations of high voltage insulation. J. Franklin Inst. Bd. 224 (1937) S. 363.
187. Bouwers, A.: Hochspannungsentladungsröhre mit äquipotentialem Wandteil. D.R.P. 633298, 1934.
188. — Hochspannungsentladungsröhre mit teilweise metallener Wandung. D.R.P. 578638, 1925.

189. MARX, E.: Der Durchschlag der Luft im unhomogenen elektrischen Felde bei verschiedenen Spannungsarten. ETZ Bd. 51 (1930) S. 1161.
190. GROVER, F. W. u. H. L. CURTIS: The measurement of the inductances of resistance coils. Bull. Bur. Stand., Wash. Bd. 8 (1912) S. 455.
191. TAYLOR, L. S.: Apparatus for the measurement of high constant or rippled voltages. Bur. Stand. J. Res., Wash. Bd. 5 (1930) S. 609.
192. KOHLRAUSCH, F.: Praktische Physik. Leipzig: B. G. Teubner 1935.
193. PALM, A.: Über neuere Hochspannungsmeßgeräte und ihre Anwendung. ETZ Bd. 47 (1926) S. 904.
194. SCHERING, H. u. R. VIEWEG: Ein Meßkondensator für Höchstspannungen. Z. techn. Phys. Bd. 9 (1928) S. 442.
195. HAK, J.: Eisenlose Drosselspulen. Leipzig: Koehler 1938.
196. LANGMUIR, I.: Electric discharges in gases at low pressures. J. Franklin Inst. Bd. 214 (1932) S. 275.
197. MULDER, J. G. W.: De ontwikkeling van gloeidraadgelijkrichterbuizen, in het bijzonder van die voor hooe spanningen. Diss. Delft 1934.
198. — u. H. L. VAN DER HORST: Eine regelbare Gleichrichteranlage für 20000 Volt, 18 Ampere. Philips techn. Rdsch. Bd. 1 (1936) S. 161.
198A. — u. M. J. DRUYVESTEYN: Physikalische Grundlagen der gasgefüllten Gleichrichter mit Glühkathode. Philips. techn. Rdsch. Bd. 2 (1937) S. 122.
199. HULL, A. W.: Characteristics and functions of thyratrons. Physics Bd. 4 (1933) S. 66.
200. Brown, Boverie & Cie.: 25 Jahre Brown Boveri Mutator. Brown Boveri Mitt. Bd. 25 (1938) Heft 5/6.
201. KOBEL, E.: Unterbrechung eines brennenden Anodenstromes mittels Gitter in Quecksilberdampf-, Gleich- oder Wechselrichtern. Bull. Schweiz. elektrotechn. Ver. Bd. 24 (1933) S. 41.
202. MARX, E.: Lichtbogen-Stromrichter für sehr hohe Spannungen und Leistungen. Berlin: Julius Springer 1932.
203. HARTMANN, J.: The jet-wave rectifier. Danmarks Naturv. Samfund. Kopenhagen 1931.
204. SITNIKOW, M.: Verwendung von Ionenröhren zur Umrichtung bei Gleichstrom-Übertragung. Elektrotechn. u. Masch.-Bau Bd. 51 (1933) S. 620.
205. SLEPIAN, J. u. L. R. LUDWIG: A new method of starting an arc. Electr. Engng. Bd. 52 (1933) S. 605.
206. LUDWIG, L. R., A. H. TOEPLER u. F. A. MAXFIELD: An experimental Ignitron rectifier. Electr. Engng. Bd. 53 (1934) S. 75.
207. KOHLER, K. M.: Vorrichtung zur Steuerung des elektrischen Durchgangsstromes in Vakuumgefäßen mittels eines magnetischen Transversalfeldes. Österreich. 142748, 1935.
208. WATANABE, Y., H. KASAHARA u. H. NAKAMURA: A-type sendytron using a new method of starting an arc. Elektrotechn. J. Bd. 2 (1938) S. 180.
209. Westinghouse Brake & Signal Co., Ltd.: Druckschrift: The Westinghouse metal rectifier, S. 45.
210. EMANUELI, L.: High voltage cables. London: Chapman & Hall 1929.
211. KLEIN, M.: Kabeltechnik. Berlin: Julius Springer 1929.
212. ROBINSON, D. M.: Dielectric phenomena in high voltage cables. Londen: Chapman & Hall 1936.
213. BOUWERS, A.: A new X-ray apparatus with complete X-ray and electrical protection. Acta radiol., Stockh. Bd. 9 (1928) S. 600.
214. ZOETHOUT, D.: De ontwikkeling van den hoogspanningsrubberkabel. Ingenieur, Haag Bd. 53 (1938) E 81.

215. EMANUELI, L.: Ligne expérimentale en cable à huile fluide à 220 kV. Cigré 1933, R. 49.
216. LABORDE, A.: Les câbles à 220 kV de la région parisienne. Cigré 1937, R. 214.
217. Vorschriftenbuch des Verbandes Deutscher Elektrotechniker: Regeln für Spannungsmessungen mit der Kugelfunkenstrecke in Luft, S. 565. Berlin: Verlag VDE 1930.
218. International Electrotechnical Commission: Rules for the measurement of test voltage at power frequences in dielectric tests by sphere gaps. Publication 52.
219. DATTAN, W.: Zur Eichung von Kugelfunkenstrecken bei Stoßspannungen und Normalfrequenz. ETZ Bd. 57 (1936) S. 377, 412.
220. TOEPLER, M.: Anfangsspannungen zwischen Kugeln in Zylinderkäfigen. Z. techn. Phys. Bd. 3 (1922) S. 327.
221. WEICKER, W. u. W. HÖRCHER: Grundlagen zu neuen Eichtafeln für Kugelfunkenstrecken. ETZ Bd. 59 (1938) S. 1029.
222. PUGNO VANONI, E. u. C. DI PIERI: Elettrotecnica Bd. 22 (1935) S. 834; Bd. 24 (1937) S. 390. Cigré 1937, R. 127.
223. DAVIS, R. u. G. W. BOWDLER: The calibration of sphere-gaps with impulse voltages. J. Inst. electr. Engrs. Bd. 82 (1938) S. 645.
224. EDWARDS, F. S. u. J. F. SMEE: The calibration of the sphere spark-gap for voltage measurement up to one million volts (effective) at 50 cycles. J. Inst. electr. Engrs. Bd. 82 (1938) S. 655.
225. MEADOR, J. R.: Calibration of sphere gap. Electr. Engng. Bd. 53 (1934) S. 942.
226. FÖRSTER, W.: Die Kugelfunkenstrecke bei sehr geringer Stoßdauer. ETZ Bd. 55 (1934) S. 689.
227. BELLASCHI, P. L.: Sphere-gap standard. Electr. Wld., Bd. 105 (1935) S. 1090.
228. DAVIS, R., G. W. BOWDLER u. W. G. STANDRING: The measurement of high voltages, with special reference to the measurement of peak voltages. J. Inst. electr. Engrs. Bd. 68 (1930) S. 1222.
229. ALLIBONE, T. E. u. F. R. PERRY: Standardization of impulse-voltage testing. J. Inst. electr. Engrs. Bd. 78 (1936) S. 257, 282, 478.
230. MÜLLER, H.: Das Verhalten der Isolatoren gegen Überspannungen verschiedenen zeitlichen Ablaufes. Hescho-Mitt. Bd. 66/67 (1935) S. 1.
231. INDUNI, G.: Kathodenstrahl-Oszillographen (mit kalter Kathode). Ausführungsbeispiele. Arch. techn. Messen 1937, J 834-18.
232. PALM, A.: Ein absolutes Voltmeter für 250 kV Effektivspannung. Z. techn. Phys. Bd. 1 (1920) S. 137.
233. STARKE, H. u. R. SCHROEDER: I. Das elektrostatische Voltmeter bei symmetrischer Spannung und bei einpoliger Erdung. II. Eine einpolige Ausführung des Hochspannungsvoltmeters. Arch. Elektrotechn. Bd. 26 (1932) S. 279.
234. KIRKPATRICK, P. u. I. MIYAKE: A generating voltmeter for the measurement of high potentials. Rev. sci. Instrum. Bd. 3 (1932) S. 1.
235. — Further developments of the rotary voltmeter. Rev. sci. Instrum. Bd. 3 (1932) S. 430.
237. WINGEN, H.: Das ROGOWSKI-FISCHERsche Pendelelektrometer für hohe Spannungen. ETZ Bd. 53 (1932) S. 1034.
238. WHITEHEAD, J. B. u. T. ISSHIKI: The corona voltmeter and the electric strength of air. J. Amer. Inst. electr. Engng. Bd. 39 (1920) S. 441.
239. PALM, A.: Die Glimmröhre als Spannungsnormal zur Messung von Spannungsscheitelwerten. Z. techn. Phys. Bd. 4 (1923) S. 258.

240. THORNTON, W. M., M. WATERS u. W. G. THOMPSON: The ionic wind voltmeter and thermo-electrostatic relay. J. Inst. electr. Engrs. Bd. 69 (1931) S. 533.
241. JACOB, L.: High voltage physics. London: Methuen & Co., Ltd. 1934.
242. BOUWERS, A.: Convergence of electrons by means of magnetic coils. Physica, Haag Bd. 4 (1937) S. 200.
243. BRÜCHE, E. u. O. SCHERZER: Geometrische Elektronenoptik. Berlin: Julius Springer 1934.
244. LENARD, P.: Quantitatives über Kathodenstrahlen aller Geschwindigkeiten. Heidelberg: Winters 1925.
245. BOTHE, W.: Durchgang von Elektronen durch Materie. Handbuch der Physik, Bd. 22, Teil II, S. 1. 1933.
246. FEATHER, N.: Note on the absorption limits for the primary β-particles of mesothorium 2 and uranium X_2. Proc. Cambridge philos. Soc. Bd. 34 (1938) S. 115.
247. GUÉBEN, G.: La Méthode d'absorption pour l'etude des particules β de grande énergie. Ann. Soc. Sci. Bruxelles Bd. 58 (1938) S. 236.
248. BOTHE, W. u. W. KOLHÖRSTER: Das Wesen der Höhenstrahlung. Z. Phys. Bd. 56 (1929) S. 751.
249. BETHE, H.: Zur Theorie des Durchgangs schneller Korpuskularstrahlen durch Materie. Ann. Phys., Lpz. Bd. 5 (1930) S. 325.
250. MANO, G.: Recherches sur l'absorption des rayons α. Ann. Phys., Paris Bd. 1 (1934) S. 407.
251. BLACKETT, P. M. S.: On the loss of energy of Alpha-particles and H-particles. Proc. roy. Soc., Lond. A Bd. 135 (1932) S. 132.
252. Negative und positive Strahlen, zusammenhängende Materie. Handbuch der Physik, Bd. 24. Herausgeg. von H. GEIGER u. K. SCHEEL, Berlin: Julius Springer 1927.
253. OLIVEN, O.: Vorschlag eines europäischen Großkraftnetzes. Gesamtbericht Zweite Weltkraftkonferenz, Bd. XIX. Berlin 1930.
254. BURGER, O.: Berechnung von Gleichstrom-Kraftübertragungen. Berlin: Julius Springer 1932.
255. KENNEALLY, M.: La ligne de transport d'énergie à 275 kV de Boulder Dam à Los Angelos. Cigré Bd. III, R. 323.
256. BRONGNIART, R.: Le réseau d'inter-connexion à 220000 Volts d'Inter-Paris. Sci. et Ind., Juni 1936.
257. JOSSE, H. u. M. LABORDE: Le réseau et les postes d'interconnexion à 220 kilovolts de la région parisienne. Rev. gén. Électr. Bd. 39 (1936) S. 827, 863.
258. Conférence Internationale des Grands Réseaux Électriques: Cigré Bd. III (1935).
259. SCHJÖLBERG-HENRIKSEN, E.: Transmission de l'énergie électrique par courant continu à très haute tension. Cigré Bd. III (1935) R. 335.
260. THURY, R.: Kraftübertragung auf große Entfernung durch hochgespannten Gleichstrom. ETZ Bd. 51 (1930) S. 114.
261. WILLIS, C. H., B. D. BEDFORD u. F. R. ELDER: Constant current D-C transmission. Electr. Engng. Bd. 54 (1935) S. 102.
262. HULL, A. W.: Changing direct current to alternating current by means of thyratrons. Proc. nat. Acad. Sci., Wash. Bd. 22 (1936) S. 389.
263. ALM, E.: Le système Glesum. Cigré Bd. III (1935) R. 347.
263*. JACOTTET, P.: Stoßspannungsprüfung und Isolationsabstufung von Hochspannungsanlagen nach ausländischem Schrifttum. ETZ Bd. 58 (1937) S. 41.

264. Keinath, G.: Überwachung der Hochspannungsprüfung durch gleichzeitige Registrierung der dielektrischen Verluste. Elektrotechn. u. Masch.-Bau Bd. 54 (1936) S. 289.
265. Bouwers, A.: Physica en techniek der Röntgenstralen. Deventer: Kluwer 1927.
266. Kramers, H. A.: On the theory of X-ray absorption and of the continuous X-ray spectrum. Phil. Mag. Bd. 46 (1923) S. 836.
267. Kulenkampff, H.: Über das kontinuierliche Röntgenspektrum. Ann. Phys., Lpz. Bd. 69 (1922) S. 548.
268. Richtmyer, F. K.: The laws of absorption of X-rays. Phys. Rev. Bd. 18 (1921) S. 13.
269. Jönsson, E.: Absorptionsmessungen im langwelligen Röntgengebiet und Gesetze der Absorption. Diss. Upsala 1928.
270. Compton, A. H.: The spectrum of scattered Y-rays. Phys. Rev. Bd. 22 (1923) S. 409.
271. Klein, O. u. Y. Nishina: Über die Streuung von Strahlung durch freie Elektronen nach der neuen relativistischen Quantendynamik von Dirac. Z. Phys. Bd. 52 (1929) S. 853.
272. Bethe, H. u. W. Heitler: On the stopping of fast particles and on the creation of positive electrons. Proc. roy. Soc., Lond. A Bd. 146 (1934) S. 83.
273. Hulme, H. R., J. McDougall, R. A. Buckingham u. R. H. Fowler: The photoelectric absorption of X-rays in heavy elements. Proc. roy. Soc., Lond. A Bd. 149 (1935) S. 131.
274. Cuyckendall, T. R.: The absorption of X-rays of wave length $50 \leq \lambda < 150$ X. U. by elements of low atomic number. Phys. Rev. Bd. 50 (1936) S. 105.
275. Jones, M. T.: The absorption of ultra-short X-rays by elements of high atomic number. Phys. Rev. Bd. 50 (1936) S. 110.
276. Mayneord, W. V. u. J. E. Roberts: Measurements of high voltage X-rays. Brit. J. Radiol. Bd. 6 (1933) S. 321.
277. Graf, L. u. J. Graf: Zum Spannungsproblem in der Tiefentherapie. Strahlentherapie Bd. 62 (1938) S. 538.
278. Stone, R. S. u. P. E. Aebersold: Clinical deductions from physical measurements of 200 and 1000 Kilovolt X-rays. Radiology Bd. 29 (1937) S. 296.
279. Tuuk, J. H. van der: Messungen an Röntgenstrahlen bis 1 Million Volt. Fortschr. Röntgenstr. Bd. 58 (1938) Beiheft S. 84.
280. Mayneord, W. V.: Notes on three problems of gamma ray therapy. Brit. J. Radiol. Bd. 6 (1933) S. 598.
281. Holthusen, H.: Vergleichende Untersuchungen über die Wirkung von Röntgen- und Radiumstrahlen. Strahlentherapie Bd. 46 (1933) S. 273.
282. Packard, Ch.: The biological effectiveness of high-voltage and low-voltage X-rays. J. Canc. Res. Bd. 16 (1932) S. 1257.
283. Hoed, D. den: Over de werking van harde Röntgenstralen en gammastralen van Radium. Diss. Amsterdam 1934.
284. Holweck, F.: Production des rayons X monochromatiques de grande longueur d'onde. Action quantique sur les microbes. C. R. Acad. Sci., Paris Bd. 188 (1929) S. 197.
285. Lacassagne, A.: Action des rayons X de grande longueur d'onde sur les microbes. Etablissement de statistiques précises de la mortalité des bactéries irradiées. C. R. Acad. Sci., Paris Bd. 188 (1929) S. 200.
286. Glocker, R. u. A. Reuss: Über die Wirkung von Röntgenstrahlen verschiedener Wellenlänge auf biologische Objekte. V. Strahlentherapie Bd. 47 (1933) S. 28.

287. STONE, R. S.: Skin reactions caused by 1000 Kilovolt and 200 Kilovolt radiations. Radiology Bd. 30 (1938) S. 88.
288. MUDD, S. G., C. K. EMERY u. L. M. LEVI: Clinical observations in the treatment of cancer by supervoltage X-rays. Radiology Bd. 30 (1938) S. 489.
289. LEUCUTIA, T.: Comparative clinical value of super-voltage roentgen therapy. Amer. J. Roentgenol. Bd. 36 (1936) S. 350.
290. GUNSETT, A.: Methode der Bestrahlung der Krebse mit extrem hohen Spannungen. Strahlentherapie Bd. 58 (1937) S. 573.
291. MAISIN, J. u. P. ESTAS: Roentgenthérapie à haut voltage. Radiologica Bd. 1 (1937) S. 100.
292. LANGENDORFF, H., L. GRAF u. J. GRAF: Biologische Bestimmung der Dosisverteilung und der prozentualen Tiefendosis bei normaler und extrem harter Röntgenstrahlung. Strahlentherapie Bd. 62 (1938) S. 561.
293. RUTHERFORD, E., J. CHADWICK u. C. D. ELLIS: Radiations from radioactive substances. University Press, Cambridge 1930.
294. BRASCH, A. u. F. LANGE: Experimentell-technische Vorbereitungen zur Atomzertrümmerung mittels hoher elektrischer Spannungen. Z. Phys. Bd. 70 (1931) S. 10.
295. COOLIDGE, W. D., L. E. DEMPSTER u. H. E. TANIS: Highvoltage cathode ray and X-ray tubes and their operation. Physics Bd. 1 (1931) S. 230.
296. GENTNER, W. u. F. SCHMIDT-LA BAUME: Untersuchungen über biologische Wirkungen von Kathodenstrahlen. Strahlentherapie Bd. 51 (1934) S. 139.
297. COOLIDGE, W. D. u. C. N. MOORE: Some experiments with high-voltage cathode rays outside of the generating tube. J. Franklin Inst. Bd. 202 (1926) S. 722.
298. BRASCH, A. u. F. LANGE: Aussichten und Möglichkeiten einer Therapie mit schnellen Kathodenstrahlen. Strahlentherapie Bd. 51 (1934) S. 119.
299. GLOCKER, R.: Schnelle Elektronenstrahlen und ihre Bedeutung für die Strahlentherapie. Strahlentherapie Bd. 53 (1935) S. 417.
300. SNOEK, J. L., Metingen van di-electrische verliezen aan ricinusolie. Physica, Haag Bd. 12 (1932) S. 234.
301. GAMOW, G.: Structure of atomic nuclei and nuclear transformations Clarendon Press, Oxford 1937.
303. NEWSON, H. W.: Transmutation functions at high bombarding Energies. Phys. Rev. Bd. 51 (1937) S. 620.
304. AMALDI, E. u. E. FERMI: On the absorption and the diffusion of slow neutrons. Phys. Rev. Bd. 50 (1936) S. 899.
305. JAECKEL, R.: Versuche mit Neutronen aus Aluminium und Beryllium. Z. Phys. Bd. 91 (1934) S. 493.
306. AMALDI, E., L. R. HAFSTAD u. M. A. TUVE: Neutron yields from artificial sources. Phys. Rev. Bd. 51 (1937) S. 896.
307. BAKKER, C. J.: On the number of neutrons emitted by a radium-beryllium source. Physica, Haag Bd. 4 (1937) S. 723.
308. BURHOP, E. H. S.: Atomic disintegration by particles of low energy. Proc. Cambridge philos. Soc. Bd. 32 (1936) S. 643.
309. BOUWERS, A., A. KUNTKE u. F. A. HEYN: A neutron generator. Physica, Haag Bd. 4 (1937) S. 153.
310. HEYN, F. A.: Radioactivity induced by neutrons. Thesis Delft 1938.
311. LAWRENCE, E. O. u. D. COOKSEY: On the apparatus for the multiple acceleration of light ions to high speeds. Phys. Rev. Bd. 50 (1936) S. 1131.

312. Livingston, M. S. u. H. A. Bethe: Nuclear Physics. Rev. mod. Phys. Bd. 9 (1937) S. 245.
313. Bakker, C. J.: On the efficiency of the production of artificial radioactive substances by slow neutrons. Physica, Haag Bd. 4 (1937) S. 863.
313*. Hahn, O. u. F. Strassmann: Über den Nachweis und das Verhalten der bei der Bestrahlung des Urans mittels Neutronen entstehenden Erdalkalimetalle. Naturwiss. Bd. 27 (1939) S. 11.
313**. Frisch, O. R.: Physical evidents for the division of heavy nuclei under neutron bombardment. Nature, Lond. Bd. 143 (1939) S. 276.
314. Penning, F. M.: Ein neues Manometer für niedrige Gasdrucke, insbesondere zwischen 10^{-3} und 10^{-5} mm. Physica, Haag Bd. 4 (1937) S. 71.
315. Bouwers, A. u. J. H. van der Tuuk: Secundaire electronen in Rontgenbuizen. Physica, Haag Bd. 12 (1932) S. 274.
316. — — A new X-ray tube for 700 kV and some measurements of penetrating radiation. Brit. J. Radiol. Bd. 9 (1936) S. 431.
317. — — Further experiments with X-ray tubes for high voltages up to one million volt. Brit. J. Radiol. Bd. 12 (1939).
318. Coolidge, W. D.: The developments of modern roentgen-ray generating apparatus. Amer. J. Roentgenol. Bd. 24 (1930) S. 605.
319. Lauritsen, C. C. u. R. D. Bennett: A new high potential X-ray tube. Phys. Rev. Bd. 32 (1928) S. 850.
320. Bouwers, A.: Generators for gamma rays and neutrons and radiotherapeutic possibilities. Radiology Bd. 31 (1938) S. 89.
321. High voltage X-Ray therapy. Electrician Bd. 117 (1936) S. 753.
322. International recommendations for radiological units. Brit. J. Radiol. Bd. 10 (1937) S. 438.
323. DIN Rönt 2/1933. Vorschriften für den Strahlenschutz in medizinischen Röntgenanlagen.
324. Fleischmann, R. u. W. Bothe: Künstliche Kernumwandlungen. Ergebn. exakt. Naturw. Bd. 14 (1935) S. 1.

Sachverzeichnis.

Abbildung eines Viereckes 119.
— konforme 106, 115.
Abbildungsformel 119, 120.
Abfall des Primärstromes 33.
Abschätzung, Durchschlagfeldstärke 151.
Abschirmelektrode 49.
Abschirmung sekundärer Elektronen 299.
Absorption 282.
— Röntgenstrahlen 285.
— γ-Strahlung in Paraffin 309.
— Neutronen 300.
Abstimmung 28, 30.
Abstoßung, COULOMBsche 290.
Abstufungskondensatoren 226.
Akkumulatoren 5.
Alpha-Teilchen 265, 266.
Amplitude 28.
Anfangsfeldstärke 162.
Anfangsspannung 158.
Anfangsstrom 169.
Annäherungsformel nach BRAGG 267.
Anordnung nach DUNNING und ANDERSON 79.
Anschmelzung, Glas-Chromeisen 194.
Apiezon-Öl 297.
Atomare Bremskraft 267.
Aufbau der Funkenstrecke 242.
Ausbeute von Kernreaktionen 92, 294.
Ausbeutekurven 293.
Ausbreitungsgeschwindigkeit 157.
Ausnutzungsfaktor 103.
— Kugelfelder 130.
— Zylinderfelder 130.
Austrittsarbeit 145, 146.
Austrittspotential 146.

Bahnkrümmung 261.
Bahnverlängerung 76.
Bandoberfläche 59.
Bauhöhe, Stoßgenerator 40.
Bedingung für Schwingungsfreiheit 43.
Bedingungen für maximale Spannung beim Induktor 34.
Belastung des Transformators 11.
— kapazitive 12, 19.
— Kaskadengenerator 54.
Beschleunigung, Elektronen 81.
— stufenweise 63, 99.
Beschleunigungsröhren 63.
Besondere Gase 5, 63, 163, 304.
— Methoden 5.
— Verfahren 80.
Betriebssicherheit 92.
Bildelement 137.
Bildkontrast 287.
Bildkraft 146.
Bildpunkt 123.
Biologische Wirkung 287.
— — Kathodenstrahlen 289.
Blasmagnete 233.
Bleidicke, minimale 306.
Blindstrom 272, 273.
— Kompensation 274.
Blitz 87.
— künstlicher 41.
Blitzaufnahmen 89.
Blitzentladung 89.
Bogen 159.
Bogencharakteristik 236.
Bogenentladung 224.
Bogenlänge 232.
Bogenspannung 160, 233.
BOLTZMANN-Konstante 222.
Bor-Absorber 310.
Borosilikatgläser 194.
Boulder Dam-Netz 201, 271, 272.
BOYS' Kamera 89.
BRAGGsche Annäherungsformel 267.
Breite der Entladungskanäle 154.
Bremskraft, atomare 267.
Brennspannung 225 232.
BROGLIE-Wellenlänge 142.
Büschelentladung 248.

Calit 187.
Charakteristik, geometrische 103.
Chloroform 165, 166.
Chromschicht 145.
COMPTON-Streuung 284.

COULOMBsche Abstoßung 290.
COULOMBsche Drehwaage 258.
— Kräfte 133.
Cyclotron 63, 65, 99, 296.

Dampfelektrisiermaschine 5.
Dämpfung 28, 30.
Dämpfungsdekrement 3.
Dämpfungswiderstand 39, 50.
Dauerdurchschlagspannung 237.
DEBYEsche Theorie 176.
Defokusierung beim Cyclotron 75.
DESSAUER-Schaltung 17, 18.
Deutonen 266, 295.
Differentialgleichungen 8, 42.
— von LAPLACE 102.
— von SCHRÖDINGER 141.
Diffusionsgeschwindigkeit 155, 169.
Dielektrika 131.
Dielektrikum, geschichtetes 135, 136.
Dielektrizitätskonstante 134, 177, 178, 179.
Dipolmoleküle 175.
Dipolstärke 125.
Dipoltheorie 175.
Doppelleitung 162, 216, 221.
Double re-entrant parts 302.
Drehstromfreileitungen 199.
Drehwaage nach COULOMB 258.
Dreiphasenspannung 22.
Drosselspule 217.
Druckkabel 241.
Druckkessel 62.
DRUDEsche Bedingungen 30.
Durchbruchfestigkeit, relative 165.
Durchschlag 166, 180, 249.
— elektrischer 182.
— in Gasen 147.
— wärmeelektrischer 182.
Durchschlagfeldstärke 151, 180.
Durchschlaglängen 40, 156, 244, 245, 246.
Durchschlagsbedingung nach TOWNSEND 149.
Durchschlagspannung 104, 184.
Durchschlagstrecken 198.
Durchschlagwahrscheinlichkeit 142.
Dynamomaschinen 1.

Eigenfrequenz 27.
— Kapazität 38.
Eindringtiefe 294.
Eindringung von Stoßwellen 16.
Eindringwahrscheinlichkeit 291.
Eisenkern, offen 36.
Eisensolenoid 84.
Elektrodenform 203.
Elektrodenverkleidung 186.
Elektronen, Rückstoß- 284.
— sekundäre 299.
Elektronenaffinität 35.
Elektronenbeschleunigung 81.
Elektronenbeugung 264.
Elektronenlawine 96.
Elektronenlinsen 262.
Elektronenreichweite 262.
Elektronenspektrograph 261.
Elektronenstrom 149.
Elektroskopverfahren 139.
Elektrostatische Methode 3, 258.
Elemente 5.
Energie, aufgespeicherte 35.
— im Luftraum 36.
Energiegrenze 74.
Energieinhalt als Maß 211.
Energieübertragung 79.
Entfokusierung 75.
Entladewiderstand 39.
Entladung, Blitz- 89.
— Büschel- 248.
— Haupt- 88.
— Vor- 88.
Entladungseinrichtung 305.
Entladungsform 154.
Entladungsröhren 297.
Entladungstheorie 90.
Erdkapazität 16.
Ergebnisse, quantitative 129.
Ersatzschaltungen 9.
Erzeugung elektrischer Spannungen 1.
— Kathodenstrahlen 281.
— Röntgenstrahlen 281.
Expansion 234.
Expansionsschalter 234.

Fangstoffe 303.
FARADAY-Käfig 280.
Faserteilchen 184.
Faustformel FÖRSTER 251.
Fehlanordnungen 180.
Fehlphase 253.
Feld, axialsymmetrisches 128, 137.
— einer Kugel 102.
— zylindrisches 103.
Felder, elektrische 100.
— — Berechnung 101.

Felder, elektrische, experimentelle Bestimmung 138.
— graphische Bestimmung 136.
— inhomogene 158.
— symmetrische 128.
Feldstärke, Anfangs- 162.
— Durchlags 151, 180.
— Einfluß verschiedener Faktoren auf 131.
— Grenz- 154.
— Herabsetzung 16.
FERMI-DIRAC-Statistik 143.
Festigkeitslehre, elektrische 101.
Feuchtigkeit 63, 184.
Field current 144.
Fokusierung 69, 74, 75.
— magnetische 303.
Form der Elektrode 203.
— der Entladung 154.
— der Stoßwelle 42.
Fortpflanzungsgeschwindigkeit 255.
Fortschreiten der Lawine 157.
Freileiter 199.
Freiluftschalter 277
Freilufttrennschalter 232.
Frequenz 7, 77.
Füllfaktor 213.
Füllmittel 191.
Funkenbildung 167.
Funkeninduktor 35.
Funkenstrecke 242
— Aufbau der 242.
— Spitze-Platte- 248.
— Zünd- 37, 39.
Funkenverzögerung 165.

Gamma-Mechanismus 169.
Gamma-Strahlenschutz 305.
GAMOWsche Theorie 291.
Gasausbrüche 140, 146.
Gase, besondere, 63, 163, 304.
Gaseinschlüsse 239.
Gaskonzentration 257.
Generator, elektrostatischer 58, 94.
— Hochfrequenz- 77.
— Kaskaden- 4, 48, 96, 275.
— Staub- 60, 94.
— Stoß- 93.
Gesamtschwächungskoeffizient 283.
Geschwindigkeit, maximale 72.
— relative 66.
Geschwindigkeitsverluste 287, 308.
Geschwindigkeitszunahme 73.
Gesetz von PASCHEN 148, 153, 183.
Gestreckter zylindrischer Leiter 216.
Getter 299, 303.
Gewitter 4.
Gewitterfelder 87.
Gitter 224.
— Steuer- 229.
Gitterkreise 78.
Gitterpotential 228.
Gitterschwingungen 182.
Gittersteuerung 274, 276.
Glas-Chromeisenanschmelzung 194.
Glas-Isolatoren 194.
Gleichrichter 221.
— gasgefüllte 224.
— Hochspannungs- 225.
— Hochvakuum- 223.
— Kupferoxydul 230.
— mechanische 24, 223.
— Quecksilberkathoden 227.
— Quecksilberstrahl- 230.
— Selen- 230.
— statische 230.
— steuerbare gasgefüllte 226.
— synchron rotierende 24.
Gleichrichtung hoher Wechselspannung 20.
Gleichspannung 247.
Gleichspannungsübertragung 273, 274.
Gleichung, charakteristische 42, 44.
— Differential- 8.
— homogene lineare 27.
— MAXWELLsche 1, 2.
— SCHRÖDINGERsche 141.
Glimmer 195.
Glimmränder 204.
Glimmspannungsgrenze 260.
GRÄTZ-Schaltung 22.
GREINACHER-Schaltung 22.
Grenzdicke 263, 288, 289.
Grenze, ökonomische 93.
— Röntgenspektrum 264.
Grenzfrequenz 282.
Grenzionen 176.
Grenzschicht 170.

Halbkugel auf Ebene 122.
Halbwertdauer des Rückens 38.
Halbwertdicke 263.
Halbwertzeit 297.
Halbzylinder auf Ebene 124.
Hauptentladung 88.
Heizleistung 227.

Heizstromtransformator 23.
Heizung, Ventilkathoden 51.
Hilfsanode 228.
Hilfskondensator 39.
Hilfszündung 229.
Hitzdraht 260.
Hochdruckkessel 62.
Hochdrucktank 96.
Hochfrequenzgenerator 77.
Hochfrequenzheizung 53, 227.
Hochfrequenzmethode 24.
Hochfrequenztransformator 26, 31.
Hochspannungsgasventile 226.
Hochspannungsgefahr 305.
Hochspannungsgleichrichter 225.
Hochspannungskabel 237.
Hochspannungsschutz 305.
Hochspannungstransformator 13.
HOCHSTÄDTER-Kabel 241.
Höchstspannungswiderstände 207.
Hochvakuumgleichrichter 223.
Höhenstrahlen 147.
Hohlseile 201.
Hörner 234.
Hydrolyse 193.
Hyperbeln, orthogonale 116.
Hyperboloide 114.
Hysteresis 11.

Ignitron 230.
Imprägniermittel 239.
Induktion, magnetische 6.
Induktivität 208.
Induktor 33.
Influenzmaschine 4.
Inhomogene Felder 158.
Inhomogenitätstheorie 174.
Ionenstoßtheorie 182.
Isolatordurchführung 216.
Isolatoren 140, 172, 202.
— feste 173, 180.
— flüssige 173, 183.
— Glas- 194.
— keramische 107.
Isolierende Medien 140.
Isolierschicht, dünne 136.
Isolierstoffe, technische 187.
Isoliertransformator 18.

JOULEsche Wärme 214.

Kabel 216, 217, 236.
— dreiphasige 237.
— Druck- 241.
Kabel, einphasige 237.
— Hochspannungs- 237.
— HOCHSTÄDTER- 241.
— Öl- 240.
— ölgefüllte 240.
— Telephon- 195.
— Verluste 273, 274.
Kabelendverschluß 190.
Kabelmuffen 242.
Kaltentladungen 299.
Kaltkathodenstrom 140, 141.
Kamera von BOYS 89.
Kanalbreite 154.
Kante, abgerundete 121.
— gegenüber Ebene 117, 118, 134.
Kanten 115, 180.
Kapazitative Belastung 12, 19.
Kapazitätsfreie Widerstände 208.
Kapazitätsverkleinerung 4, 81, 85.
Kaskadengenerator 4, 48, 96, 275, 302.
Kaskadenschaltung 18.
Kathodenfall 160.
Kathodenstrahlen 281, 287, 288, 289.
Kathodenstrahloszillograph 23, 254, 257.
Kernreaktionen 92, 290.
Kerreffekt 260.
Kippschwingung 27.
Kippsysteme 36.
Knickstelle, TOEPFLERsche 242, 250.
Kohleschichtwiderstände 208, 209.
Kompensation des Blindstromes 273.
— des kapazitiven Stromes 19.
Kondensator 211.
— Abstufungs- 226.
— Hilfs- 39.
Kondensatoren, Ladung von 215.
Konstanten des Kreises 42.
Kontaktmaterial 234.
Konzentrische Kugeln 216.
Kopplung 30, 33.
Kopplungsfaktor 9.
Kopplungsschwingung 34.
Korona 153, 160.
Koronaentladung 160, 260.
Koronaerscheinung 300.
Koronagrenzfeldstärke 154.
Koronaspannung 199.
Koronaverluste 160, 161, 201.
Koronavorentladung 243.
Korrektionsfaktor 133.
Kraftfluß 1, 2, 6.
Kraftlinien 137.

Kraftlinienbild 136.
Kraftnetz 271.
Kraftübertragung 268.
— Kaskadenprinzip 276.
Kreisscharen 105.
Kreise, induktiv gekoppelt 79.
Kreislochdurchführung 113, 114.
Kriechstrom 172.
Kriechweg 172.
Krümmungseinfluß 132.
Krümmungssatz 128.
Kugel gegenüber Kugel 133.
— im homogenen Feld 123.
— konzentrische 102, 216.
Kugelfeld 102.
Kunstharzpreßstoffe 191.
Kunstharzvorteile 192.
Kupferoxydulgleichrichter 230.
Kurzschluß 12.
— Leitungs- 256.

Ladestrom 174, 185.
Ladewiderstand 38.
Ladezeit 38.
Ladung von Kondensatoren 215.
— von Staubteilchen 60.
— durch Wassertropfen 58.
Ladungsdichte 59.
LANGMUIRsche Formel 223.
Längsbewegungen von Öl 240.
LAPLACEsche Differentialgleichung 102.
Lawinenkanal 151.
— Fortschreitung des 157.
LECHER-System 79.
Leistung 77, 95.
— Prüftransformatoren 279.
Leistungsfaktor 173.
Leistungsverlust 227.
Leiter 198.
— gestreckter 216, 221.
— Halb- 208.
— verzerrungsfreier 254.
Leitfähigkeit 173.
Leitsätze für Regenprüfung 279.
Leitung, Doppel- 162.
— offene 256.
Leitungskurzschluß 256.
Lichtbogen 35, 233.
Lichtbogenlöschung 230.
Lichtbogenstromrichter 229.
Linse, elektrostatische 68.
Lithium, Spaltung von 48.
LORENTZ-Kraft 65, 74, 81, 233.

Löschkammer 234.
Löschmittel 235.
Löschung 233.
Löschwirkung 236.
Luftisolation 14.
Luftspalt 19.

MACLEOD-Manometer 298.
Magnetfeldgestaltung nach THOMAS 99.
Magnetisierungsstrom 11, 12.
MARXsche Vervielfältigungsschaltung 38, 39.
Massenänderung 66.
— relativistische 74.
Massenproportionalität 263.
Maximalgeschwindigkeit 76.
Maximalwert der Spannung 47.
MAXWELLsche Gleichung 1, 2.
Messung von Drucken nach PENNING 298.
Meßwiderstand 50.
„Metalix"-Ventil 224.
Metalleinlagen 204.
Methode, besondere 5.
— elektrolytische 138.
— Kapazitäts- 139.
— Sonde- 138.
Mikafolium 195.
Mikanit 195.
Monocyclic networks 274.
Mutator 228.

Nachlieferungsmechanismus 150.
Nadelschalter 23, 24.
NAGELsche Durchführung 204.
Näherungsverfahren 109.
Networks, monocyclic 274.
Neutronen 290.
— langsame 297, 309.
Neutronenerzeugung 295.
Neutronengenerator 304.
Neutronengeschwindigkeit 295.
Neutronenröhre 300.
Neutronenschutz 308.
Niveauflächen 137.
Normalfall bei Kathodenstrahlen 262.

Oberflächenkrümmung 131.
Oberflächenwiderstand 171.

Öl 184, 186.
— Apiezon- 297.
— Längsbewegungen von 240.
— Schirme in 207.
— Transformator- 185.
Ölkabel 240.
Ölpumpen 297.
Ölschalter 231.
Oszillographische Aufnahme 33.
Oxydkathode 225.

Paarbildung 281, 284.
Papier 195.
— imprägniertes 211.
Papierkondensator 213.
Papierschirme 205, 249.
Papierzellulose 195.
Parabeln, orthogonale 118.
Parallele Platten 216.
Parallelfall bei Kathodenstrahlen 262.
PASCHEN-Kurve 224, 225.
PASCHENsches Gesetz 148, 153, 183.
Pentachlordiphinil 187.
PETERSEN-Spulen 217.
Phasenverzögerung 72, 73.
Phenolharze 192.
Philit 192.
Piezoelektrizität 5.
Plastische Isoliermittel 202.
Platten, parallele 216.
Plattenkondensator 121.
Polarisation 177.
Polarisierbarkeit 177.
Polarisierung 175.
Polarität 88.
Polaritätseffekt 280.
Polaritätseinfluß 243.
Porzellan 187.
Porzellan-Glas-Anschmelzung 189.
Porzellan-Metall-Anschmelzung 189.
Positive Säule 159.
Positron 268.
Potentialfeld 101, 121, 290.
Potentialfunktion 129.
Potentialkurve 146.
Potentialschwelle 141, 290, 292.
Potenzlinie 107.
Preßspan 195.
Primärstrom, Abfall 33.
Protonen 266, 290.
Prozeß (Rn + Be) 295.
Prüfanlage 21.
Prüfobjekt 38.
Prüfspannung 278.
Prüftransformatorleistung 279.
Prüfung, Regen- 279.
— Stück 280.
— Typen 280.
Prüfungsmethoden 239.
Pumpgeschwindigkeiten 297.

Quecksilberkathode 227.
Quecksilberkathodengleichrichter 227.
Quecksilberstrahlgleichrichter 230.
Quecksilberunterbrecher 35.
Querschnitt, wirtschaftlicher 270.

Radioaktivität, künstliche 295, 296, 309.
Radiumstrahlenschutz 305.
Ränder 115.
Reduziert auf Primär 10.
Reflexion 256.
— am Leiterende 254.
— der Röntgenstrahlen 264.
Reibungselektrisiermaschine 4.
Reichweite 288.
— für α-Teilchen 265.
— für Deutonen 266.
— von Elektronen 262.
— praktische 263, 288, 289.
— für Protonen 266.
— schwerer Teilchen 265.
Reihenschaltung von Transformatoren 17.
Relaxationsschwingung 27.
Relaxationszeit 176.
Resonanzeffekt 2.
Resonanzkreis 3.
Resonanzmaxime 32.
Resonanzschwingung 2, 280.
Resonanztransformator 31.
Restionisationszustand 169.
RICHARDSONsche Formel 145, 222.
Rillen 172, 202.
ROGOWSKIsche Theorie 167.
Röhrengenerator 54.
Röhrensender 32.
Röntgen (r) 286.
Röntgenapparat 15.
Röntgenröhre, für 1 MV 301, 303.
Röntgenspektrum 264.
Röntgenstrahlen 281.
Röntgenstrahlenschutz 305.
Rückenlänge 37.
Rückkopplung 78.

Rückstoßelektron 284.
Rückzündung 228.
Ruhmasse 71.

Sätze, allgemeine 126.
Säule, positive 159.
Schaltelement 37.
Schalter 231.
— Expansions- 234.
— Freiluft- 277.
— Freilufttrenn- 232.
— Öl- 231.
— Trenn- 231.
— Vakuum- 278.
Schaltung, Ersatz- 9.
— nach DESSAUER 17, 18.
— nach GRÄTZ 22.
— nach GREINACHER 22.
— nach VILLARD 22, 48.
— nach WITKA 22.
— nach ZIMMERMANN 22.
Scheibe, kreisförmige 216.
SCHERING-Brücke 280.
Schirme 186, 205, 249.
— in Öl 207.
— Papier- 205.
— spannungsgesteuerte 207.
Schlagweite 246.
SCHOTTKY-Effekt 141, 145, 146.
Schreibgeschwindigkeit 256, 257.
SCHRÖDINGERsche Gleichung 141.
Schutzmaßnahmen 304, 305.
— gegen Hochspannungsgefahr 305.
— gegen korpuskulare Strahlen 307.
— gegen Neutronen 308.
— gegen Röntgen- und γ-Strahlen 306.
— in Röntgenräumen 305.
Schwächungskoeffizient 283, 285.
SCHWARZsche Transformation 116.
SCHWARZscher Satz 116.
Schwingung, gedämpfte 26.
— Gitter- 182.
— Resonanz- 2, 280.
— THOMSONsche 45, 46, 279.
— ungedämpfte 31.
Schwingungsfreiheitsbedingung 43.
Schwingungskreise 27.
Selengleichrichter 230.
Senderleistung 78.
Senderröhre 78.
Sendytron 230.
Sondenwicklung 25.
Spaltung des Lithiums 48.
Spannung 59.
— Anfangs- 158.
— asymptotische 237.
— Bogen- 233.
— Brenn- 225, 232.
— Dauerdurchschlag- 237.
— Durchschlag- 184.
— erreichbare 61.
— Gleich- 247.
— Korona- 199.
— kritische 268.
— Maximalwert der 47.
— Prüf- 278.
— Sekundär- 34.
— Sperr- 23.
— Spulen- 14.
— Stoß- 37, 93, 166, 244.
— Über- 168.
— verkettete 199.
— wirtschaftliche 269.
— Zünd- 225.
Spannungsabfall 51, 55, 227.
Spannungsprobe 238.
Spannungsresonanz 2.
Spannungsteilung 252.
Spannungsunterteilung 299, 302.
Spannungsverdopplung 45.
Spannungsverlust 12.
Spannungsverteilung 49.
Spannungsvervielfältigung 253.
Spannungswandler 253.
Spektrum, charakteristisch 282.
— kontinuierlich 282.
Spiegelung, wiederholte 112.
Spitze-Platte-Funkenstrecke 248.
Spulen 217.
— Drossel- 217.
— mit Eisenkern 218.
— eisenlose 218.
— kurze 220.
— mit Luftspalt 221.
— magnetische 262.
— mehrlagige Zylinder- 220.
— PETERSEN- 217.
— zylindrische 220.
Stanniolrand 204.
Statistik nach FERMI-DIRAC 143.
Staubgenerator 60, 94.
Staubteilchen 60.
Steilheit des Rückens 37.
— der Stirn 37.
Steuerbarkeit 227.
Steuergitter 229, 274, 276.
Steuerung 226.

Stirnlänge 37.
Stopping Power 267.
Stoßdauer 170.
Stoßgenerator 93.
Stoßspannung 37, 93, 166, 244.
Stoßwelle 279.
— Form der 42.
Strahlenschutz 307.
Strahlung, kosmische 100.
Streukraftfluß 7.
Streureaktanz 93.
Streuung 13.
— COMPTON- 204.
Streuungskoeffizient 283.
Strom, Anfangs- 169.
— Blind- 272, 273.
— Elektronen- 149.
— Kaltkathoden- 140, 141.
— Kriech- 172.
— Lade- 174, 185.
— Thermoelektronen 140.
Stromform 88.
Stromrichter 229.
Stromstärke 59, 88.
Stückprüfung 280.
Stufenweise Beschleunigung 63, 99.
Stufenzahl 56.
— optimale 57.
System LECHER 79.
— THURY 275.

Technische Isolierstoffe 187.
Teilchenenergie, Cyclotron 71.
Teilchengeschwindigkeit 261, 294.
Teilchenzahl, Cyclotron 71, 75.
Telephonkabel 195.
Temperatureffekte 238.
Temperaturgrenze 186.
Temperaturwechsel 240.
Teslatransformator 26, 28.
Tetrachlorkohlenstoff 163, 166, 231.
Theorie der Entladung 90.
— nach DEBYE 176.
— nach GAMOW 291.
— nach ROGOWSKI 167.
— nach TOWNSEND 148, 151.
Thermoelektrizität 5.
Thermoelektronenstrom 140, 145.
THOMAS' Magnetfeldgestaltung 99.
THOMSONsche Schwingung 45, 46, 279.
THURY-System 275.
Thyratron 226, 274.
Tiefendosis 285.
— prozentuale 285.
TOEPLERsche Knickstelle 242, 250.
Toleranzabstand 307.
Toleranzdosis 307.
TOWNSENDsche Durchschlagsbedingung 149.
— Theorie 149, 151.
Trägerstoff 191.
Transformation nach SCHWARZ 116.
Transformator 6.
— Heizstrom- 25.
— Hochfrequenz- 26, 31.
— Hochspannungs- 13.
— Isolier- 18.
— Prüf- 279.
— Reihenschaltung von 17.
— Resonanz 31.
— TESLA- 26, 28.
— Trenn- 25.
— Trocken- 14.
Transformatorgleichungen 31, 34.
Transformatoröl 185.
Trenntransformator 25.
Trennschalter 231.
— Freiluft- 232.
Trockenisolation 254.
Trockentransformator 14, 16.
Tunneleffekt 290.
Typenprüfung 280.

Überbrückungsglied 54.
Überschlagfestigkeit 170, 171.
— im Vakuum 187.
Überschlagkurve 171.
Übersetzungsverhältnis 9.
Überspannung 16, 168.
Übertragung der Ladung 215.
Umformung, Gleichspannung in Wechselspannung 276.
Umkehrung, Transformatorprinzip 81, 83.
Umlaufzeit 65, 68.
Umschaltung 39.
Umwegfaktor 152.
Unebenheiten auf Ebene 122.
Unipolarmaschine 1.
Unterbrecher, Quecksilber- 35.
— WEHNELT- 35.

Vakuum 140.
Vakuumschalter 278.
Vakuumventil 227.

Vektordiagramme 10.
Ventilkathoden 51.
Verfahren, besondere 80.
— Elektroskop- 139.
— nach GROVER und CURTIS 258.
— Näherungs- 109.
Vergrößerung, Bogenlänge 232.
Verkettete Spannung 199.
Verluste 173, 215.
— dielektrische 174, 238, 273.
— Geschwindigkeits- 287, 308.
— Kabel- 273, 274.
— Korona- 176, 201.
— Leistungs- 227.
Verlustkurve 238.
Verluststrom 58.
Verlustwinkel 173.
Verunreinigungen 185.
Verzögerungszeit 168.
VILLARD-Schaltung 22, 48.
Voltmeter 194.
— elektrostatischer 259.
— nach ABRAHAM-VILLARD 258.
— nach KIRKPATRICK 259.
— nach STARKE-SCHRÖDER 258.
Vorentladung 88.
Vormagnetisierung 219.

Wanderwelle 63.
Wärmeabfuhr 181.
Wärmezufuhr 181.
Wechselfeld 173.
Weglänge, freie 140, 147.
WEHNELT-Unterbrecher 35.
Wellenbereich 77.
Wellenform 94.
Wellenlänge DE BROGLIE 142.
Wellenwiderstand 256.
Welligkeit 55.
Wickelbreite 14.
Widerstand 207.
— Dämpfungs- 39, 50.
— Entlade- 39.
— Höchstspannungs- 207.
— Kohleschicht 208, 209.
— Lade- 38.
— Meß- 50.
— Oberflächen- 171.
— spezifischer 174.
— Wellen- 256.
Wirbelströme 11.
Wirkungsgrad 92, 96, 97.
Wirkungskurve 97.
WITKA-Schaltung 22.

Zeitabhängigkeit der Zündung 167.
Zellulosepapier 195.
ZIMMERMAN-Schaltung 22.
Zündfunkenstrecke 39.
Zündspannung 225.
Zündverzug 168.
Zylinder gegen Ebene 134.
— gekreuzte 110, 251.
— koaxiale 104.
— parallele 104, 109.
Zylinderfeld 136.
Zylinderwicklung 13.

GPSR Compliance

The European Union's (EU) General Product Safety Regulation (GPSR) is a set of rules that requires consumer products to be safe and our obligations to ensure this.

If you have any concerns about our products, you can contact us on ProductSafety@springernature.com

In case Publisher is established outside the EU, the EU authorized representative is:

Springer Nature Customer Service Center GmbH
Europaplatz 3
69115 Heidelberg, Germany

Batch number: 10682323

Printed by Printforce, the Netherlands